21世纪高等学校嵌入式系统专业规划教材

# 网络化监控技术

王黎明 主编 ／ 闫晓玲 黄海 黄磊明 编著

清华大学出版社

北京

## 内 容 简 介

随着电子技术、计算机技术和自动控制技术的飞速发展,工业自动化水平不断提高。人们对工业自动化系统的要求也越来越高,各种各样、种类繁多的自动控制装置、远程或特种场所的监控设备在工业控制领域得到了大量应用,使得监控网络越来越庞大和复杂。为了让不同类型的自动控制装置协调工作,管理人员必须对相应的监控方式有一个准确的认识。本书重点放在对网络化监控系统的基本概念、工作原理以及对"串口""现场总线""工业以太网""异构网络"等典型监控技术的介绍上;注重对学生技术应用能力及分析问题、解决问题能力的培养,有利于学生对技术知识的灵活应用及毕业后的自学。

本书主要阅读对象为教学研究/应用型大学及大专(高职高专)院校学生。适用的专业包括电气自动化技术、电力系统自动化技术、机电一体化技术、应用电子技术、数控技术等。不同的专业选用本书作为教材使用时,可对本书中的内容做适当删减。建议教学时数为50学时,其中理论教学35学时,上机实验、实训15学时。

**图书在版编目(CIP)数据**

网络化监控技术/王黎明主编. —北京:清华大学出版社,2017(2023.8重印)
(21世纪高等学校嵌入式系统专业规划教材)
ISBN 978-7-302-45804-3

Ⅰ. ①网…  Ⅱ. ①王…  Ⅲ. ①监控系统—高等学校—教材  Ⅳ. ①TP277.2

中国版本图书馆 CIP 数据核字(2016)第 291094 号

责任编辑:刘向威  薛 阳
封面设计:常雪影
责任校对:李建庄
责任印制:沈 露

出版发行:清华大学出版社
      网 址:http://www.tup.com.cn, http://www.wqbook.com
      地 址:北京清华大学学研大厦 A 座 　　　　邮 编:100084
      社 总 机:010-83470000 　　　　邮 购:010-62786544
      投稿与读者服务:010-62776969, c-service@tup.tsinghua.edu.cn
      质量反馈:010-62772015, zhiliang@tup.tsinghua.edu.cn
      课件下载:http://www.tup.com.cn,010-83470236
印 装 者:三河市君旺印务有限公司
经 销:全国新华书店
开 本:185mm×260mm 　　印 张:25.5 　　字 数:621千字
版 次:2017年2月第1版 　　印 次:2023年8月第5次印刷
印 数:2701~3000
定 价:59.00元

产品编号:071065-01

# 前　言

随着通信技术的不断发展,利用工业控制网络实现工业控制的自动化,成为当今控制领域的热点之一,对该领域产生了前所未有的冲击和影响。目前,监控系统采用的网络主要有串行通信(如 RS-232C、RS-422 以及 RS-485)、现场总线以及工业以太网。本书着重介绍了这几种通信方式,希望能帮助读者对网络化监控技术有一定的认识。

全书共分为 7 章。第 1 章主要对数据通信中涉及的性能指标、编码方式、传输方式、传输介质、网络结构、访问控制、差错校验、参考模型等进行概述。第 2 章介绍了工业控制网络的发展概况和基础技术,包括分布式控制器系统、现场总线控制系统、工业控制网络架构、输入输出接口、抗干扰技术等。第 3 章重点围绕同步和异步串行通信方式展开了详细的讲解。第 4 章介绍了现场总线中的 CAN 总线的通信方式、协议规范和硬件产品。第 5 章分层介绍了工业以太网的结构模型及相关技术,包括 VLAN 技术、冗余技术和时间同步技术,并重点讲解了 Modbus 这一应用层协议规范。第 6 章分别介绍了 CAN 与 RS-232、以太网与异步串口、CAN 与以太网三组异构网络之间的协议转换。第 7 章从船舶监控系统的角度,介绍了相关的硬件及软件。

本书第 1、6 章由王黎明编写,第 2、3 章由闫晓玲编写,第 4、5 章由黄磊明编写,第 7 章由黄海编写。全书由王黎明统稿。在编写过程中,参考了大量的中英文资料,包括协议、手册等。本书作者都属于海军工程大学智能工程系的一个课题组,书中内容是课题组多年在网络化监控技术的开发、应用方面工作的积累和总结。除本书作者外,同一教研室的王新枝、左文等也对本书的编写工作做出了许多贡献,在此深表谢意。

由于编者水平有限、时间仓促,计算机控制技术、网络技术发展也很迅速,不断推陈出新,网络化监控技术不断更新,因此书中难免存在疏漏和不足,恳请读者批评指正。

作　者

2016 年 12 月

# 目　　录

# 第1章 网络技术基础

通信的目的就是为了交换信息,通信系统就是实现把信息从一个地方传送到另一个地方的系统。信息是对数据的解释,数据是信息的载体,信号是数据的表示形式。数据通信专指信号发送端和接收端中数据的形式是数字的,以计算机系统为主体构成的网络通信系统就是数据通信系统。

数据传输方式、传输介质、网络拓扑结构、媒体访问控制技术、交换技术、差错控制技术、网络互连设备等是影响网络性能的主要因素。

## 1.1 网络通信的基本概念

### 1. 数据通信系统的结构

数据通信系统一般由信源和信道组成,如图 1.1 所示。信源就是信号的产生者,通常就是发送端。信道是通信中传输信息的通道,它由相应的发送信息与接收信息的收发设备以及与之相连接的传输介质组成。

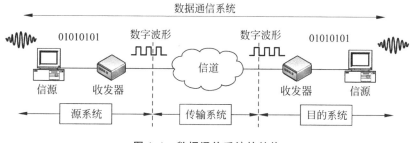

**图 1.1 数据通信系统的结构**

通信信道根据使用方式可分为专用信道与公共交换信道,根据传输介质可分为有线信道与无线信道等。

收发设备的基本功能是将信源和传输介质匹配起来,即将信源产生的数据信号经过编码,并变换为便于传送的信号形式送往传输介质,或将传输介质收到的信号进行解码,变换为数据信号发送给信源。对于数字通信系统来说,收发设备的编码常常又可分为信源编码与信道编码两部分。信源编码是把连续消息变换为数字信号;而信道编码则是使数字信号与传输介质匹配,提高传输的可靠性或有效性。变换方式是多种多样的,调制是最常见的变换方式之一。

收发设备还要为达到某些特殊要求而进行各种处理,如多路复用、保密处理、纠错编码处理等。

收发设备的连接方式有点对点连接和多点连接。点对点连接就是通信双方处于信道两端,其他通信设备不与其发生信息共享与交互,适用于需传送的数据量较大的场合。而多点连接则是多个站点连接到同一信道的不同分支点上的连接方式,任何用户都可以向此信道发送数据,也即共享信道。多点连接有广播、组播等方式。所谓广播,就是发送信息面向所有的接收端;而组播则是发送信息面向特定的一组接收端。

2. 总线

广义来说,总线就是传输信号或信息的公共路径,是遵循同一技术规范的连接与操作方式。一组设备通过总线连在一起称为总线段。可以通过总线段相互连接,把多个总线段连接成一个网络系统。

可在总线上发起信息传输的设备称为总线主设备。也就是说,主设备具备在总线上主动发起通信的能力,又称命令者。不能在总线上主动发起通信,只能挂接在总线上,对总线信息进行接收查询的设备称为总线从设备,也称基本设备。在总线上可能有多个主设备,这些主设备都可主动发起信息传输。某一设备既可以在某时刻是主设备,也可以在不同时刻又是从设备,但不能同时既是主设备又是从设备。被总线主设备连上的从设备称为响应者,它参与命令者发起的数据传送。

总线上的控制信号通常有三种类型,一类是控制连在总线上的设备,让它进行所规定的操作,如设备清零、初始化、启动和停止等;另一类是用于改变总线操作的方式,如改变数据流的方向,选择数据字段的宽度相字节等;还有一类是控制信号,表明地址和数据的含义。例如,对于地址,可用于指定某一地址空间,或表示出现了广播操作;对于数据,可用于指定它能否转译成辅助地址或命令。

管理主从设备使用总线的一套规则称为总线协议。这是一套事先规定的、必须共同遵守的规约,目前总线协议较多,如 IIC、SPI、CAN、以太网、IIS、PCI、ISA、PXI 等。

3. 总线操作

总线上命令者与响应者之间的“连接—数据传送—脱开”这一操作序列称为一次总线交易,或者称为一次总线操作。脱开是指完成数据传送操作以后,命令者断开与响应者的连接。命令者可以在做完一次或多次总线操作后放弃总线占有权。

一旦某一命令者与一个或多个响应者连接上以后,就可以开始数据的读写操作规程。“读”数据操作是读来自响应者的数据;“写”数据操作是向响应者写数据。读写数据都需要在命令者和响应者之间传递数据。为了提高数据传送操作的速度,有些总线系统采用了块传送和管线方式,加快了长距离的数据传送速度。

通信请求是由总线上某一设备向另一设备发出的请求信号,要求后者给予注意并进行某种服务。它们有可能要求传送数据,也有可能要求完成某种动作。

寻址过程是命令者与一个或多个从设备建立联系的一种总线操作。通常有以下三种寻址方式。

(1) 物理寻址:用于选择某一总线段上某一特定位置的从设备作为响应者。由于大多数从设备都包含多个寄存器,因此物理寻址常常有辅助寻址,以选择响应者的特定寄存器或某一功能。

(2) 逻辑寻址:用于指定存储单元的某一个通用区,而并不顾及这些存储单位在设备中的物理分布。某一设备监测到总线上的地址信号,看其是否与分配给它的逻辑地址相符,如果相符,它就成为响应者。物理寻址与逻辑寻址的区别在于前者是选择与位置有关的设备,而后者是选择与位置无关的设备。

（3）广播寻址：用于选择多个响应者。命令者把地址信息放在总线上，从设备将总线上的地址信息与其内部的有效地址进行比较，如果相符，则该从设备被"连上"。能使多个从设备连上的地址称为广播地址。命令者为了确保所选的全部从设备都能响应，系统需要有适应这种操作的定时机构。

每一种寻址方法都有其优点和使用范围。逻辑寻址一般用于系统总线，而现场总线则较多采用物理寻址和广播寻址。不过，现在有一些新的系统总线常常具备上述两种，甚至三种寻址方式。

总线在传送信息的操作过程中有可能会发生"冲突"。为了解决这种冲突，就需要进行总线占有权的"仲裁"，称为总线仲裁。总线仲裁是用于裁决哪一个主设备是下一个占有总线的设备。某一时刻只允许某一主设备占有总线，直到它完成总线操作、释放总线占有权后，才允许其他总线主设备使用总线。当前的总线主设备称为命令者。总线主设备为获得总线占有权而等待仲裁的时间称为访问等待时间，而命令者占有总线的时间称为总线占有期。命令者发起的数据传送操作，可以在称为"听者"和"说者"的设备之间进行，而更常见的是在命令者和一个或多个从设备之间进行。

总线操作用定时信号进行同步，称为总线定时。大多数总线标准都规定命令者可发起控制信号，用来指定操作的类型；还规定响应者要回送从设备状态响应信号。主设备获得总线控制权以后，就进入总线操作，即进行命令者和响应者之间的信息交换。这种信息可以是地址和数据，定时信号就是用于指明这些信息何时有效。定时信号有异步和同步两种。

在总线上传送信息时会因噪声和串扰而出错，因此，在高性能的总线中一般设有出错码产生和校验机构，以实现传送过程的出错检测。传送地址时的奇偶错会使要连接的从设备连不上；传送数据时如果有奇偶错，通常是再发送一次。也有一些总线由于出错率很低而不设检错机构。

设备在总线上传送信息出错时，减少故障对系统的影响，提高系统的重新配置能力是十分重要的，系统重新配置的过程称为系统的容错。不同结构的系统的容错能力是不一样的，例如，故障对分布式仲裁的影响就比菊花链式仲裁小。后者在设备出故障时，会直接影响其后面设备的工作。总线系统应能支持软件利用一些新技术，如动态重新分配地址，把故障隔离，关闭或更换故障单元。

# 1.2　数据通信系统的性能指标

## 1.2.1　信息及其度量

信息可以被理解为消息中包含的有意义的内容；消息可以有各种各样的形式，但消息的内容可以统一用信息来表示。传输信息的多少可直观地使用"信息量"进行衡量。

在一切有意义的通信中，虽然消息的传递意味着信息的传递，但对接收者而言，某些消息比另外一些消息的传递具有更多的信息。度量消息中所含的信息量的方法，必须能够用来估计任何消息的信息量，且与消息种类无关。另外，消息中所含信息的多少也应和消息的重要程度无关。

由概率论可知,事件的不确定程度,可用事件出现的概率来描述。事件出现(发生)的可能性愈小,则概率愈小;反之,概率愈大。基于这种认识,我们得到:消息中的信息量与消息发生的概率紧密相关。消息出现的概率愈小,则消息中包含的信息量就愈大。且概率为零时(不可能事件)信息量为无穷大;概率为1时(必然事件)信息量为0。

综上所述,可以得出消息中所含信息量与消息出现的概率之间的关系应反映如下规律。

(1) 消息 $x$ 中所含信息量 $I$ 是消息 $x$ 出现概率 $P(x)$ 的函数,即

$$I = I[P(x)] \tag{1-1}$$

(2) 消息出现的概率愈小,它所含信息量愈大;反之信息量愈小。且

$$P = 1 \text{ 时 } I = 0$$
$$P = 0 \text{ 时 } I = \infty$$

(3) 若干个互相独立事件构成的消息 $(x_1, x_2, \cdots, x_n)$,所含信息量等于各独立事件信息量 $x_1, x_2, \cdots, x_n$ 的和,即

$$I[P(x_1)P(x_2)\cdots P(x_2)] = I[P(x_1)] + I[P(x_2)] + \cdots + I[P(x_n)] \tag{1-2}$$

可以看出,若 $I$ 与 $P(x)$ 间的关系式为

$$I = \log_a \frac{1}{P(x)} = -\log_a P(x) \tag{1-3}$$

就可以满足上述要求。所以,我们定义公式(1-3)为消息 $x$ 所含的信息量。

(4) 信息量 $I$ 的单位取决于式(1-3)中对数底数 $a$ 的取值。

$$a = 2 \text{ 单位为比特 bit,简写为 b;}$$
$$a = e \text{ 单位为奈特 nat,简写为 n;}$$
$$a = 10 \text{ 单位为哈特莱}$$

通常广泛使用的单位为比特。

**【例1.1】** 设二进制离散信源,数字 0 或 1 以相等的概率出现,试计算每个符号的信息量。

**解**:二进制等概率时

$$P(1) = P(0) = \frac{1}{2}$$

由式(1-3),有

$$I(1) = I(0) = -\log_2 \frac{1}{2} = 1(\text{b})$$

即二进制等概率时,每个符号的信息量相等,为 1b。

同理,对于离散信源,若 $M$ 个符号等概率 $\left(P = \dfrac{1}{M}\right)$ 出现,且每一个符号的出现是独立的,即信源是无记忆的,则每个符号的信息量相等,为

$$I(1) = I(2) = \cdots = I(M) = -\log_2 \frac{1}{M} = \log_2 M(\text{b})$$

式中,$P$ 为每一个符号出现的概率;$M$ 为信源中所包含符号的数目。一般情况下,$M$ 是 2 的整幂次,即 $M = 2^k (K = 1, 2, 3\cdots)$,则上式可改写成

$$I(1) = I(2) = \cdots = I(M) = \log_2 M = \log_2 2^K = K(\text{b})$$

该结果表明,独立等概情况下 $M(M = 2^K)$ 进制的每一符号包含的信息量,是二进制每

一符号包含信息量的 $K$ 倍。由于 $K$ 就是每一个 $M$ 进制符号用二进制符号表示时所需的符号数目,故传送每一个 $M$ 进制符号的信息量就等于用二进制符号表示该符号所需的符号数目。

**【例 1.2】**　试计算二进制符号不等概率时的信息量,设 $P(1)=P$。

**解:** 由 $P(1)=P$,有 $P(0)=1-P$。

利用式(1-3),得

$$I(1)=-\log_2 P(1)=-\log_2 P\,(\mathrm{b})$$
$$I(0)=-\log_2 P(0)=-\log_2(1-P)\,(\mathrm{b})$$

可见不等概率时,每个符号的信息量不同。计算消息的信息量,常用到平均信息量的概念。平均信息量 $\bar{I}$ 定义为每个符号所含信息量的统计平均值,即等于各个符号的信息量乘以各自出现的概率再相加。二进制时

$$\bar{I}=-P(1)\log_2 P(1)-P(0)\log_2 P(0)\,(\mathrm{bit/}\,\text{符号})\tag{1-4}$$

多进制时,设各符号独立,且出现的概率为

$$\begin{bmatrix} x_1 & x_2 & \cdots & x_n \\ P(x_1) & P(x_2) & \cdots & P(x_n) \end{bmatrix}\tag{1-5}$$

且

$$\sum_{i=1}^{n} P(x_i)=1\tag{1-6}$$

则每个符号所含信息的平均值(平均信息量)为

$$\bar{I}=P(x_1)[-\log_2 P(x_1)]+P(x_2)[-\log_2 P(x_2)]+\cdots+P(x_n)[-\log_2 P(x_n)]$$
$$=\sum_{i=1}^{n} P(x_i)[-\log_2 P(x_i)]\,(\mathrm{bit/}\text{符号})\tag{1-7}$$

由于式(1-7)同热力学中熵的形式一样,故通常又称 $\bar{I}$ 为信息源的熵,其单位为 bit/符号。显然,当信源中每个符号等概独立出现时,式(1-7)即成为式(1-4)。可以证明,此时信息源的熵为最大值。

**【例 1.3】**　设由 5 个符号组成的信息源,相应概率为

$$\begin{bmatrix} A & B & C & D & E \\ \dfrac{1}{2} & \dfrac{1}{4} & \dfrac{1}{8} & \dfrac{1}{16} & \dfrac{1}{16} \end{bmatrix}$$

试求信源的平均信息量 $\bar{I}$。

**解:** 利用式(1-7),有

$$\bar{I}=\frac{1}{2}\log_2 2+\frac{1}{4}\log_2 4+\frac{1}{8}\log_2 8+\frac{1}{16}\log_2 16+\frac{1}{16}\log_2 16$$
$$=\frac{1}{2}+\frac{2}{4}+\frac{3}{8}+\frac{4}{16}+\frac{4}{16}=1.875\,(\mathrm{bit/}\,\text{符号})$$

**【例 1.4】**　一信源由 4 个符号 0、1、2、3 组成,它们出现的概率分别为 3/8、1/4、1/4、1/8,且每个符号的出现都是独立的。试求某消息为 201020130213001203210100321010023 1020020103120032100120210 的信息量。

**解:** 信源输出的信息序列中,0 出现 23 次,1 出现 14 次,2 出现 13 次,3 出现 7 次,共有 57 个。则

出现 0 的信息量为 $23\log_2\dfrac{57}{23}\approx 30.11(\text{bit})$

出现 1 的信息量为 $14\log_2\dfrac{57}{14}\approx 28.36(\text{bit})$

出现 2 的信息量为 $13\log_2\dfrac{57}{13}\approx 27.72(\text{bit})$

出现 3 的信息量为 $7\log_2\dfrac{57}{7}\approx 21.18(\text{bit})$

该消息总的信息量为 $I=30.11+28.36+27.72+21.18=107.37(\text{bit})$

每一个符号的平均信息量为

$$\bar{I}=\frac{I}{\text{符号总数}}=\frac{107.37}{57}\approx 1.884(\text{bit/符号})$$

上面的计算中,没有利用每个符号出现的概率,而是用每个符号在 57 个符号中出现的次数(频度)来计算的。实际上,若直接用熵的概念来计算,由平均信息量公式(1-7)可得

$$\bar{I}=\frac{3}{8}\log_2\frac{8}{3}+2\times\frac{1}{4}\log_2 4+\frac{1}{8}\log_2 8=1.906(\text{bit/符号})$$

则该消息总的信息量为

$$I=57\times 1.906=108.64(\text{bit})$$

可以看出,本例中两种方法的计算结果是有差异的,原因就是前一种方法中把频度视为概率来计算。当消息很长时,用熵的概念计算比较方便,而且随着消息序列长度的增加,两种计算方法的结果将趋于一致。

## 1.2.2 数据传输速率

1. 数据传输速率

数据传输速率即每秒传输二进制信息的位数,单位为位/秒,记作 bps 或 b/s,简称数据传输速率、信息传输速率或比特率,计算公式为

$$S=\frac{1}{T}\log_2 N(\text{b/s}) \tag{1-8}$$

式中,$T$ 为一个数字脉冲信号的宽度(全宽码)或重复周期(归零码),单位为秒;

$N$ 为一个码元所取的离散值个数。通常 $N=2^K$,$K$ 为二进制信息的位数,$K=\log_2 N$。

$N=2$ 时,$S=\dfrac{1}{T}$,表示数据传输速率等于码元脉冲的重复频率。

2. 信号传输速率

信号传输速率即单位时间内通过信道传输的码元数,单位为波特,记作 Baud。计算公式为

$$B=\frac{1}{T}(\text{Baud}) \tag{1-9}$$

式中,$T$ 为信号码元的宽度,单位为秒。信号传输速率,也称码元速率、调制速率或波特率。

由式(1-8)、式(1-9)得

$$S=B\times\log_2 N(\text{b/s}) \tag{1-10}$$

或

$$B = \frac{B}{\log_2 N}(\text{Baud}) \tag{1-11}$$

【例 1.5】 采用四相调制方式,即 $N=4$,且 $T=833\times10^{-6}\text{s}$,则

$$S = \frac{1}{T}\log_2 N(\text{b/s}) = \frac{1}{833\times10^{-6}}\times\log_2 4 = 2400(\text{b/s})$$

$$B = \frac{1}{T} = \frac{1}{833\times10^{-6}} = 1200(\text{Baud})$$

### 1.2.3 信道容量

信道容量表示一个信道的最大数据传输速率,单位:位/秒(b/s)。信道容量与数据传输速率的区别是,前者表示信道的最大数据传输速率,是信道传输数据能力的极限,而后者是实际的数据传输速率。像公路上的最大限速与汽车实际速度的关系一样。

1. 离散的信道容量

奈奎斯特无噪声下的码元速率极限值 $B$ 与信道带宽 $H$ 的关系为

$$B = 2\times H(\text{Baud}) \tag{1-12}$$

奈奎斯特公式——无噪信道传输能力公式为

$$C = 2\times H\times\log_2 N(\text{b/s}) \tag{1-13}$$

式中,$H$ 为信道的带宽,即信道传输上、下限频率的差值,单位为 Hz;

$N$ 为一个码元所取的离散值个数。

【例 1.6】 普通电话线路带宽约 3kHz,则码元速率极限值 $B=2\times H=2\times 3\text{k}=6\text{k}(\text{Baud})$;若码元的离散值个数 $N=16$,则最大数据传输速率为

$$C = 2\times H\times\log_2 N = 2\times 3\text{k}\times\log_2 16 = 24\text{k}(\text{b/s})$$

2. 连续的信道容量

信号在传输中不可避免地要受到噪声的影响,香农定理给出了有干扰的信道容量,在高斯白噪声干扰的条件下,通信系统的极限信息传输速率为

$$C = H\times\log_2\left(1+\frac{S}{N}\right)(\text{b/s}) \tag{1-14}$$

式(1-14)为香农公式,即带噪信道容量公式。其中,$S$ 为信号功率,$H$ 为信道带宽,$N$ 为噪声功率,$\frac{S}{N}$ 为信噪比,通常把信噪比表示成 $10\lg\frac{S}{N}$ 分贝(dB)。

【例 1.7】 已知信噪比为 30dB,带宽为 3kHz,求信道的最大数据传输速率。

因为 $10\lg\frac{S}{N}=30(\text{dB})$

所以 $\frac{S}{N}=10^{\frac{30}{10}}=1000$

$$C = H\times\log_2\left(1+\frac{S}{N}\right) = 3\times\log_2(1+1000) \approx 30\text{k}(\text{b/s})$$

3. 信噪比

信噪比指信号传输过程中,信号平均功率与噪声平均功率之比,一般表示为

$$\frac{S}{N} = \frac{P_S}{P_N} \tag{1-15}$$

式中，$\frac{S}{N}$为信噪比；$P_S$为信号平均功率；$P_N$是噪声平均功率。有时为了使用方便，也常采用以分贝为单位的表示形式

$$\left(\frac{S}{N}\right)_{dB} = 10\log\left(\frac{P_S}{P_N}\right) = 10\lg\left(\frac{S}{N}\right) \tag{1-16}$$

### 1.2.4　误码率

误码率为二进制数据位传输时出错的概率，它是衡量数据通信系统在正常工作情况下的传输可靠性的指标。在计算机网络中，一般要求误码率低于$10^{-6}$，若误码率达不到这个指标，可通过差错控制方法检错和纠错。

误码率公式

$$P_e = \frac{N_e}{N} \tag{1-17}$$

式中，$N_e$为其中出错的位数；$N$为传输的数据总数。

# 1.3　数　据　编　码

计算机网络系统的通信任务是传送数据或数据化的信息。这些数据通常以离散的二进制 0、1 序列的方式表示。码元是传输数据的基本单位。在计算机网络通信中，传输的大多为二元码，它的每一位只能在 1 或 0 两个状态中取一个，每一位就是一个码元。

数据编码是指通信系统中以何种物理信号的形式来表达数据。分别用模拟信号的不同幅度、不同频率、不同相位来表达数据的 0、1 状态的，称为模拟数据编码；用高低电平的矩形脉冲信号来表达数据的 0、1 状态的，称为数字数据编码。

采用数字数据编码，在基本不改变数据信号频率的情况下，直接传输数据信号的传输方式称为基带传输。基带传输可以达到较高的数据传输速率，是目前广泛应用的数据通信方式。

### 1.3.1　模拟数据编码

公用电话通信信道是典型的模拟通信信道，它是专为传输语音信号设计的，只适用于传输音频 300～3400Hz 的模拟信号，无法直接传输数字信号，但可以通过调制和解调（频带传输）传送数字信号。模拟信道的数据传输结构如图 1.2 所示。

**图 1.2　模拟信道的数据传输结构**

模拟数据编码采用模拟信号（即载波）来表达数据的 0、1 状态。幅度、频率、相位是描述模拟信号的参数，可以通过改变这三个参数，来表达数字数据 0、1 的状态，实现模拟数据编码。

在传输中,通常采用信道允许的频带范围内某一频率的正/余弦信号作为载波,调制时根据数据的不同改变信号的特征。例如,载波信号为 $u(t)=u_m\sin(\omega t+\varphi)$,其信号特征包括幅度($u_m$)、频率($\omega$)和相角($\varphi$)。分别改变幅度、频率或相位作为不同数据的模拟编码依据,就可以对应三种不同的编码方式,即幅度键控(ASK)、频移键控(FSK)、相移键控(PSK)。这三种编码的调制(即进行波形变换)后的波形如图 1.3 所示。

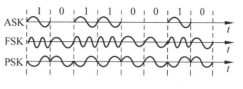

图 1.3　模拟数据编码

**1. 幅度键控**

在幅度键控中,两个二进制数值分别用两个不同振幅的载波信号表示。通常用有载波信号表示"1",用无载波信号或载波信号振幅为零表示"0",具体表示为

$$u(t)=\begin{cases} u_m\sin(\omega t+\varphi) & \text{二进制数字``1''} \\ 0 & \text{二进制数字``0''} \end{cases}$$

幅度键控实现容易,技术简单,但采用电信号传输时,抗电磁干扰能力较差,调制效率低。光纤介质上常采用 ASK 编码方法。

**2. 频移键控**

在移频键控中,两个二进制数值分别用两个不同频率的载波信号表示,具体表示为

$$u(t)=\begin{cases} u_m\sin(\omega_1 t+\varphi) & \text{二进制数字``1''} \\ u_m\sin(\omega_2 t+\varphi) & \text{二进制数字``0''} \end{cases}$$

频移键控实现容易,技术简单,抗电磁干扰能力强,是最常用的调制方式。

**3. 相移键控**

在相移键控中,用载波信号的相位偏移表示数据。相移键控可分为绝对相移键控和相对相移键控两种,最简单的绝对相移键控——二相位 PSK,具体表示为

$$u(t)=\begin{cases} u_m\sin(\omega t+\pi) & \text{二进制数字``1''} \\ u_m\sin(\omega t+0) & \text{二进制数字``0''} \end{cases}$$

## 1.3.2　数字数据编码

数字数据编码就是将二进制数字数据用两个电平来表示,形成矩形脉冲电信号进行传输。由频谱分析理论可知,理想的方波信号包含从零到无限高的频率成分,由于传输线中不可避免地存在分布电容,故允许传输的带宽是有限的。所以要求波形完全不失真的传输是不可能的。为了与线路传输特性匹配,除很近距离传输外,一般可用低通滤波器将矩形整形成为变换点比较圆滑的基带信号;在接收端,则在每个码元的最大值(中心点)处取样复原。

根据矩形脉冲信号电平的极性,数字数据编码可以分为单极性码与双极性码;根据矩形脉冲信号在一个脉冲周期内是否返回零电平,数字数据编码又可以分为归零码(RZ)与非归零码(NRZ)。

**1. 单极性码与双极性码**

单极性码的信号电平是单极性的,如逻辑"1"用高电平表示,逻辑"0"用零电平表示,如图 1.4(a)和图 1.4(b)所示。

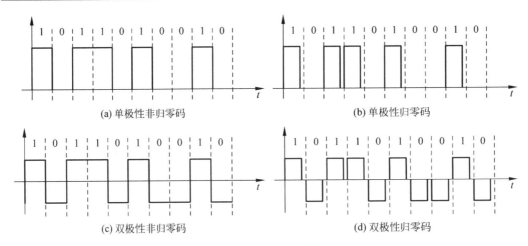

(a) 单极性非归零码　　　　　　　　　　　　(b) 单极性归零码

(c) 双极性非归零码　　　　　　　　　　　　(d) 双极性归零码

**图 1.4　数据编码类型**

双极性码的信号电平为正、负两种极性的,如逻辑"1"用正电平表示,逻辑"0"用负电平表示的信号表达方式称为双极性码,如图 1.4(c)和图 1.4(d)所示。

2. 归零码与非归零码

在每一位二进制信息传输之后均返回到零电平的编码称为归零码。例如,其逻辑"1"只在该码元时间中的某段(如码元时间的一半)维持高电平后就回复到低电平,如图 1.4(b)和图 1.4(d)所示。

相对地,在整个码元时间内维持有效电平称为非归零码,如图 1.4(a)和图 1.4(c)所示。

3. 曼彻斯特编码

由图 1.4 可以看出,对于双极性归零码,每个时钟周期内,数据电平都要跳变回零电平。显然,接收端很容易从双归零码分理出发送端的时钟周期。因此,采用双极性归零码通信,便于收发双方保持同步。但是,双极性归零码存在正电平、零电平、负电平三种状态,计算机不能直接生成、辨识,需要专门的收发器。因此,人们对双极性归零码进行了改进,得到了曼彻斯特编码。

曼彻斯特编码是一种常用的基带信号编码,它同双极性归零码一样,具有内在的时钟信息,因而能使网络上的每一个系统保持同步。同时,曼彻斯特编码是一种单极性码,只有正电平和零电平两种状态,计算机能够直接生成和辨识。曼彻斯特编码将矩形脉冲信号的下降沿作为逻辑"1",将上升沿作为逻辑"0"。在实际传输过程中,每个矩形脉冲信号的时钟周期被分为等间隔的两段,前半个周期传输的是数据本身,后半个周期传送的则是数据的反码。这样,在一个矩形脉冲周期内,其中间时刻总有一次信号电平的变化,从而实现了在传输信号的同时不需要再另外传送同步信号。曼彻斯特编码过程与波形如图 1.5 所示。

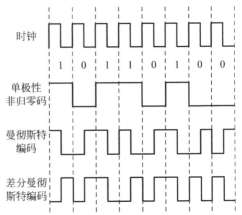

**图 1.5　曼彻斯特编码及差分曼彻斯特编码过程与波形**

4. 差分码

上述编码都是利用电平来表示逻辑"1"和"0",这就要求信号线在连接时,极性不能接反。为了避免接线时对极性的要求,有时可以利用电平的变化与否来代表逻辑"1"和"0",表现形式就是前后时钟周期内信号波形的相位是否反相。这种编码方式称为差分码。显然,差分码不可能是归零码。例如,对于曼彻斯特编码,电平变化代表逻辑"1",不变化代表逻辑"0",即时钟跳变时,信号也跳变变化为 0,不变为 1,且在每个码元(时钟)正中间的时刻,一定有一次电平转换。波形如图 1.5 所示。这种改进型的曼彻斯特编码,称为差分曼彻斯特编码。如果采用差分曼彻斯特编码,则对于利用双绞线作为传输介质的通信网络,在连接设备时,就可以不必考虑信号线的极性了。

差分码可以通过一个 JK 触发器来实现。当计算机输出为"1"时,JK 端均为"1",时钟脉冲使触发器翻转;当计算机输出为"0"时,JK 端均为"0",触发器状态不变,实现了差分码。

# 1.4　数据传输方式

## 1.4.1　并行通信与串行通信

数据的传输分为串行通信与并行通信。

并行通信,是数据的字节或字节的各位字以成组的方式在多个并行信道上同时传输,每位单独使用一条线路,这一组数据通常是 8 位、16 位或 32 位。每组数据传输时,由一条附加的"选通锁存"信号线来通知接收端,作为双方的同步之用。并行通信的通信速度较高,且不必过多地考虑同步问题。但在长距离的传输中,并行传输会带来通信电缆费用的大量增加。因此,并行通信适用于距离较近的数据通信,通常小于 10m。计算机中以及计算机与临近的高速设备间通常采用并行通信方式。而需要进行长距离传输时,则一般采用串行通信。

串行通信,是指数据的各位字以串行方式在一条信道上逐位传输。串行通信易于实现,比较便宜,长距离连接中比并行通信更可靠,传送距离通常可达几十至几千米,甚至更远。但是串行通信的传输速度要慢得多,并且需要注意传输中的同步问题。

并行通信和串行通信的工作情况如图 1.6 所示。对于网络化监控系统,大多采用串行通信方式,目的是为了在长距离间有效地传送数据,并尽可能减少通信线的条数。

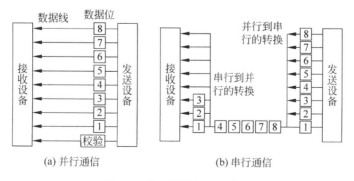

图 1.6　并行通信和串行通信

### 1.4.2　单工、半双工和全双工通信

按照信号在信道上传送方向与时间的关系,可以将通信方式分为单向通信、双向交替通信和双向同时通信,也就是常说的单工通信、半双工通信和全双工通信,工作模式如图1.7所示。

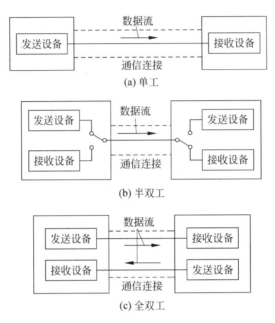

图 1.7　单工通信、半双工和全双工通信

1. 单工通信

在单工通信方式中,信道是单向信道,信号只能向一个方向传输,发送端和接收端是固定的,无法进行反向的通信。单工通信方式多用于无线广播、有线广播或电视广播,在数据通信系统中很少采用。

2. 半双工通信

在半双工通信中,信道的信号可以双向传输,但两个方向只能交替进行,而不能同时进行;通信双方都可以是发送端和接收端,不过在任意同一时刻,一方只能是发送端或接收端,通信双方只能在一个方向上传输信息。对讲机就采用了这种通信方式,RS-485、CAN总线也采用半双工通信。

3. 全双工通信

全双工通信中的信道可以同时进行双向传输,通信双方可以同时是发送端和接收端,一方的发送端与另一方的接收端相连。全双工和半双工相比,全双工的效率高,但结构复杂,成本也较高。RS-232、RS-422采用的就是全双工通信方式。

### 1.4.3　同步传输和异步传输

所谓同步,就是要求接收端按照发送端所发送码元的重复频率及起止时间来接收数据,使收发双方在时间基准上保持一致。同步是数字数据传输过程中要解决的一个重要问题。

因为数据是按位传输的,如果发送端发送的速率和接收端接收的速率不一致,那么接收端收到的将是不正确的信息,如图 1.8 所示。为了达到同步的目的,接收方校正自己的时间基准与重复频率的过程称为同步过程。

在串行通信中,数据是一位一位依次传输的,同步问题尤为重要,因为发送方和接收方步调的不一致很容易导致"漂移"现象,从而使数据传输出现错误。串行通信常用的传输方法有异步传输方式和同步传输方式。

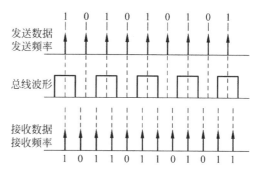

图 1.8　收发两端速率不一致时,
接收端数据错误

1. 异步传输

异步传输方式又称起止同步传输方式或群同步传输方式,它是在"位同步"基础上的同步,它要求发送端与接收端必须保持一个群内的同步。在异步传输方式中,数据传输的单位是字符,每个字符作为一个独立的整体进行发送。为了识别字符或进行字符同步,在每个发送的字符前后各加入一位或多位信息,以表示一个字符的开始和结束。没有数据发送时,线上为空闲状态,相当于逻辑"1"时的电平,每个字符前附加一个起始位,等同于逻辑"0"。起始位传输过后,发送方就以一定的速率发送字符的各个位,接收方以同样的速率接收,字符代码后附加有 1、1.5 或 2 个结束位,有时中间还具有奇偶校验位,如图 1.9 所示。每个字符都按照一个独立的整体进行发送,传输过程中,每个字符可以以不同速率发送,各字符的发送时间间隔也是任意的,因此称为异步传输。RS-232、RS-485 都采用异步传输方式。

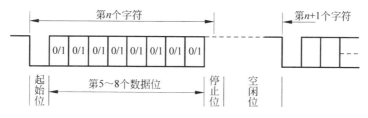

图 1.9　异步传输方式

由上可见,异步传输方式下,在一个字符的传输过程中,收发双方基本保持同步,所谓的异步只是指字符间间隔的不确定性。而所说的基本同步,是指双方的同步并不基于同一个时钟,会有一定的差异,位数越多,差异越明显。在异步传输中,每次只传送一个字符,并且每次都进行同步关系的校正,不会造成误差积累。异步传输对时钟要求不高,实现简单、容易,但是每个字符都要有一定的附加位,数据量大时不如同步传输效率高。

2. 同步传输

同步传输中的数据传输单位是帧,每帧含有多个字符,字符间没有间隙,字符前后也没有起始位和停止位,如图 1.10 所示。同步传输中的同步包括位同步和帧同步两个层次。

(1) 位同步。在传输过程中,接收端接收的每一位数据信息都要和发送端准确地保持同步。实现位同步的方法有外同步法和自同步法(或内同步法)。在发送数据前,发送端先向接收端发一串同步的时钟,接收端按照这一时钟频率调整接收时序,把接收时钟重复频率

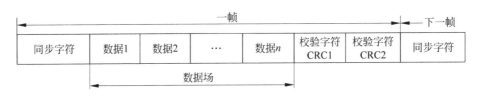

图 1.10 同步传输方式

锁定在接收的同步频率上,然后按照同步频率接收数据,这种方法称为外同步法,比如 $I^2C$ 总线采用的就是外同步。自同步法是从数据信号波形本身提取同步信号的方法,时钟信号与传输信息可以同时传输到接收端,如数字信号采用曼彻斯特编码和差分曼彻斯特编码,由于这两种编码都是自同步编码,编码本身都带有同步信号,因此接收方可以从接收到的信号中分离出同步时钟。

(2)帧同步。帧同步是在每个帧的开始和结束部位都附加标志序列,接收端通过检测这些标志,实现与发送端帧级别上的同步。

异步传输方式实现简单,传输中的一个错误只影响一个字符的正确接收,每个字符的起始位都给该字符的位同步提供时间基准,对线路上发送和接收设备的要求较低,但传输效率低。同步传输方式对发送端和接收端的要求较高,但同步传输方式由于取消了每个字符的起始位和停止位,因此传输效率高于异步传输方式,适用于高速数据通信。大多数现场总线采用异步传输方式,而工业以太网则采用同步传输方式。

### 1.4.4 多路复用技术

在同一条通信线路上,实现同时传送多路信号的技术叫作多路复用技术。常用的多路复用技术有时分多路复用、频分多路复用和波分多路复用。

时分多路复用(Time Division Multiplexing,TDM)是在传输时把时间分成小的时间片,每一时间片由复用的一路信号占用,各路信号在微观上是串行传送的,在宏观上是并行传送的。时分多路复用如图 1.11 所示,它广泛应用于数字通信中,计算机网络系统也使用 TDM 技术。

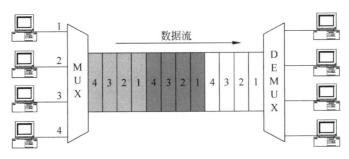

图 1.11 时分多路复用

频分多路复用(Frequency Division Multiplexing,FDM)是将多路信号分别调制到互不交叠的频段来进行传输,各路信号在微观上是并行传送的,如图 1.12 所示。FDM 的缺点是各路信号之间易互相干扰,多用于模拟通信中。

波分多路复用(Wavelength Division Multiplexing,WDM)是在光纤信道上使用的频分

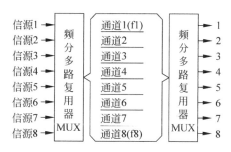

图 1.12 频分多路复用

多路复用的一个变种，它是在光波频率范围内，把不同波长的光波，按一定间隔排列在一根光纤中传送，即将光纤可工作的有效波长划分为多个波段，通过棱柱或光栅将不同的波段合成到一根共享光纤上，如图 1.13 所示。WDM 多用于光纤通信中。

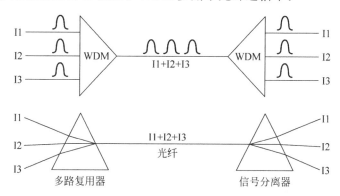

图 1.13 波分多路复用

### 1.4.5 基带传输和频带传输

原始电信号所占用的频率范围就叫基本频带（简称基带），这种原始电信号称为基带信号。数字信号的基本频带为从 0 到若干兆赫。基带传输是指在基本不改变数据信号频率的情况下，在数字通信中按照数据信号的原始波形直接传送数据的基带信号，不采用任何调制措施。在基带传输方式下，信道中只有一个信号频率，所有的数据传输都只能使用这个频率。基带传输是目前广泛应用的数据传输方式。基带传输系统无须使用调制解调器，设备费用低，适用于短距离的数据传输系统中。

与基带相对应的是宽带，宽带传输的信道中有多个信号频率，不同的数据可以通过使用不同的频率在同一传输介质上进行传输。目前大部分计算机局域网，包括控制局域网，都采用基带传输方式，其特点如下。

（1）信号按数据位流的基本形式传输，整个系统不用调制解调器，这使得系统价格低廉。

（2）系统可采用双绞线或同轴电缆作为传输介质，也可采用光缆作为传输介质。

（3）与宽带网相比，基带网的传输介质比较便宜，并且可以达到较高的数据传输速率，一般为 1～10Mb/s，但其传输距离一般不超过 25km。传输距离加长，传输质量会降低。

（4）基带网的线路工作方式一般只能为半双工方式或单工方式。

频带传输是指将基带信号进行调制后形成的模拟信号送到线路上进行传输的传输方式。前面基带传输中的理论分析同样适用于频带传输。利用电话信道传输数据就是典型的频带传输实例。电话通信信道具有网络成熟、覆盖范围广、造价低等优点,但其信道带宽较小,数据传输速率低、效率低。频带传输中使用数据的模拟编码方法,传输过程中要使用调制解调技术,频带传输在发送端和接收端都要设置调制解调器。频带传输适合于长距离的数据传输,而且能够实现多路复用。

# 1.5　数据传输介质

传输介质就是在通信的发送方和接收方之间传输电信号的物理介质,也是通信中实际传送信息的载体。传输介质有很多种,每一种传输介质由于它们各自不同的性能特点,使得它们对诸如数据传输速率、通信距离、数据传输的可靠性、成本和安装维护的难易度等方面均有很大的影响。选择传输介质时,可以参考以下几个主要特性。

(1) 物理特性:传输介质物理结构的描述。

(2) 传输特性:传输介质的传输容量、传输的频率范围。

(3) 连通特性:允许点-点或多点连接。

(4) 地理范围:传输介质最大传输距离。

(5) 抗干扰性:传输介质防止噪声与电磁干扰的能力。

传输介质主要有架空明线、双绞线、同轴电缆、光缆、无线与卫星通信等。其中最常用的传输介质是双绞线、同轴电缆和光缆。

## 1.5.1　双绞线

双绞线是最普通的传输介质,既能传输模拟信号,也能传输数字信号。电话线就是一种双绞线。

双绞线电缆中封闭着一对或一对以上的双绞线,在其外面再包上硬的护套。每一对双绞线由两根绝缘铜导线按一定密度互相绞合在一起,这样可以降低信号干扰的程度。在每根铜导线的绝缘层上分别涂以不同的颜色以示区别。双绞线常用 RJ-45 接头与其他网络设备连接。

### 1. 物理特性

双绞线由按规则螺旋结构排列的两根或 4 根绝缘线组成。一对线可以作为一条通信线路,各个线对螺旋排列的目的是使各线对之间的电磁干扰最小。

### 2. 传输特性

双绞线最广泛的应用是语音信号的模拟传输。在一条双绞线上使用频分多路复用技术可以进行多个音频通道的多路复用。如每个通道占用 4kHz 带宽,并在相邻通道之间保留适当的隔离频带,双绞线使用的带宽可达 268kHz,可以复用 24 条音频通道的传输。

使用双绞线或调制解调器传输模拟数据信号时,数据传输速率可达 9600b/s,24 条音频通道总的数据传输速率可达 230b/s。

3. 连通特性

双绞线可以用于点-点连接,也可用于多点连接。

4. 地理范围

双绞线的通信距离可达几千米到十几千米。但当通信距离长时,要加放大器或中继器,最大距离可达 15km;用于 10Mb/s 局域网时,与集线器的距离最大为 100m。

5. 抗干扰性

双绞线的抗干扰性取决于一束线中相邻线对的扭曲长度及适当的屏蔽。在低频传输时,其抗干扰能力相当于同轴电缆。在 10~100kHz 时,其抗干扰能力低于同轴电缆。

双绞线分为非屏蔽双绞线(UTP)和屏蔽双绞线(STP)两种类型。两者的区别在于:STP 比 UTP 在其中的双绞线与外层绝缘胶皮之间增加了一个铅箔或铜编丝网屏蔽层,如图 1.14 所示,目的是提高双绞线的抗干扰性能、减小辐射、防止信息被窃听,同时使得网络具有较高的数据传输速率。STP 价格较高,安装也较复杂,因而主要是在安全性要求比较高的网络环境或某些特殊场合(如电磁辐射严重)的布线中使用。UTP 一般用于无特殊要求的网络布线,其价格相对便宜、尺寸小,且组网灵活。

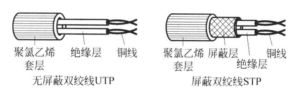

图 1.14　非屏蔽双绞线和屏蔽双绞线

双绞线适合工业现场低速、低成本的需求,带宽与材料有关,允许点-点或多点连接,距离与速率成反比,低速时可达 15km,其抗干扰性一般。国际电子工业协会(EIA)根据双绞线的电气特性,将 UTP 分为 5 个等级,如表 1.1 所示。它们的主要差别在于其缠绕的绞距,等级越高的双绞线,绞合得越紧密,因此抗干扰能力也越强,传输性能也越好。

表 1.1　UTP 等级划分

| 类　　型 | 对 | b/s | 特　　点 |
| --- | --- | --- | --- |
| CAT1 | 2 | 20k | 传输声音 |
| CAT2 | 4 | 4M | 很少用于现代网 |
| CAT3 | 4 | 10M | 通常用于低速网 |
| CAT4 | 4 | 20M | 用在 16M 令牌环和 10M 以太网 |
| CAT5 | 4 | 100M | 用在 100M 以太网中,支持高速网络 |
| CAT5＋ | 4 | 200M | 用在 1000M 以太网中,支持高速网络 |
| CAT6 | 4 | 600M | |

## 1.5.2　同轴电缆

同轴电缆是网络中应用十分广泛的传输介质之一。

1. 物理特性

同轴电缆由内导体铜芯线、绝缘层、网状编织的外导体屏蔽层及塑料保护层构成,如

图 1.15 所示。这种结构使铜芯线与网状导体同轴,因此称为同轴电缆。同轴介质的特性参数由内、外导体及绝缘层的电参数和机械尺寸决定。同轴电缆的价格贵于双绞线。

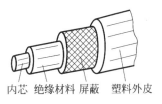

内芯 绝缘材料 屏蔽 塑料外皮

**图 1.15 同轴电缆**

广泛使用的同轴电缆有两种:一种是 $50\Omega$ 的同轴电缆,另一种是 $75\Omega$ 的同轴电缆。根据直径的不同,同轴电缆又分为细缆和粗缆两种。

2. 传输特性

根据同轴电缆通频带的特性,同轴电缆可以分为基带同轴电缆和宽带同轴电缆两类。基带同轴电缆一般仅用于数字数据信号传输,通常就是 $50\Omega$ 的同轴电缆。宽带同轴电缆可以使用频分多路复用方法,将一条宽带同轴电缆的频带划分为多条通信信道,使用各种调制方案,支持多路传输。宽带同轴电缆也可以只用于一条通信信道的高速数字通信,此时称其为单通道宽带。宽带同轴电缆通常是 $75\Omega$ 的同轴电缆。

3. 连通特性

同轴电缆支持点-点连接,也支持多点连接。宽带同轴电缆可支持数千台设备的连接;基带同轴电缆可支持数百台设备的连接。

4. 地理范围

基带同轴电缆最大距离限制在几千米范围内,而宽带同轴电缆最大距离可达几十千米。一般情况下,同轴电缆的数据传输速率与传输距离成反比,即传输速率越高,传输距离就越短。

5. 抗干扰性

同轴电缆的自身结构使其抗干扰能力较强,其屏蔽性能和抗干扰性能优于双绞线,它具有较高的带宽和较低的误码率。

### 1.5.3 光缆

光纤是光导纤维的简称,光纤和同轴电缆相似,只是没有网状屏蔽层,中心是光传播的玻璃芯。多条光纤组成一束就构成光纤电缆,简称光缆,如图 1.16 所示。

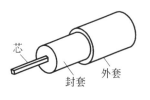

芯 封套 外套

(a) 一根光纤侧面图

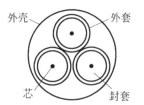

外壳 外套 芯 封套

(b) 一根光缆(含三根光纤)剖面图

**图 1.16 光缆**

光纤通信是利用光纤传递光脉冲来进行通信,有光脉冲相当于 1,没有光脉冲相当于 0。为使光纤能传输信号,光线两端需配有光发射机和光接收机。光发射机执行从电信号到光信号的转换,在接收端再由光接收机将光信号转换成电信号。实现电光转换的通常是发光二极管或注入型激光二极管,实现光电转换的是光敏二极管或光敏晶体管。光纤传输的信息是光信号而不是电气信号,因此光纤传输的信号不会受电磁干扰的影响。

1. 物理特性

光纤是一种直径为 $50\sim100\mu m$ 的、柔软的、能传导光波的介质。各种玻璃和塑料可以用来制作光纤,其中用超高纯度石英玻璃纤维制作的光纤可以得到最低的传输损耗。在折射率较高的单根光纤外面用折射率较低的包层包裹起来,就可以构成一条光纤通道,多条光纤组成一束就构成光纤电缆。

2. 传输特性

光导纤维通过内部的全反射来传输一束经过编码的光信号。由于光纤的折射系数高于外部包层的折射系数,因此可以形成光波在光纤与包层界面上的全反射。光纤可以看作频率为 $10^{14}\sim10^{15}\,Hz$ 的光波导线,这一范围覆盖了可见光谱与部分红外光谱。以小角度进入的光波按全反射方式沿光纤向前传播。

光纤按传输点模数的不同分为单模光纤和多模光纤两类。所谓单模光纤,是指光纤的光信号仅与光纤轴成单个可分辨角度的单光纤传输,而多模光纤的光信号与光纤轴成多个可分辨角度的多光纤传输,如图 1.17 所示。单模光纤的纤芯直径更小,传输的频带宽,通信容量大,其传输性能优于多模光纤。

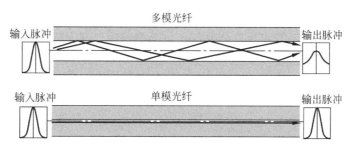

**图 1.17　多模光缆与单模光纤**

3. 连通特性

光纤最普遍的连接方法是点-点方式,在某些实验系统中也可采用多点连接方式。

4. 地理范围

光纤信号衰减极小,它可以在 $6\sim8km$ 距离内不使用中继器,实现高速率数据传输。

5. 抗干扰性

光纤不受外界电磁干扰与噪声的影响,能在长距离、高速度传输中保持低误码率。双绞线典型的误码率在 $10^{-6}\sim10^{-5}$ 之间,基带同轴电缆误码率 $<10^{-7}$,宽带同轴电缆误码率 $<10^{-9}$。而光纤误码率可以低于 $10^{-10}$。光纤传输的安全性与保密性极好。

用光缆作传输介质优点很多,如传输频带非常宽、数据传输速率非常高、传输损耗小、中继距离长、抗电磁干扰性能很强、在长距离高速率传输中能保持低误码率、保密性好、重量轻、体积小等。因此,光缆是数据传输中最有效、性能最好、最有前途的一种传输介质。但是,目前光纤衔接和分支都比较困难,只适用于点-点连接方式,而且光纤和光电接口的价格比较高。因此,光缆的应用受到一定的限制,目前主要用于对传输速率要求很高、抗干扰能力要求极强的主干网上。

## 1.5.4　无线与卫星通信信道

在某些特殊场合,不适合布置网络连接线,此时需要采用无线通信方式。无线通信的传播距离远,容易穿过障碍物,全方向传播,但是极易受到电磁干扰。因此,在监控网络中,无线通信主要用于封闭空间内的信号传输。通常无线通信使用的频率在 3MHz～1GHz。无线通信包括长波通信、短波通信、微波通信。所谓微波,是指频率在 100MHz 以上的无线电波,其能量集中于一点并沿直线传播,典型的工作频率为 2GHz、4GHz、8GHz、12GHz。卫星通信就是卫星和地面站之间的微波通信系统。工业 ZigBee、工业蓝牙、Wi-Fi 均属于微波通信。

# 1.6　局域网络拓扑结构

由于计算机的广泛使用,为用户提供了分散而有效的数据处理与计算能力。计算机和以计算机为基础的智能设备一般除了处理本身业务之外,还要求与其他计算机彼此沟通信息、共享资源、协同工作,于是,出现了用通信线路将各计算机连接起来的计算机群,以实现资源共享和作业分布处理,这就是计算机网络。Internet 就是当今世界上最大的非集中式的计算机网络的集合,是全球范围成千上万个计算机连接起来的互联网,并已成为当代信息社会的重要基础设施——信息高速公路。

计算机网络的种类繁多,分类方法各异。按地域范围可分为远程网和局域网。远程网的跨越范围可从几十千米到几万千米,其传输线造价很高。考虑到信道上的传输衰减,远程网的传输速度不能太高,一般小于 100kb/s。若要提高传输速率,就要大大增加通信费用,或采用通信卫星、微波通信技术等。局域网络的距离只限于几十米到数十千米以内,其传输速率较高,在 0.1～100Mb/s 间,误码率很低,为 $10^{-11}$～$10^{-8}$,具有多样化的通信媒体,如同轴电缆、光缆、双绞线、电话线等。

网络的拓扑结构是指网络中节点的互连形式。网络中互连的点称为节点或站,节点间的物理连接结构称为拓扑。局域网通常分布在一个有限的地理范围内,具有比较稳定和规范的拓扑结构。局部网络通常有 4 种基本拓扑结构:星状、环状、总线型和树状,如图 1.18 所示,还有在此基础上的混合拓扑结构和网状拓扑结构。

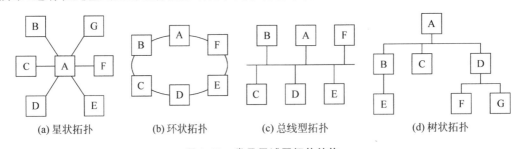

(a) 星状拓扑　　　(b) 环状拓扑　　　(c) 总线型拓扑　　　(d) 树状拓扑

图 1.18　常见局域网拓扑结构

## 1.6.1　星状结构

在星状拓扑中,每个站通过点-点链路连接到中央节点,任何两站之间通信都通过中央节点进行。中央节点是主节点,它接收各分散节点的信息再转发给相应节点,具有中继交换和数据处理功能。一个站要传输数据,先向中央节点发出请求,要求与目的站建立连接,连接建立后,该站才向目的站发送数据。一旦两个节点建立了连接,则在这两点间就像是一条专用线路连接起来一样,进行数据传输。这种拓扑结构采用集中式通信控制策略,所有通信均由中心节点控制,中央节点必须建立和维持许多并行数据通路。因此,中央节点的作用和意义就显得非常突出和重要。但除了中央节点之外,其他每个站的通信处理负担很小,只需满足点较小的链路简单通信要求,实现简单。星状拓扑结构如图 1.18(a)所示。

星状结构的特点如下。

(1) 网络结构简单,便于控制和管理,建网容易。

(2) 网络延迟时间短,传输错误率较低。

(3) 网络可靠性较低,一旦中央节点出现故障将导致全网瘫痪。

(4) 网络资源大部分在外围点上,相互节点必须经过中央节点才能转发信息。

(5) 通信线路都是专用线路,利用率不高,故网络成本较高。

## 1.6.2　环状结构

在环状拓扑中,各节点通过环接口连于一条首尾相连的闭合环状通信线路中,网络中有许多中继器进行点-点链路连接。中继器接收前站发来的数据,然后按原来速度一位一位地从另一条链路发送出去。链路是单向的,数据按事先规定好的方向(顺时针或逆时针)从一个节点单向传送到另一节点。当传送信息的目的地值与环上的某节点的地址相等时,信息才被该节点的环接口接收,否则继续向下传送。由于多个工作站要共享环路,需有某种访问控制方式,确定每个站何时能向环上插入分组。它们一般采用分布控制,每个站有存取逻辑和收发控制。环状拓扑结构如图 1.18(b)所示。

环状结构的特点如下。

(1) 信息流在网络中是沿固定的方向流动,故两个节点之间仅有唯一的通路,简化了路径选择控制。

(2) 环路中每个节点的收发信息均由环接口控制,控制软件较简单。

(3) 环路中,当某节点故障时,可采用旁路环的方法,提高了可靠性。

(4) 环结构其节点数的增加将影响信息的传输效率,故扩展受到一定的限制。

环状拓扑正好与星状拓扑相反。星状拓扑的网络设备仅有一台,因而需有较复杂的网络处理功能,工作站负担较小。环状拓扑的网络设备较多,有的工作站就是中继器,因而需提供拆包和存取控制逻辑等较复杂的功能。环状拓扑的中继器之间可使用高速链路(如光纤),因此环状拓扑与其他拓扑相比,可提供更大的吞吐量,适用于工业环境,但在网络设备数量、数据类型、可靠性方面存在某些局限。环状拓扑结构较适合于信息处理和自动化系统中使用,是微机局部网络中常用的结构之一。特别是 IBM 公司推出令牌环网之后,环状拓扑结构就被越来越多的人所采用。

## 1.6.3　总线型结构

在总线型拓扑中,传输介质是一条总线,各节点经其接口,通过一条或几条通信线路与公共总线连接。任何节点的信息都可以沿着总线传输,并且能被任一节点接收。树状拓扑是总线型拓扑的扩展形式,传输介质是不封闭的分支电缆。它和总线型拓扑一样,一个站发送数据,其他都能接收。由于信息传输方向是从发送节点向两端扩散,因此,总线型结构和树状拓扑结构又称为多点式或广播式网络。总线型网络的接口内具有发送器和接收器。接收器接收总线上的串行信息,并将其转换为并行信息送到节点;发送器则将并行信息转换成串行信息广播发送到总线上。当在总线上发送的信息目的地址与某一节点的接口地址相符时,传送的信息就被该节点接收。因为所有节点共享一条传输链路,一次只允许一个站发送信息,需有某种存取控制方式,确定下一个可以发送的站。此外,由于一条公共总线具有一定的负载能力,因此总线长度有限,其所能连接的节点数也有限。总线型拓扑结构如图 1.18(c)所示。

总线型结构的特点如下。

(1) 结构简单灵活,扩展方便。

(2) 可靠性高,网络响应速度快。

(3) 共享资源能力强,便于广播式工作。

(4) 设备少,价格低,安装和使用方便。

(5) 由于所有节点共用一条总线,因此总线上传送的信息容易发生冲突和碰撞,故不太适用于实时性要求高的场合。

总线型结构是目前使用最广泛的结构,也是一种最传统的主流网络结构,该种结构最适于信息管理系统、办公室自动化系统、教学系统等领域的应用。

### 1.6.4　树状结构

如果把多个总线型或星状网连在一起,或连到另一个大型计算机或一个环状网上,就形成了树状拓扑结构,这在实际应用环境中是非常需要的。树状拓扑的适应性很强,如对网络设备的数量、数据率和数据类型等没有太多限制,可达到很高的带宽。树状拓扑结构在单个局域同系统中采用不多。树状拓扑结构是典型的分层结构,非常适合分主次、分等级的层次型管理和控制系统。树状拓扑结构如图 1.18(d)所示。

树状结构的特点如下。

(1) 通信线路总长度较短,联网成本低,易于扩展,但结构较星状复杂。

(2) 网络中除叶节点外,任一节点或连线的故障均影响其所在支路网络的正常工作。

# 1.7　媒体访问控制技术

### 1.7.1　载波侦听多路访问/冲突检测

CSMA/CD 即载波侦听(CSMA)和冲突检测(CD)。CSMA/CD 访问控制方式主要用于总线型和树状网络拓扑结构、基带传输系统。要传输数据的站点首先对媒体上有无载波进行监听,以确定是否有别的站点在传输数据。如果媒体空闲,该站点便可传输数据;否则,该站点将避让一段时间后再做尝试。需要有一种退避算法来决定退让时间,常用的有以下三种算法。

(1) 非坚持 CSMA:当信道忙时,不坚持监听,延迟一个随机时间再监听,一旦监听到信道空闲,也是立即发送。

(2) P-坚持 CSMA:是 1-坚持型策略的折中方案。一旦监听到信道空闲时,以概率 $p$

发送数据。

（3）1-坚持 CSMA：当信道忙时，一直坚持监听，一旦监听到信道空闲，立即发送（以概率 1 发送数据）。

工作站在 CSMA/CD 网络上进行传输时，必须按下列 5 个步骤来进行，如图 1.19 所示。

（1）传输前侦听总线电缆；

（2）如果电缆忙则等待；

（3）如果不忙，则传输并检测冲突；

（4）如果冲突发生，重传前等待；

（5）重传或夭折。

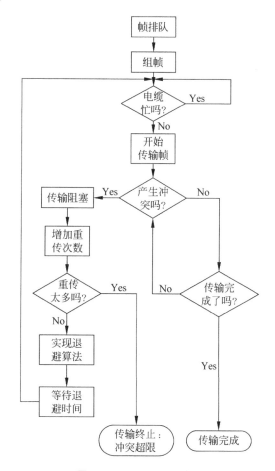

**图 1.19　CSMA/CD 传输**

CSMA/CD 的接收方式如图 1.20 所示。

（1）浏览收到的数据包并且校验是否成为碎片；

（2）检验目标地址；

（3）如果目标是本地工作站，则校验数据包的完整性；

（4）处理数据包。

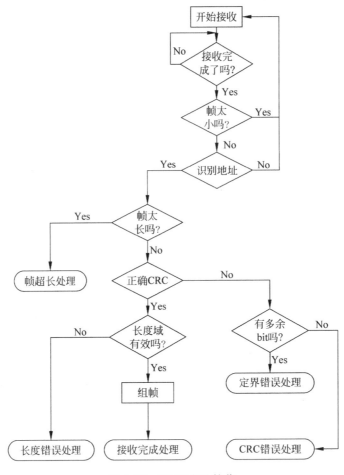

**图 1.20　CSMA/CD 接收**

CSMA/CD 方式的主要特点:原理比较简单,技术上较易实现,网络中各工作站处于同等地位,不要集中控制,但这种方式不能提供优先级控制,各节点争用总线,不能满足远程控制所需要的确定延时和绝对可靠性的要求。此方式效率高,但当负载增大时,发送信息的等待时间较长。

### 1.7.2　令牌环访问控制

令牌控制方法是通过在环状网上传输令牌的方式来实现对介质的访问控制。它是按照所有站点共同理解和遵守的规则,可以从一个站点到另一个站点传递控制令牌,一个站点只有当它占有令牌时,才能发送数据帧,帧中包括接收站的地址,以标识哪一站应接收此帧。帧在环上传送时,不管帧是否是针对自己工作站的,所有工作站都进行转发,直到回到帧的始发站,并由该始发站撤销该帧。帧的意图接收者除转发帧外,应针对自身站的帧维持一个副本,并通过在帧的尾部设置"响应比特"来指示已收到此副本。发完帧之后,即把令牌传递给下一个站点,其操作次序如下。

(1) 首先建立逻辑环,将所有站点同物理媒体相连,然后产生一个控制令牌;

(2) 令牌由一个站点沿逻辑环传递到另一个站点,直到等待发送帧的那个站点接收;

（3）该站点把要发送的帧利用物理媒体发送出去，然后将控制令牌沿逻辑环传递给下一站点。

发送站点在从环中移去数据帧的同时还要检查接收站载入该帧的应答信息，若为肯定应答，说明发送的帧已被正确接收，完成发送任务。若为否定应答，说明对方未能正确收到所发送的帧，原发送站点需要在带空标记的令牌第二次到来时，重发此帧。采用发送站从环上收回帧的策略，不仅具有对发送站点自动应答的功能，而且还具有广播特性，即可有多个站点接收同一个数据帧。

假定 A 站点向 C 站点发送帧，其工作原理如图 1.21～图 1.24 所示。

第 1 步：工作站 A 等待令牌从上游邻站到达本站，以便有发送机会。

第 2 步：工作站 A 将帧发送到环上，工作站 C 对发往它的帧进行复制，并继续将该帧转发到环上。

第 3 步：工作站 A 等待接收它所发的帧，并将帧从环上撤离，不再向环上转发。

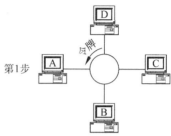

图 1.21　第 1 步

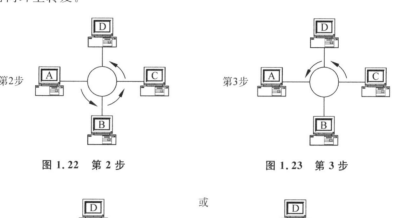

图 1.22　第 2 步　　　　　　　图 1.23　第 3 步

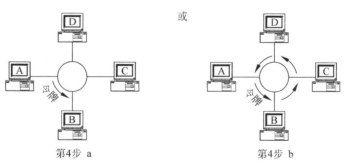

第4步 a　　　　　　　　　第4步 b

图 1.24　第 4 步

第 4 步 a：当工作站 A 接收到帧的最后一比特时，便产生令牌，并将令牌通过环传给下游邻站，随后对帧尾部的响应比特进行处理。

第 4 步 b：当工作站 A 发送完最后一个比特时，便将令牌传递给下游工作站，所谓早期释放。

第 4 步分为 a、b 两种方式，可以选择其中之一。如前所述，在常规释放时选择第 4 步 a，在早期释放时选择第 4 步 b。还应指出，当令牌传到某一工作站，但无数据发送时，只要简单地将令牌向下游转发即可。令牌环控制方式的优点是它能提供优先权服务,有很强的实时性,在重负载环路中,"令牌"以循环方式工作,效率较高。其缺点是控制电路较复杂,令牌容易丢失。但 IBM 在 1985 年已解决了实用问题,近年来采用令牌环方式的令牌环网实用性已大大增强。

### 1.7.3　令牌总线访问控制法

令牌总线主要用于总线型或树状网络结构中。它的访问控制方式类似于令牌环,但它是把总线型或树状网络中的各个工作站按一定顺序如按接口地址大小排列形成一个逻辑环。只有令牌持有者才能控制总线,才有发送信息的权力。信息是双向传送,每个站都可检测到其他站点发出的信息。在令牌传递时,都要加上目的地址,所以只有检测到并得到令牌的工作站,才能发送信息。它不同于 CSMA/CD 方式,可在总线和树状结构中避免冲突,类似于课堂上使用学号作为顺序发言,如图 1.25 所示。

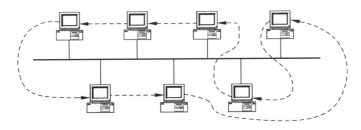

**图 1.25　令牌总线访问控制**

这种控制方式的最大优点是具有极好的吞吐能力,且吞吐量随数据传输速率的增高而增加,并随介质的饱和而稳定下来但并不下降;各工作站不需要检测冲突,故信号电压容许较大的动态范围,联网距离较远;有一定实时性,在工业控制中得到了广泛应用。其主要缺点在于其复杂性和时间开销较大,轻负载时,线路传输效率低。

### 1.7.4　时槽环

时槽环只用于环状网的媒体控制访问,这种方法对每个节点预先安排一个特定的时间片段(即时槽段),每个节点只能在时槽内传输数据。若数据较长,可用多个时槽来传输。

时槽环采用集中控制方式,这种方法首先由环中被称为监控站的特定节点起动环,并产生若干个固定位数的二进制数字比特串,这种比特串即称为时槽。时槽不停地绕环从一个站点传递到另一个站点。当一个站点收到时槽时,由该站点的接口阅读后再将其转发到环的下一个站点,如此一直循环下去。监控站确保总有一个固定数目的时槽绕环传送,而不考虑组成环的站点数目。每个时槽能携带一个固定尺寸的信息帧。

时槽环初始化时由监控站将每个时槽开头的满/空位置于空状态。当某个站点想要发送帧时,首先要得到一个空时槽,然后将该时槽的满/空位置为满状态,将数据的内容插入时槽中,同时在帧的头部插入目的地址和源地址,并将帧尾部的两个响应位全置为 1,然后发送该时槽帧,使它绕物理环从一个站点至下一个站点传送。环中每个站对任何置满的时槽头部的目的地址进行检测,如果检测到是自己的地址,则认为该时槽的帧是要接收的帧,它就从时槽中阅读该帧数据内容,同时通过环将它转发。阅读该帧内容后,修改时槽尾部的一对响应位,表明它已读过该帧。如果目的地站点忙或者拒收,则响应位做相应的标记,或保留不做改变。源站点在起动一个帧发送之后,要等到该帧绕环一周,由于每个站均知道环上时槽总数,由环接口对时槽转发计数可知道所发帧的到来。之后,源站点一收到发送该帧所用时槽的第一个比特时,它就重新标记该时槽为空,并等待阅读时槽尾部的响应位,以确定是否应舍弃已被发送的该帧拷贝,或者重发该帧。由于采用了响应位,就不需要设置独立的响应帧。

监控站传递位由监控站用于监测各个站点发送的帧是否有差错或站点有无故障,该位由源站点在发送帧时置"0"。当满时槽在环接口上转发时,由监控站对每一个满时槽的该位置"1"。如果监控站在其转发某个满时槽时,测得监控站传递位已被置为1,就认为源站点有故障,便可将该帧的满/空位置为空,并释放空时槽。时槽尾部的两个控制位是提供给高层协议使用的,在媒体访问控制层中没有意义。

需特别指出,对于时槽环媒体访问方法,每个站点每次只能传送一个帧,并在想要传送另一个帧之前,首先必须释放传输前一帧所有的时槽。由此可见,对环的访问体现出公平性,并被各个互连的站点所共享。

时槽环的主要优点是结构简单,节点间相互干扰少、可靠性高。时槽环的主要缺点:为保持基本环结构而需要一个特定的监控站节点。一个完整的链路层帧通常需要多个时槽传送,故开销大,效率较低。在绕环一周时间内,每站只能发一帧信息,如只有上一个站点有多帧信息要发送,则许多时槽是空循环。

# 1.8　数据交换技术

交换是网络实现数据传输的一种手段。所谓"交换",就是按照需要来设定源节点和目的节点之间的通信路径。网络中的节点相互之间一般是部分连接的,较少有全连接的结构(即网络上每一个节点和其他所有节点都有通信线路连接),因此,一般节点间的通信需经过中转节点的转接才能实现。在计算机网络中,数据交换方式分为三类:线路交换、报文交换、分组交换。

## 1.8.1　线路交换

线路交换与电话交换系统类似,在两个节点交换数据之前,要在网络中先建立一个实际的物理线路连接。这种连接技术称为线路交换。线路交换通过网络中的节点在两个站之间建立一条专用的物理线路进行数据传送,传送结束再"拆除"线路,即线路交换存在三个通信过程:建立线路、传送数据、拆除线路。

例如图 1.26 中,$S_1$ 要把报文 $M_1$ 传送给站 $S_3$,可以有多条路径,比如路径 $N_1 \to N_2 \to N_3$ 或 $N_1 \to N_7 \to N_3$ 等。首先站 $S_1$ 向节点 $N_1$ 申请与站 $S_3$ 通信,按照路径算法(如路径短、等待时间短等),节点 $N_1$ 选择

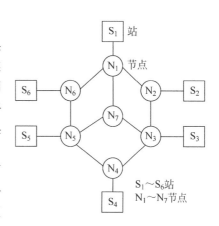

图 1.26　数据交换技术

$N_7$ 为下一个节点,节点 $N_7$ 再选 $N_3$ 为下一个节点,这样站 $S_1$ 经节点 $N_1 \rightarrow N_7 \rightarrow N_3$ 与站 $S_3$ 建立了一条专用的物理线路。然后站 $S_1$ 向 $S_3$ 传送报文,报文传送周期结束,立即"拆除"专用线路 $N_1 \rightarrow N_7 \rightarrow N_3$,并释放占用资源。

线路交换的特点是:需要建立一条源节点到目的节点的专用路径,线路建立时间较长;线路建立后,报文传送的实时性好,各节点延迟时间短;但是线路建立后,即使没有数据传送,别的站也不能用线路上的节点,因而线路的利用率低;此外,不同数据传输速率和不同数据代码格式之间的用户不能进行交换。

为了提高利用率,可采用报文交换。

### 1.8.2　报文交换

报文交换不需要在两个站之间建立一条专用线路,发送站将目的站名附在报文上,将报文交给节点传送,直到目的站。

仍然以图 1.26 中站 $S_1$ 要把报文 $M_1$ 传送给站 $S_3$ 为例。首先站 $S_1$ 把目的站 $S_3$ 的名字附加在报文上,再把报文交给节点 $N_1$。节点 $N_1$ 存储这个报文,并且决定下一个节点为 $N_7$,但是要在节点 $N_1 \rightarrow N_7$ 的线路上传输这个报文,还要进行排队等待。当这段线路可用时,就把报文发送到节点 $N_7$。节点 $N_7$ 继续仿照上述过程,把报文发送到节点 $N_3$,最后到达站 $S_3$。

报文交换的优点是:报文可以分时共享一条节点到节点的线路,线路的利用率高;报文可包括多个目的站名,能把一个报文发送到多个目的站。但是,报文交换也存在明显的缺点:报文要在节点排队等待,延长了报文到达目的站的时间。

### 1.8.3　分组交换

分组交换综合了线路交换和报文交换的优点。首先,将前面所说的报文分成若干个报文段,并在每个报文段上附加传送时所必需的控制信息,如图 1.27 所示。然后,这些报文段经不同的路径分别传送到目的站。目的站再将这些报文段拼装成一个完整的报文。对于这些报文段,称为报文分组,它是分组交换中的基本单位。分组交换与报文交换的形式差别就在于:不是以报文为单位,而是以报文分组为单位进行传送。

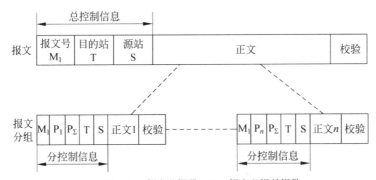

$P_1 \sim P_n$:报文分组号,$P_\Sigma$:报文分组总组数

**图 1.27　数据报文分组交换**

报文分组的优点:提高了数据在网络中的传输速度;简化了存储管理;减少了出错几率和重发数据量;便于采用优先级策略,或及时传送一些紧急数据。报文分组的缺点:仍

然存在传输延时；每个分组都要加上源、目的地址、分组编号等信息，一定程度上降低了通信效率；分组到达节点后需要对分组编号排序。

由于报文大小变化很大，这就为存储报文的缓冲器的分配带来困难。而且，由于报文的长度大，使得因出错而带来的出错重发量增加，会影响传输效率。但是，报文交换控制简单，易于实现。报文分组交换由于每次交换的信息量少，各分组又可选择不同的转发路径，因此它比报文交换具有更大的灵活性。

# 1.9　差错控制技术

所谓差错，就是在数据通信中，接收端接收到的数据与发送端发出的数据不一致的现象。差错产生的原因，通常是由于热噪声和冲击噪声而引起的。在计算机网络中，一般要求误码率低于 $10^{-6}$。

差错控制是指在数据通信过程中，发现差错并对差错进行纠正，从而把差错限制在数据传输所允许的、尽可能小的范围内的技术和方法。差错控制的目的是使用一些方法发现差错并加以纠正。通常在信息码元的基础上增加一些冗余码元，冗余码元与信息码元之间存在一定的关系。传输时，将信息码元与冗余码元组成码组（码字）一起传输。

不同的码字长度影响了编码的差错检测能力。例如，一个事物有"有""无"两种状态，若用一位码元表示，则"1"表示有，"0"表示无，在出现传输错误时，接收端无法发现；若用两位码元组成的码组表示，则"11"表示有，"00"表示无，接收端可以发现一位错误；若用三位码元组成的码组表示，则"111"表示有，"000"表示无，接收端可以发现一位错误和两位错误。如果考虑出现一位错的概率远大于出现两位错的概率，并认为两位错极少出现，则接收端可以对一位错进行纠错。

两个等长码组之间对应位不同的数目称为这两个码组的海明距离，简称码距。例如，两个码字 11000010 和 11100011 中，有两位不同，则它们的海明距离为 2。一般来说，码距越大，编码的检错和纠错能力越强。但是随着冗余码的增加，传输效率将降低，而且过多的冗余码也增加了传输出现错误的可能性，因此，选择编码还应考虑信道的误码率。

根据对码组处理方式的不同，差错控制的方式基本上有两类：一类是在码组中带有足够的冗余信息，以便在接收后能够发现并自动纠正传输差错，简称校正；另一类是在码组仅包含足以使接收端发现差错的冗余信息，靠重发保证正确传输，简称检错重发方式，这种方式实现比较简单。

无论是校正方式，还是检错重发方式，都有很多具体的编码方法。常用的差错校正法有海明码，常用的差错检测法有奇偶校验码和循环冗余。

## 1.9.1　海明码

1. 工作原理

海明码是一种简单实用的一位错校正编码，它的码组长度 $n$、冗余校验位长度 $r$ 和码组中的最大数据位长度 $k$ 满足下列关系：

$$\begin{cases} n = 2^r - 1 \\ k = n - r \end{cases}$$

显然,冗余校验位长度越长,码组传输数据的效率越高。当数据长度 $k$ 不能满足上式的最大数据位长度值时,可以用固定的数据位填充。

在海明码的编码过程中,冗余码从左至右依次填充到 $2^j (j=0,1,\cdots,r-1)$ 的位置上,码组中剩余位填充数据位,如下式所示。

$$2^0\ 2^1\ 2^2\ 2^3\ 2^4 \cdots$$
$$P_1\ P_2\ *\ P_3\ *\ *\ *\ P_4\ *\ *\ *\ *\ *\ *\ *\ P_5 \cdots$$

其中, $*$ 表示信息码, $P$ 表示冗余校验数据码。即位号为 2 的幂的位(如 1、2、4、8、16 等,位号从左边第 1 位开始编号)是校验位,其余位(如 3、5、6、7、9 等)是数据位。分组码中每个校验位和某几个特定的信息位构成(偶或奇)检验关系。校验位数 $r$ 必须满足: $2r \geqslant k+r+1$。

如果冗余码的位数为 $r$,则存在这样一个 $(2^r-1)$ 行 $\times r$ 列的编码矩阵,矩阵元素等于 0 或 1,并且每一行的元素所组成的二进制编码等于行数的二进制编码。对于海明纠错码,要求码组数据与这一矩阵相乘满足下列关系:

$$(P_1\quad P_2\quad *\quad P_3\quad *\quad *\quad *\quad P_4\quad *\quad *\quad \cdots) \begin{pmatrix} B_1 \\ B_2 \\ \vdots \\ B_{2^r} \end{pmatrix} = (l_1\quad l_2\quad \cdots\quad l_r)$$

式中, $*$ 和 $P$ 仍为信息码和校验码, $B_1$ 为 $r$ 位的二进制数 1, $B_2$ 为 $r$ 位的二进制数 2, $B_{2^r}$ 为 $r$ 位的二进制数 $2r$, $l_1 = l_2 = \cdots = l_r = 0$。根据这一关系可以计算出冗余校验码。这里矩阵的乘除运算与普通矩阵的乘除运算一样,加减运算为“异或”运算。

接收端接收到数据后,将码组数据与发送方编码时用的编码矩阵相乘,若得到的行矩阵为零矩阵,说明传输正确;否则传输有错,且出错位是 $(l_1, l_2, \cdots, l_r)$ 所组成的二进制数所对应的数据位。

2. 工作过程

下面以数据信息 1101 为例,给出海明码编码、译码及校正的工作过程。

选择数据长 $k=4$,冗余码长 $r=3$,码组长 $n=7$。

由式

$$(P_1\quad P_2\quad 1\quad P_3\quad 1\quad 0\quad 1) \begin{pmatrix} 0 & 0 & 1 \\ 0 & 1 & 0 \\ 0 & 1 & 1 \\ 1 & 0 & 0 \\ 1 & 0 & 1 \\ 1 & 1 & 0 \\ 1 & 1 & 1 \end{pmatrix} = (0\quad 0\quad 0)$$

可以算出: $P_1=1, P_2=0, P_3=0$。则发送端应发送海明编码:1010101。

如果接收端接收到的数据为 1010111,则由式

$$(1 \quad 0 \quad 1 \quad 0 \quad 1 \quad 1 \quad 1) \begin{pmatrix} 0 & 0 & 1 \\ 0 & 1 & 0 \\ 0 & 1 & 1 \\ 1 & 0 & 0 \\ 1 & 0 & 1 \\ 1 & 1 & 0 \\ 1 & 1 & 1 \end{pmatrix} = (1 \quad 1 \quad 0)$$

判断传输出错,且由于 $110_2 = 6$,可以进一步判断出第 6 位出错。

将接收到的编码左数第 6 位取反,恢复出正确数据。

$$1010111 \rightarrow 1010101$$

## 1.9.2 奇偶校验码

奇偶校验码是一种最简单的检错码。奇偶校验码的编码规则是在原有数据后附加一位检验位(垂直校验),或在原数据后附加一行校验行(水平校验),使得整个码字或码组中的代码"1"的个数为奇数(称为奇校验)或偶数(称为偶校验)。

奇偶校验分为水平奇偶校验、垂直奇偶校验和水平垂直奇偶校验(又称为方阵码)等。水平奇偶校验是把数据以适当的长度划分为组,以字符组为单位,对一组字符中的相同位进行奇偶校验。垂直奇偶校验则是以字符为单位的一种校验方法。水平垂直奇偶校验则是同时进行水平和垂直奇偶校验的校验。

## 1.9.3 循环冗余码

循环冗余码(CRC)又称为多项式码,适用于每帧由多个字节组成的同步方式。这种检测方法在发送端产生一个循环冗余码,附加在数据后面一起发送至接收端。接收端也按同样的方法产生循环冗余码,将这两个校验码进行比较,若一致,则说明传输正确,否则说明传输出错。

### 1. 工作原理

循环冗余编码的方法是将要发送的数据比特序列当作一个多项式 $f_1(x)$ 的系数,在发送端用收发双方预先约定的生成多项式 $G(x)$ 去除 $f(x)$,得到一个余数多项式。余数多项式的系数就是 CRC 校验码。发送端发送的数据包含基本信息位和 CRC 校验位,将 CRC 校验位接在基本信息位之后,构成发送到接收端的多项式 $f_2(x)$。接收端用同样的生成多项式 $G(x)$ 去除 $f_2(x)$,如果计算余数多项式为零,则表示传输无差错;如果计算余数多项式不等于零,则表示传输有差错,由发送方重发数据,直至正确为止。

### 2. 工作过程

下面以数据信息 101100 为例,给出循环冗余编码、检错的工作过程。假设生成多项式为 $G(x) = x^4 + x^3 + 1$。

生成多项式对应的二进制数为 11001,其最高次幂为 4,故 CRC 校验位为 4 位。将 101100 左移 4 位,除以生成多项式 $G(x) = x^4 + x^3 + 1$,即将 1011000000 与 11001 做高位对齐求"异或"。

$$1011000000$$
$$\underline{11001}$$
$$111100000$$
$$\underline{11001}$$
$$1110000$$
$$\underline{11001}$$
$$10100$$
$$\underline{11001}$$
$$1101 \leftarrow 余数$$

发送端发送的数据为 1011001010,如果传输正确,则接收端接收到的数据多项式能够被生成多项式 $G(x) = x^4 + x^3 + 1$ 整除,即余数为零。

$$1011001101$$
$$\underline{11001}$$
$$111101101$$
$$\underline{11001}$$
$$1111101$$
$$\underline{11001}$$
$$11001$$
$$\underline{11001}$$
$$0 \leftarrow 余数$$

如果不能整除,则说明传输过程中出错,需要由发送端重新发送该信息。

**注意:**

(1) 生成多项式 $G(x)$ 的首项和尾项必须为 1;

(2) CRC 校验编码的位数就是 $G(x)$ 的最高阶次 $R$,$G(x)$ 对应的二进制数位数为 $R+1$。

3. 常用生成多项式

循环冗余码的生成多项式是要经过严格的数学分析与实验后确定的,列入国际标准的生成多项式常用的有

CRC-12:$G(x) = x^{12} + x^{11} + x^3 + x^2 + x + 1$

CRC-16:$G(x) = x^{16} + x^{15} + x^2 + 1$

CRC-CCITT:$G(x) = x^{16} + x^{12} + x^5 + 1$

CRC-32:$G(x) = x^{32} + x^{26} + x^{23} + x^{22} + x^{16} + x^{12} + x^{11} + x^{10} + x^8 + x^7 + x^5 + x^4 + x^2 + x + 1$

CAN 总线中采用的生成多项式:$G(x) = x^{15} + x^{14} + x^{10} + x^8 + x^7 + x^4 + x^3 + 1$

循环冗余码校验检错能力强,实现容易,是目前使用最广泛的检错码。循环冗余码可检测出所有奇数位错、所有双比特的错以及所有小于、等于校验位长度的突发错。可用软件或硬件来实现循环冗余码的编码、译码,很多通信用的超大规模集成电路芯片内部都可以非常方便地实现标准循环冗余码的生成与校验功能,如图 1.28 所示。

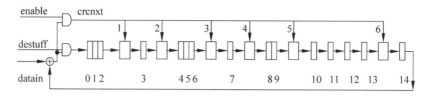

图 1.28　产生 CRC 校验码的硬件电路

# 1.10　网络互连技术

## 1.10.1　网络互连基本概念

网络互连是将分布在不同地理位置的网络、网络设备连接起来,构成更大规模的网络系统,以实现网络的数据资源共享。相互连接的网络可以是同种类型的网络,也可以是运行不同网络协议的异构网络。网络互连是计算机网络和通信技术迅速发展的结果,也是网络系统应用范围不断扩大的自然要求。网络互连要求不改变原有子网内的网络协议、通信速率、硬件和软件配置等,通过网络互连技术使原先不能相互通信和共享资源的网络间有条件实现相互通信和信息共享。此外,还要求将因连接对原有网络造成的影响减至最小。同种网络互连比较容易,而两个异构网络(不同类型的网络)由于寻址方式、分组大小、协议等均可能不同,因而异构网络互连要复杂得多。

在相互连接的网络中,每个子网成为网络的一个组成部分,每个子网的网络资源都应该成为整个网络的共享资源,可以为网上任何一个节点所享用。同时,又应该屏蔽各子网在网络协议、服务类型、网络管理等方面的差异。网络互连技术能实现更大规模、更大范围的网络连接,使网络、网络设备、网络资源、网络服务成为一个整体。

## 1.10.2　网络互连和操作系统

局域网操作系统是实现计算机与网络连接的重要软件。局域网操作系统通过网卡驱动程序与网卡通信实现介质访问控制和物理层协议。对不同传输介质、不同拓扑结构、不同媒体访问控制协议的异构网络,要求计算机操作系统能很好地解决异构网络互连的问题。LAN Manager、Netware 和 Windows NT Server 都是局域网操作系统的范例。

LAN Manager 局域网操作系统是微软公司推出的,是一种开放式局域网操作系统,采用网络驱动接口规范 NDIS,支持 Ethernet、Token-ring、ARCnet 等不同协议的网卡、多种拓扑结构和传输介质。它是基于 Client/Server 结构的服务器操作系统,具有优越的局域网操作系统性能,可提供丰富的实现进程间通信的工具,支持用户机的图形用户接口。LAN Manager 采用以域为管理实体的管理方式,对服务器、用户机、应用程序、网络资源与安全等实行集中式网络管理。通过加密口令控制用户访问,进行身份鉴定,以保障网络的安全性。

Windows NT Server 是一种具有很强联网功能的局域网操作系统。它采用网络驱动接口规范 NDIS 与传输驱动接口标准,内置多种标准网络协议如 TCP/IP、NetBIOS、NetBEUI,并允许用户同时使用不同的网络协议进行通信。微软对 NT 的设计定位是高性能工作站、服务器、大型企业网络、政府机关等异种机互连的应用环境,由 Windows NT Server 和 Windows NT Workstation 两部分共同构成完整的系统。

### 1.10.3　网络互连设备

网络互连一般都不能简单地直接相连,而是通过一个中间设备互连,国际标准化组织(ISO)定义的术语称之为中继系统,根据中继系统工作在 ISO/OSI/RM 的 7 层模型(此模型将在 1.11 节中详细介绍)的层次不同,可将互连划分为 4 个层次:物理层、数据链路层、网络层和传输层及传输层以上,与之对应的网络互连设备分别是中继器、网桥、路由器和网关。

在物理层使用中继器,通过复制位信号延伸网段长度;在数据链路层使用网桥,在局域网之间存储或转发数据帧;在网络层使用路由器,在不同网络间存储转发分组信号;在传输层及传输层以上,使用网关进行协议转换,提供更高层次的接口。因此,中继器、网桥、路由器和网关是不同层次的网络互连设备。

#### 1. 中继器

中继器又称重发器或转发器,负责在两个节点的物理层上按位传递信息,完成信号的复制、调整和放大功能,以此来延长网络的长度。由于网络节点间存在一定的传输距离,网络中携带信息的信号在通过一个固定长度的距离后,会因衰减或噪声干扰而影响数据的完整性,影响接收节点正确地接收和辨认,因而需要使用中继器。中继器接收一个线路中的报文信号,将其进行整形放大、重新复制,并将新生成的复制信号转发至下一网段或转发到其他介质段。这个新生成的信号将具有良好的波形。

但是,中继器并不是放大器。放大器从输入端读入旧信号,然后输出一个形状相同、幅值放大的新信号。放大器的特点是实时实形地放大信号,包括输入信号的失真。也就是说,放大器不能分辨需要的信号和噪声,它将输入的所有信号都进行放大。而中继器则不同,它并不是放大信号,而是重新生成信号。当接收到一个微弱或损坏的信号时,它将按照信号的原始长度一位一位地复制信号。因而,中继器是一个再生器,而不是一个放大器。

中继器一般用于方波信号的传输。中继器可分为电信号中继器和光信号中继器。它们对所通过的数据不做处理,主要作用在于延长电缆和光缆的传输距离。由于不对信号做校验等其他处理,因此即使是差错信号,中继器也会整形放大。

每种网络都规定了一个网段所容许的最大长度。安装在线路上的中继器要在信号变得太弱或损坏之前将接收到的信号还原,重新生成原来的信号,并将更新过的信号放回到线路上,使信号在更靠近目的地的地方开始二次传输,以延长信号的传输距离。安装中继器可使节点间的传输距离加长。中继器两端的数据速率、协议(数据链路层)和地址空间相同。

中继器在传输线路上的放置位置是很重要的。中继器必须放置在任一位信号的含义受到噪声影响之前。一般来说,小的噪声可以改变信号电压的准确值,但是不会影响对某一位是 0 还是 1 的辨认。如果让衰减了的信号传输得更远,则积累的噪声影响将会影响到对某位的 0、1 辨认,从而有可能完全改变信号的含义。这时原来的信号将出现无法纠正的差错,因而在传输线路上,中继器应放置在信号失去可读性之前。即在仍然可以辨认出信号原有含义的地方放置中继器,利用它重新生成原来的信号,恢复信号的本来"面目"。

中继器仅在网络的物理层起作用,它不以任何方式改变网络的功能。中继器实际上只是网段(网络中两个中继器之间或终端与中继器之间的一段完整的、无连接点的数据传输段称为网段)的互连设备,而非网络的互连设备,因为它仅仅是把一个网络扩大了,但这个网络仍然是一个网络。中继器两端连接的传输介质可以相同,也可以不同。

从理论上讲,中继器的使用个数是无限的,网络也因此可以无限延长。但事实上,这是不可能的,因为网络标准中都对信号的延迟范围做了具体的规定,如果延迟太长,协议就不能工作,因此网络中加入中继器的个数是有限制的。如以太网标准中规定,一个以太网上只允许出现 5 个网段,最多使用 4 个中继器。

2. 集线器

集线器(Hub)相当于一个有多个端口的中继器,因此也称之为多口中继器或集中器。集线器的功能是随机选出某一端口的设备,并让它独占全部带宽,与集线器的上连设备(如交换机、路由器或服务器)进行通信。

集线器按其发展过程分为无源集线器、有源集线器、智能集线器和交换式集线器。无源集线器只是把传输介质连接在一起,从一个端口接收数据然后向所有端口广播。有源集线器具有支持多种传输介质、信号放大、检测和修复数据等功能。智能集线器除具有有源集线器的全部功能外,还有网络管理等智能性功能。交换式集线器最主要的特性是可以均衡网络负载和提高网络可用带宽。

随着集线器的发展,其产品已突破了一般的概念,向综合方向发展。集线器的功能越来越多,不仅可以用来连接设备,而且可以用来互连局域网,甚至可以互连不同类型的网络。

3. 网桥

网桥又称桥接器,是存储转发设备,用来连接同一类型的局域网。网桥同时作用在物理层和数据链路层,用于各个网段或不同子网之间的连接,也可以在两个相同类型的网段之间进行帧中继。网桥接收到一个数据帧后,先将数据帧向上传送到数据链路层进行检测校验,再向下传送到物理层,通过物理传输介质送到另一个子网或网段。它具有寻址与路径选择的功能,在接收帧之后,要决定正确的路径,将帧送到相应的目的站点。

网桥可以访问所有连接节点的物理地址,因此网桥内存储了所有与它连接的节点的地址表,且这个表指出了各个节点分别属于哪个网段。节点地址表是如何生成的以及有多少个网段连接到一个网桥上,决定了网桥的类型和费用。

当一个帧到达网桥时,网桥不仅重新生成信号,同时检查帧中所包含的源地址和目的地址,将其与网桥内存储的节点地址表相比较,确定其分别属于哪个网段。如果帧的目的地址与源地址不在同一网络上,则网桥将该帧转发到目的地址所在的网段上;若目的地址与源地址在同一网络上,则网桥不转发该帧。由于网桥可以对帧进行检测,因此可以将错误的帧丢弃,从而起到了过滤帧的作用。

网桥与中继器的区别在于:中继器不处理报文,只是简单地复制报文。而网桥内存储了所有连接的节点地址表,同时需要检测帧的源地址和目的地址,能够使不同网段之间的通信相互隔离,只对包含预期接收地址的网段的信号帧进行中继。由于网桥具有过滤帧的作用,因此适当地使用网桥,将大范围的网络分成几个相互独立的网段,可以使得某一网段的传输效率提高,而各网段之间还可以通过网桥进行通信。因此,在网络上适当使用网桥,可以起到调整网络的负载、控制网络拥塞、提高整个网络传输性能的作用,同时还能够隔离出现了问题的链路。

网桥在两个或两个以上的网段之间存储或转发数据帧时,即使各个网段采用了不同数据链路层协议、不同传输速率、不同传输介质、不同电气接口,网桥都要能够解决这些问题。但网桥在任何情况下都不修改帧的结构和内容,因此,网桥要求各个互连网络在数据链路层以上应采用相同或兼容的协议,各个互连网络的地址空间也必须保持一致。

4. 路由器

路由器工作在物理层、数据链路层和网络层,对分组信息进行存储转发。路由器是在具有独立地址空间、数据速率和介质的网段间存储转发信号的设备。它比中继器和网桥更加复杂、管理功能更强,但更具灵活性,经常被用于多个局域网、局域网与广域网以及异构网络的互连。在路由器所包含的地址之间,可能存在若干路径,路由器可以为某次特定的传输选择一条最好的路径。

路由器可以在多个互连设备之间中继数据报文,对来自某个网络的数据报文确定路线,并将其发送到互连网络中任何可能的目的网络中。报文传送的目的地网络和目的地址一般存在报文中的某个位置。当报文进入时,路由器读取报文中的目的地址,然后把这个报文转发到对应的网段中。路由器会取消没有目的地的报文传输,对存在多个子网络或网段的网络系统,它是很重要的部分。

路由器如同网络中的一个节点那样工作。但是大多数节点仅仅是一个网络的成员,而路由器同时连接到两个或更多的网络中,并拥有它们所有的地址。路由器从所连接的节点上接收报文,同时将它们传送到第二个连接的网络中。当报文的目标节点位于这个路由器所不连接的网络中时,路由器有能力决走哪一个连接网络是这个报文最好的下一个中继点。一旦路由器识别出一个报文所走的最佳路径,它将通过合适的网络把数据包传递给下一个路由器。下一个路由器再检查目标地址,找出它所认为的最佳路由,然后将该数据报文送往目的地址,或送往所选路径上的下一个路由器。因此,路由器中保存着各种与传输路径相关的数据,即路由表,供路由选择时使用。如果到指定节点有一条以上的传输路径,则基于预先确定的准则选择最优路径。由于网络的连接情况可能发生变化,因此路由信息需要不断更新。网络中的每个路由器应按照路由信息协议的规定定时更新,或者按变化情况更新的规则,动态地更新其所保持的路由表,以便始终保持路由信息有效。

路由器与协议有关,不同的路由器有不同的路由器协议,支持不同的网络层协议。路由器分为单协议路由器和多协议路由器两种。单协议路由器仅仅是分组转换器,其连接的所有网段,其协议是保持一致的。多协议路由器可以支持多种协议,能为不同类型的协议建立和维护不同的路由表。

市场上有很多将网桥和路由器的功能组合起来的产品,称为桥路器。桥路器既可以当网桥使用,也可以当路由器使用。

5. 网关

网关又被称为网间协议变换器,是最复杂的网络互连设备,具有从物理层直到应用层各层的协议转换能力,用以实现不同通信协议的网络(包括使用不同网络操作系统的网络)之间的互连。由于网关在技术上与它所连接的两个网络的具体协议有关,因而用于不同网络间转换连接的网关是不相同的。

网关主要用于异构网络的互连、局域网与广域网的互连以及广域网之间的互连。由网关进行协议转换,提供更高层次的接口。网关允许在具有不同协议和报文组的两个网络之间传输数据。在报文从一个网段到另一个网段的传送中,网关提供了一种把报文重新封装形成新的报文组的方式。

网关需要完成报文的接收、翻译与发送。它使用两个微处理器和两套各自独立的芯片组,每个微处理器都知道自己本地的总线语言,在两个微处理器之间设置一个基本的翻译器,在网段之间来回传递数据。在工业数据通信中,网关最显著的应用就是把一个现场设备的信号送往另一类不同协议或更高一层的网络,例如,把 CAN 网段的数据通过网关送往工业以太网段。

# 1.11　网络参考模型

为了实现不同厂家生产的设备之间的互连操作与数据交换,国际标准化组织 ISO/TC97 于 1978 年建立了"开放系统互连"分技术委员会,起草了"开放系统互连参考模型"(OSI/RM)的建议草案,并于 1983 年成为正式的国际标准 ISO 7498。1986 年,又对该标准进行了进一步的完善和补充,形成了为实现开放系统互连所建立的分层模型,简称 ISO/OSI 参考模型。我国相应的国家标准是 GB 9387。OSI 参考模型为异种计算机互连提供了一个共同基础和标准框架,并为保持相关标准的一致性和兼容性提供了共同的参考。制定 ISO/OSI 参考模型的目的,是实现开放系统环境中的互连性、互操作性和应用的可移植性。"开放"并不是指对特定系统实现具体的互连技术或手段,而是对标准的认同。一个系统是开放系统,是指它可以与世界上任一遵守相同标准的其他系统互连通信。

OSI 参考模型是在博采众长的基础上形成的系统互连技术,它促进了数据通信与计算机网络的发展。OSI 参考模型提供了概念性和功能性结构,将开放系统的通信功能划分为 7 个层次,从连接物理介质的层次开始,分别赋予 1,2,…,7 层的顺序编号,相应地称之为物理层、数据链路层、网络层、传输层、会话层、表示层和应用层,如图 1.29 所示。各层的协议细节由各层独立进行。这样,一旦引入新技术或提出新的业务要求,就可以把因功能扩充或变更所带来的影响限制在直接有关的层内,而不必改动全部协议。

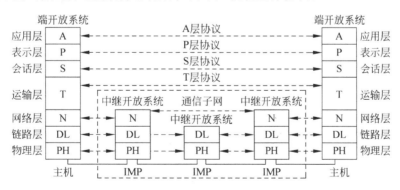

图 1.29　OSI/RM 参考模型

OSI 参考模型分层的原则是将相似的功能集中在同一层内,功能差别较大时分层处理,每层只对相邻的上下层定义接口,其分层原则如下。

(1) 层次应足够多,以避免不同的功能混杂在同一层中;但也不能太多,否则体系结构会过于庞大。

（2）在数据处理需要不同抽象级别的地方分层。

（3）每层应当实现一个定义明确的功能。

（4）每层功能的选择应该有助于制定网络协议的国际标准。

（5）选择跨过相邻边界相互作用次数最小或通信量最少的边界为层间边界。

下面从最下层开始，依次讨论 OSI 参考模型的各层。注意，OSI 模型本身不是网络体系结构的全部内容，这是因为它并未确切地描述用于各层的协议和服务，它仅仅告诉我们每一层应该做什么。不过，ISO 已经为各层制定了标准，但它们并不是参考模型的一部分，而是作为独立的国际标准公布的。

### 1.11.1　ISO/OSI/RM 参考模型

#### 1. 物理层

物理层的目的是在数据链路实体之间传送原始的二进制比特流。物理层并不是指连接的具体物理设备或具体的传输介质，它是通过提供和通信介质的连接，向上层（数据链路层）提供传送原始比特流的物理连接，使数据链路层感觉不到各种介质和通信手段存在的差异。物理层的数据以比特（bit）为单位传输，也就是方波脉冲信号。设计上必须保证发送端发出二进制"1"时，接收端收到的也是"1"而不是"0"。这里的典型问题包括：用多少伏特电压表示"1"，多少伏特电压表示"0"；一个比特持续多少微秒；传输是否在两个方向上同时进行；最初的连接如何建立和完成通信后连接如何终止；网络接插件有多少针以及各针的用途。

物理层协议规定了为正确传送二进制位信号进行建立、维持和释放物理信道，提供机械、电气、功能和规程等方面的手段以及物理层下的物理传输介质等问题。物理层协议规定的特征如下。

（1）机械特性。接口形状、尺寸、引线数目和排列方式、固定和锁定装置等。

（2）电气特性。信号线的连接方式、收发器的电气参数（包括阻抗、电平、传输速率、最大距离等）以及互连电缆的相关规定。

（3）功能特性。物理接口各信号线的用途，即说明某条线上出现的某一电平表示何种意义，如数据、控制、定时、接地等。

（4）规程特性。使用信号线实现比特流传输的操作过程中，在建立、维持和释放物理信道时通信双方在各电路上的动作序列，即信号时序的应答关系和操作过程。

物理层协议主要提供数据终端设备（DTE）和数据电路端接设备（DCE）之间的接口。DTE 是对所有联网设备的统称，如计算机和数据输入输出设备等。DCE 是指数据电路端接设备或数据通信设备，如调制解调器、通信处理机等。典型的物理层协议包括 EIA RS-232C、RS-422/485 等。

#### 2. 数据链路层

物理层在传输过程中不负责检错和纠错，这项工作由数据链路层完成。数据链路层的作用是要在不太可靠的物理链路上，通过数据链路层协议实现可靠的数据传输，为网络层提供连接服务，使物理层对网络层显现为一条无错线路。数据链路层的功能还包括在数据链路连接上按顺序传送帧，并处理回送的确认帧。帧是数据链路层传输数据的单位，典型的帧为几十、几百或几千字节。

由于物理层仅接收和传送比特流，并不关心其意义和结构，所以需要数据链路层来产生和识别帧边界。可以通过在帧的前面和后面附加上特殊的二进制编码模式来达到这一目的。如果这些二进制编码偶然在数据中出现,则必须采取特殊措施以避免混淆。将比特流分成帧很重要,成帧有很多方法,如字符计数法、带字符填充的首尾界符法、带位填充的首尾标志法等。

数据链路层把比特流分成离散的帧,并对每一帧计算出校验和。当一帧到达目的地后重新计算校验和,如果新计算出的校验和与帧中所包含的校验和不同,数据链路层就知道出错了,从而进行某种差错处理。此外,传输线路上突发的噪声干扰也可能把帧完全破坏。为了保证接收方能将接收无误的帧按正确的顺序交给网络层,通常采用的方法是重传受损或丢失的帧。这就要求接收端回发应答帧,若发送端收到了关于某帧的肯定应答,则知道此帧已正确送达,若收到否定应答或未收到应答,则说明此帧发送出错,需要重发。在发送端可以引入定时器用于判断帧是否丢失,若超时未收到帧被正确接收的应答帧,则重发丢失的帧。然而,相同帧的多次重传也可能使接收端收到重复帧。为了防止收到重复帧,通常采取对发出的各帧进行编号,这样接收方就能够辨别收到的是重复帧还是新帧。

数据链路层要解决的另一个问题(在大多数层上也存在)是防止高速发送端的数据把低速的接收端“淹没”。因此,需要有某种流量调节机制,使发送速率不要超过接收端能处理的速率。这通常需要引入某种反馈机制,使发送端知道当前接收端还有多少缓存空间,在未获得接收端允许之前禁止发送端发出下一帧。通常流量调节和出错处理同时完成。

数据链路层的协议包括同步数据链路控制(SDLC)、高级数据链路控制(HDLC)以及异步串行数据链协议等。

广播式网络在数据链路层还要处理的一个重要问题,是如何控制对共享信道的访问。数据链路层的一个特殊的子层——介质访问子层,就是专门处理这个问题的。OSI 参考模型的数据链路层在 IEEE 802 局域网标准中被分为媒体访问控制(MAC)子层与逻辑链路控制(LLC)子层,两者的关系如图 1.30 所示。由于 IEEE 802 局域网共享信道,因此,MAC 子层负责解决共享信道的媒体访问控制,LLC 子层完成通常意义下的数据链路层功能,即通过差错控制和流量控制实现无差错的数据传输。

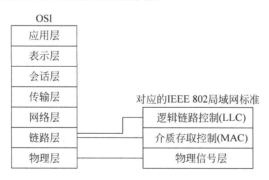

**图 1.30 OSI 模型与 IEEE 802 标准的关系**

MAC 层与介质和拓扑结构相关,对网络传输实时性的影响很大,也是近几年在应用过程中对现场总线重点改进优化的地方。

几种常用协议的 MAC 层如下。

(1) FFMAC:分布令牌。

（2）ProfibusMAC：集中令牌。

（3）LonworkMAC：P 坚持 CSMA。

（4）CANMAC：带非破坏性逐位仲裁的载波侦听多址访问（CSMA/NDBA）。

### 3. 网络层

数据链路层协议只能解决相邻两个节点间的数据传输问题，不能解决由多条链路组成通路的数据传输问题。网络层的任务就是要选择合适的路由，为传输层提供整个网络范围内两个终端用户之间数据传输的通路。在网络层，数据传送的单位是报文或报文分组。

网络层向上层（传输层）所提供的服务有两大类，即面向连接的网络服务和无连接的网络服务，这两种网络服务的具体实现就是虚电路服务和数据报服务。虚电路服务和数据报服务的区别，实质上就是将分组排序和差错控制放在网络层还是放在传输层。

网络层主要解决的是路由选择和流量控制等问题。

#### 1）路由选择

路由选择是网络层提供的最重要的一项服务。如何在网络中源节点和目的节点之间找到一条最佳的或合适的路径，这是网络层路由选择算法所要解决的问题。对路由选择算法的要求是：正确性、简单性、健壮性、公平性和最优化。路由既可以选用网络中固定的静态路由表（几乎保持不变），也可以在每一次会话开始时决定（如通过终端对话决定），还可以根据当前网络的负载状况，高度灵活地为每一个分组决定路由。

#### 2）流量控制

网络层中的流量是指计算机网络中的通信量，即网络中的报文流或分组流。当网络中流量过大时，就会导致网络节点不能及时地处理和转发所收到的分组，从而增加信息的传输时延。在网络传输过程中，网络的吞吐量（在数值上等于信道在单位时间内成功传输的总信息量，单位为 b/s）随输入负载的增大而下降，这种现象称为拥塞。当输入负载继续增大到一定程度，网络的吞吐量下降到零，网络完全不能工作，这就是网络产生了死锁。流量控制的功能就是要防止网络由于过载而引起网络数据吞吐量下降和时延增加、避免死锁、公平地在相互竞争的用户之间分配资源。

要实现流量控制是需要付出代价的。首先，需要获得网络内部流量分布的信息；另外，在实施流量控制时，也会引起信道、处理机和存储空间的额外开销。因此，在输入负载较小时，有流量控制的网络吞吐量反而小于无流量控制的网络吞吐量，必须全面衡量得失。

此外，网络层还需要解决其他问题。如果在子网中同时出现过多的分组，它们将相互阻塞通路，形成瓶颈。此类拥塞控制也属于网络层的范围。当分组不得不跨越一个网络以到达目的地时，新的问题又会产生。第二个网络的寻址方法可能和第一个网络完全不同；第二个网络可能由于分组太长而无法接收；两个网络使用的协议也可能不同等。网络层必须解决这些问题，以便异种网络能够互连。

在广播网络中，选择路由的问题很简单。因此网络层很弱，甚至不存在。

网络层常用的协议包括 X.25 协议、IP 协议等。

### 4. 传输层

传输层位于低层与高层之间，是整个协议层次结构的核心。任何进程或应用程序都可以直接访问传输服务，而不需要经过会话层和表示层。

传输层在网络层的基础上，完成端到端（即进程到进程）的差错纠正和流量控制，并实现两个终端系统间传送的分组无丢失、无重复、无差错、分组顺序正确,它使得对于高层用户来说就好像在两个传输层实体之间有一条可靠的端到端的通信连接。传输层屏蔽通信子网间的差异,例如,有的网络提供虚电路服务,有的网络提供数据报服务,向上层提供标准的完善的服务。它起着将通信子网的技术、设计和各种缺陷与上层隔离的关键作用。

此外,传输层还从会话层接收数据,在必要时把它分成较小的单元传递给网络层,并确保到达对方的各段信息正确无误,而且这些任务都必须高效率地完成。从某种意义上讲,传输层使会话层不受硬件技术变化的影响。

传输层向用户提供面向连接和无连接两种服务。如果是面向连接的服务,也需经历传输连接建立、数据传送和传输连接释放三个阶段,面向连接的传输层协议使用最广泛。

传输层的典型协议是 TCP/IP。TCP/IP 的传输层同时提供两个不同的协议:传输控制协议(TCP)和用户数据报协议(UDP)。TCP 是面向连接的、基于字节流协议,分组按顺序到达,接收端须返回分组序号给发送端,相对可靠,但网络延时相对较长。UDP 是无连接协议,主要用于不要求分组顺序到达的传输,网络延时短,但在复杂网络中容易出现数据包丢失。

### 5. 会话层

会话层以下的各层是面向通信的,而会话层以上的各层是面向应用的。会话层可以看作是用户与网络的接口,允许不同机器上的用户建立会话关系。所谓一次会话,就是两个用户进程之间为完成一次完整的通信而建立一个会话连接。会话层的基本任务是实现两主机之间原始报文的传输。会话层的目的就是对合作的会话服务用户之间的对话进行有效的组织和同步,并对它们之间的数据交换进行管理。

会话层允许进行类似传输层的普通数据的传输,并提供了对某些应用有用的增强服务会话,也可被用于远程登录到分时系统或在两台机器间传递文件。

### 6. 表示层

表示层以下的 5 层关心的是可靠地传输数据,而表示层关心的是所传输的数据信息的语法和语义,即数据的意义不变。语法是指数据的表示规则,即对比特流的解释方法。语义是指数据的内容及其含义,如对于一串数字,它到底是解释成邮政编码还是电话号码。表示层的任务就是把发送端计算机的数据编码成适合于传输的比特流,传送到接收端后再解码,在保持数据含义不变的条件下,转换成用户需要的形式。表示层的主要功能有数据转换、数据加密和数据压缩等。

### 7. 应用层

应用层是为应用进程提供访问 OSI 环境的手段,也是用户使用 OSI 功能的唯一窗口。

应用进程之间的通信在传输层就已基本解决。在传输层与应用层之间增加会话层和表示层的原因是:不同类型应用的应用进程之间在协作时所表现出来的行为有许多相似的特征,因此将这些相似特征提取出来,由会话层和表示层实现,可简化应用进程的设计与实现。

应用层的内容主要取决于用户的需要,各用户可以自行决定要完成什么功能和使用什么协议,该层包含的网络应用程序可以由专门的公司提供,也可由用户自行开发。应用层涉及的主要问题包括分布数据库、分布计算技术、网络操作系统和分布操作系统、远程文件传输、电子邮件、终端电话及远程作业录入与控制等。需要注意的是,和一般计算机网络的应用层不同,监控网络的应用层大多是面向工业现场底层控制过程的。

### 1.11.2 TCP/IP 参考模型

TCP/IP 的历史源于 ARPANET 的研究。1969 年,美国国防部下属的高级研究项目署资助了一个项目,该项目通过电话线路把分布在全美各地的计算机连成一个网络,被称为 ARPANET。逐渐地,它通过租用的电话线连接了数百所大学和政府部门。后来,当各种不同类型的网络要加入 ARPANET 中时,如卫星和无线网络,现有的协议在和它们互连时出现了问题,需要一种新的参考体系结构。为了解决这些问题,人们制定了一系列协议,并以其中的两种重要协议(TCP 和 IP)命名为 TCP/IP 参考模型。因此,人们通常所说的 TCP/IP 实际上是一个庞大的协议族,它不仅包括网络层和传输层的协议,也包括应用层的一些协议。无缝隙地连接多个网络的能力,是 TCP/IP 参考模型从一开始就确定的主要设计目标。

TCP/IP 参考模型是在 OSI 参考模型基础上发展起来的,两者中的各个层并不完全对等,对比图如图 1.31 所示。

| 层 | ISO/OSI | TCP/IP | |
|---|---|---|---|
| 7 | 应用层 | 应用层 | Telnet、FTP、SMTP、DNS 等 |
| 6 | 表示层 | 空 | |
| 5 | 会话层 | 空 | |
| 4 | 传输层 | 传输层 | TCP、UDP |
| 3 | 网络层 | 互联网层 | IP |
| 2 | 数据链路层 | 主机至网络层 | ARPANET、LAN、分组无线网等 |
| 1 | 物理层 | | |

**图 1.31 TCP/IP 参考模型与 OSI 参考模型对比**

#### 1. 互联网层

所有的这些需求导致了基于无连接互联网络层的分组交换网络。这一层被称为互联网层,它是整个体系结构的关键部分。它的功能是使主机可以把分组发往任何网络并使分组独立地传向目标(可能经由不同的网络)。这些分组到达的顺序和发送的顺序可能不同,因此如果需要按顺序发送及接收时,高层必须对分组排序。必须注意到这里使用的"互联网"是基于一般意义的,虽然因特网中确实存在互联网层。

这里不妨把互联网层和邮政系统做个对比。某个国家的一个人把一些国际邮件投入邮箱,一般情况下,这些邮件大都会被投递到正确的地址。这些邮件可能会经过几个国际邮件通道,但这对用户是透明的。而且,每个国家(每个网络)都有自己的邮戳,要求的信封大小也不同,而用户是不知道投递规则的。

互联网层定义了正式的分组格式和协议,即 IP 协议。互联网层的功能就是把 IP 分组发送到应该去的地方。分组路由和避免阻塞是这里主要的设计问题。由于这些原因,可以认为 TCP/IP 互联网层和 OSI 网络层在功能上非常相似。

#### 2. 传输层

在 TCP/IP 模型中,位于互联网层之上的那一层,现在通常被称为传输层。它的功能是使源端和目标端主机上的对等实体可以进行会话,和 OSI 的传输层作用一样。这里定义了两个端到端的协议。第一个是传输控制协议(TCP)。它是一个面向连接的协议,允许从一台机器发出的字节流无差错地发往互联网上的其他机器。它把输入的字节流分成报文段并传给互联网层。在接收端,TCP 接收进程把收到的报文再组装成输出流。TCP 还要处理流量控制,以避免快速发送方向低速接收方发送过多报文而使接收方无法处理。第二个协议是用户数据报协议(UDP)。它是一个不可靠的、无连接协议,用于不需要 TCP 的排序和流量控制能力而是自己完成这些功能的应用程序。它也被广泛地应用于只有一次的、客户/服务器模式的请求-应答查询以及快速递交比准确递交更重要的应用程序,如传输语音或影像。自从这个模型出现以来,IP 已经在很多其他网络上实现了。

### 3. 应用层

TCP/IP 模型没有会话层和表示层。由于没有需要,所以把它们排除在外。来自 OSI 模型的经验已经证明,它们对大多数应用程序都没有用处。

传输层的上面是应用层,它包含所有的高层协议。最早引入的是虚拟终端协议、文件传输协议和电子邮件协议。虚拟终端协议允许一台机器上的用户登录到远程机器上并且进行工作。文件传输协议提供了有效地把数据从一台机器移动到另一台机器的方法。电子邮件协议最初仅是一种文件传输,但是后来为它提出了专门的协议。这些年来又增加了不少的协议,例如域名服务(DNS)用于把主机名映射到网络地址;网络新闻传输协议(NNTP)用于传递新闻文章;还有超文本传输协议,用于在万维网上获取主页等。

### 4. 主机至互联网层

互联网层的下面什么都没有,TCP/IP 参考模型没有真正描述这一部分,只是指出主机必须使用某种协议与网络连接,以便能在其上传递 IP 分组。这个协议未被定义,并且随主机和网络的不同而不同。

## 1.11.3　几种常用现场总线的通信模型

具有 7 层结构的 OSI 参考模型可支持的通信功能是相当强大的。作为一个通用参考模型,需要解决各方面可能遇到的问题,需要具备丰富的功能。作为工业数据通信的底层控制网络,要构成开放互连系统,应该如何制定和选择通信模型,7 层 OSI 参考模型是否适应工业现场的通信环境,简化型是否更适合于控制网络的应用需要,这是应该考虑的首要问题。

在工业生产现场存在大量的传感器、控制器、执行器等,它们通常相当零散地分布在一个较大范围内;对由它们组成的控制网络,其单个节点面向控制的信息量不大,信息传输的任务相对也比较简单,但对实时性、快速性的要求较高。如果按照 7 层模式的参考模型,由于层间操作与转换的复杂性,网络接口的造价与时间开销显得过高。为满足实时性要求,也为了实现工业网络的低成本,现场总线采用的通信模型大都在 OSI 模型的基础上进行了不同程度的简化。不过,控制网络的通信参考模型仍然以 OSI 模型为基础。几种典型现场总线的通信参考模型与 OSI 模型的对照如图 1.32 所示。

在图 1.32 中,Modbus 协议只规定了应用层,而对其他所有层都没有定义。通常,Modbus 协议以串行链路作为物理层和数据链路层,或借助 TCP/IP 实现应用层。

| 层 | ISO/OSI | Modbus | CAN 总线 |
|---|---|---|---|
| 7 | 应用层 | Modbus 应用协议 | 用户自定义 |
| 6 | 表示层 | 空 | 空 |
| 5 | 会话层 | 空 | 空 |
| 4 | 传输层 | 空 | 空 |
| 3 | 网络层 | 空 | 空 |
| 2 | 数据链路层 | Modbus 串行链路协议 | CAN 数据链路层 |
| 1 | 物理层 | 空 | CAN 物理层 |

**图 1.32　OSI 参考模型与 Modbus 和 CAN 的分层比较**

在图 1.32 中,作为 ISO 11898 标准的 CAN 只采用了 OSI 模型的下面两层,即物理层和数据链路层。这是一种应用广泛,可以封装在集成电路芯片中的协议。要用它实际组成一个控制网络,只需要增添应用层以及其他约定即可。

# 思　考　题

1. 填空题

(1) 数据通信系统一般由信源和信道组成。

(2) 通信信道根据使用方式可分为专用信道与公共交换信道,根据传输介质可分为有线信道与无线信道等。

(3) 总线上命令者与响应者之间的"连接—数据传送—脱开"这一操作序列称为一次总线交易,或者称为一次总线操作。

(4) 寻址过程是命令者与一个或多个从设备建立联系的一种总线操作,通常有以下三种寻址方式:物理寻址、逻辑寻址、广播寻址。

(5) 设二进制离散信源,数字 0 或 1 以相等的概率出现,则每个符号的信息量为＿＿＿＿＿b。

(6) 数据传输速率是每秒传输二进制信息的位数,单位为 b/s。

(7) 信号传输速率是单位时间内通过信道传输的码元数,单位为波特,记作 Baud。

(8) 数据传输速率的公式为 $S = \dfrac{1}{T}\log_2 N\ (\text{b/s})$,信号传输速率的计算公式为 $B = \dfrac{1}{T}$,其中 $T$ 为一个数字脉冲信号的宽度(全宽码)或重复周期(归零码)单位为秒;$N$ 为一个码元所取的离散值个数。

(9) 信噪比,指信号传输过程中,信号平均功率与噪声平均功率之比。

(10) 分别改变幅度、频率或相位作为不同数据的模拟编码依据,就可以对应三种不同的编码方式,即幅度键控(ASK)、频移键控(FSK)、相移键控(PSK)。

(11) 根据矩形脉冲信号电平的极性,数字数据编码可以分为单极性码与双极性码;根据矩形脉冲信号在一个脉冲周期内是否返回零电平,数字数据编码又可以分为归零码(RZ)与非归零码(NRZ)。

(12) 数据的传输分为串行通信与并行通信。并行通信是数据的字节或字节的各位字以成组的方式在多个并行信道上同时传输,每位单独使用一条线路,这一组数据通常是 8 位、16 位或 32 位。

（13）按照信号在信道上传送方向与时间的关系,可以将通信方式分为单向通信、双向交替通信和双向同时通信,也就是对应常说的单工通信、半双工通信和全双工通信。

（14）串行通信常用的传输方法有异步传输方式和同步传输方式。

（15）在同一条通信线路上,实现同时传送多路信号的技术叫作多路复用技术。常用的多路复用技术有时分多路复用、频分多路复用和波分多路复用。

（16）原始电信号所占用的频率范围就叫基本频带(简称基带),这种原始电信号称为基带信号。

（17）传输介质主要有架空明线、双绞线、同轴电缆、光缆、无线与卫星通信等。其中最常用的传输介质是双绞线、同轴电缆和光缆。

（18）广泛使用的同轴电缆有两种：一种是 $50\Omega$ 的同轴电缆,另一种是 $75\Omega$ 的同轴电缆。

（19）光纤按传输点模数的不同分为单模光纤和多模光纤两类。

（20）局部网络通常有 4 种基本拓扑结构：星状、环状、总线型和树状。还有在此基础上的混合拓扑结构和网状拓扑结构。

（21）为解决在同一时间有多个设备同时争用共享信道的问题,需要使用某种媒体访问控制(MAC)技术,以便协调各设备使用共享信道的顺序,在设备之间正常完成交换数据的任务。在随机访问方式中,常用的总线技术为 CSMA/CD。在控制访问方式中则常用令牌总线、令牌环。

（22）CSMA/CD 被形象地称为"先听再讲、边讲边听"。采用以下三种 CSMA 载波侦听协议,第一种为不坚持 CSMA,第二种为 1-坚持 CSMA,第三种为 P-坚持 CSMA。

（23）在计算机网络中,数据交换方式分为三类：线路交换、报文交换、分组交换。

（24）将令牌访问原理应用于总线型网络,就构成了令牌总线方式。

（25）线路交换与电话交换系统类似,在两个节点交换数据之前,要在网络中先建立一个实际的物理线路连接。

（26）线路交换通过网络中的节点在两个站之间建立一条专用的物理线路进行数据传送,传送结束再"拆除"线路,即线路交换存在三个通信过程：建立线路、传送数据、拆除线路。

（27）根据对码组处理方式的不同,差错控制的方式基本上有两类：校正方式、检错重发方式。

（28）物理层协议规定了为正确传送二进制位信号进行建立、维持和释放物理信道提供机械、电气、功能和规程等方面的手段以及物理层下的物理传输介质等问题。物理层协议规定的特征是：机械特性、电气特性、功能特性、规程特性。

（29）物理层在传输过程中不负责检错和纠错,这项工作由数据链路层完成。

（30）网络层的任务就是要选择合适的路由,为传输层提供整个网络范围内两个终端用户之间数据传输的通路。

（31）网络层向上层(传输层)所提供的服务有两大类,即面向连接的网络服务和无连接的网络服务,这两种网络服务的具体实现就是虚电路服务和数据报服务。

2. 选择题

(1)（　A　）传输是目前广泛应用的数据传输方式。这种传输无须使用调制解调器，设备费用低，适用于短距离的数据传输系统中。

　　A. 基带　　　　　　　B. 宽带　　　　　　　C. 频带　　　　　　　D. 混合

(2)（　C　）拓扑中，每个站通过点-点链路连接到中央节点，任何两站之间通信都通过中央节点进行。

　　A. 总线型　　　　　　B. 环状　　　　　　　C. 星状　　　　　　　D. 树状

(3)在（　B　）拓扑中，各节点通过环接口连于一条首尾相连的闭合环状通信线路中，网络中有许多中继器进行点-点链路连接。

　　A. 总线型　　　　　　B. 环状　　　　　　　C. 星状　　　　　　　D. 树状

(4)在（　A　）拓扑中，传输介质是一条总线，各节点经其接口，通过一条或几条通信线路与公共总线连接。任何节点的信息都可以沿着总线传输，并且能被任一节点接收。

　　A. 总线型　　　　　　B. 环状　　　　　　　C. 星状　　　　　　　D. 网状

3. 判断题

(1)为了提高数据传送操作的速度，有些总线系统采用了位(bit)传送方式，从而加快了长距离的数据传送速度。（错）

(2)事件出现(发生)的可能性越小，则概率越小，信息量越少。（错）

(3)事件出现(发生)的可能性越大，则概率越大，信息量越多。（错）

(4)当码元所取的离散个数 $N=2$ 时，即传输的为二进制时，数据的传输速率与信号的传输速率相等。（对）

(5)信道容量与数据传输速率的区别是，前者表示信道的最大数据传输速率，是信道传输数据能力的极限，而后者是实际的数据传输速率。（对）

(6)误码率——二进制数据位传输时出错的概率，它是衡量数据通信系统在正常工作情况下的传输可靠性的指标。（对）

(7)以太网传输介质采用 RJ-45 接口的采用的是双绞线。（对）

(8)双绞线的抗干扰性取决于一束线中相邻线对的扭曲长度及适当的屏蔽。在低频传输时，其抗干扰能力相当于同轴电缆。在 $10\sim100\mathrm{kHz}$ 时，其抗干扰能力低于同轴电缆。（对）

(9)多模光纤的纤芯直径更小，传输的频带宽，通信容量大，其传输性能优于单模光纤。（错）

(10)在星状和总线型拓扑结构中，网上设备必须共享信道。（错）

(11)某一时刻能够发送报文的站点只有一个，令牌在网络环路上不断地传送，只有拥有此令牌的站点，才有权向环路上发送报文，而其他站点仅允许接收报文。（对）

(12)报文交换需要在两个站之间建立一条专用线路，发送站将目的站名附在报文上，将报文交给节点传送，直到目的站。（错）

(13)集线器(Hub)相当于一个有多个端口的中继器，因此也称之为多口中继器或集中器。（对）

(14)物理层并不是指连接的具体物理设备或具体的传输介质。（错）

(15)数据链路层协议只能解决相邻两个节点间的数据传输问题，不能解决由多条链路

组成通路的数据传输问题。（对）

（16）路由选择是网络层提供的最重要的一项服务。如何在网络中源节点和目的节点之间找到一条最佳的或合适的路径,这是网络层路由选择算法所要解决的问题。（对）

4. 简答题

（1）设二进制离散信源,数字 0 或 1 以相等的概率出现,试计算每个符号的信息量。

**解**：二进制等概率时

$$P(1) = P(0) = \frac{1}{2}$$

$$I(1) = I(0) = -\log_2 \frac{1}{2} = 1(\mathrm{b})$$

即二进制等概率时,每个符号的信息量相等,为 1b。

（2）试计算二进制符号不等概率时的信息量。设 $P(1) = P$。

**解**：由 $P(1) = P$,有 $P(0) = 1 - P$

$$I(1) = -\log_2 P(1) = -\log_2 P(\mathrm{b})$$
$$I(0) = -\log_2 P(0) = -\log_2 (1 - P)(\mathrm{b})$$

（3）设由 5 个符号组成的信息源,相应概率为

$$\begin{bmatrix} A & B & C & D & E \\ \dfrac{1}{2} & \dfrac{1}{4} & \dfrac{1}{8} & \dfrac{1}{16} & \dfrac{1}{16} \end{bmatrix}$$

试求信源的平均信息量 $\bar{I}$。

**解**：利用式(1-7),有

$$\bar{I} = \frac{1}{2}\log_2 2 + \frac{1}{4}\log_2 4 + \frac{1}{8}\log_2 8 + \frac{1}{16}\log_2 16 + \frac{1}{16}\log_2 16$$

$$= \frac{1}{2} + \frac{2}{4} + \frac{3}{8} + \frac{4}{16} + \frac{4}{16} = 1.875(\mathrm{b/}符号)$$

（4）一信源由 4 个符号 0、1、2、3 组成,它们出现的概率分别为 3/8、1/4、1/4、1/8,且每个符号的出现都是独立的。试求某消息为 20102013021300120321010032101002310200 2010312032100120210 的信息量。

**解**：信源输出的信息序列中,0 出现 23 次,1 出现 14 次,2 出现 13 次,3 出现 7 次,共有 57 个。则出现 0 的信息量为

$$23\log_2 \frac{57}{23} \approx 30.11(\mathrm{b})$$

出现 1 的信息量为

$$14\log_2 \frac{57}{14} \approx 28.36(\mathrm{b})$$

出现 2 的信息量为

$$13\log_2 \frac{57}{13} \approx 27.72(\mathrm{b})$$

出现 3 的信息量为

$$7\log_2 \frac{57}{7} \approx 21.18(\mathrm{b})$$

该消息总的信息量为

$$I = 30.11 + 28.36 + 27.72 + 21.18 = 107.37(\text{b})$$

每一个符号的平均信息量为

$$\bar{I} = \frac{I}{\text{符号总数}} = \frac{107.37}{57} \approx 1.884(\text{b}/\text{符号})$$

上面的计算中,没有利用每个符号出现的概率,而是用每个符号在 57 个符号中出现的次数(频度)来计算的。实际上,若直接用熵的概念来计算,由平均信息量公式(1-7)可得

$$\bar{I} = \frac{3}{8}\log_2\frac{8}{3} + 2 \times \frac{1}{4}\log_2 4 + \frac{1}{8}\log_2 8 = 1.906(\text{b}/\text{符号})$$

则该消息总的信息量为

$$I = 57 \times 1.906 = 108.64(\text{b})$$

可以看出,本例中两种方法的计算结果是有差异的,原因就是前一种方法中把频度视为概率来计算。当消息很长时,用熵的概念计算比较方便,而且随着消息序列长度的增加,两种计算方法的结果将趋于一致。

(5) 普通电话线路带宽约 5kHz,则码元速率极限值是多少? 若码元的离散值个数 $N=16$,则最大数据传输速率是多少?

**解**:则码元速率极限值 $B = 2 \times H = 2 \times 5\text{k} = 10\text{k}(\text{Baud})$;

若码元的离散值个数 $N=16$,则最大数据传输速率

$$C = 2 \times H \times \log_2 N = 2 \times 5\text{k} \times \log_2 16 = 40\text{k}(\text{b/s})$$

(6) 已知信噪比为 30dB,带宽为 3kHz,求信道的最大数据传输速率。

**解**:因为 $10\lg\frac{S}{N} = 30(\text{dB})$

所以 $\frac{S}{N} = 10^{\frac{30}{10}} = 1000$

$$C = H \times \log_2\left(1 + \frac{S}{N}\right) = 3 \times \log_2(1 + 1000) \approx 30(\text{kb/s})$$

(7) 以数据信息 1101 为例,给出海明码编码、译码及校正的工作过程。

**解**:选择数据长 $k=4$,冗余码长 $r=3$,码组长 $n=7$。

由式

$$(P_1 \quad P_2 \quad 1 \quad P_3 \quad 1 \quad 0 \quad 1)\begin{pmatrix} 0 & 0 & 1 \\ 0 & 1 & 0 \\ 0 & 1 & 1 \\ 1 & 0 & 0 \\ 1 & 0 & 1 \\ 1 & 1 & 0 \\ 1 & 1 & 1 \end{pmatrix} = (0 \quad 0 \quad 0)$$

可以算出:$P_1=1, P_2=0, P_3=0$。则发送端应发送海明编码:1010101。

如果接收端接收到的数据为 1010111,则由式

$$(1 \quad 0 \quad 1 \quad 0 \quad 1 \quad 1 \quad 1) \begin{pmatrix} 0 & 0 & 1 \\ 0 & 1 & 0 \\ 0 & 1 & 1 \\ 1 & 0 & 0 \\ 1 & 0 & 1 \\ 1 & 1 & 0 \\ 1 & 1 & 1 \end{pmatrix} = (1 \quad 1 \quad 0)$$

判断传输出错,且由于 $110_2 = 6$,可以进一步判断出第 6 位出错。

将接收到的编码左数第 6 位取反,恢复出正确数据。

$$1010111 \rightarrow 1010101$$

(8) 简述中继器与放大器的区别。

中继器并不是放大器。放大器从输入端读入旧信号,然后输出一个形状相同、幅值放大的新信号。放大器的特点是实时实形地放大信号,包括输入信号的失真。也就是说,放大器不能分辨需要的信号和噪声,它将输入所有信号都进行放大。而中继器则不同,它并不是放大信号,而是重新生成信号。当接收到一个微弱或损坏的信号时,它将按照信号的原始长度一位一位地复制信号。因而,中继器是一个再生器,而不是一个放大器。

(9) 简述网桥与中继器区别。

网桥与中继器的区别在于:中继器不处理报文,只是简单地复制报文。而网桥内存储了所有连接的节点地址表,同时需要检测帧的源地址和目的地址,能够使不同网段之间的通信相互隔离,只对包含预期接收地址的网段的信号帧进行中继。由于网桥具有过滤帧的作用,因此适当地使用网桥,将大范围的网络分成几个相互独立的网段,可以使得某一网段的传输效率提高,而各网段之间还可以通过网桥进行通信。因此,在网络上适当使用网桥,可以起到调整网络的负载、控制网络拥塞、提高整个网络传输性能的作用,同时还能够隔离出现了问题的链路。

# 第 2 章　工业控制技术

随着网络技术的不断发展,利用工业控制网络实现工业控制的自动化,成为当今控制领域的热点之一,对该领域产生了前所未有的冲击和影响。本章首先简单介绍工业控制网络的基本概念,然后介绍网络化监控的基础技术——计算机控制技术以及网络技术,包括分布式控制器系统、现场总线控制系统、工业控制网络架构、输入输出接口、抗干扰技术等。

## 2.1　工业控制网络

### 2.1.1　概述

在工程和科学技术领域,自动控制担负着重要角色。自动控制理论和技术的不断发展,为人们提供了获得动态系统最佳性能的方法,提高了生产率,并使人们从繁重的体力劳动和大量重复性的手工操作中解放出来。所谓自动控制,就是在没有人直接参与的情况下,通过控制器使生产过程自动地按照预定的规律运行。图 2.1 为自动控制系统原理框图。

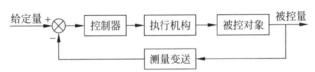

**图 2.1　自动控制系统原理框图**

早期的自动控制,是由机械回路或模拟回路实现。20 世纪 60 年代,过程控制的体系结构是基于 4~20mA、0~10mA、±5V、±12V、±24V 等模拟标准信号,后来出现了模拟式电子仪表与电动单元组合的自动控制系统。这种控制方式的优点是直接简单、实时性好,但其存在易受干扰、功能过于简单、难以集成形成多个回路的复杂控制系统等缺点。

随着计算机技术的发展,到了 20 世纪 70 年代,出现了基于数字计算机、单片机、可编程序逻辑控制器(PLC)的集中式数字控制(DDC),简称集中控制,其构成如图 2.2 所示。集中控制以一台控制器为中心,连接各个传感器和执行器,集中采集信号和控制。控制器通常是计算机、单片机或 PLC,通过模拟量输入

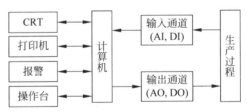

**图 2.2　集中控制构成图**

通道(AI)和开关量输入通道(DI)实时采集各个传感器的数据,然后按照一定的控制规律进行计算,最后发出控制信息,并通过模拟量输出通道(AO)和开关量输出通道(DO)直接控制执行器。

集中控制的优点是在控制器内部传输的是数字信号,因此克服了模拟仪表控制系统中

模拟信号精度低、易受干扰的缺陷,提高了系统的抗干扰能力。但其缺点也很明显,由于计算机直接承担控制任务,所以要求其实时性好、可靠性高和适应性强,并且一旦控制器瘫痪,会导致整个系统不能工作。在此基础上,还可以利用一台计算机与控制器进行长距离数据交互,实现监控与现场的分离。集中控制属于计算机闭环控制系统,是计算机在工业生产过程中最广泛的一种应用方式。

例如,传统电气设备监测和数字式电气设备监测如图 2.3 所示。一个电气节点的状态信息包括开关状态、三相电压、三相电流、频率、功率因数。传统电气设备监测需要安装模拟电压表、模拟电流表、变压器、电压传感器、电流传感器、频率表、功率因数表。这些信号通常是 4~20mA 或者 1~5V 的模拟信号,如果需要传送至上层监测设备,需要多个模拟 I/O 通道和数字 I/O 通道。数字式电气设备监测则由一个电量附件对这些信息进行采集,并将其转换成数字信号,以串口通信的形式向上层监测设备发送。电量附件就是一个包括采集电路、微处理器、通信接口的智能节点。

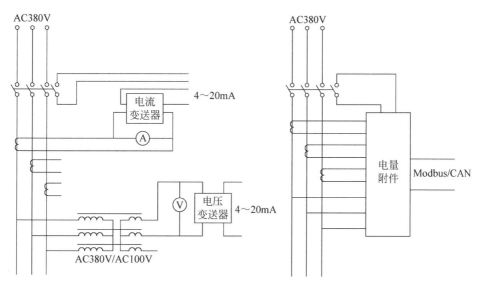

**图 2.3　传统电气设备监测(左)和数字式电气设备监测(右)**

随着网络技术的发展,20 世纪 70 年代后期出现分布式控制系统(DCS),在 20 世纪 80 年代以后占据主导地位。分布式控制系统采用分散控制、集中操作、分级管理、分而自治和综合协调的方法,把系统从下至上依次分为分散过程控制级、集中操作监控级、综合信息管理级,形成分级分布式控制,其结构如图 2.4 所示。其核心思想是集中管理、分散控制,即管理与控制相分离,把上位机控制站用于集中监视管理,而把若干台下位机下放到现场实现分布式控制,上下位机之间用控制网络互连以实现相互之间的信息传递。

这种分布式控制系统的优点是,克服了集中控制对控制器处理能力和可靠性要求高的缺陷。但是,其管理与控制的分离并不彻底,一台控制器的故障仍然会导致部分区域的瘫痪。其次,各个现场控制站的协议、结构可能并不完全相同,会导致下列问题。

(1) 设备互换性差,依赖性强;

(2) 协议封闭专用,开放性/互操作性差;

(3) 商业网络协议实时性、可靠性低;

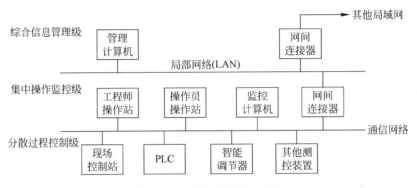

图 2.4　分布式控制系统结构

（4）大型 DCS 系统布线复杂，成本高，可维护性差。

为了解决上述问题，随着 20 世纪 80 年代微处理器技术、网络技术、通信技术的发展，使得生产过程设备数字化，各行业规范了网络标准，出现了能在工业现场环境运行的、可靠性高、实时性强、造价低廉的通信系统，形成工厂底层网络，完成现场自动化设备之间的多点数字通信，实现底层现场设备与外界的信息交换。由此出现了基于现场总线技术的现场总线控制系统（FCS）。DCS 的结构模式为"操作站-控制站-现场仪表"三层结构，系统成本较高，而且各厂商的 DCS 有各自的标准，不能互连。FCS 现场总线控制系统是新一代分布式控制系统，与 DCS 不同，它的结构模式为"工作站-现场总线智能仪表"两层结构，完成了 DCS 中的三层结构功能，降低了成本，提高了可靠性，可实现真正的开放式互连系统结构。

图 2.5 展示了三种基于计算机控制技术的控制系统的结构。集中控制适用于小型控制系统，通常作为集散控制系统的一部分。分布式控制系统是目前工业控制最常用的结构，随着控制网络技术的发展，每层设备之间、各层设备之间都采用控制网络连接，实现信息的交互。网络化监控管理技术就是对工业控制系统的信息网络进行管理，利用网络对系统每台设备进行信号采集和远程控制，实现系统的智能化、自动化。

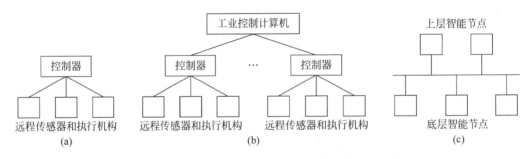

图 2.5　集中控制、分布式控制、现场总线控制结构示意图

## 2.1.2　分布式控制系统

分布式控制系统（DCS）也称集散控制系统，综合了包括计算机技术、控制技术、CRT 显示技术、通信技术的 4C 技术，集中了连续控制、批量控制、逻辑顺序控制、数据采集等功能。自从美国的 HoneyWell 公司于 1975 年成功地推出了世界上第一套 DCS 以来，经历了二十多年的时间，世界上有几十家自动化公司推出了上百种 DCS。虽然这些系统各不相同，但

在体系结构方面却大同小异,所不同的只是采用了不同的计算机、网络和设备。DCS 从最初的小规模控制系统发展到综合控制管理系统,已经走向成熟并获得了广泛应用,使工业控制系统进入了信息管理与综合控制的时代。

1. DCS 的体系结构

DCS 的体系结构通常为"三级设备、两层网络"的体系结构。第一级为分散过程控制级;第二级为集中操作监控级;第三级为综合信息管理级。各级之间由通信网络连接,级内各装置之间由本级的通信网络进行通信联系。其典型的 DCS 体系结构如图 2.4 所示。

1) 分散过程控制级

此级是直接面向生产过程的,是 DCS 的基础,它直接完成生产过程的数据采集、调节控制、顺序控制等功能,其过程输入信息是面向传感器的信号,如热电偶、热电阻、变送器(温度、压力、液位)及开关量等信号,其输出是驱动执行机构。构成这一级的主要装置包括现场控制站工业(控制机)、可编程序控制器(PLC)、智能调节器以及其他测控装置。

2) 集中操作监控级

这一级以操作监视为主要任务,兼有部分管理功能。这一级是面向操作员和控制系统工程师的,因而这级配备有技术手段齐备、功能强的计算机系统及各类外部装置,特别是 CRT 显示器和键盘以及需要较大存储容量的硬盘支持,另外还需要功能强的软件支持,确保工程师和操作员对系统进行组态、监视和操作,对生产过程实行高级控制策略、故障诊断、质量评估。其具体组成包括监控计算机、工程师显示操作站、操作员显示操作站。

3) 综合信息管理级

这一级由管理计算机、办公自动化系统、工厂自动化服务系统构成,从而实现整个企业的综合信息管理。综合信息管理主要包括生产管理和经营管理。对于船舶监控系统,这一级主要是对船舶综合平台所有信息的集中监测、管理和决策。

DCS 各级之间的信息传输主要依靠通信网络系统来支持。根据各级的不同要求,通信网也分成低速、中速、高速通信网络。低速网络面向分散过程控制级;中速网络面向集中操作监控级;高速网络面向管理级。低速网络要求可靠性好,但通信速率较低;高速网络通信速率快,但可靠性相对较差。通常分散过程控制级面对单个设备,信息量小,控制过程对可靠性要求高,因而主要使用低速网络;综合信息管理级需要汇集系统所有设备的信息,必须采用高速网络才能保证监控的实时性,但由于是管理层,对信息传输的可靠性要求相对较低,所以主要使用高速网络;集中操作监控级介于前两级之间,可以根据实际需要选择合适的网络。

2. DCS 的特点

对一个规模庞大、结构复杂、功能全面的现代化生产过程控制系统,首先按系统结构进行垂直方向分解成分散过程控制级、集中操作监控级、综合信息管理级,各级相互独立又相互联系;然后对每一级按功能进行水平方向划分成若干个子块。与一般的计算机控制系统相比,DCS 具有以下几个特点。

1) 硬件积木化

DCS 采用积木化硬件组装式结构:由于硬件采用这种积木化组装结构,使得系统配置灵活,可以方便地构成多级控制系统。如果要扩大或缩小系统的规模,只需按要求在系统中增加或拆除部分单元,而系统不会受到任何影响。这样的组合方式,有利于企业分批投资,逐步形成一个在功能和结构上从简单到复杂、从低级到高级的现代化管理系统。

2) 软件模块化

DCS 为用户提供了丰富的功能软件,用户只需按要求选用即可,大大减少了用户的开发工作量。功能软件主要包括控制软件包、操作显示软件包和报表打印软件包等,并提供至少一种过程控制语言,供用户开发高级的应用软件。

控制软件包为用户提供各种过程控制的功能,主要包括数据采集和处理、控制算法、常用运算式和控制输出等功能模块。这些功能固化在现场控制站、PLC、智能调节器等装置中。用户可通过组态方式自由选用这些功能模块,以便构成控制系统。

操作显示软件包括为用户提供了丰富的人机接口联系功能,在 CRT 和键盘组成的操作站上进行集中操作和监视。可以选择多种 CRT 显示画面,如总貌显示、分组显示、回路显示、趋势显示、流程显示、报警显示和操作指导等画面,并可以在 CRT 画面上进行各种操作,所以它可以完全取代常规模拟仪表盘。

报表打印软件包可以向用户提供每小时、班、日、月工作报表,打印瞬时值、累计值、平均值、事件报警等。

过程控制语言可供用户开发高级应用程序,如最优控制、自适应控制、生产和经营管理等。如 HoneyWell 公司的 TDC3000 提供了一种源于 Pascal 语言结构、面向过程控制的高级控制语言 CL;YOKOGAWA 公司的系列产品中提供了嵌入式控制语言实时 BASIC;Wonderware 公司的 Intouch 提供了一种正文编辑程序。国内一些比较出色的 DCS 系统中也提供了控制语言,如北京和利时公司的 HS2000 系统提供了功能块图、梯形图、计算公式等几种程序设计的方式;浙大中控的 SUPONJX-300 集散控制系统提供了梯形图语言和一种高级程序设计语言 SC。

3) 控制系统组态

DCS 设计了使用方便的面向问题的语言(POL),为用户提供了数十种常用的运算和控制模块,控制工程师只需按照系统的控制方案,从中任意选择模块,并以填表的方式来定义这些软功能模块,进行控制系统的组态。系统的控制组态一般是在操作站上进行的。填表组态方式极大地提高了系统设计的效率,解除了用户使用计算机必须编程序的困扰,这也是DCS 能够得到广泛应用的原因之一。

4) 通信网络的应用

通信网络是分散型控制系统的神经中枢,它将物理上分散配置的多台计算机有机地连接起来,实现了相互协调、资源共享的集中管理,通过高速数据通信线,将现场控制站、局部操作站、监控计算机、中央操作站、管理计算机连接起来,构成多级控制系统。

DCS 一般采用双绞同轴电缆或光纤作为通信介质,通信距离可按用户要求从十几米到十几千米,通信速率为 10kb/s～10Mb/s,而光纤高达 100Mb/s。工业控制系统可以根据实际需要和环境要求选择合适的通信介质,满足通信距离和通信速率的需要。

5) 可靠性高

DCS 的可靠性高体现在系统结构、冗余技术、自诊断功能、抗干扰措施和高性能的元件。

3. DCS 的分散过程控制级

DCS 的分散过程控制级,直接与生产过程现场的传感器(热电偶、热电阻、电流)、变送器(温度、压力、液位、流量、电压、功率变送器等)、执行机构(调节阀、电磁阀等)、电气开关(输入输出触点)相连接,完成生产过程控制,并能与集中操作监控级进行数据通信,接收显示操作站下传加载的参数和作业命令,以及将现场工作情况信息整理后向显示操作站报告。

分散过程控制级有许多类型的测控装置,但最常用的类型有三种,即现场控制站、可编程序控制器(PLC)、智能调节器。

1) 现场控制站

现场控制站目前采用较多的是 PCI 总线工业控制机或 ISA 总线工业控制机。现场控制站由以下 5 个部分构成。

(1) 机箱柜——现场控制站的机箱柜内部均装有多层机架,以供安装电源及各种部件之用。其外壳均采用金属材料,活动部分之间有良好的电气连接,使其为内部的电子设备提供电磁屏蔽。为保证电磁屏蔽效果,也为了操作人员的安全,机柜要求可靠接地,接地电阻应小于 $4\Omega$。为保证机箱柜电子设备的散热降温,一般均装有风扇,以提供强制风冷气流。为防止灰尘侵入,在与箱柜内进行空气交换时,最好采用正压送风将箱柜外低温空气经过过滤网过滤后压入箱柜内。

(2) 电源——高效、无干扰、稳定的供电系统是现场控制站工作的重要保证。现场控制站内各功能模板所需直流电源一般有 $+5V$、$\pm15V$ 或 $\pm12V$、$+24V$ 等。而对主机供电的电源一般均要求与对现场检测仪表或执行机构供电的电源在电气上互相隔离,以减少相互干扰。

(3) 工业控制机——工业控制机主要由主机、外部设备和过程输入输出通道组成,主要进行信号的采集、控制计算和控制输出。

(4) 通信控制单元——通信控制单元实现分散过程控制与集中操作监控级的数据通信。

(5) 显示操作单元——显示操作单元是作为后备安全措施,它可以显示测量值、设定值、报警信息,并具有手动操作功能,还可设置输出阈值和报警阈值。

现场控制站的功能主要有数据采集功能、自动控制功能、信号报警功能、数据通信功能。

(1) 数据采集功能——对过程参数,包括各类热电偶信号、热电阻信号、压力、液位、流量等信号进行数据采集、变换、处理、显示、存储、趋势曲线显示、事故报警等。

(2) 自动控制功能——自动控制指由控制器接收现场的测量信号,进而求出设定值与测量值的偏差,并对偏差进行 PID 控制运算,最后求出新的控制量,并将此控制量转换成相应的电流送至执行机构。此外,控制器还可通过来自过程状态输入输出信号和反馈控制功能等状态信号,按预先设定的顺序和条件,对控制的各阶段进行逐次控制。

(3) 信号报警功能——对过程参量设置上限值和下限值,若超过上限和下限分别进行上限和下限报警;对非法的开关量状态进行报警;对出现的事故进行报警。信号报警是以声音、光闪烁或屏幕某区域显示颜色的变化表示。

(4) 数据通信功能——完成分散过程控制级与集中操作监控级之间的信息交换。

现场控制站的控制方式包括手动和半自动。设置工作方式的目的,是为了保证不同的控制部位对设备控制的可靠性。

(1) 手动——现场控制站由操作者操作显示操作单元直接控制设备。

（2）半自动——现场控制站按设定的逻辑顺序和控制阈值,检测现场信号后,由控制算法运算,输出控制量至执行机构,对现场设备进行自动控制。

手动控制方式下,设备运行的每个步骤都完全由操作者执行,因此要求操作者对设备运行的过程非常熟练。所以在一般情况下,只有在对设备进行维修或安装调试时,才会采用手动控制方式。

半自动控制方式下,逻辑顺序和控制阈值可以由现场的操作者设置,也可由远程的上位机通过控制网络设置。此时,设备的运行过程由控制程序自动完成,操作者只需要发送逻辑指令及输出阈值即可。半自动也是目前船舶设备最常用的控制方式。

控制方式的优先级是:手动＞半自动。通常情况下,当设备只有在处于稳定状态时,才能允许控制方式的切换。

2）智能调节器

以微处理器技术为基础的智能调节器(如单回路、多回路智能调节器)使用日益广泛。近年来,由于它们具有数据通信功能,因此在 DCS 的分散过程控制级也得到了广泛的应用。

智能调节器是一种数字化的过程控制仪表,其外表类似于一般的盘装仪表,而其内部由微处理器(如单片机 8051 系列、8098 系列)、RAM、ROM、模拟量和数字量 I/O 通道、电源等部分构成的一个微型计算机系统。一般有单回路、2 回路、4 回路或 8 回路的调节器,至于控制方式除一般 PID 之外,还可组成串级控制、前馈控制等。

智能调节器不仅可接受 4～20mA 电流信号输入的设定值,还具有异步通信接口 RS-232、RS-422、RS-485 等,可与上位机连成主从式通信网络,接收上位机下传的控制参数,并上报各种过程参数。

3）可编程序控制器

PLC 与智能调节器最大的不同点是:它主要配制的是开关量输入、输出通道,用于执行顺序控制功能。PLC 一般均带有通信接口,可与上位机连成主从式总线型网络,构成 DCS。PLC 主要用于生产过程中按时间顺序控制或逻辑控制的场合,以取代复杂的继电器控制装置。

在较新型的 PLC 中,也提供了模拟量控制模块,其输入输出的模拟量标准与智能调节器相同。同时也提供了 PID 等控制算法,PLC 的高可靠性和它的不断增强的功能,使它在 DCS 中得到了广泛的应用。

4. DCS 的集中操作监控级

DCS 的集中操作监控级主要是显示操作站,完成显示、操作、记录、报警等功能。显示操作站汇集数个现场控制站的数据,对控制系统进行组态,显示并记录过程量、趋势曲线以及改变过程参数,如设定值、控制参数、报警状态等信息,同时可以对这些现场控制站进行简单的操作。

显示操作站主要由监控计算机、显示操作单元等几部分构成。

监控计算机——DCS 显示操作站的功能是汇集多个现场控制站的信息并直观显示,同时能够远程遥控多个现场控制站,因此要求显示操作站的监控计算机必须功能强、速度快、数据存储量大,并且支持多种通信接口。目前,多采用配置较高的工业控制计算机作为显示操作站的监控计算机。

显示操作单元——显示操作站的显示操作单元包括键盘和显示器。键盘多采用有防水、防尘能力、有明确图案标志的键盘,按键的分布充分考虑了操作直观、方便,在按键体内装有电子蜂鸣器,以提示报警信息和操作响应。显示器为彩色显示器,且分辨率较高。

显示操作站为用户提供仪表化的操作环境,实现整个分散型控制系统的高效率运转,它是信息集中分配中心,也是显示操作的中心。显示操作站具有显示、报警、报表、操作、通信等功能。

5. DCS 的综合信息管理级

管理信息系统(MIS)是借助于自动化数据处理手段进行管理的系统。MIS 由计算机硬件、软件、数据库、各种规程和人共同组成。

管理是指运用组织、计划、指导、控制、协调等基本行动,有效利用人力、材料、资金、设备和方法等资源,发挥最高效率实现预定的目标和任务。管理工作的 6 个要素:目标、信息、人员、资金、设备、物资。

船舶综合平台管理系统是对船舶平台的综合管理。所谓"船舶平台"就是构成船体的各个分系统的集合,它包含船舶的船体、动力、电力、损管、综合舰桥、后勤保障等多个分系统。传统船舶平台的各个分系统之间相对独立,但随着船舶自动化要求的提高以及计算机控制技术、网络化监控技术的发展,船舶平台的整体化成为未来船舶发展的必然趋势。船舶综合平台管理系统就是利用计算机和网络技术,将船舶平台各个分系统集成为一体,实现对信息的统一决策与管理的系统。

6. 典型的分布式控制系统

船舶电力监控系统是一种典型的分布式控制系统,由下至上分为机旁、配电板、集控台三级控制,分别对应了分散过程控制级、集中操作监控级和综合信息管理级。机旁采集电气设备机电参数,能够本地控制,也能够接受遥控指令;配电板采集电站配电板电气参数,能够遥控本地的断路器和本电站的机组;电力集控台汇集电力系统所有的监测数据,能够对主要电气设备进行简单控制。船舶电力监控系统结构如图 2.6 所示。

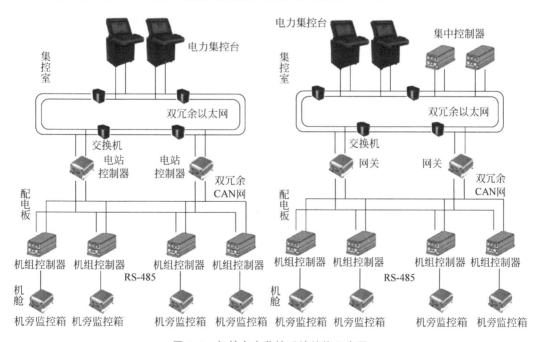

**图 2.6 船舶电力监控系统结构示意图**

### 2.1.3　现场总线控制系统

1. 现场总线控制系统的概念

现场总线控制系统(FCS)是随着控制、计算机、网络、通信和信息集成技术的发展而产生的。现场总线的概念出现在 20 世纪末，很多行业和国际组织都有不同的提法和定义，这和其自身的行业特点有关。传统工业控制系统与现场总线控制系统的对比如图 2.7 所示。

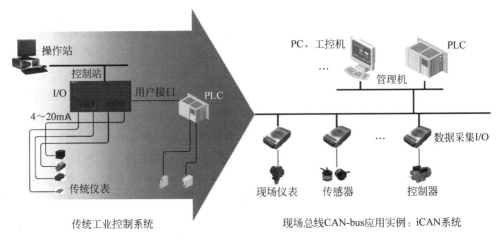

图 2.7　传统工业控制系统与现场总线控制系统

根据国际电工委员会 IEC 61158 标准定义，现场总线是指安装在制造或过程区域的现场装置与控制室内的自动控制装置之间数字式、串行、多点通信的数据总线。而 ISASP50(美国仪表协会标准)则定义，现场总线是一种串行的数字数据通信链路，它沟通了过程控制领域的基本控制设备(即现场级设备)之间以及与更高层次自动控制领域的自动化控制设备(即分系统级设备)之间的联系。从这两者对现场总线的定义可以看出，他们都认为现场总线是一种数字的、串行的通信方式，用于控制器和被控设备之间的数据交互。基于现场总线的控制系统被称为现场总线控制系统。

现场总线控制系统的测控设备内置专用微处理器，成为能独立承担测控、通信任务的网络节点，且网络采用公开的、规范的标准。具体的特征在以下 4 个方面表现。

线路——它们分别通过普通双绞线、同轴电缆、光纤等多种途径进行信息传输，这样就形成了以多个测量控制仪表、计算机等作为节点连接成的网络系统。

节点——现场总线技术将专用微处理器置入传统的测量控制仪表，使它们各自都具有了一定的数字计算和数字通信能力，成为能独立承担某些控制、通信任务的网络节点。

协议——该网络系统按照公开、规范的通信协议，在位于生产现场的多个微机化自控设备之间，以及现场仪表与用作监控、管理的远程计算机之间，实现数据传输与信息共享，进一步构成了各种适应实际需要的自动控制系统。

系统——它把单个分散的测量控制设备变成网络节点，以现场总线为纽带，连接成可以互相沟通的信息，并可共同完成自控任务的网络系统与控制系统。

总之，现场总线控制系统以单个分散智能设备为节点、以现场总线为纽带，将其连接成相互可以进行信息交互，并可共同完成自动控制的网络系统和控制系统，实现了以网络进行监测、控制。现场总线控制系统使自动控制系统与设备成为信息网络的一部分,使系统信息的交互从顶层决策分析直接延伸至底层现场设备。因此可以说,现场总线技术的出现和成熟,标志着自动化领域的新时代的开端和变革。

现场总线的概念可以从以下三个方面理解。

(1) 从网络特点上看,现场总线是工业领域的、低带宽的计算机局域网。

局域网(LAN)是 20 世纪 70 年代后期迅速发展起来的计算机网络,是一个高速的通信系统。它在较小的区域内将许多数据通信设备相互连接起来,使用户共享资源。局域网通常建立在集中的工业区、商业区、政府部门、学校、住宅区以及各种公司和企业中。局域网的应用范围非常广泛,从简单的分时服务到复杂的数据库系统、管理信息系统、事务处理、递阶控制与管理和集成自动化系统等都有应用。局域网具有如下特点。

① 地理范围有限,涉辖范围一般只有几千米。

② 通信速率高,误码率低。一般为基带传输,传输速率通常为 $10\sim1000\mathrm{Mb/s}$,误码率为 $10^{-9}\sim10^{-12}$,能支持设备间的高速通信。

③ 可采用多种通信介质,如双绞线、同轴电缆或光纤等。

④ 多采用分布式控制和广播式通信,可靠性较高。节点的增减比较容易。

⑤ 不需要过多考虑信道利用率,网络拓扑结构多样,流量控制、路由选择等问题大大简化或无须考虑。底层协议较简单,报文格式允许较大报头。

现场总线具备上述局域网的大多数特点,因而可以采用局域网的大多数技术,如网关、网桥等。但是现场总线所肩负的是测量控制的特殊任务,被誉为工业控制通信领域最后一千米的解决方案,因而现场总线还有其自身的特点。它要求信息传输的实时性强,可靠性高,且多为短帧传输,传输速率多为 $10\mathrm{kb/s}\sim10\mathrm{Mb/s}$。从这一点来说,现场总线是低带宽的计算机局域网。

(2) 从协议上看,现场总线是一种数字通信协议。

现场总线通信协议是参照国际标准化组织(ISO)制定的开放系统互连参考模型(OSI/RM)的 7 层模型并经简化建立的,目前尚无最终统一的国际标准。1983 年,OSI/RM 正式成为国际标准,即 ISO 7498。所以人们将该开放系统互连参考模型统称为 ISO/OSI。ISO/OSI 参考模型将网络分为 7 层,即物理层、数据链路层、网络层、传输层、会话层、表示层和应用层。为了满足实时性、可靠性要求,也为了保证工业网络的低成本,不同的现场总线的通信协议大多根据各自的特点,在 ISO/OSI 参考模型基础上进行了不同程度的简化,当然简化的结果是不尽相同的。

总的来说,现场通信协议应满足如下要求。

① 通信介质的多样性:支持多种通信介质,以满足不同现场环境的要求。

② 实时性:信息的传输不允许有较大时延或时延的不确定性。

③ 信息的完整性、精确性:要确保通信质量。

④ 可靠性:具备抗各种干扰的能力和完善的检错、纠错能力。

⑤ 可互操作性:不同制造商制造的现场仪表可在同一总线上互相通信和操作。

⑥ 数字特征:数据在各设备间以及网络上以 0 或 1 的数字信息串行地进行传输。

(3) 从功能上看,现场总线是开放式、数字化,多点通信的底层控制网络。

现场总线是低带宽的底层控制网络,以此为纽带,进一步构造了新型的、开放的自动化系统。现场总线可与 Internet 以及企业内联网 Intranet 相连,且位于生产控制和网络结构的底层,因而称为底层网 Infranet,也称为基础网。

现场总线连接现场智能数字化设备,实现底层设备信息共享,同时,现场总线连接上层控制管理网络,沟通现场级监控设备与更高控制管理级之间的联系。此外,现场总线还可与企业网络集成,通过网桥连接,实现信息交换。这样,现场总线实现了现场设备之间、现场设备与上层控制管理设备之间的沟通联系。

现场总线的协议应该是开放的、标准的。现场总线网络的集成可以由不同设备制造商提供的遵从相同通信协议的各种测量控制设备共同组成。如果不同设备的协议不同,则具有相同协议的设备组成一个网段,然后这些网段间的信息交互可由网桥或网关来实现。此外,现场总线网段还可与其他异网络实现信息交互,但必须有严格的保安措施与权限限制,以保证设备与系统的安全运行。

现场总线的产生是技术发展的产物,也是工业自动化需求的结果。现场总线是设备工厂底层设备信息交换对网络的高可靠性、强实时性、低成本的需求。由于现场总线强调遵循公开统一的技术标准,因而有条件实现设备的互操作性和互换性。现场总线适应了工业控制系统向分散化、网络化、智能化的发展方向。现场总线是综合运用微处理器技术、网络技术、通信技术和自动控制技术的产物。现场总线把微处理器置入现场自控设备,使设备具有数字计算和数字通信能力,这一方面提高了信号的测量、控制和传输精度,同时为丰富控制信息的内容、实现其远程传送创造了条件。

2. 现场总线控制系统的特点

现场总线控制系统既是一个开放的网络通信系统,又是一个全分布的自动控制系统。现场总线作为智能设备的联系纽带,把挂接在总线上并作为网络节点的智能设备连接为网络系统,并进一步构成自动化系统,实现基本控制、参数修改、报警、显示、监控、优化及控管一体化的综合自动化功能。现场总线技术是以智能传感器、控制、计算机、数字通信、网络为主要内容的一门综合技术。现场总线控制系统(FCS)与传统的分布式控制系统(DCS)相比,具有以下特点。

(1) 结构简单,成本低,可维护性好。FCS 的设备接口由通信接口代替了 I/O 接口,且采用总线式结构,在一对传输线(总线)上挂接多台现场设备,双向传输多个数字信号,即由一对连接线代替了多股连接线。这种结构与一对一的单向模拟信号传输结构相比,易于安装、维护,成本低。

(2) 开放性、互操作性与互换性。现场总线采用统一的协议标准,是开放式的互联网,对用户是透明的。在传统的 DCS 中,各个厂商的设备是不能相互访问的。而 FCS 采用统一的标准,即采用统一的接口和协议等标准规范,不同厂商的设备也必须遵守这些统一的标准规范,从而使得不同型号的设备可以方便地接入同一网络,在同一个控制系统中进行互操作。而互换性意味着不同生产厂家的性能类似的设备可实现相互替换,因此简化了系统集成。

(3) 彻底的分散控制。现场总线将控制功能下放到作为网络节点的现场智能仪表和设备中,做到彻底的分散控制。FCS 的设备将 DCS 的控制站功能化整为零,提高了系统的灵活性、自治性和安全可靠性,减轻了 DCS 中控制器的计算负担,减小了对单个控制器的依赖程度。

　　(4) 可靠性高,可由单个或多个节点完成功能。FCS 的设备采用总线型连接,当一个节点发生故障时,方便由其他节点代替,即设备的热备份方便。

　　(5) 设备的智能化与功能自治性。FCS 的设备内置微处理器,智能化程度与模拟设备相比更加提高,能够实现更多的功能,如信号处理、故障诊断、自动控制等。

　　(6) 信息综合、组态灵活。通过数字化传输现场数据,FCS 能获取现场仪表的各种状态、诊断信息,实现实时的系统监控和管理以及故障诊断。此外,FCS 引入了功能块的概念,通过统一的组态方法,使系统组态简单灵活,不同现场设备中的功能块可以构成完整的控制回路。

　　(7) 多种传输介质和拓扑结构。FCS 由于采用数字通信方式,因此可用多种传输介质进行通信。根据控制系统中节点的空间分布情况,可应用多种网络拓扑结构。这种传输介质和网络拓扑结构的多样性给自动化系统的施工带来了极大的方便,据统计,FCS 与传统 DCS 的主从结构相比,只计算布线工程一项即可节省 40% 的经费。

　　采用现场总线控制系统,能够节省硬件数量与投资,现场总线智能设备能直接执行多种传感、控制、报警和计算功能,因而可减少变送器的数量,不再需要单独的控制器、计算单元等,从而节省了大笔硬件投资。采用现场总线控制系统,可以节省安装费用,一条电缆上可挂接多个设备,既节省了投资,也减少了设计、安装的工作量。据有关典型实验工程的测算资料,可节约安装费用 60% 以上。采用现场总线控制系统,还能节约维护开销,因为现场控制设备可以具有自诊断与简单故障处理的能力,从而能够通过数字通信实现远程维护,而且系统结构简化、连线简单,减少了维护工作量。采用现场总线控制系统,用户具有高度的系统集成主动权,现场总线设备具有可互换性和互操作性,用户可以自由选择不同厂商提供的设备来集成系统,从而掌握系统集成过程中的主动权。采用现场总线控制系统,提高了系统的准确性与可靠性,现场总线设备的智能化、数字化,能够尽可能地减少测量信号的传送误差,系统的结构简化,提高了其工作可靠性。

　　3. 现场总线控制系统的集成

　　现场总线控制系统(FCS)是一种分布式的网络自动化系统,采用层次化网络结构。FCS 的基础是现场总线,FCS 是在传统的仪表控制系统和集散控制系统(DCS)的基础上,利用现场总线技术逐步发展形成的。DCS 已广泛地应用于生产过程自动化,现场总线和 FCS 的应用要借助于 DCS。这样既丰富了 DCS 的功能,又推动了现场总线和 FCS 的发展。

　　1) 现场总线和 DCS 输入输出总线的集成

　　DCS 的控制站主要由控制单元和输入输出单元组成,两者之间通过 I/O 总线连接。可以在 I/O 总线上挂接现场总线接口单元,再将其与现场总线设备通信,如图 2.8 所示。

　　除了安装现场总线接口单元外,现场总线和 DCS 输入输出总线的集成不用对 DCS 再做其他变更;充分利用 DCS 控制站的运算和控制功能块,因为初期开发的现场总线仪表中的功能块数量和种类有限;利用已有 DCS 的技术和资源,投资少、见效快,便于推广现场总线的应用。事实上,现在许多 DCS 控制站的控制单元都带有现场总线接口,可以直接接入现场总线。

　　2) 现场总线和 DCS 网络的集成

　　在 DCS 控制站的 I/O 总线上集成现场总线是一种最基本的初级集成技术,但对 DCS 控制站的控制单元性能还是有一定的要求。也可以在不对现场控制站做改变的情况下,直接将现场总线与 DCS 网络集成,如图 2.9 所示。增加一台现场总线服务器作为网关,也可以将现场总线服务器看作 DCS 网络上的一个节点,这样就实现了现场总线与 DCS 网络的信息转换。

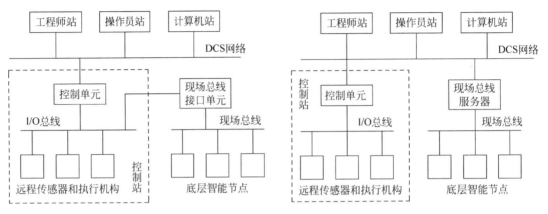

**图 2.8 现场总线和 DCS 输入输出总线的集成**  **图 2.9 现场总线和 DCS 网络的集成**

除了安装现场总线服务器外,现场总线和 DCS 网络的集成不用对 DCS 再做其他变更;在现场总线上可以独立构成控制回路,实现彻底的分散控制;现场总线服务器中有一些高级功能块,可以与现场仪表中的基本功能块统一组态,构成复杂控制回路;利用已有 DCS 的部分资源,投资少、见效快,便于推广现场总线的应用。

3) FCS 和 DCS 的集成

上述两种集成方法中,现场总线都借用了 DCS 的部分资源。事实上,FCS 可以作为一个独立的开放式系统直接与 DCS 进行连接。FCS 与 DCS 可以有两种集成方式:一种是利用网关将 FCS 网络与 DCS 网络相连,进行信息交互,如图 2.10 所示;另一种是 FCS 与 DCS 分别挂在 Intranet 上,通过 Intranet 间接信息交互。

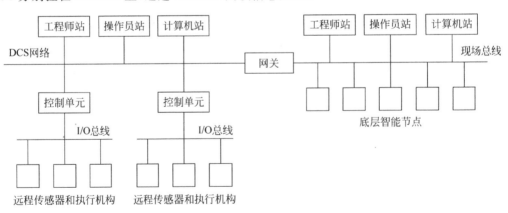

**图 2.10 FCS 和 DCS 网络的集成**

FCS 和 DCS 的集成,独立安装 FCS,对 DCS 几乎不做任何变更,只需在 DCS 网上接一台网关;FCS 是一个完整的系统,不必借用 DCS 的资源;既有利于 FCS 的发展和推广,又有利于充分利用现有 DCS 的资源;但系统投资大,适用于新建装置。

### 2.1.4　工业控制网络架构

随着计算机网络技术的迅速发展,由全数字的现场总线控制系统(FCS)代替数字与模拟的集散控制系统(DCS)已成为工业自动化控制系统结构发展的必然趋势。由于现场总线的实质,就是一种用于工业的底层设备的通信网络,因此需要考虑以下几个问题。

(1) 对数据量要求的不同。网络上要求传送的数据量可能以兆字节、字节或位来计算。那么应根据数据量的不同,选择不同的网络,也就是主要考虑网络的带宽问题。

(2) 对数据类型要求的不同。针对某一具体应用,可能要求支持 I/O 报文或状态突变的报文,也可能要求支持显式报文,诸如程序的上载/下载、诊断信息等,那么应根据要求的数据类型的不同,考虑所选网络是否满足要求。

(3) 对网络性能要求的不同。可能要求网络主要处理高速离散量或者模拟量,对工业控制网络又特别要求确定性和可重复性,所以必须考虑所选网络是否满足实时性、可扩展性等性能要求。

罗克韦尔自动化公司提出了三层网络,即设备层、控制层和信息层的体系,如图 2.11 所示。在这个体系中,数据可以双向流通,层与层之间可以交换数据,对于某一具体应用可以选择其中某层或某几层。三层网络既有其共同点,对每一层来讲又有不同的功能要求。

三层网络共同的特点如下。

(1) 从底层到高层全部是开放的。这意味着对这三层网络的开发和使用不需要许可证,不用注册,没有任何限制。任何人、任何企业都可以无偿开发三层网络的技术,但是要保证产品可以可靠地互操作和互换。

(2) 具有扁平结构。从横向来看,每一层网络具有扁平结构。从纵向来看,可从高层对以下各层的产品进行组态及监测,这就极大地方便了系统的搭建和调试。从目前情况来看,这是较少层次的网络支持。当然如果今后 Ethernet/IP 技术发展得足够成熟,那么有可能实现 Ethernet/IP 一层代替这三层的全部功能,彻底实现一层的扁平结构。

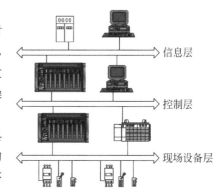

图 2.11　罗克韦尔自动化公司提出的三层网络体系

(3) 所有层之间实现了完全桥接。罗克韦尔自动化公司提出的三层网络,层与层之间通过网桥或网关连接,这样可以将控制彻底分散到整个体系,并且即使是最底层设备的任何诊断信息也可以及时上传,便于监视和管理。

但是,三层网络面对的对象不同,对网络性能的需求也不尽相同,通常采用不同的网络,各自有其相应的特点。

设备层是控制网络的最底层,面向大量的现场设备,包括数字量 I/O、各种模拟量 I/O 等较为复杂的设备,通过扫描器或网关设备将数据传送到控制层。设备层的通信特点是,速度要求不一定很高,但可靠性、实时性要求高,有一定的智能和容错能力,要求网络节点设备的经济性、智能化,设备添加/删除简单方便,故障诊断和纠错容易,适应现场的不同恶劣条件。罗克韦尔自动化公司在这一层采用的是 DeviceNet 现场总线技术。DeviceNet 是基于

CAN 总线的技术,是用于可编程逻辑控制器(PLC)与现场总线设备之间的通信网络。它可以连接开关、变频器、固态过载保护装置、条形码阅读器、I/O 和人机界面等,传输速率为 125～500kb/s,最多可挂接 64 个节点。

控制层处于控制的中间层次,连接不同的可编程设备、控制器、人机终端等,通过网关设备与信息层相连,很多应用实时性要求较高,包括 I/O 的实时刷新、互锁信息和控制器等之间报文的报文传递等。控制层的通信特点是,要求有较高的网络速率和可靠性,实时性要求高,通信是确定的、可重复的。罗克韦尔自动化公司在这一层采用的是 ControlNet。ControlNet 是基于改型的 CAN 总线技术,用于 PLC 和计算机之间的通信网络。它可以连接串并行设备、PC、人机界面等,传输速率为 5Mb/s。ControlNet 是一种高速确定性网络,用于对时间有苛刻要求的应用场合的信息传输,为对等通信提供实时控制和报文传送服务。

信息层是控制网络的最上层,通信范围涵盖全系统,与数据库技术、互联网技术、数据分析和处理技术紧密关联;可连接的设备包括控制器、PC、操作员站、高速 I/O、其他局域网设备,通过网关设备可以连接入因特网;信息层的通信特点是,通信数据量大,通信的发生较为集中,要求有高速链路支持,对实时性要求不高。信息层一般使用以太网技术,它是一个开放的、全球公认的用于信息层互连的标准。在信息层可以通过以太网 TCP/IP 连通 PLC、网关、人机接口和软件至信息系统。

对于船舶监控系统,也可以参照罗克韦尔自动化公司提出的三层网络分别将其划分为设备层、控制层和信息层。例如,图 2.6 所示的船舶电力监控系统结构,设备层是机旁监控箱与配电板之间的通信层,目前大多数船舶采用 RS-485 串口通信。控制层是配电板内部的控制器之间的通信层,目前大多数船舶采用控制器局域网(CAN)。信息层是配电板与集控室之间的通信层,目前大多数船舶采用以太网。

随着微处理器技术、网络技术、通信技术、自控技术的不断发展,未来控制系统的顶层信息决策能够直接与底层设备控制直接互连,实现网络控制。最终,控制系统可以由一种网络实现所有设备的信息交互,即网络的扁平化、一体化,这是工业控制网络发展的趋势。

# 2.2 计算机控制技术

计算机控制技术是网络化监控管理技术的基础,各种工业控制计算机、微处理器、可编程序逻辑控制器是工业控制网络的节点。

## 2.2.1 概述

计算机控制技术就是利用计算机(通常称为工业控制计算机,简称工业控制机)来实现生产过程自动控制的技术。近年来,计算机已成为自动控制技术不可分割的重要组成部分,并为自动控制技术的发展和应用开辟了广阔的新天地。

为了简单和形象地说明计算机控制技术的工作原理,图 2.12 给出了典型的计算机控制技术原理框图。在计算机控制过程中,由于工业控制机的输入和输出是数字信号,因此需要有 A/D 和 D/A 转换器。从本质上看,计算机控制的工作原理可归纳为以下三个步骤。

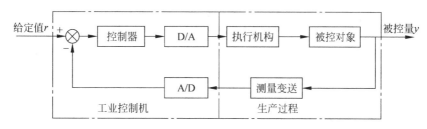

**图 2.12　计算机控制技术原理框图**

（1）实时数据采集：对来自测量变送装置的被控量的瞬时值进行检测和输入。

（2）实时控制决策：对采集到的被控量进行分析和处理，并按已定的控制规律，决定将要采取的控制行为。

（3）实时控制输出：根据控制决策，适时地对执行机构发出控制信号，完成控制任务。

上述过程不断重复，使整个系统按照一定的品质指标进行工作，并对被控量和设备本身的异常现象及时做出处理。

计算机控制的方式有两种：生产过程和计算机直接连接，并受计算机控制的方式称为在线方式或联机方式；生产过程不和计算机相连，且不受计算机控制，而是靠人进行联系并做相应操作的方式称为离线方式或脱机方式。

计算机控制需要保证一定的实时性。所谓实时，是指信号的输入、计算和输出都要在一定的时间范围内完成，亦即计算机对输入信息，以足够快的速度进行控制，超出了这个时间，就失去了控制的时机，控制也就失去了意义。实时的概念不能脱离具体过程，一个在线的系统不一定是一个实时系统，但一个实时控制系统必定是在线系统。

计算机控制由工业控制机和生产过程两大部分组成。图 2.13 给出了计算机控制的组成框图。工业控制机是按生产过程控制的特点和要求而设计的计算机，它包括硬件和软件两个组成部分。

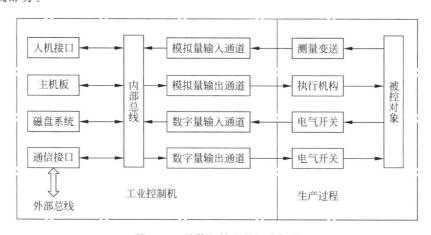

**图 2.13　计算机控制的组成框图**

生产过程包括被控对象和测量变送、执行机构、电气开关等装置，这些装置都有各种类型的标准产品，在设计计算机控制系统时，根据需要合理地选型即可。

### 2.2.2　工业控制机

在计算机控制技术中,可编程序控制器、工控机、单片机、DSP、智能调节器等,都是常用的控制器,适应不同的应用要求。在工程实际中,选择何种控制器,应根据控制规模、工艺要求、控制特点和所完成的工作来确定。

#### 1.　可编程逻辑控制器(PLC)

国际电工委员会(IEC)于 1982 年(第 1 版)和 1985 年(修订版)对 PLC 做了定义,其中修订版的定义为: PLC 是一种数字运算操作的电子系统,专为在工业环境下应用而设。它采用可编程序的存储器,用来在其内部存储执行逻辑运算、顺序控制、定时、计数和算术运算等操作指令,并通过数字式或模拟式的输入与输出,控制各种类型的机械或生产过程。可编程控制器及其有关外部设备,都按易于与工业控制系统连成一个整体,易于扩充其功能的原则设计。

由于 PLC 是一种专为工业环境下设计的计算机控制器,具有可靠性高、编程容易、功能完善、扩展灵活、安装调试简单方便的特点。国内外生产 PLC 的厂家有很多,如德国西门子的 S 系列,日本的 OMRON 的 C 系列,日本三菱的 F、F1、F3、FX 系列。

#### 2.　工控机(IPC)

工业控制计算机(简称工控机),是一种面向工业控制、采用标准总线技术和开放式体系结构的计算机,配有丰富的外围接口产品,如模拟量输入输出模板、数字量输入输出模板等,如图 2.14 所示。广为流行的工控机总线有 PC 总线、ISA 总线、PCI 总线、STD 总线、VME总线等。工控机具有可靠性高、可维修性好、环境适应性强、控制实时性强、输入输出通道完善、软件丰富等特点。

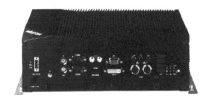

**图 2.14　带各种接口的工业控制计算机**

#### 3.　嵌入式系统

根据国际电气与电子工程师协会(IEEE)的定义,嵌入式系统是"控制、监视或者辅助装置、机器和设备运行的设备"。嵌入式系统是软件和硬件的综合体,其中嵌入式系统的核心是嵌入式微处理器。嵌入式处理器可以分成下面几类。

#### 1) 嵌入式微处理器

嵌入式微处理器(MPU)是具有 32 位以上的处理器,具有较高的性能。与计算机处理器不同的是,在实际嵌入式应用中,只保留和嵌入式应用紧密相关的功能硬件,去除其他的冗余功能部分,这样就以最低的功耗和资源实现嵌入式应用的特殊要求。与工业控制计算机相比,嵌入式微处理器具有体积小、重量轻、成本低、可靠性高的优点。目前主要的嵌入式处理器类型有 Am186/88、386EX、SC-400、PowerPC、68000、MIPS、ARM/StrongARM 系列等。

2）嵌入式微控制器

嵌入式微控制器(MCU)的典型代表是单片机。微控制器的最大特点是单片化,体积大大减小,从而使功耗和成本下降、可靠性提高。微控制器是目前嵌入式系统工业的主流。微控制器的片上外设资源一般比较丰富,适合于控制。比较有代表性的包括 8051、MCS-251、MCS-96、P51XA、C166/167、68K 系列以及 MCU8XC930/931、C540、C541,并且有支持 I2C、CAN-Bus、LCD 及众多专用 MCU 和兼容系列。

3）嵌入式 DSP 处理器

嵌入式 DSP 处理器(EDSP)是专门用于信号处理方面的处理器,其在系统结构和指令算法方面进行了特殊设计,具有很高的编译效率和指令的执行速度。在数字滤波、FFT、谱分析等各种仪器上 DSP 获得了大规模的应用。

目前最为广泛应用的是 TI 的 TMS320C2000/C5000 系列,另外如 Intel 的 MCS-296 和 Siemens 的 TriCore 也有各自的应用范围。

4）嵌入式片上系统(SoC)

SoC 最大的特点是成功实现了软硬件无缝结合,直接在处理器片内嵌入操作系统的代码模块。而且 SoC 具有极高的综合性,在一个硅片内部运用 VHDL 等硬件描述语言,可实现一个复杂的系统。

由于 SoC 往往是专用的,所以大部分都不为用户所知,比较典型的 SoC 产品是 Philips 的 SmartXA。少数通用系列如 Siemens 的 TriCore,Motorola 的 M-Core,某些 ARM 系列器件,Echelon 和 Motorola 联合研制的 Neuron 芯片等。

4. 智能调节器

智能调节器是一种数字化的过程控制仪表,以微处理器或单片微型计算机为核心,具有数据通信功能,能完成生产过程 1～4 个回路直接数字控制任务,在 DCS 的分散过程控制级中得到了广泛的应用。智能调节器不仅可接受 DC4～20mA 电流信号输入的设定值,还具有串行异步通信接口 RS-232、RS-422、RS-485 等,可与上位机连成主从式通信网络,发送接收各种过程参数和控制参数。

智能调节器在我国的工业控制领域得到了广泛的应用,市场中常用的智能调节器国外的品牌有 SHIMADEN(日本岛电)、YAKOGAWA(日本横河)、HoneyWell(美国霍尼韦尔)、OMRON(日本欧姆龙)以及 RKC(日本理化)等;国内的品牌有厦门宇光自动化科技有限公司(厦门宇光)的 AI 系列等。

工业控制机包括硬件和软件两部分。硬件包括主机 CPU、RAM、ROM 板、内部总线和外部总线、人机接口、系统支持板、磁盘系统、通信接口、输入输出通道。软件包括系统软件、支持软件和应用软件。

工业控制机的硬件组成结构如图 2.15 所示,下面分别介绍各个组成部分。

1）主机板

由中央处理器(CPU)、内存储器(RAM、ROM)等部件组成的主机是工业控制机的核心。在控制系统中,主机主要进行必要的数值计算、逻辑判断、数据处理等工作。

2）内部总线和外部总线

内部总线是工业控制机内部各组成部分进行信息传送的公共通道,它是一组信号线的集合。常用的内部总线有 ISA 总线和 PCI 总线。

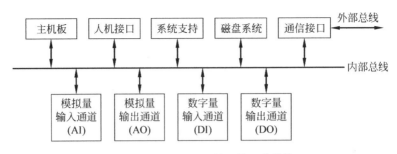

**图 2.15　工业控制机的硬件组成结构**

外部总线是工业控制机与其他计算机和智能设备进行信息传送的公共通道,常用外部总线有 RS-232C/RS-485 和 USB。

3) 人机接口

人机接口是一种标准结构,即由标准的 PC 键盘、显示器和打印机组成。

4) 系统支持功能

工业控制机的系统支持功能主要包括如下部分。

监控定时器:俗称"看门狗"。其主要作用是当系统因干扰或软故障等原因出现异常时,如"飞程序"或程序进入死循环,看门狗可以使系统自动恢复运行,从而提高系统的可靠性。

电源掉电检测:工业控制机在工业现场运行过程中如出现电源掉电故障,应及时发现并保护当时的重要数据和计算机各寄存器的状态,一旦上电后,工业控制机能从断电处继续运行。电源掉电检测的目的,正是为了在检测到交流电源掉电时,能够及时地保护现场。

保护重要数据的后备存储器体:看门狗和掉电检测功能均要有能保存重要数据的后备存储器。后备存储器通常容量不大,它能在系统掉电后保证所存数据不丢失,故通常采用后备电池的 SRAM、NOVRAM、E2PROM。为了保护数据不丢失,在系统存储器工作期间,后备存储器应处于上锁状态。

实时日历时钟:在实际控制系统中往往要有事件驱动和时间驱动的能力。一种情况是在某时刻设置某些控制功能,届时工业控制机应自动执行;另一种情况是工业控制机应能自动记录某个动作是在何时发生的。所有这些,都必须配备实时时钟,且能在掉电后仍然不停地正常工作。常用的实时日历时钟芯片有 DS1216、DS1287 等。

5) 磁盘系统

磁盘系统可以用半导体虚拟磁盘,也可以配通用的软磁盘和硬磁盘。

6) 通信接口

通信接口是工业控制机和其他计算机或智能外设通信的接口,常用 RS-232C 和 USB 接口。

7) 输入输出通道

输入输出通道是工业控制机和生产过程之间设置的信号传递和变换的连接通道。它包括模拟量输入(AI)通道、模拟量输出(AO)通道、数字量(或开关量)输入(DI)通道、数字量输出(DO)通道。输入输出通道的作用有两个:其一是将生产过程的信号变换成主机能够接收和识别的代码;其二是将主机输出的控制命令和数据,经变换后作为执行机构或电气开关的控制信号。

工业控制机的硬件只能构成裸机,它只为计算机控制系统提供了物质基础。裸机只是系统的躯干,既无思维,又无知识和智能,因此必须为裸机提供或研制软件,才能把人的知识和思维用于对生产过程的控制。软件是工业控制机的程序系统,它可分为系统软件、支持软件、应用软件三个部分。

（1）系统软件。

系统软件包括实时多任务操作系统、引导程序、调度执行程序,如美国 Intel 公司推出的 iRMX86 实时多任务操作系统,美国 ReadySystem 公司推出的嵌入式实时多任务操作系统 VRTX/OS。除了实时多任务操作系统以外,也常常使用 MS-DOS 和 Windows 等系统软件。船舶用工控机最常使用的系统软件有 VxWorks、WindowsXPE 等。

（2）支持软件。

支持软件包括汇编语言、高级语言、编译程序、编辑程序、调试程序、诊断程序等,即各种计算机语言。

（3）应用软件。

应用软件是系统设计人员针对某个生产过程而编制的控制和管理程序。它包括过程输入程序、过程控制程序、过程输出程序、人机接口程序、打印显示程序和公共子程序等,如船舶电站监控软件。

计算机控制系统随着硬件技术高速发展,对软件也提出了更高的要求。只有软件和硬件相互配合,才能发挥计算机的优势,研制出具有更高性能价格比的计算机控制系统。

工业控制机具有以下特点。

（1）可靠性高和可维修性好。可靠性和可维修性是两个非常重要的因素,它们决定着系统在控制上的可用程度。可靠性的简单含义是指设备在规定的时间内运行不发生故障,为此采用可靠性技术来解决;可维修性是指工业控制机发生故障时,维修快速、简单方便。

（2）环境适应性强。工业环境恶劣,这就要求工业控制机适应高温、高湿、腐蚀、振动、冲击、灰尘等环境。工业环境电磁干扰严重,供电条件不良,工业控制机必须要有极高的电磁兼容性。

（3）控制的实时性。工业控制机应具有时间驱动和事件驱动能力,要能对生产过程工况变化实时地进行监视和控制。为此,需要配有实时操作系统和中断系统。

（4）完善的输入输出通道。为了对生产过程进行控制,需要给工业控制机配备完善的输入输出通道,如模拟量输入、模拟量输出、开关量输入、开关量输出、人机通信设备等。

（5）丰富的软件。工业控制机应配备较完整的操作系统、适合生产过程控制的应用程序。工业控制软件正向结构化、组态化方向发展。

（6）适当的计算机精度和运算速度。一般生产过程,对于精度和运算速度要求并不苛刻。通常字长为 8～32 位,速度在每秒几万次至几百万次。但随着自动化程度的提高,对于精度和运算速度的要求也在不断提高,应根据具体的应用对象及使用方式,选择合适的机型。

## 2.2.3　输入输出接口与过程通道

工业控制机必须经过输入输出接口和过程通道与生产过程相连,输入输出接口和过程通道是计算机控制的重要组成部分。

接口是计算机与外部设备(部件与部件之间)交换信息的桥梁,它包括输入接口和输出接口。接口技术是研究计算机与外部设备之间如何交换信息的技术。外部设备的各种信息通过输入接口送至计算机,而计算机的各种信息通过输出接口送往外部设备。系统运行过程中,信息的交换是频繁发生的。

过程通道是在计算机和生产过程之间设置的信息传送和转换的连接通道,它包括模拟量输入通道 AI、模拟量输出通道 AO、数字量(开关量)输入通道 DI、数字量(开关量)输出通道 DO。生产过程的各种参数通过模拟量输入通道或数字量输入通道送至计算机,计算机经过计算和处理后的结果通过模拟量输出通道或数字量输出通道送往生产过程,从而实现对生产过程的控制。

1. 数字量(开关量)输入接口与过程通道

工业控制机用于生产过程的自动控制,需要处理一类最基本的输入输出信号,即数字量(开关量)信号。这些信号包括开关的闭合与断开,指示灯的亮与灭,继电器或接触器的吸合与释放,马达的启动与停止,阀门的打开与关闭等。这些信号的共同特征是以二进制的逻辑"1"和"0"出现的。在计算机控制系统中,对应的二进制数码的每一位都可以代表生产过程的一个状态,这些状态作为控制的依据。

数字量输入通道主要由输入调理电路、输入缓冲器、输入口地址译码电路等组成,如图 2.16 所示。

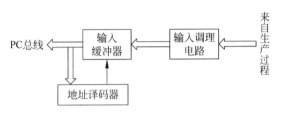

数字量输入通道的基本功能就是接收外部装置或生产过程的状态信号。这些状态信号的形式可能是电压、电流、开关的触点,因此引起瞬时高压、过电压、接

**图 2.16　数字量输入通道结构**

触抖动等现象。为了将外部开关量信号输入到计算机,必须将现场输入的状态信号经转换、保护、滤波、隔离等措施转换成计算机能够接收的逻辑信号,这些功能称为信号调理。

对于不同功率的数字量信号,其信号调理电路是不同的。当输入信号功率较小时,输入调理电路可以如图 2.17 所示,由开关、继电器等接点输入数字量信号。它将接点的接通和断开动作,转换成 TTL 电平信号与计算机相连。为了清除由于接点的机械抖动而产生的振荡信号,一般都应加入有较长时间常数的积分电路来消除这种振荡。图 2.17(a)所示为一种简单的、采用积分电路消除开关抖动的方法。图 2.17(b)所示为 R-S 触发器消除开关

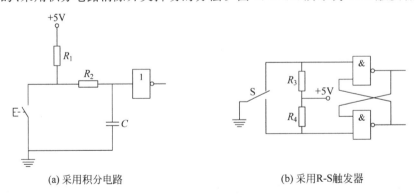

(a) 采用积分电路　　　　　　　　　　　(b) 采用R-S触发器

**图 2.17　小功率数字量输入调理电路**

两次反跳的方法。

当输入数字量信号的功率较大时,由于需要从电磁离合等大功率器件的接点输入信号,为了使接点工作可靠,接点两端至少要加 24V 以上的直流电压。因为直流电平的响应快,不易产生干扰,电路又简单,因而被广泛采用。但是这种电路,由于所带电压高,所以高压与低压之间,用光电耦合器进行隔离,如图 2.18 所示。

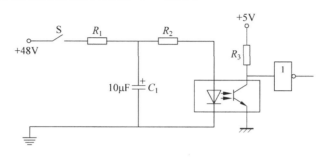

**图 2.18　大功率数字量输入调理电路**

生产过程的数字量信息经过信号调理电路后,就可以送至工控机由其收集生产过程的状态信息了。但对于工控机来说,输入和输出线路通常不能直接相连,而需要有一个隔离电路进行缓冲。因此,可用三态门缓冲器来隔离输入和输出线路,在两者之间起缓冲作用,并获取生产过程的状态信息。经过端口地址译码,三态门缓冲器得到片选信号,当在执行 IN 指令周期时,被测的状态信息可通过三态门送到 PC 总线工业控制机的数据总线,然后装入寄存器。

2. 数字量(开关量)输出接口与过程通道

数字量输出通道是计算机控制实现控制输出的关键功能之一,数字量输出通道主要由输出锁存器、输出驱动电路、输出口地址译码电路等组成,如图 2.19 所示。

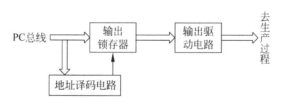

**图 2.19　数字量输出通道结构**

当对生产过程进行控制时,一般控制状态需进行保持,直到下次给出新的值为止,这时输出就要锁存。因此,可用带锁存功能的三态门缓冲器作为输出锁存口,对状态输出信号进行锁存。经过端口地址译码,带锁存功能的三态门缓冲器得到片选信号,当在执行 OUT 指令周期时,将 I/O 端口写总线发送来的信号输出。

与数字量输入通道相似,对于不同功率的信号,其输出驱动电路也不相同。当输出驱动为功率较小的直流电路时,输出驱动电路可以如图 2.20 所示,由功率三极管、继电器线圈构成。为了关断继电器,在其线圈两端须加装续流二极管。也可以使用 MC1416 达林顿

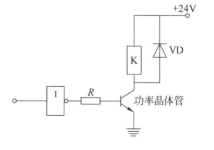

**图 2.20　功率晶体管输出驱动继电器**

阵列驱动器,它内含7个达林顿复合管,每个复合管的电流都在500mA以上,反向截止时可承受100V电压。MC1416组件内部带有续流二极管,不必另行安装。

对于输出驱动为功率较大的交流或直流电路时,则需要使用固态继电器。固态继电器是一种四端有源器件,图2.21为固态继电器的结构和使用方法。输入输出之间采用光电耦合器进行隔离。零交叉电路可使交流电压变化到0V附近时让电路接通,从而减少干扰。电路接通以后,由触发电路给出晶闸管器件的触发信号。

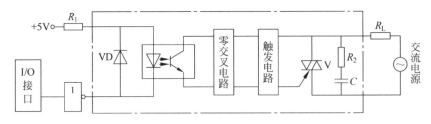

图 2.21　功率晶体管输出驱动继电器

### 3. 模拟量输入接口与过程通道

在计算机控制系统中,模拟量输入通道的任务是把从系统中检测到的模拟信号,变成二进制数字信号,经接口送往计算机。传感器是将生产过程工艺参数转换为电参数的装置,大多数传感器的输出是直流(电压或电流)信号,也有一些传感器把电阻值、电容值、电感值的变化作为输出量。为了避免低电平模拟信号传输带来的麻烦,经常要将测量元件的输出信号经变送器变送,如温度变送器、压力变送器、流量变送器等,将温度、压力、流量的电信号变成0~10mA或4~20mA的统一信号,然后经过模拟量输入通道来处理。

模拟量输入通道的一般结构如图2.22所示,一般由信号调理或I/V变换,多路转换器,采样保持器,A/D转换器,接口及控制逻辑等组成。过程参数由传感元件和变送器测量并转换为电流或电压形式后,再送至多路开关;在微机的控制下,由多路开关将各个过程参数依次地切换到后级,进行采样和A/D转换,实现过程参数的巡回检测。

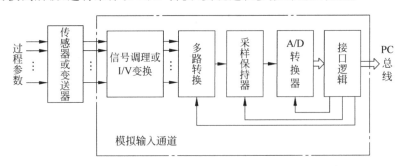

图 2.22　模拟量输入通道结构

### 1) 模拟量信号调理电路

模拟量信号调理电路主要通过非电量的转换,信号的变换、放大、滤波、线性化、共模抑制及隔离等方法,将非电量和非标准的电信号转换成标准的电信号。模拟量信号调理电路是传感器和A/D之间以及D/A和执行机构之间的桥梁,也是测控系统中重要的组成部分。

（1）非电信号的检测——不平衡电桥

电桥是将电阻、电感、电容等参数的变化变换为电压或电流输出的一种测量电路。由于电桥电路具有灵敏度高、测量范围宽、容易实现温度补偿等优点，因此被广泛采用。图 2.23 所示为一个热电阻测量电桥，由三个精密电阻 $R_1$、$R_2$、$R_3$ 和热电阻 $R_{Pt}$ 构成。激励源（电压或电流）接到 E 端，AB 两端接到测量放大电路。

一般情况下 $R_2 = R_3$，$R_1 = 100\Omega$，当测量温度为 0℃ 时，$R_{Pt}$ 为 100Ω，铂热电阻分度号为 Pt(100)，此时电桥平衡，输出电压 $V_{OUT} = 0$。当温度变化时，$R_{Pt}$ 的阻值是温度的函数。

$$R_{Pt}(t) = R_0 + \alpha(t) \cdot t = R_0 + \Delta R$$

式中，$R_0$ 为 0℃ 时的电阻值，$\alpha(t)$ 是电阻温度系数，$t$ 为被测量温度。在某温度情况下，即会产生不平衡电压 $\Delta V$，由 $\Delta V$ 即可推算出温度值。

用热电阻测温时，工业设备距离计算机很远，引线将很长，若采用两线制连接，由于导线电阻，容易产生误差。为此，热电阻采用三线制与调理电路相连，如图 2.24 所示。引线 A 和引线 B 分别接在两个可抵消的桥臂上，引线的常值误差及随温度变化引起的误差一起被补偿掉，这种方法简单、价廉，实际中可用于百米以上距离。

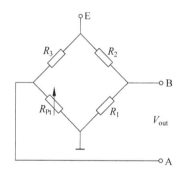

图 2.23　热电阻测量电桥电路

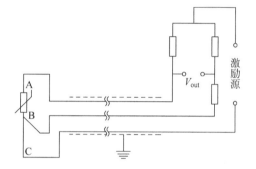

图 2.24　热电阻三线制接线图

（2）信号放大电路

信号放大电路是最常用的电路，例如，上述电桥输出电压一般达不到要求的电平，需要运算放大器放大。运算放大器的选择主要考虑精度要求（失调及失调温漂）、速度要求（带宽、上升率）、幅度要求（工作电压范围及增益）及共模抑制要求。常用于前置放大器的有 uA741、LF347（低精度），OP-07、OP-27（中等精度），ICL7650（高精度）等。

2）I/V 变换

变送器输出的信号为 0～10mA 或 4～20mA 的统一信号，需要经过 I/V 变换变成电压信号后，工控机才能处理。I/V 变换的方法有两种：无源 I/V 变换和有源 I/V 变换。

无源 I/V 变换主要是利用无源器件电阻来实现，并加滤波和输出限幅等保护措施，如图 2.25 所示。对于 0～10mA 输入信号，可取 $R_1 = 100\Omega$，$R_2 = 500\Omega$，且 $R_2$ 为精密电阻，这样当输入的 $I$ 为 0～10mA 电流时，输出的 $V$ 为 0～5V。对于 4～20mA 输入信号，可取 $R_1 = 100\Omega$，$R_2 = 250\Omega$，且 $R_2$ 为精密电阻，这样当输入的 $I$ 为 4～20mA 时，输出的 $V$ 为 1～5V。

有源 I/V 变换主要是利用有源器件运算放大器、电阻组成，如图 2.26 所示。$R_2$ 为精密电阻，阻值为 250Ω，通过取样电阻 $R_2$，将电流信号转换为电压信号。由

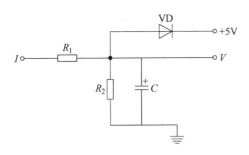

图 2.25　无源 I/V 电路图

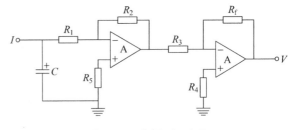

图 2.26　有源 I/V 电路

$$\frac{I \cdot R_2}{R_3} = \frac{V}{R_f}$$

可求得

$$V = \frac{R_2 \cdot R_f}{R_3} \cdot I$$

取 $R_3 = 1\text{k}\Omega$，$R_f$ 设定为 $4.7\text{k}\Omega$ 电位器，通过调整 $R_f$ 的值，可使 $0 \sim 10\text{mA}$ 输入对应于 $0 \sim 5\text{V}$ 的电压输出，$4 \sim 20\text{mA}$ 输入对应于 $1 \sim 5\text{V}$ 的电压输出。

3）多路转换器

多路转换器又称多路开关，多路开关是用来切换模拟电压信号的关键元件。利用多路开关可将各个输入信号依次地或随机地连接到公用放大器或 A/D 转换器上。为了提高过程参数的测量精度，对多路开关提出了较高的要求。理想的多路开关其开路电阻为无穷大，其接通时的导通电阻为 0。此外，还希望切换速度快、噪声小、寿命长、工作可靠。常用的多路开关有 CD4051 或 MC1405(1)、AD7501、LF13508 等。

4）采样、量化及采样/保持器

（1）信号的采样

采样过程如图 2.27 所示。按一定的时间间隔 $T$，把时间上连续和幅值上也连续的模拟信号，转变成在时刻 $0, T, 2T, \cdots, KT$ 的一连串脉冲输出信号的过程称为采样过程。执行采样动作的开关 S 称为采样开关或采样器。$\tau$ 称为采样宽度，代表采样开关闭合的时间。采样后的脉冲序列 $y^*(t)$ 称为采样信号，采样器的输入信号 $y(t)$ 称为原信号，采样开关每次通断的时间间隔 $T$ 称为采样周期。采样信号 $y(t)$ 在时间上是离散的，但在幅值上仍是连续的，所以采样信号是一个离散的模拟信号。

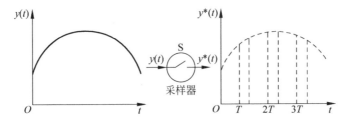

图 2.27　信号的采样过程

从信号的采样过程可知，采样不是取全部时间上的信号值，而是取某些时间上的值。这样处理后会不会造成信号的丢失呢？香农（Shannon）采样定理指出：如果模拟信号（包括噪声干扰在内)频谱的最高频率为 $f_{max}$，只要按照采样频率 $f \geqslant 2f_{max}$ 进行采样，那么采样信号 $y^*(t)$ 就能唯一地复现 $y(t)$。采样定理给出了 $y^*(t)$ 唯一地复现 $y(t)$ 所必需的最低采样频率。实际应用中，常取 $f \geqslant (5 \sim 10)f_{max}$，甚至更高。

（2）量化

所谓量化，就是采用一组数码(如二进制码)来逼近离散模拟信号的幅值，将其转换为数字信号。将采样信号转换为数字信号的过程称力量化过程，执行量化动作的装置是 A/D 转换器。字长为 $n$ 的 A/D 转换器把 $y_{min} \sim y_{max}$ 范围内变化的采样信号，变换为数字 $0 \sim 2^n - 1$，其最低有效位(LSB)所对应的模拟量 $q$ 称为量化单位：

$$q = \frac{y_{max} - y_{min}}{2^n - 1}$$

量化过程实际上是一个用 $q$ 去度量采样值幅值高低的小数归整过程，如同人们用单位长度(毫米或其他)去度量人的身高一样。由于量化过程是一个小数归整过程，因而存在量化误差，量化误差为 $\pm 1/2q$。例如，$q = 20 \text{mV}$ 时，量化误差为 $\pm 10 \text{mV}$，$0.990 \sim 1.009\text{V}$ 范围内的采样值，其量化结果是相同的，都是数字 50。

在 A/D 转换器的字长 $n$ 足够长时，整量化误差足够小，可以认为数字信号近似于采样信号。在这种假设下，数字系统便可沿用采样系统理论分析、设计。

（3）采样保持器

在模拟量输入通道中，A/D 转换器将模拟信号转换成数字量总需要一定的时间，完成一次 A/D 转换所需的时间称为孔径时间 $t_{A/D}$。对于随时间变化的模拟信号来说，孔径时间决定了每一个采样时刻的最大转换误差，即为孔径误差。

例如图 2.28 所示的正弦模拟信号，如果从 $t_0$ 时刻开始进行 A/D 转换，但转换结束时已为 $t_1$，模拟信号已发生 $\Delta u$ 的变化。因此，对于一定的转换时间，最大的误差可能发生在信号值过零的时刻。因为此时 $\mathrm{d}u/\mathrm{d}t$ 最大，孔径时间 $t_{A/D}$ 一定，所以此时 $\Delta u$ 为最大。若令

$$u = U_m \sin \omega t$$

$$\frac{\mathrm{d}u}{\mathrm{d}t} = U_m \omega \cos \omega t = U_m 2\pi f \cos \omega t$$

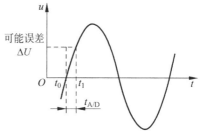

图 2.28　由 $t_{A/D}$ 引起的误差

式中，$U_m$ 为正弦模拟信号的幅值，$f$ 为信号频率。

在坐标的原点上

$$\frac{\Delta u}{\Delta t} = U_m 2\pi f$$

取 $\Delta t = t_{A/D}$，则得原点处转换的不确定电压误差为

$$\Delta u = U_m 2\pi f t_{A/D}$$

误差的百分数

$$\sigma = \frac{\Delta u \cdot 100}{U_m} = 2\pi f t_{A/D} \cdot 100$$

由此可知，对于一定的转换时间 $t_{A/D}$，误差的百分数和信号频率成正比。为了确保 A/D 转换的精度，使它不低于 0.1%，不得不限制信号的频率范围。

一个 10 位的 A/D 转换器量化精度 0.1%，孔径时间 $10\mu s$，如果要求转换误差在转换精度内，则允许转换的正弦波模拟信号的最大频率为

$$f = \frac{0.1}{2\pi \cdot 10 \cdot 10^{-6} \cdot 10^2 \text{s}} \approx 16\text{Hz}$$

为了提高模拟量输入信号的频率范围,以适应某些随时间变化较快的信号的要求,一般情况下采样信号都不直接送至 A/D 转换器转换。可采用带有保持电路的采样器,即采样保持器,以消除孔径误差。保持器把 $t=kT$ 时刻的采样值保持到 A/D 转换结束。$T$ 为采样周期,$k=0,1,2,\cdots$ 为采样序号。

采样保持器的基本组成电路如图 2.29 所示,由输入输出缓冲器 $A_1$、$A_2$ 和采样开关 S、保持电容 $C_H$ 等组成。采样时,S 闭合,$V_{IN}$ 通过 $A_1$ 对 $C_H$ 快速充电,$V_{OUT}$ 跟随 $V_{IN}$;保持期间,S 断开,由于 $A_2$ 的输入阻抗很高,理想情况下 $V_{OUT}=V_c$。保持不变,采样保持器一旦进入保持期,便应立即启动 A/D 转换器,保证 A/D 转换期间输入恒定。选择采样保持器的主要因素有获取时间、电压下降率等,若 A/D 转换器转换时间足够短,可以不加采样保持器。常用的集成采样保持器有 LF398、AD582 等。

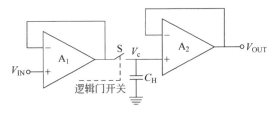

**图 2.29　采样保持器原理示意图**

4. 模拟量输出接口与过程通道

模拟量输出通道也是计算机控制实现控制输出的关键功能之一,它的任务是把计算机输出的数字量转换成模拟电压或电流信号,以便驱动相应的执行机构,达到控制的目的。模拟量输出通道一般由接口电路、D/A 转换器、V/I 变换等组成。

模拟量输出通道的结构形式,主要取决于输出保持器的构成方式。输出保持器的作用主要是在新的控制信号来到之前,使本次控制信号维持不变。保持器一般有数字保持方案和模拟保持方案两种,这就决定了模拟量输出通道的两种基本结构形式,一个通道设置一个数/模转换器的形式,多个通道共用一个数/模转换器的形式。

图 2.30 给出了一个通道设置一个数/模转换器的形式,微处理器和通道之间通过独立的接口缓冲器传送信息,这是一种数字保持的方案。它的优点是转换速度快、工作可靠,即使某一路 D/A 转换器有故障,也不会影响其他通道的工作。缺点是使用了较多的 D/A 转换器。但

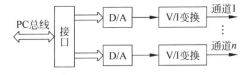

**图 2.30　一个通道一个 D/A 转换器的结构**

随着大规模集成电路技术的发展,这个缺点正在逐步得到克服,这种方案较易实现。

如图 2.31 所示,因为共用一个数/模转换,故它必须在微型机控制下分时工作。即依次把 D/A 转换器转换成的模拟电压或电流,通过多路模拟开关传送给输出采样保持器。这种结构形式的优点是节省了数/模转换器,但因为分时工作,只适用于通道数量多且速度要求不高的场合。它还要用多路开关,且要求输出采样保持器的保持时间与采样时间之比较大。这种方案的可靠性较差。

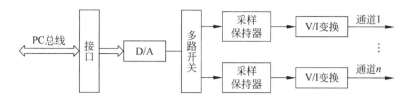

**图 2.31 共用 D/A 转换器的结构**

在实际应用中,通常采用 D/A 转换器外加运算放大器的方法,把 D/A 转换器的电流输出转换为电压输出。图 2.32 给出了一种 D/A 转换器的单极性与双极性输出电路。此外,为了实现 $0\sim5$V、$0\sim10$V、$1\sim5$V 直流电压信号到 $0\sim10$mA、$4\sim20$mA 转换,还需要使用集成 V/I 转换电路实现。

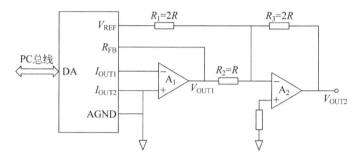

**图 2.32 D/A 转换器的单极性与双极性输出**

### 2.2.4 常见抗干扰技术

很多从事计算机控制工程的人员都有这样的经历,当他将经过千辛万苦安装和调试好的样机投入工业现场进行实际运行时,却不能正常工作。有的一开机就失灵,有的时好时坏,让人不知所措。为什么实验室能正常模拟运行的系统,到了工业环境就不能正常运行呢? 原因是工业环境有强大的干扰,而微机系统往往没有专门的抗干扰处理。所谓干扰,就是有用信号以外的噪声或造成计算机设备不能正常工作的破坏因素。

抗干扰的措施有硬件的,有软件的,也有软硬结合的。硬件措施如果得当,可将绝大多数干扰拒之门外,但仍然有少数干扰窜入微机系统,引起不良后果,所以软件抗干扰措施作为第二道防线是必不可少的。软件抗干扰措施是以 CPU 的开销为代价的,影响到系统的工作效率和实时性。因此,一个成功的抗干扰系统是由硬件和软件相结合构成的。硬件抗干扰效率高,但要增加系统的投资和设备的体积。软件抗干扰投资低,但要降低系统的工作效率。

对于计算机控制系统来说,干扰既可能来源于外部,也可能来源于内部。外部干扰指那些与系统结构无关,而是由外界环境因素决定的;而内部干扰则是由系统结构、制造工艺等决定的。外部干扰主要是空间电磁的影响,环境温度、湿度等气象条件也是外来干扰。内部干扰主要是分布电容、分布电感引起的耦合感应,电磁场辐射感应,长线传输的波反射,多点接地造成的电位差引起的干扰,寄生振荡引起的干扰,甚至元器件产生的噪声也属于内部干扰。所谓分布电容,是指除电容器外,由于电路的分布特点而具有的电容。所谓分布电感,是指由于导线布线和元器件的分布而存在的电感。对于低频交流电路可以忽略分布电感的影响,但对于高频交流电路,必须考虑分布电感的影响。

### 1. 串模干扰及其抑制方法

所谓串模干扰,是指叠加在被测信号上的干扰噪声。这里的被测信号是指有用的直流信号或缓慢变化的交变信号,而干扰噪声是指无用的变化较快的杂乱交变信号。串模干扰和被测信号在回路中所处的地位是相同的,总是以两者之和作为输入信号。串模干扰也称为常态干扰,如图 2.33 所示,$U_s$ 为信号源,$U_n$ 为干扰源。

串模干扰的抑制方法应从干扰信号的特性和来源入手,分别对不同情况采取相应的措施。

(1) 如果串模干扰频率比被测信号频率高,则采用输入低通滤波器来抑制高频率串模干扰;如果串模干扰频率比被测信号频率低,则采用高通滤波器来抑制低频串模干扰;如果串模干扰频率落在被测信号频谱的两侧,则应用带通滤波器。

一般情况下,串模干扰的频率都比被测信号的频率高,故常用二级阻容低通滤波网络作为模/数转换器的输入滤波器,如图 2.34 所示,它可使 50Hz 的串模干扰信号衰减 600 倍左右。该滤波器的时间常数小于 200ms,因此,当被测信号变化较快时,应相应改变网络参数,以适当减小时间常数。

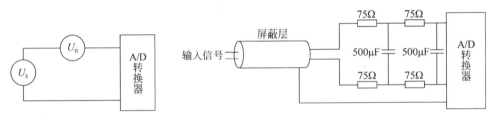

图 2.33　串模干扰示意图　　　　　　图 2.34　二级阻容滤波网络

(2) 当尖峰型串模干扰成为主要干扰源时,用双积分式 A/D 转换器可以削弱串模干扰的影响。因为此类转换器对输入信号的平均值而不是瞬时值进行转换,所以对尖峰干扰具有抑制能力。如果取积分周期等于主要串模干扰的周期或为整数倍,则通过积分比较变换后,对串模干扰有更好的抑制效果。

(3) 对于串模干扰主要来自电磁感应的情况下,对被测信号应尽可能早地进行前置放大,从而达到提高回路中的信号噪声比的目的;或者尽可能早地完成模/数转换或采取隔离和屏蔽等措施。

(4) 从选择逻辑器件入手,利用逻辑器件的特性来抑制串模干扰。此时可采用高抗扰度逻辑器件,通过高阈值电平来抑制低噪声的干扰;也可采用低速逻辑器件来抑制高频干扰;当然也可以人为地通过附加电容器,以降低某个逻辑电路的工作速度来抑制高频干扰。对于主要由所选用的元器件内部的热扰动产生的随机噪声所形成的串模干扰,或在数字信号的传送过程中夹带的低噪声或窄脉冲干扰时,这种方法是比较有效的。

(5) 采用双绞线作为信号引线。两条扭绞在一起的导线称为双绞线,各个小环路的感应电势互相呈反向抵消,从而能够在一定程度上防止电磁干扰对传输信号的影响,同时防止本身对外界的干扰,如图 2.35 所示。在进行信号传输时,应尽量选用带有屏蔽的双绞线或同轴电缆做信号线,且良好接地,并对测量仪表进行电磁屏蔽。

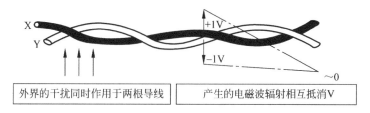

**图 2.35　双绞线防止电磁干扰的原理示意图**

2. 共模干扰及其抑制方法

所谓共模干扰,是指模/数转换器两个输入端上公有的干扰电压。这种干扰可能是直流电压,也可以是交流电压,其幅值可达几伏甚至更高,取决于现场产生干扰的环境条件和计算机等设备的接地情况。共模干扰也称为共态干扰。

因为在计算机控制生产过程时,被控制和被测试的参量可能很多,并且是分散在生产现场的各个地方,一般都用很长的导线把计算机发出的控制信号传送到现场中的某个控制对象,或者把安装在某个装置中的传感器所产生的被测信号传送到计算机的模/数转换器。因此,被测信号 $U_s$ 的参考接地点和计算机输入信号的参考接地点之间往往存在着一定的电位差 $U_{cm}$,如图 2.36 所示。对于模/数转换器的两个输入端来说,分别有 $U_s + U_{cm}$ 和 $U_{cm}$ 两个输入信号。显然,$U_{cm}$ 是共模干扰电压。

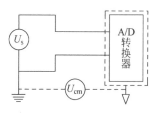

**图 2.36　共模干扰示意图**

在计算机控制系统中,被测信号有单端对地输入和双端不对地输入两种输入方式,如图 2.37 所示。对于存在共模干扰的场合,不能采用单端对地输入方式,因为此时的共模干扰电压将全部成为串模干扰电压,如图 2.37(a)所示。此时必须采用双端不对地输入方式,如图 2.37(b)所示。

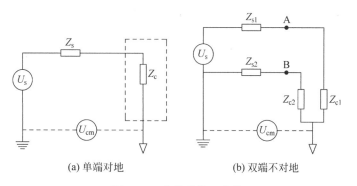

(a) 单端对地　　　　　　　　　　(b) 双端不对地

**图 2.37　共模干扰示意图**

图 2.37(b)中,$Z_s$、$Z_{s1}$、$Z_{s2}$ 为信号源 $U_s$ 的内阻抗,$Z_c$、$Z_{c1}$、$Z_{c2}$ 为输入电路的输入阻抗。此时,共模干扰电压 $U_{cm}$ 对两个输入端形成两个电流回路,每个输入端 A 和 B 的共模电压分别为

$$U_A = \frac{U_{cm}}{Z_{s1} + Z_{c1}} Z_{c1}, \quad U_B = \frac{U_{cm}}{Z_{s2} + Z_{c2}} Z_{c2}$$

两个输入端之间的共模电压为

$$U_{AB} = U_A - U_B = \left[ \frac{Z_{c1}}{Z_{s1} + Z_{c1}} - \frac{Z_{c2}}{Z_{s2} + Z_{c2}} \right] U_{cm}$$

如果此时 $Z_{s1} = Z_{s2}$，$Z_{c1} = Z_{c2}$，那么 $U_{AB} = 0$，表示不会引入共模干扰，但上述条件实际上无法满足，只能做到 $Z_{s1}$ 接近 $Z_{s2}$，$Z_{c1}$ 接近 $Z_{c2}$，因此有 $U_A \neq 0$，也就是说实际上总存在一定的共模干扰电压。显然，当 $Z_{s1}$ 和 $Z_{s2}$ 越小，$Z_{c1}$ 和 $Z_{c2}$ 越大，并且 $Z_{c1}$ 与 $Z_{c2}$ 越接近时，共模干扰的影响就越小。一般情况下，共模干扰电压 $U_{cm}$ 总是转化成一定的串模干扰 $U_n$ 出现在两个输入端之间。工程中常用的信号输入接线电路如图 2.38 所示。

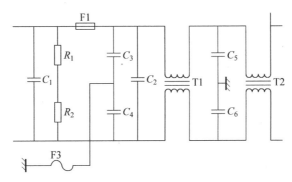

**图 2.38　工程中常用的信号输入接线电路**

为了衡量一个输入电路抑制共模干扰的能力，常用共模抑制比（CMRR）来表示，即

$$\mathrm{CMRR} = 20\lg(U_{cm}/U_n)(\mathrm{dB})$$

式中，$U_{cm}$ 是共模干扰电压，$U_n$ 是 $U_{cm}$ 转化成的串模干扰电压。显然，对于单端对地输入方式，由于 $U_n = U_{cm}$，所以 CMRR $= 0$，说明无共模抑制能力。对于双端不对地输入方式来说，由 $U_{cm}$ 引入的串模干扰 $U_n$ 越小，CMRR 就越大，所以抗共模干扰能力越强。

共模干扰无法完全消除，只能尽可能地抑制。主要方法有以下几种。

1) 变压器隔离

利用变压器把模拟信号电路与数字信号电路隔离开来，也就是把模拟地与数字地断开，以使共模干扰电压 $U_{cm}$ 不成回路，从而抑制了共模干扰。另外，隔离前和隔离后应分别采用两组互相独立的电源，切断两部分的地线联系。

在图 2.39 中，被测信号 $U_s$ 经放大后，首先通过调制器变换成交流信号，经隔离变压器 B 传输到副边，然后用解调器再将它变换为直流信号 $U_{s1}$，再对 $U_{s2}$ 进行 A/D 变换。

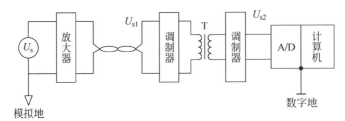

**图 2.39　变压器隔离**

2) 光电隔离

光电耦合器是由发光二极管和光敏三极管封装在一个管壳内组成的，发光二极管两端为信号输入端，光敏三极管的集电极和发射极分别作为光电耦合器的输出端，它们之间的信

号是靠发光二极管在信号电压的控制下发光,传给光敏三极管来完成的。

光电耦合器有以下几个特点。首先,由于是密封在一个管壳内,或者是模压塑料封装的,所以不会受到外界光的干扰。其次,靠光传送信号,切断了各部件电路之间地线的联系。第三,发光二极管动态电阻非常小,而干扰源的内阻一般很大,能够传送到光电耦合器输入端的干扰信号就变得很小。第四,光电耦合器的传输比和晶体管的放大倍数相比,一般很小,远不如晶体管对干扰信号那样灵敏,而光电耦合器的发光二极管只有在通过一定的电流时才能发光。因此,即使是在干扰电压幅值较高的情况下,由于没有足够的能量,仍不能使发光二极管发光,从而可以有效地抑制掉干扰信号。此外,光电耦合器提供了较好的带宽,较低的输入失调漂移和增益温度系数。因此,光电耦合器能够较好地满足信号传输速度的要求。

在图 2.40 中,模拟信号 $U_s$ 经放大后,再利用光电耦合器的线性区,直接对模拟信号进行光电耦合传送。由于光电耦合器的线性区一般只能在某一特定的范围内,因比,应保证被传信号的变化范围始终在线性区内。为保证线性耦合,既要严格挑选光电耦合器,又要采取相应的非线性校正措施,否则将产生较大的误差。另外,光电隔离前后两部分电路应分别采用两组独立的电源。

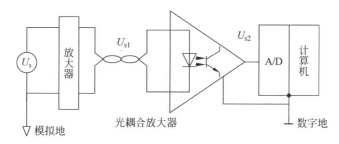

图 2.40　光电隔离

光电隔离与变压器隔离相比,实现起来比较容易,成本低,体积也小。因此在计算机控制系统中光电隔离得到了广泛的应用。

3) 浮地屏蔽

采用浮地输入双层屏蔽放大器来抑制共模干扰,如图 2.41 所示。这是利用屏蔽方法使输入信号的"模拟地"浮空,从而达到抑制共模干扰的目的。

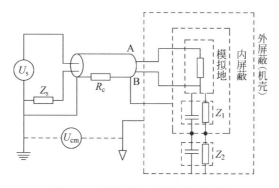

图 2.41　浮地输入双层屏蔽放大器

图中 $Z_1$ 和 $Z_2$ 分别为模拟地与内屏蔽盒之间和内屏蔽盒与外屏蔽层(机壳)之间的绝缘阻抗,它们由漏电阻和分布电容组成,所以此阻抗值很大。图中,用于传送信号的屏蔽线的屏蔽层和 $Z_2$ 为共模电压 $U_{cm}$ 提供了共模电流 $I_{cm1}$ 的通路,但此电流不会产生串模干扰,因为此时模拟地与内屏蔽盒是隔离的。由于屏蔽线的屏蔽层存在电阻 $R_c$,因此共模电压 $U_{cm}$ 在 $R_c$ 电阻上会产生较小的共模信号,它将在模拟量输入回路中产生共模电流 $I_{cm2}$,而 $I_{cm2}$ 在模拟量输入回路中会产生串模干扰电压。显然,由于 $R_c \ll Z_2$、$Z_s \ll Z_1$,故由 $U_{cm}$ 引入的串模干扰电压是非常弱的。所以这是一种十分有效的共模抑制措施。

4) 采用仪表放大器提高共模抑制比

仪表放大器具有共模抑制能力强、输入阻抗高、漂移低、增益可调等优点,是一种专门用来分离共模干扰与有用信号的器件。

3. 长线传输干扰及其抑制方法

计算机控制系统是一个从生产现场的传感器到计算机,再到生产现场执行机构的庞大系统。由生产现场到计算机的连线往往长达几十米,甚至几百米。即使在中央控制室内,各种连线也有几米到十几米。由于计算机采用高速集成电路,致使长线的"长"是相对的。这里所谓的"长线"其长度并不长,而且取决于集成电路的运算速度。例如,对于毫微秒级的数字电路来说,1m 左右的连线就应当作长线来看待;而对于十毫微秒级的电路,几米长的连线才需要当作长线处理。

信号在长线中传输遇到三个问题:一是长线传输易受到外界干扰,二是具有信号延时,三是高速度变化的信号在长线中传输时,还会出现波反射现象。当信号在长线中传输时,由于传输线的分布电容和分布电感的影响,信号会在传输线内部产生正向前进的电压波和电流波,称为入射波;另外,如果传输线的终端阻抗与传输线的波阻抗不匹配,那么当入射波到达终端时,便会引起反射;同样,反射波到达传输线始端时,如果始端阻抗也不匹配,就会引起新的反射。这种信号的多次反射现象,使信号波形严重失真和畸变,并且引起干扰脉冲。

为了抑制长线传输的干扰,可以采用终端阻抗匹配或始端阻抗匹配的方法,消除长线传输中的波反射或者把它抑制到最低限度。

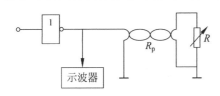

**图 2.42 测量传输线波阻抗**

1) 终端匹配

为了进行阻抗匹配,必须事先知道传输线的波阻抗 $R_p$,波阻抗的测量如图 2.42 所示。调节可变电阻 $R$,并用示波器观察门 A 的波形。当达到完全匹配时,即 $R = R_p$ 时,门 A 输出的波形不畸变,反射波完全消失,这时的 $R$ 值就是该传输线的波阻抗。

为了避免外界干扰的影响,在计算机中常常采用双绞线和同轴电缆作信号线。双绞线的波阻抗一般在 $100 \sim 200\Omega$ 之间,绞花越密,波阻抗越低。同轴电缆的波阻抗约 $50 \sim 100\Omega$。

最简单的终端匹配方法如图 2.43(a)所示,如果传输线的波阻抗是 $R_p$,那么当 $R = R_p$ 时,便实现了终端匹配,消除了波反射。此时终端波形和始端波形的形状相一致,只是时间上迟后。由于终端电阻变低,则加大负载,使波形的高电平下降,从而降低了高电平的抗干扰能力,但对波形的低电平没有影响。为了克服上述匹配方法的缺点,可采用图 2.43(b)所

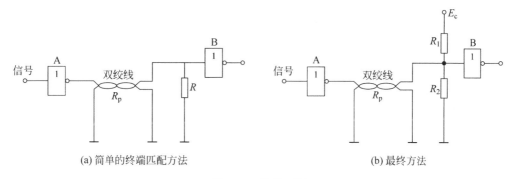

图 2.43　终端匹配

示的终端匹配方法。其等效电阻 $R$ 为

$$R = R_1 R_2 / (R_1 + R_2)$$

适当调整 $R_1$ 和 $R_2$ 的阻值,可使 $R = R_p$。这种匹配方法也能消除波反射,优点是波形的高电平下降较少,缺点是低电平抬高,从而降低了低电平的抗干扰能力。为了同时兼顾高电平和低电平两种情况,可选取 $R_1 = R_2 = 2R_p$,此时等效电阻 $R = R_p$ 实践中,宁可使高电平降低得稍多一些,而让低电平抬高得少一些,可通过适当选取电阻 $R_1$ 和 $R_2$,使 $R_1 > R_2$ 达到此目的,当然还要保证等效电阻 $R = R_p$。

2) 始端匹配

在传输线始端串入电阻 $R$,如图 2.44 所示,也能基本上消除反射,达到改善波形的目的。一般选择始端匹配电阻 $R$ 为 $R = R_p - R_{sc}$,其中,$R_{sc}$ 为门 A 输出低电平时的输出阻抗。

这种匹配方法的优点是波形的高电平不变,缺点是波形低电平会抬高。其原因是终端门 B 的输入电流 $I_{sr}$ 在始端匹配电阻 $R_{sc}$ 上的压降所造成的。显然,终端所带负载门个数越多,则低电平抬高越显著。

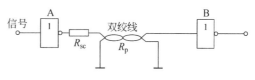

图 2.44　始端匹配

4. 系统供电技术

工控机的电源通常要求为直流 24V,一般采用如图 2.45 所示的结构。交流稳压器用来保证 AC220V 供电,交流电网频率为 50Hz,其中混杂了部分高频干扰信号。为此采用低通滤波器让 50Hz 的基波通过,而滤除高频干扰信号,最后由直流稳压电源给计算机供电。目前,工控机的电源大多采用开关电源。开关电源用调节脉冲宽度的办法调整直流电压,调整管以开关方式工作,功耗低。这种电源用体积很小的高频变压器代替了一般线性稳压电源中的体积庞大的工频变压器,对电网电压的波动适应性强,抗干扰性能好。

图 2.45　一般供电结构

计算机控制的供电不允许中断,一旦中断将会影响生产。为此,可采用不间断电源(UPS),用电池组作为后备电源,其原理如图 2.46 所示。正常情况下由交流电网供电,同时电池组处于浮充状态。如果电网供电中断,电池组经逆变器输出代替电网供电。通常 UPS

的作用是在电网断电时,设备能够及时保存数据,同时让设备能够正常停机。但如果在电网长时间中断的情况下,需要设备仍能正常工作,则 UPS 需要采用更大容量的蓄电池组。但是大容量的蓄电池组的体积、重量很大。因此,为了确保供电的连续性,通常采用 UPS 短时供电,然后由后备发电机组供电,或由备用电网或备用供电线路供电。

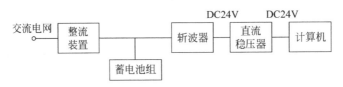

**图 2.46　UPS 原理示意图**

5. 接地技术

在自动控制系统中,一般有以下几种地线:模拟地、数字地、安全地、系统地和交流地。

模拟地作为传感器、变送器、放大器、A/D 和 D/A 转换器中模拟电路的零电位。模拟信号有精度要求,有时信号比较小,而且与生产现场连接。因此,必须认真地对待模拟地。

数字地作为计算机中各种数字电路的零电位,应该与模拟地分开,避免模拟信号受数字脉冲的干扰。

安全地的目的是使设备机壳与大地等电位,以避免机壳带电而影响人身及设备安全。通常安全地又称为保护地或机壳地,机壳包括机架、外壳、屏蔽罩等。

系统地就是上述几种地的最终回流点,直接与大地相连。众所周知,地球是导体而且体积非常大,因而其静电容量也非常大,电位比较恒定,所以人们把它的电位作为基准电位,也就是零电位。

交流地是计算机交流供电电源地,即动力线地,它的地电位很不稳定。在交流地上任意两点之间,往往很容易就有几伏至几十伏的电位差存在。另外,交流地也很容易带来各种干扰。因此,交流地绝对不允许分别与上述几种地相连,而且交流电源变压器的绝缘性能要好,绝对避免漏电现象。

显然,正确接地是一个十分重要的问题。根据接地理论分析,低频电路应单点接地,高频电路应就近多点接地。一般来说,当频率小于 1MHz 时,可以采用单点接地方式;当频率高于 10MHz 时,可以采用多点接地方式。在 1~10MHz 之间,如果用单点接地时,其地线长度不得超过波长的 1/20,否则应使用多点接地。单点接地的目的是避免形成地环路,地环路产生的电流会引入到信号回路内引起干扰。在自动控制系统中,通道的信号频率绝大部分在 1MHz 以下。

在过程控制计算机中,对上述各种地的处理一般是采用分别回流法单点接地。回流线往往采用汇流条而不采用一般的导线。汇流条是由多层铜导体构成,截面呈矩形,各层之间有绝缘层。采用多层汇流条以减少自感,可减少干扰的窜入途径。在稍考究的系统中,分别使用横向及纵向汇流条,机柜内各层机架之间分别设置汇流条,以最大限度地减少公共阻抗的影响,在空间上将数字地汇流条与模拟地汇流条间隔开,以避免通过汇流条间电容产生耦合。安全地(机壳地)始终与信号地(模拟地、数字地)是浮离开的。这些地之间只在最后汇聚一点,并且常常通过铜接地板交汇,然后用线径不小于 $300\text{mm}^2$ 的多股铜软线焊接在接地极上后深埋地下。

信号地线的接地方式应采用一点接地,而不采用多点接地。一点接地主要有两种接法:串联接地(或称共同接地)和并联接地(或称分别接地),如图 2.47 和图 2.48 所示。

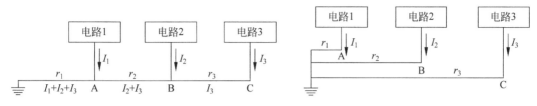

图 2.47　串联一点接地　　　　　　　　图 2.48　并联一点接地

从防止噪声角度看,图 2.47 中的串联接地方式是最不适用的。由于地电阻 $r_1$、$r_2$ 和 $r_3$ 是串联的,所以各电路间相互发生干扰。虽然这种接地方式很不合理,但由于比较简单,用的地方仍然很多。当各电路的电平相差不大时还可勉强使用;但当各电路的电平相差很大时就不能使用,因为高电平将会产生很大的地电流并干扰到低电平电路中去。使用这种串联一点接地方式时还应注意把低电平的电路放在距接地点最近的地方,即图 2.48 最接近于地电位的 A 点上。

并联接地方式在低频时是最适用的,因为各电路的地电位只与本电路的地电流和地线阻抗有关,不会因地电流而引起各电路间的耦合。这种方式的缺点是需要连很多根地线,用起来比较麻烦。

一般在低频时用串联一点接地的综合接法,即在符合噪声标准和简单易行的条件下统筹兼顾。也就是说可用分组接法,即低电平电路经一组共同地线接地,高电平电路经另一组共同地线接地。注意不要把功率相差很多、噪声电平相差很大的电路接入同一组地线接地。

在一般的系统中至少要有三条分开的地线(为避免噪声耦合,三种地线应分开),如图 2.49 所示,一条是低电平电路地线;一条是继电器、电动机等的地线(称为“噪声”地线);一条是设备机壳地线(称为“金属件”地线)。若设备使用交流电源,则电源地线应和金属件地线相连。这三条地线应在一点连接接地。使用这种方法接地时,可解决计算机控制系统的大部分接地问题。

一个实际的模拟量输入通道,总可以简化成由信号源、输入馈线和输入放大器三部分组成。如图 2.50 所示的将信号源与输入放大器分别接地的方式是不正确的。这种接地方式之所以错误,是因为它不仅受磁场耦合的影响,而且还因 A 和 B 两点地电位不等而引起环流噪声干扰。忽略导线电阻,误认为 A 和 B 两点都是地球地电位应该相等,是造成这种接地错误的根本原因。实际上,由于各处接地体几何形状、材质、埋地深度不可能完全相同,土壤的电阻率因地层结构各异也相差甚大,使得接地电阻和接地电位可能有很大的差值。这种接地电位的不相等,几乎每个工业现场都要碰到,一定要引起注意。

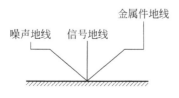

图 2.49　实用低频接地

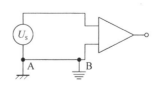

图 2.50　错误的接地方式

为了克服双端接地的缺点,应将输入回路改为单端接地方式。当单端接地点位于信号源端时,放大器电源不接地;当单端接地点位于放大器端时,信号源不接地。

当信号电路是一点接地时,低频电缆的屏蔽层也应一点接地,如图 2.51 所示。如欲将屏蔽一点接地,则应选择较好的接地点。当一个电路有一个不接地的信号源与一个接地的(即使不是接大地)放大器相连时,输入线的屏蔽应接至放大器的公共端;当接地信号源与不接地放大器相连时,即使信号源端接的不是大地,输入线的屏蔽层也应接到信号源的公共端。

为了提高计算机的抗干扰能力,将主机外壳作为屏蔽罩接地。而把机内器件架与外壳绝缘,绝缘电阻大于 $50M\Omega$,即机内信号地浮空,如图 2.52 所示。这种方法安全可靠,抗干扰能力强,但制造工艺复杂,一旦绝缘电阻降低就会引入干扰。

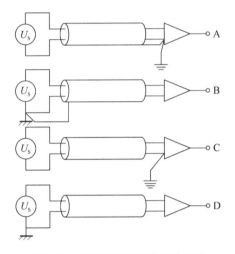

**图 2.51　在低频时屏蔽电缆的单端**

**图 2.52　外壳接地、机芯浮空**

在计算机网络系统中,多台计算机之间相互通信,资源共享。如果接地不合理,将使整个网络系统无法正常工作。近距离的几台计算机安装在同一机房内,可采用类似图 2.53 那样的多机一点接地方法。对于远距离的计算机网络,多台计算机之间的数据通信,通过隔离的办法把地分开。例如,采用变压器隔离技术、光电隔离技术和无线电通信技术。

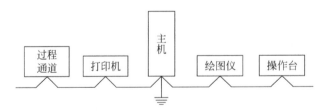

**图 2.53　多机系统的接地**

6. 软件抗干扰技术

为了提高工业控制系统的可靠性,仅靠硬件抗干扰措施是不够的,需要进一步借助于软件措施来克服某些干扰。经常采用的软件抗干扰技术有数字滤波技术、开关量的软件抗干扰技术、指令冗余技术、软件陷阱技术等。

1) 数字滤波技术

对于经过采样进入 A/D 转换器的干扰信号,可以利用数字滤波的方法进行削弱或滤出。所谓数字滤波,是指通过一定的计算或判断程序减少干扰在有用信号中的比重。数字滤波实质上是一种程序滤波,它克服了模拟滤波器的缺点,具有以下优点。

(1) 数字滤波由程序实现,不需要增加硬设备,可靠性高,稳定性好。

(2) 数字滤波可以对频率很低(如 0.01Hz)的信号实现滤波,弥补了模拟滤波器的不足。

(3) 数字滤波可以针对不同信号采用不同的滤波方法或滤波参数,灵活、方便、功能强。

由于数字滤波具有以上优点,所以数字滤波在微机应用系统中得到了广泛的应用。主要数字滤波算法有算术平均值法、中位值滤波法、限幅滤波法、惯性滤波法等。

(1) 算术平均值法

算术平均值法是对输入的 $N$ 个采样数据 $x_i(i=1\sim N)$,寻找一个 $y$,使这个 $y$ 与各采样值间的偏差的平方和为最小,即使

$$E = \min\left[\sum_{i=1}^{N}(y-x_i)^2\right]$$

有极小值。由一元函数求极值原理可得

$$y = \frac{1}{N}\sum_{i=1}^{N}x_i$$

上式即是算术平均值算法,求得的 $y$ 可以满足与各采样值间的偏差的平方和为最小。

算术平均值法适用于对一般的具有随机干扰信号的滤波。它特别适用于信号本身在某一数值范围附近做上下波动的情况,如流量、压力、温度、电压等信号的测量。显然,算术平均值法对信号的平滑滤波程度完全取决于 $N$。当 $N$ 较大时,平滑度高,但灵敏度低,即外界信号的变化对测量计算结果的影响小;当 $N$ 较小时,平滑度低,但灵敏度高。应按具体情况选取 $N$。

【例 2.1】　某压力仪表采样数据如表 2.1 所示。

表 2.1　某压力仪表采样数据

| 序号 | 1 | 2 | 3 | 4 | 5 | 6 | 7 | 8 | 9 | 10 |
|---|---|---|---|---|---|---|---|---|---|---|
| 采样值 | 24 | 25 | 20 | 27 | 24 | 60 | 24 | 25 | 26 | 23 |

采样数据明显存在被干扰现象,采用算术平均值滤波后,其采样值为

$$y = (24+25+20+27+24+60+24+25+26+23)/10 = 28$$

通过算术平均值法,滤除了第 3、6 个误差较大的干扰值。显然,干扰被平均到采样值中去了。由上例可以看出,算术平均值法的特点如下。

① $N$ 值决定了信号平滑度和灵敏度。随着 $N$ 的增大,平滑度提高,灵敏度降低。应该视具体情况选择 $N$,以便得到满意的滤波效果。

② 对每次采样值给出相同的加权系数,即 $1/N$。实际中需根据新采样值在平均值中的比重,采用加权平均值滤波法。滤波公式为:$y = r_0 y_0 + r_1 y_1 + r_2 y_2 + \cdots + r_m y_m$。

③ 平均值滤波法一般适用于具有周期性干扰噪声的信号,但对偶然出现的脉冲干扰信号,滤波效果尚不理想。

(2) 中位值滤波法

中位值滤波法的原理为,对被测参数连续采样 $m$ 次($m \geqslant 3$ 且是奇数),并按大小顺序排

列;再取中间值作为本次采样的有效数据。即在每个采样周期,先用中位值滤波法得到 $m$ 个滤波值,再对这 $m$ 个滤波值进行算术平均,得到可用的被测参数。中位值滤波法的特点是,对脉冲干扰信号等偶然因素引发的干扰有良好的滤波效果。

中位值滤波法和平均值滤波法结合起来使用,称为去脉冲干扰平均值滤波法,滤波效果更好。

【例 2.2】　某压力仪表采样数据如表 2.2 所示。

表 2.2　某压力仪表采样数据

| 序号 | 1 | 2 | 3 | 4 | 5 | 6 | 7 | 8 | 9 |
|------|----|----|----|----|----|----|----|----|----|
| 采样值 | 24 | 25 | 20 | 27 | 24 | 60 | 24 | 25 | 26 |

采样数据明显存在被干扰现象。对 1、2、3 次采样中位值滤波后值:24;对 4、5、6 次采样中位值滤波后值:27;对 7、8、9 次采样中位值滤波后值:25。采用去脉冲干扰平均值滤波后,其采样值为:25。

（3）限幅滤波法

由于大的随机干扰或采样器的不稳定,使得采样数据偏离实际值太远。为此采用上、下限限幅以及限速(也称限制变化率),即

当 $y(n) \geqslant y_H$ 时,则取 $y(n) = y_H$(上限值);

当 $y(n) \leqslant y_L$ 时,则取 $y(n) = y_L$(下限值);

当 $y_L < y(n) < y_H$ 时,则取 $y(n)$;

当 $|y(n) - y(n-1)| \leqslant \Delta y_0$ 时,则取 $y(n)$;

当 $|y(n) - y(n-1)| > \Delta y_0$ 时,则取 $y(n) = y(n-1)$。

$\Delta y_0$ 为两次相邻采样值之差的可能最大变化量。$y_0$ 值的选取,取决于采样周期 $T$ 及被测参数 $y$ 应有的正常变化率。因此,一定要按照实际情况来确定 $y_0$、$y_H$ 及 $y_L$,否则,非但达不到滤波效果,反而会降低控制品质。

（4）惯性滤波法

模拟低通滤波器无法对极低频率的信号进行滤波,但是数字滤波器则能够实现这个功能。

常用的一阶 RC 滤波器的传递函数为

$$\frac{y(s)}{x(s)} = \frac{1}{1 + T_f s}$$

其中,$T_f = RC$,其滤波效果取决于滤波时间常数。因此,模拟低通滤波器无法对极低频率的信号进行滤波。但是,可以将上式离散化成差分方程

$$T_f \frac{y(n) - y(n-1)}{T_s} + y(n) = x(n)$$

整理得

$$y(n) = (1 - \alpha)x(n) + \alpha y(n-1)$$

其中

$$\alpha = \frac{T_f}{T_f + T_s}$$

称为滤波系数,且 $0 < \alpha < 1$,$T_s$ 为采样周期,$T_f$ 为滤波器时间常数。

根据惯性滤波器的频率特性,若滤波系数 α 越大,则带宽越窄,滤波频率也越低。因此,需要根据实际情况,适当选取 α 值,使得被测参数既不出现明显的纹波,反应又不太迟缓。

上面讨论了 4 种常见的数字滤波技术。在实际应用中,应根据具体情况选择合适的数字滤波方法。平均值滤波法适用于周期性干扰,中位值滤波法和限幅滤波法适用于偶然的脉冲干扰,惯性滤波法适用于高频及低频的干扰信号,加权平均值滤波法适用于纯迟延较大的被控对象。如果应用不恰当,非但达不到滤波效果,反而会降低控制品质。

2）开关量的软件抗干扰技术

对于开关量（数字量）信号输入抗干扰措施,由于干扰信号多呈毛刺状,作用时间短,在采集某一开关量信号时,可多次重复采集,直到连续两次或两次以上结果完全一致方为有效。

对于开关量信号输出抗干扰措施,输出设备是电位控制型还是同步锁存型,对干扰的敏感性相差较大。前者有良好的抗"毛刺"干扰能力,后者不耐干扰。当锁存线上出现干扰时,它就会盲目锁存当前的数据,也不管此时数据是否有效。软件上,最有效的方法就是重复输出同一个数据,只要有可能,其重复周期尽可能短。

3）指令冗余技术

CPU 受干扰后,往往将操作数当作操作码执行,造成程序混乱。当程序弹飞到一单字节指令上时,便自动纳入正轨;当程序弹飞到一双字节指令上时（操作码、操作数）,有可能落到操作数上,从而继续出错;当程序弹飞到一三字节指令上时（操作码、操作数、操作数）,因其有两个操作数,从而继续出错机会更大。所谓指令冗余,就是指多采用单字节指令,并在关键地方人为插入一些单字节指令,或将有效单字节指令重复书写,提高弹飞程序纳入正轨的机会。指令冗余显然会降低系统的效率,但在绝大多数情况下,执行指令冗余不会对CPU 造成明显的影响,故这种方法被广泛采用。

实现指令冗余的方法,通常是在一些对程序流向起决定作用的指令之前插入两条 NOP指令,以保证弹飞的程序迅速纳入正确的控制轨道。这些指令有 RET、RETI、LCALL、LJMP、JZ/JNZ、JC/JNC、JB/JNB、JBC、CJNE、DJNZ 等。例如,利用减法比较两无符号数大小的两段程序,有无指令冗余分别如下所示。

无指令冗余程序:

```
CLRC
SUBB A, B
JCBBIG
...
...
BBIG: NOP
...
```

有指令冗余的情况:

```
CLRC
SUBB A, B
NOP
NOP
JCBBIG
```

```
...
...
BBIG：NOP
...
```

指令冗余的特点如下。

（1）降低指令执行效率。

（2）可以减少程序弹飞的次数，使其很快纳入程序轨道。但不能保证失控期间程序出现 Bug，也不能保证程序纳入正常轨道后一定正常。仍然必须靠软件容错技术，减少或消灭程序误动作。

（3）指令冗余使弹飞程序安定下来的条件：弹飞的程序要落到程序区；必须执行到冗余的指令。当程序弹飞到非程序区或弹飞的程序碰到冗余指令前已形成死循环，都会使冗余指令失去作用。

4）软件陷阱技术

指令冗余使弹飞的程序安定下来是有条件的。首先，弹飞的程序必须落到程序区；其次，必须执行到冗余指令。所谓软件陷阱是指，用一条引导指令，强行将捕获的程序引向一个指定的地址，在那里有一段专门对程序出错进行处理的程序。如果把这段程序的入口标记为 ERR 的话，软件陷阱即为一条无条件转移指令。为了加强其捕捉效果，一般还在其前面加两条"空"指令。例如，软件陷阱指令可以写成：

```
NOP
NOP
LJMPERR；ERR 错误处理程序入口
```

软件陷阱通常安排在下列 4 种地方：未使用的中断向量区；未使用的大片 ROM 区；表格区尾部；程序区。由于软件陷阱通常都安排在正常程序执行不到的区域，故不影响程序的执行效率，在内存容量允许的前提下，尽量多多益善，但最好做好标注，以便于程序员维护和更改。

## 2.2.5 测量数据预处理技术

在计算机控制系统中，经常需对生产过程的各种信号进行测量。测量时，一般先用传感器把生产过程的信号转换成电信号，然后用 A/D 转换器把模拟信号变成数字信号读入计算机中。对于这样得到的数据，一般要进行一些预处理，其中最基本的为线型化处理、标度变换和系统误差的自动标准。

1. （系统）误差自动校准

系统误差是指在相同条件下，经过多次测量，误差的数值（包括大小符号）保持恒定，或按某种已知的规律变化的误差。这种误差的特点是，在一定的测量条件下，其变化规律是可以掌握的，产生误差的原因一般也是知道的。因此，原则上讲，系统误差是可以通过适当的技术途径来确定并加以校正的。在系统的测量输入通道中，一般均存在零点偏移和漂移，产生放大电路的增益误差及器件参数的不稳定等现象，它们会影响测量数据的准确性，这些误差都属于系统误差。有时必须对这些系统误差进行自动校准。其中偏移校准在实际中应用最多，并且常采用程序来实现，称为数字调零。调零电路如图 2.54 所示。

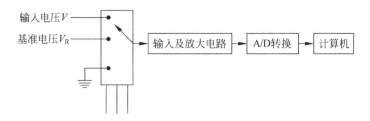

**图 2.54　数字调零电路**

在测量时,先把多路输入接到所需测量的一组输入电压上进行测量,测出这时的输入值为 $x_1$,然后把多路开关的输入接地,测出零输入时 A/D 转换器的输出为 $x_0$,用 $x_1$ 减去 $x_0$ 即为实际输入电压 $x$。采用这种方法,可去掉输入电路、放大电路及 A/D 转换器本身的偏移及随时间和温度而发生的各种漂移的影响,从而大大降低对这些电路器件的偏移值的要求,简化硬件成本。

除了数字调零外,还可以采用偏移和增益误差的自动校准。自动校准的基本思想是在系统开机后或每隔一定时间自动测量基准参数,如数字电压表中的基准参数为基准电压和零电压,然后计算误差模型,获得并存储误差补偿因子。在正式测量时,根据测量结果和误差补偿因子,计算校准方程,从而消除误差。自动校准技术比较常用的方法有全自动校准、人工自动校准等。

全自动校准由系统自动完成,不需人的介入。该电路的输入部分加有一个多路开关。系统在刚上电时或每隔一定时间时,自动进行一次校准。这时,先把开关接地,测出这时的输入值 $x_0$,然后把开关接 $V_R$,测出输入值 $x_1$,并存放 $x_1$、$x_0$,在正式测量时,如测出的输入值为 $x$,则这时的 $V$ 可用下式计算得出

$$V = \left(\frac{x - x_0}{x_1 - x_0}\right) \times V_R$$

采用这种方法测得的 $V$ 与放大器的漂移和增益变化无关,与 $V_R$ 的精度也无关。这样可大大提高测量精度,降低对电路器件的要求。

全自动校准只适于基准参数是电信号的场合,并且它不能校正由传感器引入的误差。为了克服这种缺点,可采用人工自动校准。

人工自动校准的原理与全自动校准差不多。只是现在不是自动定时进行校准,而是由人工在需要时接入标准的参数进行校准测量,把测得的数据存储起来,供以后使用。一般人工自动校准只测一个标准输入信号 $y_R$,零信号的补偿由数字调零来完成。设数字调零后测出的数据分别为 $x_R$(接校准输入 $y_R$ 时)和 $x$(接被测输入 $y$ 时),则可按下式来计算 $y$。

$$y = \frac{y_R}{x_R} \cdot x$$

如果在校准时,计算并存放 $y_R/x_R$ 的值,则测量校准时,只需进行一次乘法即可。

有时校准输入信号 $y_R$ 不容易得到,这时可采用现时的输入信号 $y_i$。校准时,计算机测出这时的对应输入 $x_i$,而人采用其他的高精度仪器测出这时的 $y_i$,并输入计算机中,然后计算机计算并存放 $y_i/x_i$ 的值,代替前面的 $y_R/x_R$ 来做校准系数。

人工自动校准特别适于传感器特性随时间会发生变化的场合。如常用的湿敏电容等湿度传感器,其特性随着时间的变化会发生变化,一般一年以上变化会大于精度容许值,这时

可采用人工自动校准。即每隔一段时间(例如一个月或三个月),用其他方法测出这时的湿度值,然后把它作为校准值输入测量系统。以后测量时,计算机将自动用该输入值来校准以后的测量值。

2. 线性化处理和非线性补偿

有些传感器或变送器的输入值和输出值不是线性关系(即是曲线关系)。因此,在测量时,必须按照相应的输入输出映射关系对测量的电压、电流或电阻值进行线性化处理,用多段折线代替曲线。线性化过程是,首先判断测量数据处于哪一折线段内,然后按相应段的线性化公式计算出线性值。折线段的分法并不是唯一的,可以视具体情况和要求来定。当然,折线段数越多,线性精度就越高,软件开销也相应增加。也可以采用查表法,根据传感器的输出值求取测量值。对于某些无法直接测量的参数,必须首先检测与其有关的参数,然后依照某种计算公式,才能间接求出它的真实数值。

3. 标度变换方法

计算机控制系统在读入被测模拟信号并转换成数字量后,往往要转换成操作人员所熟悉的工程值。这是因为被测量对象的各种数据的量纲与 A/D 转换的输入值是不一样的。例如,压力的单位为 Pa,流量的单位为 $m^3/h$,温度的单位为 ℃ 等。这些参数经传感器和 A/D 转换后得到一系列的数码,这些数码值并不一定等于原来带有量纲的参数值,它仅仅对应于参数值的大小,故必须把它转换成带有量纲的数值后才能运算、显示或打印输出,这种转换就是标度变换。标度变换有各种类型,它取决于被测参数的传感器的类型,应根据实际要求来选用适当的标度变换方法。

1) 线性变换公式

这种标度变换的前提是参数值与 A/D 转换结果之间为线性关系,是最常用的变换方法。它的变换公式如下

$$Y = (Y_{max} - Y_{min})(X - N_{min})/(N_{max} - N_{min}) + Y_{min}$$

其中,$Y$ 表示参数测量值,$Y_{max}$ 表示参数量程最大值,$Y_{min}$ 表示参数量程最小值,$N_{max}$ 表示 $Y_{max}$ 对应的 A/D 转换后的输入值,$N_{min}$ 表示量程起点 $Y_{min}$ 对应的 A/D 转换后的输入值,$X$ 表示测量值 $Y$ 对应的 A/D 转换值。

一般情况下,在编程序时,$Y_{max}$、$Y_{min}$、$N_{max}$、$N_{min}$ 都是已知的,但直接按上式计算需进行 4 次加减法、一次乘法、一次除法。因而可把上式变成如下形式

$$Y = SC_1 \cdot X + SC_0$$

式中,$SC_1$、$SC_0$ 为一次多项式的两个系数,$SC_0$ 取决于零点值,$SC_1$ 为扩大因子。使用上式进行标度变换时,只需进行一次乘法和一次加法。在编程前,应根据 $Y_{max}$、$Y_{min}$、$N_{max}$、$N_{min}$ 先算出 $SC_1$、$SC_0$,然后再编出按 $X$ 计算 $Y$ 的程序。

2) 公式转换法

有些传感器测出的数据与实际的参数不是线性关系,它们有着由传感器和测量方法决定的函数关系,并且这些函数关系可用解析式来表示,这时可采用直接按解析式来计算。

例如,当用差压变送器来测量信号时,由于差压与流量的平方成正比,这样实际流量 $Y$ 与差压变送器并经 A/D 转换后的测量值 $X$ 成平方根关系。这时可采用如下计算公式

$$Y = (Y_{max} - Y_{min}) \cdot \sqrt{\frac{X - N_{min}}{N_{max} - N_{min}}} + Y_{min}$$

式中各参数的意义与之前相同。在实际编程序时,这个公式也可像前面一样换成如下容易计算的形式

$$Y = SC_2 \cdot \sqrt{X - SC_1} + SC_0$$

式中,$SC_2$、$SC_1$、$SC_0$ 均由 $Y_{max}$、$Y_{min}$、$N_{max}$、$N_{min}$ 计算得出。

3) 其他标度变换法

许多非线性传感器并不像上面讲的流量传感器那样,可以写出一个简单的公式,或者虽然能够写出,但计算相当困难。这时可采用多项式插值法,也可以用线性插值法或查表进行标度变换。

4. 越限报警处理

由采样读入的数据或经计算机处理后的数据是否超出工艺参数的范围,计算机要加以判别,如果超越了规定数值,就需要通知操作人员采取相应的措施,确保生产的安全。

越限报警是工业控制过程常见而且实用的一种报警形式,它分为上限报警、下限报警及上下限报警。如果需要判断的报警参数是 $x_n$,该参数的上下限约束值分别是 $x_{max}$ 和 $x_{min}$,则上下限报警的物理意义如下。

(1) 上限报警:若 $x_n > x_{max}$,则上限报警,否则继续执行原定操作。

(2) 下限报警:若 $x_n < x_{min}$,则下限报警,否则继续执行原定操作。

(3) 上下限报警:若 $x_n > x_{max}$,则上限报警,否则对下式做判别:$x_n < x_{min}$ 否?若是则下限报警,否则继续原定操作。

根据上述规定,程序可以实现对被控参数 $y$、偏差 $e$ 以及控制量 $u$ 进行上下限检查。同时,为了防止干扰导致误报警,须连续若干时刻的 $x_n$ 均满足报警条件时,才能执行报警处理。

有时越限报警按报警危险级别不同又可分为一类报警、二类报警等。设 $x_{max1} > x_{max2}$,若 $x_n > x_{max1}$,则一类上限报警,否则继续判别是否为二类上限报警;若 $x_n > x_{max2}$,则二类上限报警,否则继续执行原定操作。同理,可以定义一类下限报警和二类下限报警。

5. 量化误差

计算机进行控制时,信号不仅在时间上存在离散化问题,而且信号在幅值上还存在量化效应。设计算机字长为 $n_1$,采用定点无符号整数,则计算机能处理的数的最小单位

$$q = \frac{1}{2^{n_1} - 1} \approx 2^{-n_1}$$

称为量化单位。

例如,对 $0 \sim 5V$ 的模拟电压进行 8 位及 12 位的 A/D 转换器转换,可表示的最小单位分别是

$$q_1 = \frac{5000}{2^8 - 1} = 19.6078 \text{(mV)}$$

$$q_2 = \frac{5000}{2^{12} - 1} = 1.2210 \text{(mV)}$$

即用一个 8 位二进制数 $N_1$ 表示 $0 \sim 5V$,每个"1"表示 19.6078mV,$N_1$ 表示 $N_1 \times$ 19.6078mV 电压;

而若用一个 12 位二进制数 $N_2$ 表示 $0 \sim 5V$,每个"1"表示 1.2210mV,$N_2$ 表示 $N_2 \times$

1.2210mV 电压。

通过 A/D 转换可计算出模拟电压 $x$ 相当于多少个整量化单位，即

$$x = Lq + \varepsilon$$

式中，$L$ 为整数。余数 $\varepsilon(\varepsilon < q)$ 称为量化误差，可以用截尾或舍入来处理。

所谓截尾，就是舍掉数值中小于 $q$ 的余数 $\varepsilon(\varepsilon < q)$。这时，截尾误差 $\varepsilon_t$ 为

$$\varepsilon_t = x_t - x$$

式中，$x$ 为实际数值，$x_t$ 为截尾后的数值。显然，$q < \varepsilon_t \leqslant 0$。

所谓舍入，是指当被舍掉的余数 $\varepsilon$ 大于或等于量化单位的一半时加 1；而当余数 $\varepsilon$ 小于量化单位的一半时，则舍掉 $\varepsilon$。这时，舍入误差为

$$\varepsilon_r = x_r - x$$

式中，$x$ 为实际数值，$x_r$ 为舍入后的数值。显然，$q/2 < \varepsilon_r \leqslant q/2$。

图 2.55 画出了计算机控制典型结构，为便于分析，图中将采样过程单独画出，而实际的 A/D 转换器中包含采样过程。计算机计算数值的误差源有三个。首先，被测参数（模拟量）经 A/D 转换器变成数字量时产生了第一次量化误差。在运算之前，运算式的参数（如 PID 算法中的各个系数等）必须预先置入指定的内存单元。由于字长有限，对参数可采用截尾或舍入来处理。另外在运算过程中，也会产生误差。这些是在 CPU 内产生的第二次量化误差。计算机输出的数字控制量经 D/A 转换器变成模拟量，在模拟量输出装置内产生了第三次量化误差。

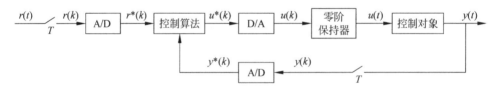

**图 2.55　计算机控制典型结构**

从图 2.55 可以看出，产生量化误差的原因主要有以下几个方面。

1) A/D 转换的量化效应

经过 A/D 转换，它将模拟信号变换为时间上离散、幅值上量化的数字信号，根据 A/D 转换装置的不同的实现原理，它将实现如图 2.56(a) 或图 2.56(b) 所示的两种输入输出关系（图中以 $y(k)$ 为例），其中图 2.56(a) 表示舍入的情况，图 2.56(b) 表示截尾的情况。

图中 $q$ 称为量化单位，它的大小取决于 A/D 转换信号的最大幅度应转换的字长，典型的 A/D 转换的位数为 8、10、12 或 14 位。设信号 $y(k)$ 的范围为 $(y_{min}, y_{max})$，A/D 转换器的转换字长为 $n_1$，若转换后的二进制数用原码表示，则总共可表示 $2^{n_1} - 1$ 个数，若用补码表示，则总共可产生 $2^{n_1}$ 个数。由于在计算机中的数一般采用补码表示，因此可以算得量化单位 $q$ 的大小为

$$q = \frac{y_{max} - y_{min}}{2^{n_1}}$$

$q$ 的大小反映了 A/D 转换装置的分辨能力，通常称 $q$ 为 A/D 转换的分辨率。

图 2.56 所示的输入输出关系显示了典型的非线性特性，当 $n_1$ 比较大，例如 $n_1 \geqslant 12$，A/D 转换的分辨率较高时，A/D 转换的量化效应对系统性能的影响较小，一般可以忽略它

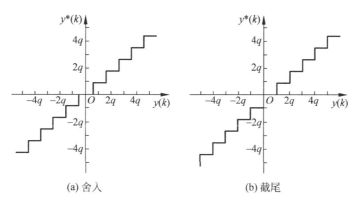

**图 2.56　A/D 转换器的输出关系**

(a) 舍入　　　　　　　　　　　　(b) 截尾

的影响,但当 $n_1 \leqslant 10$ 时,它将对系统性能产生影响。

2) 控制规律计算中的量化效应

如图 2.55 所示,经过量化的数字信号送入计算机的中央处理单元进行控制规律的计算,设计算所用的字长为 $n_2$,一般 $n_2 \geqslant n_1$。由于计算所用字长也是有限的,因此计算过程中也产生量化误差。另外,在计算过程中,采用定点还是浮点运算也是很关键的问题。由于浮点运算一般均需要用双倍字长,因此量化误差通常很小,可以忽略不计。但是浮点数运算速度较慢,而在计算机实时控制中,常常对计算速度有很高的要求。因此,很多地方仍主要采用定点运算。对于定点数表示,加或减的运算是准确的。问题是合适地选定比例因子,以避免出现上溢或下溢的问题。对于乘或除的运算,结果产生双倍的字长,但是结果数仍只能用单字长来表示,因而这里也产生量化的问题,这里对于低位数也可采用含入或截尾两种方法进行处理。

3) 控制参数的量化效应

在进行控制规律的计算时,其中的一些参数与要求的参数值也会存在一定的误差,字长越长,这种误差便越小。在工程上,由于控制对象的模型也是不准确的,其参数误差有时可高达 20%,因此,一般说来也不必要求控制器参数非常准确。因此,控制参数的量化效应通常可以忽略,但是在有些问题中,问题本身对控制器参数很灵敏,因此参数的量化效应也可能对系统性能产生很大的影响。

4) D/A 转换的量化效应

由于计算所用的字长通常要比 D/A 转换的字长要长,因此,经过 D/A 转换后,从 $u^*(k)$ 到 $u(k)$ 之间见图 2.55,也存在如图 2.56 所示的量化效应。

6. A/D、D/A 及运算字长的选择

为减少量化误差,在条件允许的情况下,可尽量加大字长。下面分别讨论 A/D 转换器、D/A 转换器和运算的字长选取。

1) A/D 转换器的字长选择

为把量化误差限制在所允许的范围内,应使 A/D 转换器有足够的字长要考虑的因素是:输入信号 $x$ 的动态范围和分辨率。

设输入信号的最大值和最小值之差为

$$x_{max} - x_{min} = (2^{n_1} - 1)\lambda$$

式中，$n_1$ 为 A/D 转换器的字长，$\lambda$ 为转换当量[mV/b]。则动态范围为

$$2^{n_1} - 1 = \frac{x_{\max} - x_{\min}}{\lambda}$$

因此，A/D 转换器字长

$$n_1 \geqslant \log_2\left(1 + \frac{x_{\max} - x_{\min}}{\lambda}\right)$$

有时对 A/D 转换器的字长要求以分辨率形式给出。分辨率定义为

$$D = \frac{1}{2^{n_1} - 1}$$

例如，8 位的分辨率为

$$D = \frac{1}{2^8 - 1} \approx 0.003\,921\,5$$

16 位的分辨率为

$$D = \frac{1}{2^{16} - 1} \approx 0.000\,015\,2$$

如果所要求的分辨率为 $D_0$，则字长

$$n_1 \geqslant \log_2\left(1 + \frac{1}{D_0}\right)$$

例如，某温度控制系统的温度范围为 $0 \sim 200\,℃$，要求分辨率为 $0.005$（即相当于 $1\,℃$），可求出 A/D 转换器字长

$$n_1 \geqslant \log_2\left(1 + \frac{1}{D_0}\right) = \log_2\left(1 + \frac{1}{0.005}\right) \approx 7.65$$

因此，取 A/D 转换器字长 $n_1$ 为 8 位。

2）D/A 转换器的字长选择

D/A 转换器输出一般都通过功率放大器推动执行机构。设执行机构的最大输入值为 $u_{\max}$，最小输入值为 $u_{\min}$，灵敏度为 $\lambda$，则 D/A 转换器的字长为

$$n_1 \geqslant \log_2\left(1 + \frac{u_{\max} - u_{\min}}{\lambda}\right)$$

即 D/A 转换器的输出应满足执行机构动态范围的要求。

一般情况下，可选 D/A 字长小于或等于 A/D 字长。在计算机控制中，常用的 A/D 和 D/A 转换器字长为 8 位、10 位和 12 位，按照上述公式估算出的字长取整后再选这三种之一。特殊被控对象可选更高分辨率（如 14 位，16 位）的 A/D 和 D/A 转换器。

# 思 考 题

1. 填空题

（1）所谓自动控制，就是在没有人直接参与的情况下，通过控制器使生产过程自动地按照预定的规律运行。早期的自动控制，是由机械回路或模拟回路实现的。

（2）控制器通常是计算机、单片机或 PLC，通过模拟量输入通道（AI）和开关量输入通道（DI）实时采集各个传感器的数据，然后按照一定的控制规律进行计算，最后发出控制信

息,并通过模拟量输出通道(AO)和开关量输出通道(DO)直接控制执行器。

(3) 集中控制属于计算机闭环控制系统,是计算机在工业生产过程中最普遍的一种应用方式。

(4) 分布式控制系统采用分散控制、集中操作、分级管理、分而自治和综合协调的方法,把系统从下至上依次分为分散过程控制级、集中操作监控级、综合信息管理级,形成分级分布式控制。

(5) DCS 的结构模式为"操作站-控制站-现场仪表"三层结构,系统成本较高,而且各厂商的 DCS 有各自的标准,不能互连。FCS 现场总线控制系统是新一代分布式控制系统,与 DCS 不同,它的结构模式为"工作站-现场总线智能仪表"两层结构,完成了 DCS 中的三层结构功能,降低了成本,提高了可靠性,可实现真正的开放式互连系统结构。

(6) DCS 一般采用双绞同轴电缆或光纤作为通信介质,通信距离可按用户要求从十几米到十几千米,通信速率为 $10kb/s\sim10Mb/s$。

(7) 分散过程控制级有许多类型的测控装置,但最常用的类型有三种,即现场控制站、可编程序控制器(PLC)、智能调节器。

(8) 根据国际电工委员会 IEC 61158 标准定义,现场总线是指安装在制造或过程区域的现场装置与控制室内的自动控制装置之间数字式、串行、多点通信的数据总线。

(9) 现场总线控制系统以单个分散智能设备为节点、以现场总线为纽带,将其连接成相互可以进行信息交互,并可共同完成自动控制的网络系统和控制系统,实现了以网络进行监测、控制。

(10) DCS 的控制站主要由控制单元和输入输出单元组成,两者之间通过 I/O 总线连接。

(11) 在计算机控制过程中,由于工业控制机的输入和输出是数字信号,因此需要有 A/D 和 D/A 转换器。

(12) 计算机控制的方式有两种:生产过程相计算机直接连接,并受计算机控制的方式称为在线方式或联机方式;生产过程不和计算机相连,且不受计算机控制,而是靠人进行联系并做相应操作的方式称为离线方式或脱机方式。

(13) 广为流行的工控机总线有PC 总线、ISA 总线、PCI 总线、STD 总线、VME 总线等。

(14) 嵌入式系统是软件和硬件的综合体,其中嵌入式系统的核心是嵌入式微处理器。

(15) 常用的内部总线有ISA 总线和 PCI 总线,常用外部总线有RS-232C/RS-485 和 USB。

(16) 当对生产过程进行控制时,一般控制状态需进行保持,直到下次给出新的值为止,这时输出就要锁存。

(17) 电桥是将电阻、电感、电容等参数的变化变换为电压或电流输出的一种测量电路。

(18) 如果串模干扰频率比被测信号频率高,则采用输入低通滤波器来抑制高频率串模干扰;如果串模干扰频率比被测信号频率低,则采用高通滤波器来抑制低频串模干扰;如果串模干扰频率落在被测信号频谱的两侧,则应用带通滤波器。

(19) 抑制共模干扰的主要方法有变压器隔离、光电隔离、浮地屏蔽、采用仪表放大器提高共模抑制比。

(20) 为了抑制长线传输的干扰,可以采用终端阻抗匹配或始端阻抗匹配的方法,消除长线传输中的波反射或者把它抑制到最低限度。

（21）在自动控制系统中，一般有以下几种地线：模拟地、数字地、安全地、系统地和交流地。

（22）经常采用的软件抗干扰技术有数字滤波技术、开关量的软件抗干扰技术、指令冗余技术、软件陷阱技术等。

2．判断题

（1）DCS 的体系结构通常为"三级设备、两层网络"的体系结构。（对）

（2）从网络特点上看，现场总线是工业领域的、高带宽的计算机局域网。（错）

（3）现场数据在各设备间以及网络上以 0 或 1 的数字信息并行地进行传输。（错）

（4）现场总线控制系统（FCS）是一种分布式的网络自动化系统，采用层次化网络结构。（对）

（5）嵌入式微控制器（MCU）的典型代表是单片机。（错）

（6）香农（Shannon）采样定理指出：如果模拟信号（包括噪声干扰在内）频谱的最高频率为 $f_{max}$，只要按照采样频率 $f \geqslant f_{max}$ 进行采样，那么采样信号 $y^*(t)$ 就能唯一地复现 $y(t)$。（错）

（7）在实际应用中，通常采用 D/A 转换器外加运算放大器的方法，把 D/A 转换器的电流输出转换为电压输出。（对）

（8）共模干扰无法完全消除，只能尽可能地抑制。（对）

（9）信号地线的接地方式应采用多点接地，而不采用一点接地。（错）

（10）人工自动校准特别适于传感器特性随时间会发生变化的场合。（对）

3．简答题

1）与一般的计算机控制系统相比，DCS 具有哪些特点？

（1）硬件积木化；

（2）软件模块化；

（3）控制系统组态；

（4）通信网络的应用；

（5）可靠性高。

2）现场总线控制系统（FCS）与传统的分布式控制系统（DCS）相比，有哪些特点？

（1）结构简单，成本低，可维护性好。

（2）开放性、互操作性与互换性。

（3）彻底的分散控制。

（4）可靠性高，可由单个或多个节点完成功能。

（5）设备的智能化与功能自治性。

（6）信息综合、组态灵活。

（7）多种传输介质和拓扑结构。

3）某电流变送器的测量范围为 0～1000A，输出范围是 4～20mA。若 A/D 转换器的输入范围是 0～5V，字长是 12 位，则：

（1）为了使电流传感器的输出电流信号与 A/D 转换器的输入信号相匹配，采用如图 2.57 所示的无源 I/V 变换，则为了充分利用各设备的量程，应如何选取精密电阻 $R_2$？此时输入到 A/D 转换器的电压范围是多少?

（2）若 A/D 转换器的输出为 3A9H，则此时节点 A 测量的电流值是多少?

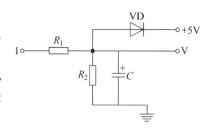

（3）若某时刻流过节点 A 的电流值为 685A，量化时小数部分采用截尾处理，则 A/D 转换器的输出是多少?

**图 2.57　无源 I/V 电路**

**解**：（1）A/D 转换器输入范围是 $0\sim5\mathrm{V}$，则应选取 $R_2=250\Omega$。此时输入到 A/D 转换器的电压范围为 $1\sim5\mathrm{V}$。

（2）当被测电流为 0A 时，A/D 转换器的输入为 1V，当被测电流为 1000A 时，A/D 转换器的输入为 5V。由 A/D 输入范围是 $0\sim5\mathrm{V}$、字长 12 位可得，被测电流为 0A 时，A/D 转换器输出 $(2^{12}-1)/5=819$，被测电流为 1000A 时，A/D 转换器输出 $2^{12}-1=4095$。

因此，A/D 转换器的输出为 3A9H，即 937 时，节点 A 测量的电流值是

$$\frac{937-819}{4095-819}\times1000=36(\mathrm{A})$$

（3）此时，A/D 转换器的输出为

$$\frac{685}{1000}\times(4085-819)+819=3063$$

表示为二进制数为 101111110111B，表示为十六进制数为 BF7H。

# 第3章 串行通信

随着计算机系统的应用和微机网络的发展,通信功能显得越来越重要。这里所说的通信是指计算机与外界的信息交换。因此,通信既包括计算机与外部设备之间,也包括计算机和计算机之间的信息交换。通信的基本方式有并行通信和串行通信两种,如图 3.1 所示。

一条信息的各位数据被同时传送的通信方式称为并行通信。并行通信的特点是:各数据位同时传送,传送速度快、效率高,但有多少数据位就需要多少根数据线,因此传送成本高,且只适用于近距离(相距数米)的通信。

一条信息的各位数据被逐位按顺序传送的通信方式称为串行通信。串行通信的特点是:数据位传送,传按位顺序进行,最少只需一根传输线即可完成,成本低但传送速度慢。串行通信的距离可以从几米到几千米。

由于串行通信是在一根传输线上一位一位地传送信息,所用的传输线少,并且可以借助现成的网络进行信息传送,因此,特别适合于远距离传输。对于

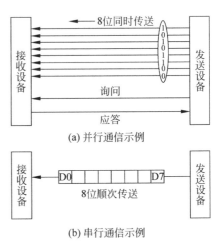

(a) 并行通信示例

(b) 串行通信示例

**图 3.1 并行通信与串行通信**

那些与计算机相距不远的人-机交互设备或者串行存储的外部设备如终端、打印机、逻辑分析仪、磁盘等,采用串行方式交换数据也很普遍。在实时控制和管理方面,采用多台嵌入式系统组成分级分布控制系统中,各 CPU 之间的通信一般都是串行方式。所以串行接口是嵌入式系统常用的接口。

许多外设和计算机按串行方式进行通信,这里所说的串行方式,是指外设与接口电路之间的信息传送方式,实际上,CPU 与接口之间仍按并行方式工作。

所谓"串行通信"是指外设和计算机或者嵌入式处理器间使用一根数据信号线(另外需要地线,可能还需要控制线),数据在一根数据信号线上一位一位地进行传输,每一位数据都占据一个固定的时间长度,如图 3.2 所示。这种通信方式使用的数据线少,在远距离通信中可以节约通信成本,当然,其传输速度比并行传输慢。

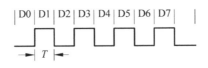

**图 3.2 串行通信方式**

# 3.1　串行通信的分类

串行通信常用的基本方式包括同步通信和异步通信。

## 3.1.1　同步串行通信

同步通信(SYNC)是指在约定的通信速率下,发送端和接收端的时钟信号频率和相位始终保持一致(同步),这样就保证了通信双方在发送和接收数据时具有完全一致的定时关系,如图 3.3 所示。

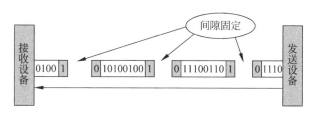

图 3.3　同步通信方式

同步通信把许多字符组成一个信息组(信息帧),每帧的开始用同步字符来指示,一次通信只传送一帧信息。在传输数据的同时还需要传输时钟信号,以便接收方可以用时针信号来确定每个信息位。

同步通信的优点是传送信息的位数几乎不受限制,一次通信传输的数据有几十到几千个字节,通信效率较高。同步通信的缺点是要求在通信中始终保持精确的同步时钟,即发送时钟和接收时钟要严格同步(常用的做法是两个设备使用同一个时钟源)。

在后续的串口通信与编程中将只讨论异步通信方式,所以在这里就不对同步通信做过多的赘述了。

## 3.1.2　异步串行通信

异步通信(ASYNC),又称为起止式异步通信,是以字符为单位进行传输的,字符之间没有固定的时间间隔要求,而每个字符中的各位则以固定的时间传送,如图 3.4 所示。

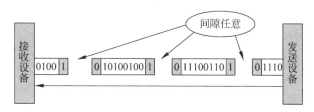

图 3.4　异步通信方式

在异步通信中,收发双方取得同步是通过在字符格式中设置起始位和停止位的方法来实现的。具体来说就是,在一个有效字符正式发送之前,发送器先发送一个起始位,然后发送有效字符位,在字符结束时再发送一个停止位,起始位至停止位构成一帧。停止位至下一个起始位之间是不定长的空闲位,并且规定起始位为低电平(逻辑值为0),停止位和空闲位都是高电平(逻辑值为1),这样就保证了起始位开始处一定会有一个下跳沿,由此就可以标志一个字符传输的起始。而根据起始位和停止位也就很容易地实现了字符的界定和同步。

显然,采用异步通信时,发送端和接收端可以由各自的时钟来控制数据的发送和接收,这两个时钟源彼此独立,可以互不同步。

# 3.2 串行通信的基本传送方式

在串行通信中,数据通常是在两个站(如终端和微机)之间进行传送,按照数据流的方向可分成三种基本的传送方式:全双工、半双工和单工。但单工目前已很少采用,下面仅介绍前两种方式。

## 3.2.1 全双工方式

当数据的发送和接收分流,分别由两根不同的传输线传送时,通信双方都能在同一时刻进行发送和接收操作,这样的传送方式就是全双工制,如图3.5所示。在全双工方式下,通信系统的每一端都设置了发送器和接收器,因此能控制数据同时在两个方向上传送。全双工方式无须进行方向的切换,因此,没有切换操作所产生的时间延迟,这对那些不能有时间延误的交互式应用(如远程监测和控制系统)十分有利。这种方式要求通信双方均有发送器和接收器,同时,需要两根数据线传送数据信号。可能还需要控制线和状态线以及地线。

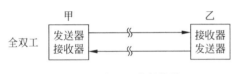

图 3.5 全双工数据传输

例如,计算机主机用串行接口连接显示终端,而显示终端带有键盘。这样,一方面键盘上输入的字符送到主机内存;另一方面,主机内存的信息可以送到屏幕显示。通常,从键盘输入一个字符以后,先不显示,计算机主机收到字符后,立即回送到终端,然后终端再把这个字符显示出来。这样,前一个字符的回送过程和后一个字符的输入过程是同时进行的,即工作于全双工方式。

## 3.2.2 半双工方式

若使用同一根传输线既接收又发送,虽然数据可以在两个方向上传送,但通信双方不能同时收发数据,这样的传送方式就是半双工制,如图3.6所示。采用半双工方式时,通信系统每一端的发送器和接收器,通过收/发开关转接到通信线上,进行方向的切换,因此,会产生时间延迟。收/发开关实际上是由软件控制的电子开关。

当计算机主机用串行接口连接显示终端时,在半双工方式中,输入过程和输出过程使用同一通路。有些计算机和显示终端之间采用半双工方式工作,这时,从键盘输入的字符在发送到主机的同时就被送到终端上显示出来,而不是用回

图 3.6 半双工数据传输

送的办法,所以避免了接收过程和发送过程同时进行的情况。

目前多数终端和串行接口都为半双工方式提供了换向能力,也为全双工方式提供了两条独立的引脚。在实际使用时,一般并不需要通信双方同时既发送又接收,像打印机这类的单向传送设备,半双工甚至单工就能胜任,也无须倒向。

# 3.3　同步串行通信方式

采用同步通信时,将许多字符组成一个信息组,这样,字符可以一个接一个地传输,但是,在每组信息(通常称为帧)的开始要加上同步字符,在没有信息要传输时,要填上空字符,因为同步传输不允许有间隙。在同步传输过程中,一个字符可以对应 5~8 位。当然,对同一个传输过程,所有字符对应同样的数位,比如说 $n$ 位。这样,传输时,按每 $n$ 位划分为一个时间片,发送端在一个时间片中发送一个字符,接收端则在一个时间片中接收一个字符。

同步传输时,一个信息帧中包含许多字符,每个信息帧用同步字符作为开始,一般将同步字符和空字符用同一个代码。在整个系统中,由一个统一的时钟控制发送端的发送和接收端的接收。接收端当然是应该能识别同步字符的,当检测到有一串数位和同步字符相匹配时,就认为开始一个信息帧,于是,把此后的数位作为实际传输信息来处理。

同步又可分为外同步和内同步两种方式,如图 3.7 所示。

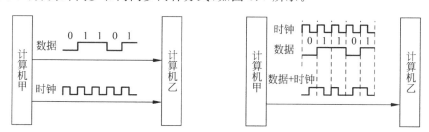

图 3.7　外同步和自同步

## 3.3.1　同步串行通信协议

1. 面向字符的同步协议

该协议规定了 10 个特殊字符(称为控制字符)作为信息传输的标志。其格式如图 3.8 所示。

| SYN | SOH | 标题 | STX | 数据块 | ETB/ETX | 块校验 |

图 3.8　面向字符的同步协议

(1) SYN:同步字符,每帧可加一个(单同步)或两个(双同步)同步字符。

(2) SOH:标题开始。

(3) 标题:包含源地址(发送方地址)、目的地址(接收方地址)、路由指示。

(4) STX:正文开始。

(5) 数据块:正文,由多个字符组成。

(6) ETB:块传输结束,标识本数据块结束。

（7）ETX：全文结束，全文分为若干块传输。

（8）块校验：对从 SOH 开始，直到 ETB/ETX 字段的检验码。

2．面向 bit 的同步协议

一帧信息可以是任意位，用位组合标识帧的开始和结束。帧格式如图 3.9 所示。

| F 场 | A 场 | C 场 | I 场 | FC 场 | F 场 |

**图 3.9　面向 bit 的同步协议**

（1）F 场：标志场。作为一帧的开始和结束，标志字符为 8 位，01111110。

（2）A 场：地址场。规定接收方地址，可为 8 的整倍位。接收方检查每个地址字节的第一位，如果为"0"，则后边跟着另一个地址字节。若为"1"，则该字节为最后一个地址字节。

（3）C 场：控制场。指示信息场的类型，8 位或 16 位。若第一字节的第一位为 0，则还有第二个字节也是控制场。

（4）I 场：信息场。要传送的数据。

（5）FC 场：帧校验场。16 位循环冗余校验码 CRC。除 F 场和自动插入的"0"位外，均参加 CRC 计算。

### 3.3.2　同步通信的相关技术

1．同步通信的"0 位插入和删除技术"

在同步通信中，一帧信息以一个或几个特殊字符开始，例如，F 场＝01111110B。

但在信息帧的其他位置，完全可能出现这些特殊字符，为了避免接收方把这些特殊字符误认为帧的开始，发送方采用了"0 位插入技术"，相应地，接收方采用"0 位删除技术"。

发送方的 0 位插入：除了起始字符外，当连续出现 5 个 1 时，发送方自动插入一个 0。使得在整个信息帧中，只有起始字符含有连续的 6 个 1。

接收方的"0 位删除技术"：接收方收到连续 6 个 1，作为帧的起始，把连续出现 5 个 1 后的 0 自动删除。

2．同步通信的"字节填充技术"

设需要传送的原始信息帧为

| SOT | DATA | EOT |

字节填充技术采用字符替换方式，使信息帧的 DATA 中不出现起始字符 SOT 和结束字符 EOT。设按表 3.1 方式进行替换。

其中，ESC＝1AH，X、Y、Z 可指定为任意字符（除 SOT、EOT、ESC 外）。

发送方按约定方式对需要发送的原始帧进行替换，并把替换后的新的帧发送给接收方，如图 3.10 所示。接收方按约定方式进行相反替换，可以获得原始帧信息。

**表 3.1　字符替换**

| DATA 中的原字符 | 替换为 |
| --- | --- |
| SOT | ESCX |
| EOT | ESCY |
| ESC | ESCZ |

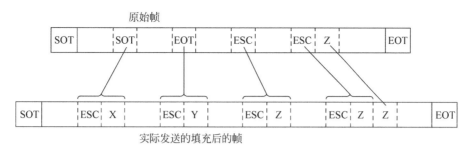

图 3.10 发送方按约定方式对需要发送的原始帧进行替换

### 3.3.3 异步通信和同步通信的比较

（1）同步通信要求接收端时钟频率和发送端时钟频率一致，发送端发送连续的比特流；异步通信时不要求接收端时钟和发送端时钟同步，发送端发送完一个字节后，可经过任意长的时间间隔再发送下一个字节。

（2）同步通信效率高；异步通信效率较低。

（3）同步通信较复杂，双方时钟的允许误差较小；异步通信简单，双方时钟可允许一定误差。

（4）同步通信可用于点对多点；异步通信只适用于点对点。

（5）异步通信可以无校验，同步通信必须有校验。

# 3.4 异步通信帧信息格式

## 3.4.1 异步通信的特点及信息帧格式

以起止式异步协议为例，图 3.11 和图 3.12 显示的是起止式一帧数据的格式。

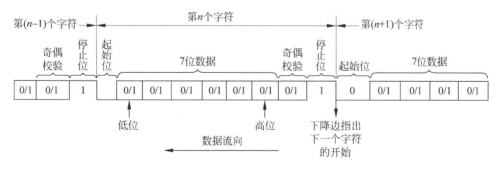

图 3.11 起止式多个字符数据格式

起止式异步通信的特点是：一个字符一个字符地传输，每个字符一位一位地传输，并且传输一个字符时，总是以"起始位"开始，以"停止位"结束，字符之间没有固定的时间间隔要求。每一个字符的前面都有一位起始位（低电平，逻辑值），字符本身由 5～7 位数据位组成，接着字符后面是一位校验位（也可以没有校验位），最后是一位或一位半或两位停止位，停止

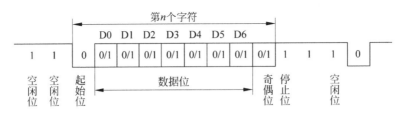

图 3.12　一个字符数据信息帧格式

位后面是不定长的空闲位。停止位和空闲位都规定为高电平(逻辑值 1),这样就保证起始位开始处一定有一个下跳沿。

从图 3.11 中可看出,这种格式是靠起始位和停止位来实现字符的界定或同步的,故称为起止式协议。异步通信可以采用正逻辑或负逻辑,正负逻辑的表示如表 3.2 所示。

表 3.2　异步通信逻辑

|  | 逻　辑　0 | 逻　辑　1 |
| --- | --- | --- |
| 正逻辑 | 低电平 | 高电平 |
| 负逻辑 | 高电平 | 低电平 |

异步通信的信息格式如表 3.3 所示,其异步通信的信息帧格式如下。

表 3.3　异步通信的信息格式

| 帧　位 | 逻　辑 | 位　数 |
| --- | --- | --- |
| 起始位 | 逻辑 0 | 1 位 |
| 数据位 | 逻辑 0 或 1 | 5 位、6 位、7 位、8 位 |
| 校验位 | 逻辑 0 或 1 | 1 位或无 |
| 停止位 | 逻辑 1 | 1 位、1.5 位或 2 位 |
| 空闲位 | 逻辑 1 | 任意数量 |

注:表中位数的本质含义是信号出现的时间,故可有分数位,如 1.5。

(1) 起始位:起始位必须是持续一个比特时间的逻辑 0 电平,标志传输一个字符的开始,接收方可用起始位使自己的接收时钟与发送方的数据同步。

(2) 数据位:数据位紧跟在起始位之后,是通信中的真正有效信息。数据位的位数可以由通信双方共同约定,一般可以是 5 位、7 位或 8 位,标准的 ASCII 码是 0~1277 位,扩展的 ASCII 码是 0~2558 位。传输数据时先传送字符的低位,后传送字符的高位。

(3) 奇偶校验位:奇偶校验位仅占一位,用于进行奇校验或偶校验,奇偶检验位不是必须有的。如果是奇校验,需要保证传输的数据总共有奇数个逻辑高位;如果是偶校验,需要保证传输的数据总共有偶数个逻辑高位。

(4) 停止位:停止位可以是 1 位、1.5 位或 2 位,可以由软件设定。它一定是逻辑 1 电平,标志着传输一个字符的结束。

(5) 空闲位:空闲位是指从一个字符的停止位结束到下一个字符的起始位开始,表示线路处于空闲状态,必须由高电平来填充。

【例 3.1】　传送 8 位数据 45H(01000101B),奇校验,一个停止位,则信号线上的波形图 3.13 所示。异步通信的速率:若 9600b/s,每字符 8 位,1 起始,1 停止,无奇偶,则实际每字符传送 10 位,则 960 字符/秒。

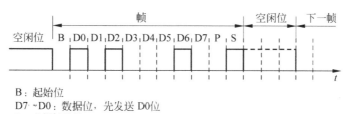

B：起始位
D7~D0：数据位，先发送 D0位
P：奇偶校验位
S：停止位

**图 3.13 一种信号线上的波形图**

读者读到这里或许对异步通信有一点儿了解,其实这仅仅是概念而已,比如,传输一位需要多长时间? 这种时间怎样定义? 发送接收时钟是怎样确定的? 传输距离、奇偶校验等,这些问题下面将一一分解。

### 3.4.2 异步串行通信波特率

在串行通信中,用"波特率"来描述数据的传输速率,如图 3.14 所示。所谓波特率,即每秒钟传送的二进制位数,其单位为 b/s。它是衡量串行数据速度快慢的重要指标。有时也用"位周期"来表示传输速率,位周期是波特率的倒数。国际上规定了一个标准波特率系列: 110b/s、300b/s、600b/s、1200b/s、1800b/s、2400b/s、4800b/s、9600b/s、14.4kb/s、19.2kb/s、28.8kb/s、33.6kb/s、56kb/s。

$$波特率=\frac{1}{T}$$

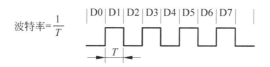

**图 3.14 波特率的表示形式**

例如,9600b/s 指每秒传送 9600 位,包含字符的数位和其他必须的数位,如奇偶校验位等。

大多数串行接口电路的接收波特率和发送波特率可以分别设置,但接收方的接收波特率必须与发送方的发送波特率相同。通信线上所传输的字符(数据代码)是逐位传送的,一个字符由若干位组成,因此,每秒钟所传输的字符数(字符速率)和波特率是两种概念。

在串行通信中,所说的传输速率是指波特率,而不是指字符速率,它们两者的关系是: 例如在异步串行通信中,传送一个字符,包括 12 位(其中有一个起始位,8 个数据位,两个停止位,一个奇偶校验位),其传输速率是 1200b/s,每秒所能传送的字符数是 1200/(1+8+1+2)=100 个。

### 3.4.3 发送/接收时钟

在串行传输过程中,二进制数据序列是以数字信号波形的形式出现的,如何对这些数字波形定时发送出去或接收进来以及如何对发/收双方之间的数据传输进行同步控制的问题就引出了发送/接收时钟的应用。

在发送数据时,发送器在发送时钟(下降沿)作用下将发送移位寄存器的数据按串行移位输出;在接收数据时,接收器在接收时钟(上升沿)作用下对来自通信线上的串行数据,按位串行移入移位寄存器。可见,发送/接收时钟是对数字波形的每一位进行移位操作,因此,从这个意义上来讲,发送/接收时钟又可叫作移位始终脉冲。另外,从数据传输过程中,收方进行同步检测的角度来看,接收时钟成为收方保证正确接收数据的重要工具。为此,接收器采用比波特率更高频率的时钟来提高定位采样的分辨能力和抗干扰能力。

### 3.4.4 波特率因子

在波特率指定后,输入移位寄存器/输出移位寄存器在接收时钟/发送时钟控制下,按指定的波特率速度进行移位。一般几个时钟脉冲移位一次。要求:接收时钟/发送时钟是波特率的16、32或64倍。波特率因子就是发送/接收一个数据(一个数据位)所需要的时钟脉冲个数,其单位是个/位。如波特率因子为16,则16个时钟脉冲移位一次。

例如,波特率=9600b/s,波特率因子=32,则接收时钟和发送时钟频率=9600×32=297 200Hz

**注意**:比特率是指二进制数码流的信息传输速率,单位是b/s,它表示每秒传输多少个二进制位,有些情况下,也可以用字/秒为单位;波特又称调制速率,是针对模拟数据信号传输过程中,从调制解调器输出的调制信号每秒钟载波调制状态改变的数值,单位是s/s,称为波特率。因此,调制速率也称为波特率。但同为计算机领域,不同地方却对此产生了分歧:单片机教程中把比特率的定义扣在了波特率上,还很正式地宣布波特率单位为b/s或kb/s。在NCRE四级教程上关于波特率和比特率是如下定义的:数据传输速率描述在计算机通信中每秒传送的构成代码的比特数,即比特率;调制速率是针对模拟信号传输过程中,从调制解调器输出的调制信号每秒钟载波调制状态改变的数值,单位是1/s,称为波特。并给出了波特率与比特率的换算关系为:$R(b/s)=Blog2K$,事实上,比特率和波特率的数值相等,只有当二相调制即$K=2$时才有,但两者的含义是不相同的。在四相调制,八相调制,十六相调制时,比特率和波特率就明显不等了。这是单片机编书者的一个错误。另外,在CAN总线等通信领域肯定少不了要弄清楚这两个概念。以CAN系统中传输一个帧为例:假如对于一个由10位组成的帧,其中有1b的起始位,1b的结束位;另外有8b的数据位,则比特率为每秒钟传输的纯二进制位数,如一秒钟内传输了10帧,则比特率为$10×8=80b/s$,没把起始位和结束位包含在内,而波特率为$10×10=100b/s$包含起始位和结束位。

### 3.4.5 传输距离

串行通信中,数据位信号流在信号线上传输时,要引起畸变,畸变的大小与以下因素有关。

(1) 波特率——信号线的特征频带范围。

(2) 传输距离——信号的性质及大小(电平高低、电流大小)。

(3) 当畸变较大时,接收方出现误码。

在规定的误码率下,当波特率、信号线、信号的性质及大小一定时,串行通信的传输距离就一定。为了加大传输距离,必须加调制解调器。

### 3.4.6　奇偶校验

串行数据在传输过程中,由于干扰可能引起信息的出错,例如,传输字符'E',其各位为

$$0100,0101 = 45H$$

D7 到 D0 由于干扰,可能使位变为 1,这种情况,我们称为出现了"误码"。我们把如何发现传输中的错误,叫"检错"。发现错误后,如何消除错误叫"纠错"。

最简单的检错方法是"奇偶校验",即在传送字符的各位之外,再传送 1 位奇/偶校验位。可采用奇校验或偶校验。

奇校验:所有传送的数位(含字符的各数位和校验位)中,"1"的个数为奇数,如:

$$10110,0101$$

$$00110,0001$$

偶校验:所有传送的数位(含字符的各数位和校验位)中,"1"的个数为偶数,如:

$$10100,0101$$

$$00100,0001$$

由此可见,奇偶校验位仅是对数据进行简单的置逻辑高位或逻辑低位,不会对数据进行实质的判断,这样做的好处是接收设备能够知道一个位的状态,有可能判断是否有噪声干扰了通信以及传输的数据是否同步。奇偶校验能够检测出信息传输过程中的部分误码(一位误码能检出,两位及两位以上误码不能检出),同时,它不能纠错。在发现错误后,只能要求重发。但由于其实现简单,仍得到了广泛使用。有些检错方法,具有自动纠错能力,如循环冗余码(CRC)检错等。

### 3.4.7　起始/停止位

起始位实际上是作为联络信号附加进来的,当它变为低电平时,告诉收方传送开始。它的到来,表示下面接着是数据位来了,要准备接收。而停止位标志一个字符的结束,它的出现,表示一个字符传送完毕。这样就为通信双方提供了何时开始收发,何时结束的标志。传送开始前,收发双方把所采用的起止式格式(包括字符的数据位长度,停止位位数,有无校验位以及是奇校验还是偶校验等)和数据传输速率做统一规定。传送开始后,接收设备不断地检测传输线,看是否有起始位到来。当收到一系列的"1"(停止位或空闲位)之后,检测到一个下跳沿,说明起始位出现,起始位经确认后,就开始接收所规定的数据位和奇偶校验位以及停止位。经过处理将停止位去掉,把数据位拼装成一个并行字节,并且经校验后,无奇偶错才算正确地接收一个字符。一个字符接收完毕,接收设备有继续测试传输线,监视"0"电平的到来和下一个字符的开始,直到全部数据传送完毕。

由上述工作过程可看到,异步通信是按字符传输的,每传输一个字符,就用起始位来通知收方,以此来重新核对收发双方同步。若接收设备和发送设备两者的时钟频率略有偏差,这也不会因偏差的累积而导致错位,加之字符之间的空闲位也为这种偏差提供一种缓冲,所以异步串行通信的可靠性高。但由于要在每个字符的前后加上起始位和停止位这样一些附加位,使得传输效率变低了,只有约 80%。因此,起止协议一般用在数据速率较慢的场合,如小于 19.2kb/s 的场合。在高速传送时,一般要采用同步协议。

# 3.5　异步通信接收发送

## 3.5.1　异步通信的接收过程

接收端以"接收时钟"和"波特率因子"决定一位的时间长度。下面以波特率因子等于16(接收时钟每16个时钟周期,使接收移位寄存器移位一次)、正逻辑为例说明,如图 3.15 所示。

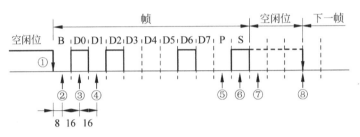

图 3.15　波特率因子等于 16 的数据发送过程

(1) 开始通信时,信号线为空闲逻辑 1,当检测到由 1 到 0 的跳变时,开始对"接收时钟"计数。

(2) 当计到 8 个时钟时,对输入信号进行检测,若仍为低电平,则确认这是"起始位"B,而不是干扰号。

(3) 接收端检测到起始位后,隔 16 个接收时钟,对输入信号检测一次,把对应的值作为 D0 位数据。若为逻辑 1,作为数据位 1;若为逻辑 0,作为数据位 0。

(4) 再隔 16 个接收时钟,对输入信号检测一次,把对应的值作为 D1 位数据。直到全部数据位都输入。

(5) 检测校验位 P(如果有的话)。

(6) 接收到规定的数据位个数和校验位后,通信接口电路希望收到停止位 S 逻辑 1,若此时未收到逻辑 1,说明出现了错误,在状态寄存器中置"帧错误"标志。若没有错误,对全部数据位进行奇偶校验,无校验错时,把数据位从移位寄存器中送数据输入寄存器。若校验错,在状态寄存器中置奇偶错标志。

(7) 本帧信息全部接收完,把线路上出现的高电平作为空闲位。

(8) 当信号再次变为低时,开始进入下一帧的检测。

## 3.5.2　异步通信的发送过程

发送端以"发送时钟"和"波特率因子"决定一位的时间长度。

(1) 当初始化后,或者没有信息需要发送时,发送端输出逻辑 1,即空闲位,空闲位可以有任意数量。

(2) 当需要发送时,发送端首先输出逻辑 0,作为起始位。

(3) 接着,发送端首先发送 D0 位,直到各数据位发送完。

（4）如果需要的话，发送端输出校验位。

（5）最后，发送端输出停止位逻辑 1。

（6）如果没有信息需要发送时，发送端输出逻辑 1，即空闲位，空闲位可以有任意数量。如果还有信息需要发送，转入第（2）步。

对于以上发送、接收过程应注意以下几点。

（1）接收端总是在每个字符的头部（即起始位）进行一次重新定位，因此发送端可以在字符之间插入不等长的空闲位，不影响接收端的接收。

（2）发送端的发送时钟和接收端的接收时钟，其频率允许有一定差异，当频率差异在一定范围内，不会引起接收端检测错位，能够正确接收。并且这种频率差异不会因多个字符的连续接收而造成误差累计，因为每个字符的开始起（始位处）接收方均重新定位。只有当发送时钟和接收时钟频率差异太大，引起接收端采样错位时，才造成接收错误。

（3）起始位、校验位、停止位、空闲位的信号，由"发送移位寄存器"自动插入。在接收方，"接收移位寄存器"接收到一帧完整信息（起始、数据、校验、停止）后，仅把数据的各位送至"数据输入寄存器"，即 CPU 从"数据输入寄存器"中读得的信息，只是有效数字，不包含起始位、校验位、停止位信息。

# 3.6　常用串行数据接口标准

RS-232、RS-422 与 RS-485 都是串行数据接口标准，都是由电子工业协会（EIA）制定并发布的，RS-232 在 1962 年发布。

RS-422 由 RS-232 发展而来，为改进 RS-232 通信距离短、速率低的缺点，RS-422 定义了一种平衡通信接口，将传输速率提高到 10Mb/s，传输距离延长到 4000 英尺（速率低于100kb/s 时），并允许在一条平衡总线上连接最多 10 个接收器。RS-422 是一种单机发送、多机接收的单向、平衡传输规范，被命名为 TIA/EIA-422-A 标准。

为扩展应用范围，EIA 又于 1983 年在 RS-422 基础上制定了 RS-485 标准，增加了多点、双向通信能力，即允许多个发送器连接到同一条总线上，同时增加了发送器的驱动能力和冲突保护特性，扩展了总线共模范围，后命名为 TIA/EIA-485-A 标准。

## 3.6.1　RS-232 串行接口标准

目前，RS-232 是 PC 与通信工业中应用最广泛的一种串行接口。RS-232 被定义为一种在低速率串行通信中增加通信距离的单端标准。RS-232 采取不平衡传输方式，即所谓单端通信。收、发端的数据信号相对于信号地。

典型的 RS-232 信号在正负电平之间摆动，在发送数据时，发送端驱动器输出正电平在+5～+15V，负电平在−5～−15V 电平。

当无数据传输时，线上为 TTL，从开始传送数据到结束，线上电平从 TTL 电平到RS-232 电平再返回 TTL 电平。

接收器典型的工作电平在+3～+12V 与−12～−3V。由于发送电平与接收电平的差仅为 2V 或 3V 左右，所以其共模抑制能力差，再加上双绞线上的分布电容，其传送距离最大约为 15m,最高速率为 20kb/s,通信方式如图 3.16 所示。为提高传输距离,可按照图 3.17 的方式通过电话线和调制解调器通信。RS-232 是为点对点(即只用一对收、发设备)通信而设计的,其驱动器负载为 3~7kΩ。所以 RS-232 适合本地设备之间的通信。

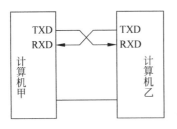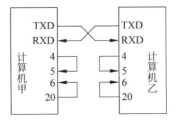

图 3.16  RS-232 近距离通信

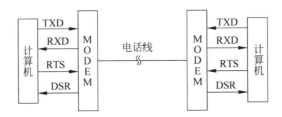

图 3.17  RS-232 远距离通信

RS-232C 标准中所提到的"发送"和"接收",都是站在 DTE 立场上,而不是站在 DCE 的立场来定义的。由于在计算机系统中,往往是 CPU 和 I/O 设备之间传送信息,两者都是 DTE,因此双方都能发送和接收。EIA-RS-232C 对电器特性、逻辑电平和各种信号线功能都做了规定。

在 TxD 和 RxD 上:

(1) 逻辑 1(MARK)=−15~−3V

(2) 逻辑 0(SPACE)=+3~+15V

在 RTS、CTS、DSR、DTR 和 DCD 等控制线上:

(1) 信号有效接通(ON 状态,正电压)=+3~+15V

(2) 信号无效断开(OFF 状态,负电压)=−3~−15V

以上规定说明了 RS-323C 标准对逻辑电平的定义。对于数据(信息码),逻辑"1"(传号)的电平低于−3V,逻辑"0"(空号)的电平高于+3V;对于控制信号,接通状态(ON)即信号有效的电平高于+3V,断开状态(OFF)即信号无效的电平低于−3V,也就是当传输电平的绝对值大于 3V 时,电路可以有效地检查出来,介于−3~+3V 之间的电压无意义,低于−15V 或高于+15V 的电压也认为无意义,因此,实际工作时,应保证电平在±3~15V 之间。

EIA-RS-232C 与 TTL 之间的转换如图 3.18 和图 3.19 所示:EIA-RS-232C 是用正负电压来表示逻辑状态,与 TTL 以高低电平表示逻辑状态的规定不同。因此,为了能够同计算机接口或终端的 TTL 器件连接,必须在 EIA-RS-232C 与 TTL 电路之间进行电平和逻辑关系的变换。实现这种变换的方法可用分立元件,也可用集成电路芯片,如 MAX232、MAX3232 等。

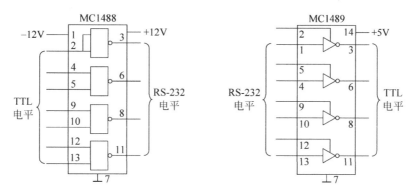

**图 3.18  RS-232 电平转换**

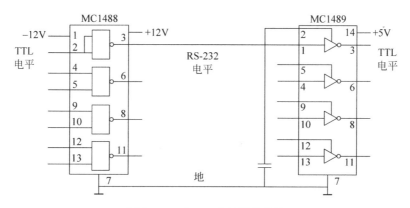

**图 3.19  RS-232 电平转换传输**

RS-232 固有缺陷如下：

(1) 传输距离短,传输速率低

RS-232C 总线标准受电容允许值的约束,使用时传输距离一般不要超过 15m(线路条件好时也不超过几十米)。最高传送速率为 20kb/s。

(2) 有电平偏移

RS-232C 总线标准要求收发双方共地。通信距离较大时,收发双方的地电位差别较大,在信号地上将有比较大的地电流并产生压降。

(3) 抗干扰能力差

RS-232C 在电平转换时采用单端输入输出,在传输过程中干扰和噪声混在正常的信号中。为了提高信噪比,RS-232C 总线标准不得不采用比较大的电压摆幅。

什么是 TTL 电平、CMOS 电平、RS-232 电平? 它们有什么区别呢?

(1) TTL 电平标准

输出 L：<0.8V；H：>2.4V。

输入 L：<1.2V；H：>2.0V。

TTL 器件输出低电平要小于 0.8V,高电平要大于 2.4V。输入,低于 1.2V 就认为是 0,高于 2.0 就认为是 1。于是 TTL 电平的输入低电平的噪声容限就只有 $(0.8-0)/2=0.4V$,高电平的噪声容限为 $(5-2.4)/2=1.3V$。

（2）CMOS 电平标准

输出 L：$<0.1 \times V_{cc}$；H：$>0.9 \times V_{cc}$。

输入 L：$<0.3 \times V_{cc}$；H：$>0.7 \times V_{cc}$。

由于 CMOS 电源采用 12V，则输入低于 3.6V 为低电平，噪声容限为 1.8V，高于 3.5V 为高电平，噪声容限高为 1.8V。比 TTL 有更高的噪声容限。

（3）RS-232 标准

逻辑 1 的电平为 $-15 \sim -3$V，逻辑 0 的电平为 $+3 \sim +15$V，注意电平的定义反相了一次。

TTL 与 CMOS 电平使用起来有什么区别？

（1）电平的上限和下限定义不一样，CMOS 具有更大的抗噪区域。同是 5V 供电的话，TTL 一般是 1.7V 和 3.5V，CMOS 一般是 2.2V 和 2.9V，不准确，仅供参考。

（2）电流驱动能力不一样，TTL 一般提供 25mA 的驱动能力，而 CMOS 一般在 10mA 左右。

（3）需要的电流输入大小也不一样，一般 TTL 需要 2.5mA 左右，CMOS 几乎不需要电流输入。

（4）很多器件都是兼容 TTL 和 CMOS 的。如果不考虑速度和性能，一般器件可以互换。但是需要注意有时候负载效应可能引起电路工作不正常，因为有些 TTL 电路需要下一级的输入阻抗作为负载才能正常工作。

（5）TTL 电路和 CMOS 电路的逻辑电平。

VOH：逻辑电平 1 的输出电压。

VOL：逻辑电平 0 的输出电压。

VIH：逻辑电平 1 的输入电压。

VIH：逻辑电平 0 的输入电压。

TTL 电路临界值：

$$\text{VOH}_{min} = 2.4\text{V}, \quad \text{VOL}_{max} = 0.4\text{V}$$

$$\text{VIH}_{min} = 2.0\text{V}, \quad \text{VIL}_{max} = 0.8\text{V}$$

CMOS 电路临界值电源电压为 +5V：

$$\text{VOH}_{min} = 4.99\text{V}, \quad \text{VOL}_{max} = 0.01\text{V}$$

$$\text{VIH}_{min} = 3.5\text{V}, \quad \text{VIL}_{max} = 1.5\text{V}$$

（6）TTL 和 CMOS 的逻辑电平转换。

CMOS 电平能驱动 TTL 电平；

TTL 电平不能驱动 CMOS 电平，需加上拉电阻。

（7）常用逻辑芯片特点。

74LS 系列：TTL 输入：TTL 输出：TTL。

74HC 系列：CMOS 输入：CMOS 输出：CMOS。

74HCT 系列：CMOS 输入：TTL 输出：CMOS。

CD4000 系列：CMOS 输入：CMOS 输出：CMOS。

### 3.6.2　RS-422 与 RS-485 串行接口标准

1. RS-422 电气特性

RS-422 由 RS-232C 发展而来,是一种单机发送、多机接收的单向、平衡传输的总线标准。其接口与连接方式如图 3.20 所示。平衡传输也称作差分传输,它使用一对双绞线,将其中一线定义为 A,另一线定义为 B,此外还有一个信号地 C。通常情况下,若发送驱动器 A、B 之间有一个+2～+6V 的电压差,则称为正电平,视为一个逻辑状态;若发送驱动器 A、B 之间有一个-6～-2V 的电压差,则称为负电平,视为另一个逻辑状态。在 RS-422 中还有一个可用可不用的"使能"端,用于控制发送驱动器与传输线的切断与连接。当"使能"端起作用时,发送驱动器处于高阻状态,称作"第三态",即它是有别于逻辑"1"与"0"的第三态。

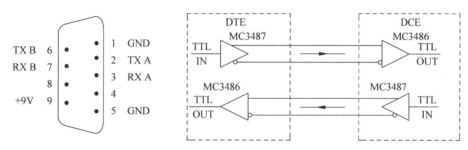

图 3.20　RS-422 的 9 芯接口与平衡连接方式

RS-422 有 4 根信号线,两根发送、两根接收,收与发是分开的,支持全双工的通信方式,其最大传输距离为 1200m,最大传输速率为 10Mb/s,且通信距离与速率成反比。

2. RS-485 电气特性

RS-485 是从 RS-422 基础上发展而来的一种多发送器的电路标准,RS-485 的许多电气规定与 RS-422 相仿。如都采用平衡传输方式,都需要在传输线上接终接电阻等。RS-485 可以采用二线与四线方式,二线制可实现真正的多点双向通信。RS-485 采用二线制方式时,其"使能"端是必需的,用于控制发送电路的收发状态的切换,属于半双工的通信方式,如图 3.21 所示。

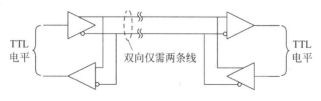

图 3.21　RS-485 的连接方式

RS-485 接口与 RS-422 一样,最大传输距离为 1200m,最高传输速率为 10Mb/s,通信距离与速率成反比,如图 3.22 所示。

硬件线路上,RS-422 至少需要 4 根通信线,而 RS-485 仅需两根。RS-422 不能采用总线方式通信,但可以采用环路方式通信,而 RS-485 两者均可。RS-485 与 RS-422 的另一个不同之处还在于,两者共模输出电压是不同的,RS-485 是-7～+12V 之间,而 RS-422 在

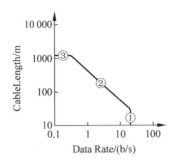

图 3.22 RS-485 的通信速率与通信距离成反比

—7～+7V 之间。RS-485 满足所有 RS-422 的规范，所以 RS-485 的驱动器可以在 RS-422 网络中应用。RS-232C、RS-422、RS-485 的比较如表 3.4 所示。

表 3.4 RS-232C、RS-422、RS-485 的比较

| 规　定 | | RS-232C | RS-422 | RS-485 |
|---|---|---|---|---|
| 工作方式 | | 单端 | 差分 | 差分 |
| 节点数 | | 1 发、1 收 | 1 发、10 收 | 1 发、32 收 |
| 最大传输电缆长度 | | 50 英尺 | 400 英尺 | 400 英尺 |
| 最大传输速率 | | 20kb/s | 10Mb/s | 10Mb/s |
| 最大驱动输出电压 | | ±25V | −0.25～+6V | −7～+12V |
| 驱动器输出信号电平 | 负载(最小值) | ±5～±15V | ±2.0V | ±1.5V |
| | 空载(最大值) | ±25V | ±6V | ±6V |
| 驱动器负载阻抗 | | 3k～7k | 100 | 54 |
| 摆率(最大值) | | 30V/is | N/A | N/A |
| 接收器输入电压范围 | | −15～+15V | −7～+12V | −7～+12V |
| 接收器输入门限 | | ±3V | ±200mV | ±200mV |
| 接收器输入电阻 | | 3kΩ～7kΩ | 4kΩ(最小) | ≥12kΩ |
| 驱动器共模电压 | | | −3～+3V | −7～+12V |
| 接收器共模电压 | | | −7～+7V | −7～+12V |

3. RS-485 总线网络

RS-485 是真正意义上的总线标准。RS-485 允许在两根导线(总线)上挂接 32 台 RS-485 负载设备，负载设备可以是发送器、被动发送器、接收器或组合收发器(发送器和接收器的组合)。RS-485 总线网络的拓扑一般采用终端匹配的总线型结构，如图 3.23 所示。

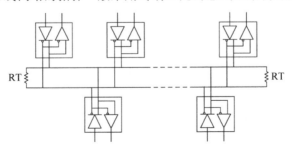

图 3.23 RS-485 的总线网络

　　RS-485 采用主/从工作方式,即在网络中有一个节点作为主节点,其余节点作为从节点,主节点依次向各个从节点轮询信息。网络工作时,主节点向所有从节点发送查询信息,包含所查询节点的地址和内容,此时所有从节点不发送信息,只接收主节点的查询信息,如果从节点检测到查询信息的地址是本地地址,则被查询的从节点将本地地址和查询信息的数据发送至网络。此时主节点和其他从节点不发送信息,只接收该从节点的回应信息。然后主节点变更查询信息的地址和内容,重复上述过程,直至所有从节点都回应查询信息。整个 RS-485 网络不断重复主节点“点名”、从节点“回答”的过程,从而实现各个节点间的信息交互。

　　利用 RS-485 构建网络时,应注意以下几点。

　　(1) 采用一条双绞线电缆作为总线,将各个节点串联,从总线到每个节点的引出线长度应尽可能短,以减小出现的反射波影响。

　　(2) 应该提供一条单一、连续的信号通道作为总线,以保持总线特性阻抗的连续性,因为在阻抗不连续点可能会发生信号的反射。

　　(3) 在总线电缆的开始和末端都并接终端电阻,其阻值要求等于传输电缆的特性阻抗,工程经验取 120Ω,或采用 RC 匹配、二极管匹配,如图 3.24 所示;在短距离与低速率下可以不用考虑终端匹配。

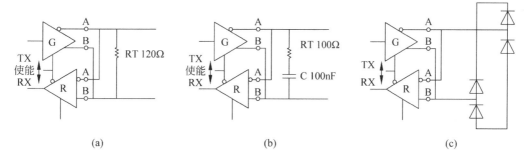

**图 3.24　RS-485 的终端匹配**

　　(4) 如不采用信号地,则存在较明显的 EMI 问题。

　　RS-422、RS-485 与 RS-232 不一样,数据信号采用差分传输方式,也称作平衡传输,它使用一对双绞线,将其中一线定义为 A,另一线定义为 B。通常情况下,发送驱动器 A、B 之间的正电平在 +2～+6V,是一个逻辑状态,负电平在 -2～-6V,是另一个逻辑状态。另有一个信号地 C,在 RS-485 中还有一“使能”端,而在 RS-422 中这是可用可不用的。“使能”端是用于控制发送驱动器与传输线的切断与连接。当“使能”端起作用时,发送驱动器处于高阻状态,称作“第三态”,即它是有别于逻辑“1”与“0”的第三态。

　　4. RS-422 与 RS-485 的网络安装注意要点

　　RS-422 可支持 10 个节点,RS-485 支持 32 个节点,因此多节点构成网络。网络拓扑一般采用终端匹配的总线型结构,不支持环状或星状网络。在构建网络时,应注意如下几点。

　　(1) 采用一条双绞线电缆作总线,将各个节点串接起来,从总线到每个节点的引出线长度应尽量短,以便使引出线中的反射信号对总线信号的影响最低。

　　(2) 应注意总线特性阻抗的连续性,在阻抗不连续点就会发生信号的反射。下列几种情况易产生这种不连续性：总线的不同区段采用了不同电缆，或某一段总线上有过多收发器紧靠在一起安装，再者是过长的分支线引出到总线。

　　总之，应该提供一条单一、连续的信号通道作为总线。

# 3.7　提高 RS-485 总线可靠性

　　在 MCU 之间中长距离通信的诸多方案中，RS-485 因硬件设计简单、控制方便、成本低廉等优点广泛应用于工厂自动化、工业控制、小区监控、水利自动报测等领域。但 RS-485 总线在抗干扰、自适应、通信效率等方面仍存在缺陷，一些细节的处理不当常会导致通信失败甚至系统瘫痪等故障，因此，提高 RS-485 总线的运行可靠性至关重要。

### 3.7.1　RS-485 接口电路的硬件设计

#### 1. 总线匹配

　　总线匹配有两种方法，一种是加匹配电阻，如图 3.25 所示。位于总线两端的差分端口 VA 与 VB 之间应跨接 120Ω 匹配电阻，以减少由于不匹配而引起的反射、吸收噪声，有效地抑制了噪声干扰。但匹配电阻要消耗较大电流，不适用于功耗限制严格的系统。

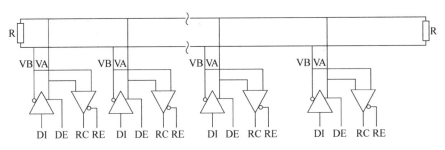

图 3.25　匹配电阻方案

　　另外一种比较省电的匹配方案是 RC 匹配，如图 3.26 所示。利用一只电容 C 隔断直流成分，可以节省大部分功率，但电容 C 的取值是个难点，需要在功耗和匹配质量间进行折中。除上述两种外还有一种采用二极管的匹配方案，如图 3.27 所示，这种方案虽未实现真正的匹配，但它利用二极管的钳位作用，迅速削弱反射信号达到改善信号质量的目的，节能效果显著。

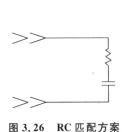

图 3.26　RC 匹配方案

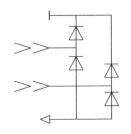

图 3.27　二极管匹配方案

**2. RO 及 DI 端配置上拉电阻**

异步通信数据以字节的方式传送,在每一个字节传送之前,先要通过一个低电平起始位实现握手。为防止干扰信号误触发 RO 接收器(输出)产生负跳变,使接收端 MCU 进入接收状态,建议 RO 外接 10kΩ 上拉电阻。

**3. 保证系统上电时的 RS-485 芯片处于接收输入状态**

对于收发控制端 TC 建议采用 MCU 引脚通过反相器进行控制,不宜采用 MCU 引脚直接进行控制,以防止 MCU 上电时对总线的干扰,如图 3.28 所示。

**4. 总线隔离**

RS-485 总线为并接式二线制接口,一旦有一只芯片故障就可能将总线"拉死",因此对其二线口 VA、VB 与总线之间应加以隔离。通常在 VA、VB 与总线之间各串接一只 4～10Ω 的 PTC 电阻,同时与地之间各跨接 5V 的 TVS 二极管,以消除线路浪涌干扰。如没有 PTC 电阻和 TVS 二极管,可用普通电阻和稳压管代替。

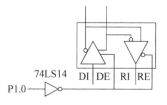

图 3.28 MCU 引脚通过
反相器控制

**5. 合理选用芯片**

例如,对外置设备为防止强电磁(雷电)冲击,建议选用 TI 的 75LBC184 等防雷击芯片,对节点数要求较多的可选用 SIPEX 的 SP485R。

### 3.7.2 RS-485 网络配置

**1. 网络节点数**

网络节点数与所选 RS-485 芯片驱动能力和接收器的输入阻抗有关,如 75LBC184 标称最大值为 64 点,SP485R 标称最大值为 400 点。实际使用时,因线缆长度、线径、网络分布、传输速率不同,实际节点数均达不到理论值。例如,75LBC184 运用在 500m 分布的 RS-485 网络上节点数超过 50 或速率大于 9.6kb/s 时,工作可靠性明显下降。通常推荐节点数按 RS-485 芯片最大值的 70% 选取,传输速率在 1200～9600b/s 之间选取。通信距离 1km 以内,从通信效率、节点数、通信距离等综合考虑选用 4800b/s 最佳。通信距离 1km 以上时,应考虑通过增加中继模块或降低速率的方法提高数据传输可靠性。

**2. 节点与主干距离**

理论上讲,RS-485 节点与主干之间距离越短越好。T 头小于 10m 的节点采用 T 型,连接对网络匹配并无太大影响,可放心使用,但对于节点间距非常小(小于 1m,如 LED 模块组合屏)应采用星状连接,若采用 T 型或串珠型连接就不能正常工作。RS-485 是一种半双工结构通信总线,大多用于一对多点的通信系统,因此主机应置于一端,不要置于中间而形成主干的 T 型分布。

### 3.7.3 提高 RS-485 通信效率

RS-485 通常应用于一对多点的主从应答式通信系统中,相对于 RS-232 等全双工总线效率低了许多,因此选用合适的通信协议及控制方式非常重要。

**1. 总线稳态控制(握手信号)**

大多数使用者选择在数据发送前 1ms 将收发控制端 TC 置成高电平,使总线进入稳定的发送状态后才发送数据；数据发送完毕再延迟 1ms 后置 TC 端成低电平，使可靠发送完毕后才转入接收状态。据笔者使用 TC 端的延时有 4 个机器周期已满足要求。

2. 为保证数据传输质量，对每个字节进行校验的同时，应尽量减少特征字和校验字

惯用的数据包格式由引导码、长度码、地址码、命令码、数据、校验码、尾码组成，每个数据包长度达 20～30B。在 RS-485 系统中这样的协议不太简练。推荐用户使用 Modbus 协议，该协议已广泛应用于水利、水文、电力等行业设备及系统的国际标准中。

### 3.7.4　RS-485 接口电路的电源

对于由 MCU 结合 RS-485 微系统组建的测控网络，应优先采用各微系统独立供电方案，最好不要采用一台大电源给微系统并联供电，同时电源线（交直流）不能与 RS-485 信号线共用同一股多芯电缆。RS-485 信号线宜选用截面积 0.75mm² 以上双绞线而不是平直线。对于每个小容量直流电源选用线性电源 LM7805 比选用开关电源更合适。当然应注意 LM7805 的保护：

(1) LM7805 输入端与地应跨接 220～1000μF 电解电容；

(2) LM7805 输入端与输出端反接 1N4007 二极管；

(3) LM7805 输出端与地应跨接 470～1000μF 电解电容和 104pF 独石电容并反接 1N4007 二极管；

(4) 输入电压以 8～10V 为佳，最大允许范围为 6.5～24V。可选用 TI 的 PT5100 替代 LM7805，以实现 9～38V 的超宽电压输入。

### 3.7.5　光电隔离

在某些工业控制领域，由于现场情况十分复杂，各个节点之间存在很高的共模电压。虽然 RS-485 接口采用的是差分传输方式，具有一定的抗共模干扰的能力，但当共模电压超过 RS-485 接收器的极限接收电压，即大于 +12V 或小于 -7V 时，接收器就再也无法正常工作了，严重时甚至会烧毁芯片和仪器设备。

解决此类问题的方法是通过 DC-DC 将系统电源和 RS-485 收发器的电源隔离；通过光耦将信号隔离，彻底消除共模电压的影响。实现此方案的途径可分为以下几种。

(1) 用光耦、带隔离的 DC-DC、RS-485 芯片构筑电路。

(2) 使用二次集成芯片，如 PS1480、MAX1480 等。

### 3.7.6　常见故障及处理方法

RS-485 是一种低成本、易操作的通信系统，但是稳定性弱同时相互牵制性强，通常有一个节点出现故障会导致系统整体或局部的瘫痪，而且又难以判断。故下面介绍一些维护 RS-485 的常用方法。

(1) 若出现系统完全瘫痪，大多因为某节点芯片的 VA、VB 对电源击穿，使用万用表测 VA、VB 间差模电压为零，而对地的共模电压大于 3V，此时可通过测共模电压大小来排查，共模电压越大说明离故障点越近，反之越远。

(2) 总线连续几个节点不能正常工作。一般是由其中的一个节点故障导致的。一个节点故障会导致邻近的两三个节点（一般为后续）无法通信，因此将其逐一与总线脱离，如某节

点脱离后总线能恢复正常,说明该节点故障。

（3）集中供电的 RS-485 系统在上电时常常出现部分节点不正常,但每次又不完全一样。这是由于对 RS-485 的收发控制端 TC 设计不合理,造成微系统上电时节点收发状态混乱从而导致总线堵塞。改进的方法是将各微系统加装电源开关然后分别上电。

（4）系统基本正常但偶尔会出现通信失败。一般是由于网络施工不合理导致系统可靠性处于临界状态,最好改变走线或增加中继模块。应急方法之一是将出现失败的节点更换成性能更优异的芯片。

（5）因 MCU 故障导致 TC 端处于长发状态而将总线拉死一片。提醒读者不要忘记对 TC 端的检查。尽管 RS-485 规定差模电压大于 200mV 即能正常工作。但实际测量:一个运行良好的系统其差模电压一般在 1.2V 左右(因网络分布、速率的差异有可能使差模电压在 0.8～1.5V 范围内)。

# 思　考　题

1. 选择题

（1）在异步通信中,传送最高位为奇校验位的标准 ASCII 码,采用一位起始位和一位停止位。当该 ASCII 码为 5AH 时,有串行口发送的帧格式为（　A　）。

　　A. 0010110111　　　B. 0010110101　　　C. 0110110101　　　D. 1010110100

（2）在异步串行的通信中若要传送扩展 ASCII 码,则异步串行码字符格式的第 8 位数据（　D　）。

　　A. 不传送　　　　B. 恒为 0　　　　C. 恒为 1　　　　D. 为有用数据

（3）RS-232 标准规定其逻辑 1 电平为（　C　）。

　　A. $-5\sim 0$V　　　B. $0\sim +5$V　　　C. $-15\sim -3$V　　　D. $+3\sim +15$V

（4）异步串行接口电路在接收时,如果接收时钟频率为波特率的 16 倍,一旦确定串行接收线上出现起始位的电平后,对串行接收线进行检测的时间间隔为（　D　）。

　　A. 1 个时钟周期　　B. 4 个时钟周期　　C. 8 个时钟周期　　D. 16 个时钟周期

（5）在有关串行通信的叙述中,正确的是（　C　）。

　　A. 串行通信最少只需要一条导线

　　B. 所谓半双工是指在一半工作时间内工作

　　C. 异步串行通信是以字符为单位逐个发送和接收

　　D. 同步串行通信的收、发双方可使用各自独立的本地时钟

（6）对于串行通信,如果数据可以从 A 发送到 B,也可由 B 发送到 A,但同一时间只能进行一个方向的传送,这种通信方式称为（　B　）通信方式。

　　A. 单工　　　　　B. 半双工　　　　C. 全双工　　　　D. 并行

（7）如果选择波特率因子为 16,在接收时,采用波特率的 16 倍频率作为接收时钟,其目的是（　D　）。

　　A. 提高取样精度　　　　　　　　B. 取样信号的峰值

　　C. 提高接收速度　　　　　　　　D. 识别正确的起始位

(8) 同步通信使用的是( C ),异步通信使用的是( A )。

　　A. 字符帧　　　　　　B. 字节帧　　　　　　C. 信息帧　　　　　　D. 同步信号

(9) 同步通信中时钟是( C )的,而异步通信中时钟是( A )的。

　　A. 独立　　　　　　　B. 串行　　　　　　　C. 同步　　　　　　　D. 并行

(10) 异步通信是靠( B )和( D )来实现字符的界定或同步的,故称为起止式协议。

　　A. 起始字符　　　　　B. 起始位　　　　　　C. 停止字符　　　　　D. 停止位

(11) 异步通信速率为 4800b/s,每字符 8 位,一个起始位,偶校验,两个停止位,如果连续传送,则每秒钟传送( C )个字符。

　　A. 960　　　　　　　 B. 480　　　　　　　 C. 400　　　　　　　 D. 320

(12) 异步通信接收端总是在每个字符的( A )进行一次重新定位,因此发送端可以在字符之间插入不等长的( D ),不影响接收端的接收。

　　A. 起始位　　　　　　B. 数据位　　　　　　C. 校验位　　　　　　D. 空闲位

(13) 在异步通信接收方,"( D )"接收到一帧完整信息(起始、数据、校验、停止)后,仅把数据的各位送至"( C )"。

　　A. 数据输出寄存器　　　　　　　　　　　B. 发送移位寄存器

　　C. 数据输入寄存器　　　　　　　　　　　D. 接收移位寄存器

(14) 异步通信发送一个字符,由 8 位组成,一个起始位,一个停止位,无奇偶校验位则其通信效率为( C )。

　　A. 60%　　　　　　　 B. 70%　　　　　　　 C. 80%　　　　　　　 D. 90%

(15) TTL 标准用(A)V 电平表示逻辑"1";用( D )V 电平表示逻辑"0";RS-232 标准用( C )之间的任意电平表示逻辑"1";用(B)电平表示逻辑"0"。

　　A. +5　　　　　　　　B. +3～+15V　　　　C. -15～-3V　　　　D. 0

(16) RS-485 的电气特性规定,在发送端,逻辑 1 以两线间的电压差为( C )表示;逻辑 0 以两线间的电压差为( D )表示;在接收端,A 比 B 高 200mV 以上即认为是逻辑 1,A 比 B 低( A )以上即认为是逻辑 0。

　　A. 200mV　　　　　　B. 3V　　　　　　　　C. 2～6V　　　　　　D. -2～6V

(17) ( B )用于上位机与下位机的连接,( D )用于两台计算机间的数据通信。

　　A. 串口并行线　　　　B. 串口直连线　　　　C. 串口串行线　　　　D. 串口交叉线

(18) DB-9 的第( C )引脚与 DB-25 的第( D )引脚表示信号地。

　　A. 2　　　　　　　　 B. 4　　　　　　　　 C. 5　　　　　　　　 D. 7

(19) DB-9 的第( A )引脚表示数据终端准备,第( C )引脚表示请求发送,第( D )引脚表示清除发送。

　　A. 4　　　　　　　　 B. 6　　　　　　　　 C. 7　　　　　　　　 D. 8

(20) 同步串行通信与异步串行通信比较,以下说法错误的是( D )。

　　A. 异步通信按字符成帧,同步通信以数据块成帧

　　B. 异步通信对时钟要求不太严格,同步通信收发双方对时钟严格要求同步

　　C. 异步通信可以无校验,同步通信必须有校验

　　D. 异步通信传输数据的效率比同步通信高

（21）串行异步通信协议所规定的一帧数据中,允许数据的格式为（　D　）。

    A. 5 位        B. 6 位        C. 7 位        D. 可选

（22）设异步传输时的波特率为 4800b/s,若每个字符对应一位起始位,7 位有效数据位,一位偶校验位,一位停止位,则每秒钟传输的最大字符数是（　C　）。

    A. 4800        B. 2400        C. 480        D. 240

（23）RS-232C 标准规定信号"0"和"1"的电平是（　D　）。

    A. 0V 和 +3～+15V        B. −15～−3V 和 0V

    C. −15～−3V 和 +3～+15V        D. +3～+15V 和 −15～−3V

（24）根据串行通信规程规定,收发双方的（　C　）必须保持相同。

    A. 外部时钟周期    B. 波特率因子    C. 波特率        D. 以上都正确

（25）串行同步传送时,每一帧数据都是由（　D　）开头的。

    A. 低电平        B. 高电平        C. 起始位        D. 同步字符

（26）在数据传输率相同的情况下,同步传输的字符传送速度高于异步传输的字符传送速度,其原因是（　B　）。

    A. 同步传输采用了中断方式

    B. 同步传输中所附加的冗余信息量少

    C. 同步传输中发送时钟和接收时钟严格一致

    D. 同步传输采用了检错能力强的 CRC 校验

（27）两台 PC 通过串口直接通信时,通常只需要三根信号线,它们是（　A　）。

    A. TXD、RXD 和 GND        B. DTR、RTS 和 GND

    C. TXD、CTS 和 GND        D. DSR、CTS 和 GND

（28）在异步串行通信中,表示数据传送速率的是波特率,这里的波特率是指（　A　）。

    A. 每秒钟传送的二进制位数        B. 每秒钟传送的字节数

    C. 每秒钟传送的字符数        D. 每秒钟传送的数据帧数

2. 填空题

（1）异步串行通信规程规定,传送数据的基本单位是字符,其中最先传送的是起始位,信号电平低电平。

（2）异步串行通信规定,传送的每个字符的最后是停止位,其宽度为1 位或 1.5 位或 2 位,信号电平为高电平。

（3）同步串行通信包括面向字符型和面向比特型两类。

（4）在串行通信中波特率是指每秒钟传送的二进制位数。

（5）串行通信的传送方式有单工、半双工、双工三种。

（6）RS-232C 是常用的串行通信接口标准,它采用负逻辑定义。

（7）设异步传输时,每个字符对应 1 个起始位,7 个有效数据位,1 个奇偶校验位和 1 个停止位,若波特率为 9600b/s,则每秒钟传输的最大字符数为9600/(1+7+1+1)=960。

（8）异步通信规定传输数据由起始位、数据位、奇偶校验位和停止位组成。

（9）在串口接线中最为简单且常用的是三线制接法,即信号地、接收数据和发送数据三根引脚进行互连。

（10）在串口通信中,两个设备要进行数据交换,需坚持一个原则,即接收数据针脚（或线)与发送数据针脚或线)相连,彼此交叉,信号地对应相接。

(11) RS-323C 工作时,应保证电平在 ±3～15V 之间。

3. 判断题

(1) 同步通信在传送数据的同时不需用传送时钟信号。(错)

(2) 数字信道既可以传输数字信号,也可以传输模拟信号。(错)

(3) 传呼机或广播中数据的传输属于半双工方式。(错)

(4) 对讲机是一种典型的半双工模式。(对)

(5) 波特率和比特率是一个概念,都是指每秒钟所传输的码元数。(错)

(6) 在计算机"设备管理器"的"端口 COM 和 LPT"一项中,COM 指的是串行端口,LPT 指的是打印机端口。(对)

(7) RS-232C 的传输距离可以达到 2000m。(错)

(8) RS-485 总线接口的传输距离可以达到 1200m。(对)

(9) EIA-RS-232C 与 TTL 集成电路表示逻辑状态的规定是相同的。(错)

(10) RS-485 采用半双工工作方式,而 RS-422 采用全双工工作方式。(对)

(11) RS-485 一般只需两根信号线,均采用屏蔽双绞线传输,用于多点互连时非常方便,可以省掉许多信号线。(对)

(12) RS-232 总线能同 TTL 器件直接连接。(错)

(13) PC 的 RS-232C 的串行通信接口线上是 TTL 电平。(错)

(14) 并行和串行通信都要求有固定的数据格式。(错)

4. 简答题

(1) 简要说明异步串行通信的帧格式。

异步串行通信的帧格式规定如下。

① 帧信息由起始位、数据位、奇偶校验位、终止位组成;

② 数据位由 5、6、7、8 位组成;

③ 数据位前加上一位起始位(低电平);

④ 数据位后可加上一位奇偶校验位(可加可不加,可以奇校验,也可以偶校验);

⑤ 最后加上 1,1/2 或 2 位终止位(高电平);

⑥ 由此组成一帧信息,传送一个字符,由低位开始。

一帧信息与另一帧信息之间可以连续传送,也可以插入任意个"空闲位"(高电平)。

(2) 什么叫波特率因子? 设波特率因子为 64,波特率为 1200,那么时钟频率是多少?

波特率因子是异步传送中采样信息的时钟频率与信号的波特率之比。

$$时钟频率 = 波特率因子 \times 波特率 = 64 \times 1200 = 76\,800\,Hz$$

(3) 某系统采用串行异步方式与外设通信,发送字符格式由 1 位起始位、7 位数据位、1 位奇偶校验位和 2 位停止位组成,波特率为 2200b/s。试问:该系统每分钟发送多少个字符? 若选波特率因子为 16,问发时钟频率为多少?

因为发送字符格式由一位起始位、7 位数据位、一位奇偶校验位和两位停止位组成,所以一帧数据长度为 11 位,而波特率为 2200b/s,由此计算出该系统每秒钟发送 2200÷11＝200 字符,每分钟为 200×60＝12 000 字符。发送时钟频率为 2200×16＝35 200Hz。

(4) 什么是 RS-232-C 接口? 采用 RS-232-C 接口有何特点? 传输电缆长度如何考虑?

计算机与计算机或计算机与终端之间的数据传送可以采用串行通信和并行通信两种方式。由于串行通信方式使用线路少、成本低，特别是在远程传输时，避免了多条线路特性的不一致而被广泛采用。在串行通信时，要求通信双方都采用一个标准接口，使不同的设备可以方便地连接起来进行通信。RS-232-C 接口（又称 EIARS-232-C）是目前最常用的一种串行通信接口。它是在 1970 年由美国电子工业协会（EIA）联合贝尔系统、调制解调器厂家及计算机终端生产厂家共同制定的用于串行通信的标准。它的全名是"数据终端设备（DTE）和数据通信设备（DCE）之间串行二进制数据交换接口技术标准"，该标准规定采用一个 25 个脚的 DB25 连接器，对连接器的每个引脚的信号内容加以规定，还对各种信号的电平加以规定。

① 接口的信号内容实际上 RS-232-C 的 25 条引线中有许多是很少使用的，在计算机与终端通信中一般只使用 3～9 条引线。RS-232-C 最常用的 9 条引线的信号内容如表 3.5 所示。

表 3.5　引线信号内容

| 引脚序号 | 信号名称 | 符号 | 流向 | 功　能 |
|---|---|---|---|---|
| 2 | 发送数据 | TXD | DTE→DCE | DTE 发送串行数据 |
| 3 | 接收数据 | RXD | DTE←DCE | DTE 接收串行数据 |
| 4 | 请求发送 | RTS | DTE→DCE | DTE 请求 DCE 将线路切换到发送方式 |
| 5 | 允许发送 | CTS | DTE←DCE | DCE 告诉 DTE 线路已接通可以发送数据 |
| 6 | 数据设备准备好 | DSR | DTE←DCE | DCE 准备好 |
| 7 | 信号地 | | | 信号公共地 |
| 8 | 载波检测 | DCD | DTE←DCE | 表示 DCE 接收到远程载波 |
| 20 | 数据终端准备好 | DTR | DTE→DCE | DTE 准备好 |
| 22 | 振铃指示 | RI | DTE←DCE | 表示 DCE 与线路接通，出现振铃 |

② 接口的电气特性在 RS-232-C 中任何一条信号线的电压均为负逻辑关系。即：逻辑"1"，$-5 \sim -15\mathrm{V}$；逻辑"0"，$+5 \sim +15\mathrm{V}$。噪声容限为 2V。即要求接收器能识别低至 $+3\mathrm{V}$ 的信号作为逻辑"0"，高到 $-3\mathrm{V}$ 的信号作为逻辑"1"，如表 3.5 所示。

③ 接口的物理结构 RS-232-C 接口连接器一般使用型号为 DB-25 的 25 芯插头座，通常插头在 DCE 端，插座在 DTE 端。一些设备与 PC 连接的 RS-232-C 接口，因为不使用对方的传送控制信号，只需三条接口线，即"发送数据""接收数据"和"信号地"。所以采用 DB-9 的 9 芯插头座，传输线采用屏蔽双绞线。

④ 传输电缆长度由 RS-232C 标准规定在码元畸变小于 4％ 的情况下，传输电缆长度应为 50 英尺，其实这个 4％ 的码元畸变是很保守的，在实际应用中，约有 99％ 的用户是按码元畸变 10％～20％ 的范围工作的，所以实际使用中最大距离会远超过 50 英尺，美国 DEC 公司曾规定允许码元畸变为 10％ 而得出表 3.6 的实验结果。其中 1 号电缆为屏蔽电缆，型号为 DECP. NO. 9107723 内有三对双绞线，每对出 22♯ AWG 组成，其外覆以屏蔽网。2 号电缆为不带屏蔽的电缆。型号为 DECP. NO. 9105856-04 是 22♯ AWG 的四芯电缆。表 3.6 为 DEC 公司的实验结果。

表 3.6 实验结果

| 波特率 | 1 号电缆传输距离/英尺 | 2 号电缆传输距离/英尺 |
|---|---|---|
| 110 | 5000 | 3000 |
| 300 | 5000 | 3000 |
| 1200 | 3000 | 3000 |
| 2400 | 1000 | 500 |
| 4800 | 1000 | 250 |
| 9600 | 250 | 250 |

(5) 什么是 RS-485 接口？它与 RS-232-C 接口相比有何特点？

由于 RS-232-C 接口标准出现较早，难免有不足之处，主要有以下 4 点。

① 接口的信号电平值较高，易损坏接口电路的芯片，又因为与 TTL 电平不兼容故需使用电平转换电路方能与 TTL 电路连接。

② 传输速率较低，在异步传输时，波特率为 20kb/s。

③ 接口使用一根信号线和一根信号返回线而构成共地的传输形式，这种共地传输容易产生共模干扰，所以抗噪声干扰性弱。

④ 传输距离有限，最大传输距离标准值为 50 英尺，实际上也只能用在 50m 左右。

针对 RS-232-C 的不足，于是就不断出现了一些新的接口标准，RS-485 就是其中之一，它具有以下特点。

① RS-485 的电气特性：逻辑"1"以两线间的电压差为 +2～6V 表示；逻辑"0"以两线间的电压差为 −2～6V 表示。接口信号电平比 RS-232-C 降低了，就不易损坏接口电路的芯片，且该电平与 TTL 电平兼容，可方便与 TTL 电路连接。

② RS-485 的数据最高传输速率为 10Mb/s。

③ RS-485 接口是采用平衡驱动器和差分接收器的组合，抗共模干能力增强，即抗噪声干扰性好。

④ RS-485 接口的最大传输距离标准值为 4000 英尺，实际上可达 3000m，另外 RS-232-C 接口在总线上只允许连接一个收发器，即单站能力。而 RS-485 接口在总线上是允许连接多达 128 个收发器。即具有多站能力，这样用户可以利用单一的 RS-485 接口方便地建立起设备网络。

因 RS-485 接口具有良好的抗噪声干扰性，长的传输距离和多站能力等上述优点就使其成为首选的串行接口。因为 RS-485 接口组成的半双工网络，一般只需两根连线，所以 RS-485 接口均采用屏蔽双绞线传输。RS-485 接口连接器采用 DB-9 的 9 芯插头座，与智能终端 RS-485 接口(采用 DB-9 孔)，与键盘连接的键盘接口 RS-485(采用 DB-9 针)。

# 第4章 现场总线通信

自人们称之为"自动化仪表与控制系统的一次变革"的现场总线技术自20世纪90年代初出现以来,引起国内外业界的广泛关注和高度重视,并成为世界范围的自动化技术发展的热点之一。应该说,现场总线的工业过程智能自动化仪表和现代总线的开放自动化系统构成了新一代全开放自动化控制系统的体系结构。目前国际上公认的现场总线有十多种,各有特点,并在一定范围内得到了应用。本章主要对现场总线做了概述性的介绍,使读者对现场总线有一个全局性的认识与把握。

## 4.1 控制系统

计算机控制系统出现以后,在工程实践中广泛使用模拟仪表系统中的传感器、变送器和执行机构,其信号传送一般采用4~20mA的电流信号形式。一个变送器或者执行机构需要一对传输线来单向传送一个模拟信号。这种传输方法使用的导线多,现场安装及调试的工作量大,投资高,传输精度和抗干扰性能较低,不便维护。主控室的工作人员无法了解现场仪表的实际情况,不能对其进行参数调整和故障诊断,所以处于最底层的模拟变送器和执行机构成了计算机系统中最薄弱的环节,即所谓的DCS系统的发展瓶颈。现场总线控制系统正是在这种情况下应用而诞生的。

进入20世纪90年代以来,一场拉动自动化仪器仪表工业"革命"和仪器仪表产品全面更新换代的技术在国际、国内引起人们广泛的注意和高度重视,其发展势头已成为世界范围内的自动化技术发展的热点,这就是被业界人士称为"自动化仪表与控制系统的一次具有深远影响的重大变革"的现场总线技术以及基于现场总线技术的智能自动化仪表和基于现场总线的开放自动化系统。

在此基础上构成了新一代的自动化仪表与控制系统,向更高层次的"综合自动化"推进。实现"综合自动化"是当前自动化技术发展的方向。现场总线智能仪表及其基于现场总线的开放自动化系统,将成为实现综合自动化最有效的装备。

在传统的DCS应用过程中,人们已经认识到由于整个工厂的网络化,可以实现工厂的网络化管理,逐渐形成管理控制一体化的结构体系。这种结构体系是一种递阶分层的结构,如图4.1所示,工厂管理进入新的时代,但是在实际使用中,人们也经常遇到许多种问题。

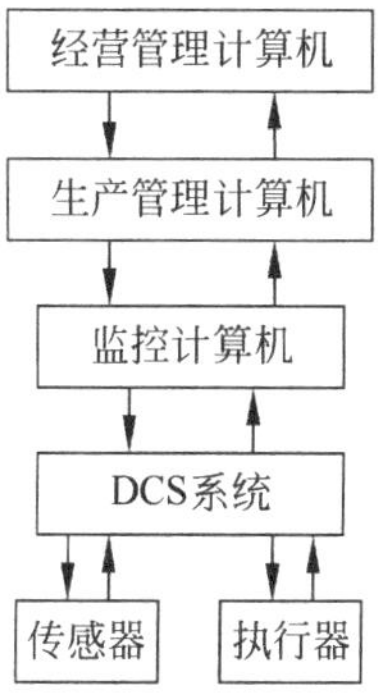

(1) 决策层只能在最高层,对于下层很少授权,因此下层设备的主动性发挥的不够,在高层设备出现故障时,下层设备只能维持现状。

(2) 整个体系必须协调工作,但是彼此的目标利益经常

图 4.1 网络化体系管理结构

冲突,不利于优化。

（3）下层互相之间的信息流通量非常少。

因此,人们希望将工厂管理控制体系改为展开式的结构,以解决上述问题。

（1）决策自上而下的推动起来,有充分的授权,使下层有灵活性,主动决策、鼓励性决策等办法,可在各层计算机上实现。

（2）各个部门间有相容的、互相支持的群体目标,可考虑不同部门间有交叉的功能性组织,这些原则的实现可以在各层计算机间的调度方法中安排进去。

（3）各层间要改善相互间的通信联系。现场总线与局域网连接,实现了这种新的结构体系。新的体系是两层网络结构,最底层是现场测量设备和执行结构（包括 DCS、PLC 及 I/O 设备）,它们汇集的总线是现场总线。各现场设备和执行机构采用单元组合式数字化智能仪表系统,设备通过现场总线,同层间的相互通信大大加强。控制器的概念与传统也是不同的,常规控制可在测量设备或执行机构内,实际上没有"控制器"了,而先进控制器和监视功能仍然可在监控计算机内实现,并挂接在现场总线上,供所有挂在现场总线上的设备使用。生产管理计算机同时挂在现场总线和以太网上,一方面负责下层（现场）生产管理,另一方面与顶层的商务管理计算机相连进行信息交换。

# 4.2　现场总线技术

如果读者是第一次接触"总线"的概念,可能不一定理解其含义。总线的英文是"bus",这是一个非常形象的词汇。信息在一条公共通道上传输,信息接收者从通道上接收所有信息,并根据规则过滤出发送给自己的信息。我们可以把线路上传输的信号理解成从 A 地前往 B 地办事的人。点对点连接就像乘坐私人轿车出行,因为行车路线就是从出发地直达目的地。总线连接就像乘坐公交车出行,公交车有自己的行车路线,这条路线通常会经过许多站点,只要这条路线经过你要去的地方,你就可以乘坐这辆公交车。显然乘坐私人轿车出行是最直接的,因为它不会去你不想去的地方。但是如果所有人出行都选择私人轿车,道路将会非常拥挤（对应到设备中,点到点连接需要非常多的连线）,所以现在城市管理者都建议大家出行乘坐公共交通。虽然公共汽车不如私人轿车直接,但是可以把为私人轿车服务的社会资源用于公共交通建设,从而极大地提高公共交通的速度和容量,这也就弥补了其劣势。

现场总线是应用在生产现场的,在测量控制设备之间实现双向、串行、多点通信的数字通信系统。它在制造业、流程工业、交通、楼宇、工业控制、汽车行业等方面的自动化系统中具有广泛的应用前景,并在向很多产业渗透。

现场总线把通用或者专用的微处理器置入传统的测量控制仪表,使之具有数字计算机和数字通信能力,采用一定的介质（例如双绞线、同轴电缆、光纤、无线、红外等）作为通信总线,按照公开、规范的通信协议,在位于现场的多个设备之间以及现场设备与远程监控计算机之间,实现数据传输和信息交换,形成各种适应实际需要的自动化控制系统。现场总线使自控系统与设备具有了通信能力,把它们连接成网络系统,加入到信息网络的行列。

现场总线是 20 世纪 80 年代中期在国际上发展起来的。它作为过程自动化、制造自动化、楼宇自动化、交通等领域现场智能设备之间的互连通信网络,沟通了生产过程现场控制设备之间及其与更高控制管理层网络之间的联系,为彻底打破自动化系统的信息孤岛创造了条件。由于现场总线适应了工业控制系统向分散化、网络化、智能化发展的方向,它的出现使传统的模拟仪表逐步让位于智能化数字仪表,并具有数字通信功能。现场总线作为全球工业自动化技术的热点,已受到全世界的普遍关注。

我们知道英文单词"can"的一个意思是罐头,那我们就借题发挥从"罐头"说起吧。

**图 4.2　童年的"传声筒"**

很多人小时候自制过一种称为"传声筒"的玩具,就是在两个罐头筒的底部打孔,然后用一根绳子将两个罐头筒系起来,如图 4.2 所示。一旦绳子绷紧,对着一个罐头筒喊话,另一个罐头筒就可以传出声音。它的原理很简单,对着喊话的那个罐头筒把声波产生的振动传导到绷紧的绳子上,绳子再将这种振动传导到另一个罐头筒上,这个罐头筒又把这种振动传导给空气形成声波。这样就可以实现一侧说话一侧听了。

声音在传声筒中是以振动波的形式传递的。如果希望一人说话多人听,那么应该怎么办呢?这很容易实现,只要在绳子上系上更多的罐头筒,让振动波传递到更多的罐头筒里,自然就可以实现"多方通话"了。当然,因为声波的能量有限,绳子上系的罐头筒越多,每个罐头筒分配的能量就越少,收到的声音也就越小。

其实本书所介绍的现场总线的原理与传声筒的这种原始通信工具是相同的,只不过是用电缆取代了绳子,电信号取代了振动波,电路板取代了罐头筒,各种需要传递的数据取代了喊话的内容。

## 4.2.1　现场总线控制系统

基于现场总线的控制系统被称为现场总线控制系统。现场总线控制系统(FCS)是在以往的集散控制系统的基础上顺应用户对网络控制系统提出的开放性和降低成本的要求而诞生的。它用现场总线这一开放的、具有互操作性的网络将现场各控制器及仪表设备互连,构成现场总线控制系统,同时控制功能彻底下放到现场,降低了安装成本和维护费用。因此,FCS 实质是一种开放的、具有互操作性的、彻底分散的分布式控制系统,已成为 21 世纪控制系统的主流产品。

现场控制系统既是一个开放的通信网络,又是一个全分布控制系统,它作为智能设备的纽带,把挂接在总线上的、作为网络节点的智能设备连接成网络系统,并通过组态进一步构成自动化系统,实现基本控制、补偿控制、参数修改、报警、显示、监控以及测、控、管一体化的综合自动化功能。现场总线控制系统是一个以智能传感器、自动化、计算机、通信、网络等技术为主要内容的多学科交叉的新兴技术,在过程自动化、制造自动化、楼宇自动化、交通、电力等领域都有广泛的应用前景。

### 4.2.2　现场总线的特点

现场总线系统打破了传统控制系统的结构形式,如图 4.3 所示。传统模拟控制系统采用一对一的设备连线,按控制回路分别进行连接。现场总线系统由于采用智能设备,使控制系统功能不依赖控制室的计算机或者控制仪表,直接在现场完成,实现了彻底的分散控制。由于采用数字信号代替模拟信号,因而可以实现一对电缆上传输多个信号(包括多个运行参数值、多个设备状态、故障信息),同时又为多个设备提供电源;现场设备以外不再需要 A/D、D/A 转换部件。这样就为简化系统结构、节约硬件设备、节约连接电缆与各种安装、维护费用创造了条件。

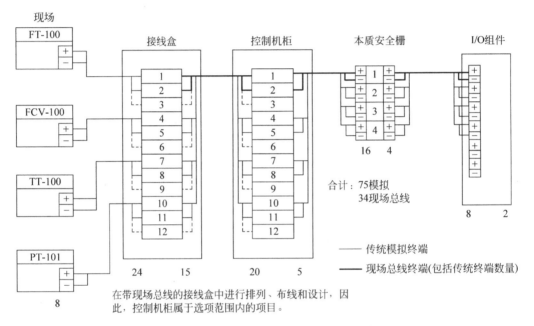

图 4.3　传统模拟测量的接线与现场总线的接线对比

现场总线具有以下技术特点:系统具有开放性,对相关标准的一致性、公开性,强调对标准的共识与遵从;系统具有互可操作性与互用性,互可操作性是指实现互连设备之间、系统间的信息传送与沟通,互用则意味着不同生产厂家的性能类似的设备可实现相互替换;现场设备的智能化与功能自治性,它将传感测量、补偿计算、工程量处理与控制等功能分散到现场设备中完成,仅靠现场设备即可完成自动控制的基本功能,并可随时诊断设备运行状态;系统结构高度分散性,现场总线已构成一种全新的全分散性控制系统的体系结构。从根本上改变了现有 DCS 集中与分散相结合的集散控制系统体系,简化了系统结构,提高了可靠性;对现场环境的适应性,工作在生产现场最前端的现场总线,是专门为现场环境设计的,可以支持双绞线、同轴电缆、光缆、射频、红外线、电力线等,具有较强的抗干扰能力,能采用两线制实现供电与通信,可满足本质安全防爆要求等。

由于现场总线的以上特点,特别是现场总线系统结构的简化,使控制系统从设计、安装、投运到正常生产运行及检修维护,都体现出优越性。具体表现在:节约硬件数量与投资,采用现场总线技术,可以减少变送器的数量,不再需要单独的调节器、计算单元等,也不再需要

DCS 系统的信号调理、转换、隔离等功能单元及复杂接线,还可以用工控 PC 作为操作站,节约了大笔硬件投资,并可减少控制室的占地面积;节约安装费用,现场总线系统接线十分简单,因而电缆、端子、槽盒、桥架的用量大大减少,连接设计与接头校对工作量大大减少。当需要增加现场控制设备时,无须增加新的电缆,可就连接在原有电缆上,既节约了投资,也减少了设计、安装的工作量;节约维护开销,由于现场总线控制设备具有自诊断与简单故障处理能力,并通过数字通信将相关诊断维护信息送到控制室,这样可以便于准确快速地排除故障,缩短维护停工时间,同时由于系统结构简化,连线简单而减少了维护工作量;用户具有高度的系统集成主动权,用户可以自由选择不同厂商提供的不同设备来集成系统,类似于普通 PC 自由组装,大大提高了用户选择自主权,控制了系统集成过程中涉及的不同厂家产生的成本、性能等问题;提高了系统的准确性与可靠性,现场总线设备智能化、数字化是模拟设备不可比拟的,提高了测量与控制的精确度,减少了传送误差。同时由于系统结构简化,设备连线减少,减少了系统信号传递与往返,提高了系统工作可靠性。此外,由于设备标准化、功能模块化,因而还具有设计简单、易于重构等优点。

现场总线打破了传统控制系统的机构形式。传统模拟控制系统采用一对一的设备连线,按控制回来分别连接。位于现场的测量变送器与位于控制室的控制器之间,控制器与位于现场的执行器、开关、电动机均为一对一的物理连接。

现场总线控制系统由于采用了智能现场设备,能够把原先 DCS 系统中处于控制室的控制模块、各输入输出模块置于现场设备中,加上现场设备具有通信能力,现场的测量变送仪表可以与阀门等执行机构直接传送信号,因而控制系统功能能够不依赖控制室的计算机或控制仪表,直接在现场完成,实现了彻底的分散控制。传统控制系统(图 4.4)与现场总线控制系统(图 4.5)结构对比如图 4.6 所示。

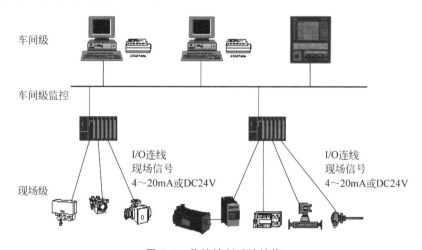

**图 4.4　传统控制系统结构**

由于采用数字信号替代模拟信号,因而可实现一对电线上传输多个信号,如运行参数值、多个设备状态、故障信息,同时又为多个设备提供电源,现场设备以外不再需要模拟/数字、数字/模拟转换器件。这样就为简化系统结构、节约硬件设备、节约连接电缆和各种安装、维护费用创造了条件。FCS 和 DCS 的详细对比如表 4.1 所示。

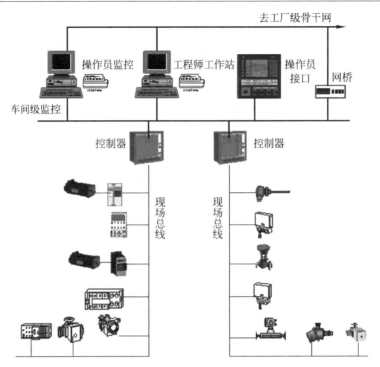

图 4.5 现场总线控制系统结构

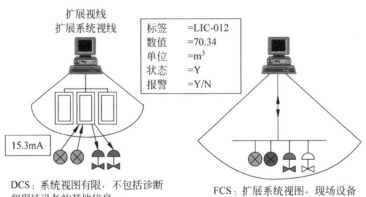

图 4.6 DCS 与 FCS 扩展视图对比

表 4.1 FCS 和 DCS 的详细对比

| | FCS | DCS |
|---|---|---|
| 结构 | 一对多：一对传输线接多台仪表，双向传输多个信号 | 一对一：一对传输线接一台仪表，单向传输一个信号 |
| 可靠性 | 可靠性好：数字信号传输抗干扰能力强，精度高 | 可靠性差：模拟信号传输不仅精度低，而且容易受干扰 |
| 失控状态 | 操作元在控制室既可以了解现场设备或现场仪表的工作状况，也能对设备进行参数调整，还可以预测或寻找故障，使设备始终处于操作员的远程监视和可控状态 | 操作员在控制室既不了解模拟仪表的工作状况，也不能进行参数调整，更不能预测故障，导致操作员对仪表处于"失控"状态 |

续表

| | FCS | DCS |
|---|---|---|
| 互换性 | 用户可以自由选择不同制造商提供性能价格比最优的现场设备和仪表,并将不同品牌的仪表互连。即使某台仪表故障,换上其他品牌的同类仪表照样工作,实现"即接即用" | 尽管模拟仪表统一了信号标准 DC4~20mA,可是大部分技术采纳数仍由制造厂商自定,致使不同品牌的仪表无法互换 |
| 仪表 | 智能仪表除了具有模拟仪表的检测、变换、补偿等功能外,还具有数字通信能力,并且具有控制和运算能力 | 模拟仪表具有检测、变换、补偿等功能 |
| 控制 | 控制功能分散在各个智能仪表中 | 所有的控制功能集中在控制站中 |

### 4.2.3　现场总线的本质

典型的现场总线的结构如图 4.7 所示。由于标准未统一,所以对现场总线也有不同的定义。但是现场总线本质的主要表现在以下 6 个方面。

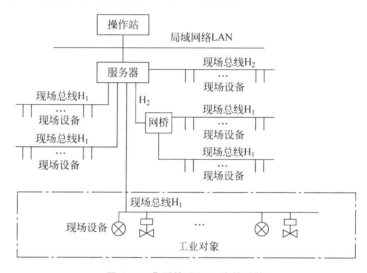

**图 4.7　典型的现场总线的结构**

1. 现场通信网络

用于过程控制以及制造自动化的现场设备或现场仪表互连的通信网络。

2. 现场设备互连

现场设备或现场仪表是指传感器、变送器和执行器等,这些设备通过一对传输线互连,传输线可以使用双绞线、同轴电缆、光纤和电源等,并可根据需要因地制宜地选择不同类型的传输介质。

3. 互操作性

现场设备或现场仪表种类繁多,没有一家制造商可以提供一个工厂所需要的全部现场设备,所以,互相连接不同制造商的产品是不可避免的。用户不希望选用不同的产品在硬件或软件上花费很大的气力,而希望选用各制造商性能价格比最优的产品,并将其集成在一起,实现"即接即用";用户希望对不同的品牌的设备统一组态,构成所需要的控制回路。这些就是现场总线设备互操作性的含义。现场设备互连是基本要求,只有实现互操作性,用户才能自由地集成 FCS。

**4. 分散功能块**

FCS 废弃了 DCS 的输入输出单元和控制站,把 DCS 控制站的功能块分散地分配给现场仪表,从而构成虚拟控制站。例如,流量变送器步进具有流量信号变换、补偿和累加输入模块,而且具有 PID 控制和运算功能块。调节阀的基本功能是信号驱动和执行,还内含输出特性补偿模块,也可以有 PID 控制和运算模块,是指有阀门特性自检验和自诊断功能。由于功能块分散在多台现场仪表中,并可以统一组态,供用户灵活选用各种功能块,构成所需的控制系统,实现彻底的分散控制。

**5. 通信线供电**

通信线供电方式允许现场仪表直接从通信线上获取能量,对于要求本征安全的低功耗现场仪表,可采用这种供电方式。众所周知,化工、炼油等企业在生产现场有可燃性物质,所有现场设备都必须严格遵循安全防爆标准。现场总线设备也不例外。

**6. 开放式互连网络**

现场总线为开放式互连网络,它既可与同层网络互连,也可与不同层网络互连,还可以实现网络数据库的共享。不同制造商的网络互连十分简便,用户不必在硬件或软件上花费太多的气力。通过网络对现场设备和功能块统一组态,把不同厂商的网络及设备融为一体,构成统一的 FCS。

## 4.2.4　现场总线的作用

现场总线控制网络处于企业网络的底层,或者说,它是构成企业网络的基础。而生产过程的控制参数与设备状态等信息是企业信息的重要组成部分。企业网络各功能层次的网络类型如图 4.8 所示。从图中可以看出,除现场的控制网络外,上面的 ERP 和 MES 都采用以太网。

企业网络系统早期的结构复杂,功能层次较多,包括从过程控制、监控、调度、计划、管理到经营决策等。随着互联网的发展和以太网技术的普及,企业网络早期的 TOP/MAP 式多层分布式子网的结构逐渐被以太网、FDDI 主干网所取代。企业网络系统的结构层次趋于扁平化,同时对功能层次的划分也更为简化。底层为控制网络所处的现场控制层(FCS),最上层为企业资源规划层(ERP),而将传统概念上的监控、计划、管理、调度等多项控制管理功能交错的部分,都包括在中间的制造执行层(MES)中。图 4.8 中的 ERP 与 MES 功能层大多采用以太网技术构成数据网络,网络节点多为各种计算机及外设。随着互联网技术的发展与普及,在 ERP 与 MES 层的网络集成与信息交互问题得到了较好的解决,它们与外界互联网之间的信息交互也相对比较容易。

控制网络的主要作用是为自动化系统传递数字信息。它所传输的信息内容主要是生产装置运行参数的测量值、控制量、阀门的工作位置、开关状态、报警状态、设备的资源与维护信息、系统组态、参数修改、零点量程调校信息等。企业的管理控制一体化系统需要这些控制信息的参与,优化调度等也需要集成不同装置的生产数据,并能实现装置间的数据交换。这些都需要在现场控制层内部,在 FCS 与 MES、ERP 各层之间,方便地实现数据传输与信息共享。

目前,现场控制层所采用的控制网络种类繁多,本层网络内部的通信一致性很差,个异性强,有形形色色的现场线,再加上 DCS、PLC、SCADA 等,控制网络从通信协议到网络节

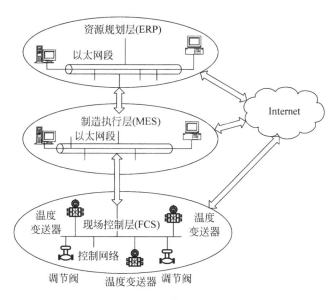

**图 4.8 企业网络各功能层次的网络类型**

点类型都与数据网络存在较大差异。这些差异使得控制网络之间、控制网络与外部互联网之间实现信息交换的难度加大,实现互连和互操作存在较多障碍。因此,需要从通信一致性、数据交换技术等方面入手,改善控制网络的数据集成与交换能力。

由于现场总线所处的特殊环境及所承担的实时控制任务是普通局域网和以太网技术难以取代的,因而现场总线至今依然保持着它在现场控制层的地位和作用,但现场总线需要同上层与外界实现信息交换。

现场总线与上层网络的连接方式一般有以下三种:一是采用专用网关完成不同通信协议的转换,把现场总线网段或 DCS 连接到以太网上。图 4.9 是通过网关连接现场总线网段与上层网络的示意图。二是将现场总线网卡和以太网卡都置入工业 PC 的 PCI 插槽内,在PC 内完成数据交换。在图 4.10 中采用现场总线的 PCI 卡,实现现场总线网段与上层网络的连接。三是将 Web 服务器直接置入 PLC 或现场控制设备内,借助 Web 服务器和通用浏

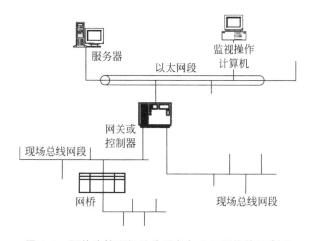

**图 4.9 网关连接现场总线网段与上层网络的示意图**

览工具实现数据信息的动态交互。这是近年来互联网技术在生产现场直接应用的结果,但它需要有一直延伸到工厂底层的以太网支持。正是因为控制设备内嵌 Web 服务器,使得现场总线的设备有条件直接通向互联网,与外界直接沟通信息。而在这之前,现场总线设备是不能直接与外界沟通信息的。

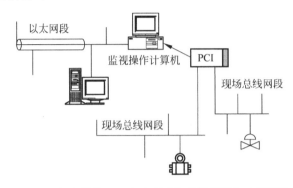

**图 4.10    采用现场总线的 PCI 卡实现现场总线网段与上层网络的连接**

现场总线与互联网的结合拓宽了测量控制系统的范围和视野,为实现跨地区的远程控制与远程故障诊断创造了条件。人们可以在千里之外查看生产现场的运行状态,方便地实现偏远地段生产设备的无人值守,远程诊断生产过程或设备的故障,在办公室查询并操作家中的各类电器等设备。

# 4.3    CAN 总线概念

控制器局域网(CAN)为串行通信协议,能有效地支持具有很高安全等级的分布式实时控制系统。CAN 的应用范围很广,从高速的网络到低价位的多路接线都可以使用 CAN。在汽车电子行业里,使用 CAN 连接发动机控制单元、传感器、防刹车系统、电子系统等,其传输速度可达 1Mb/s。同时,可以将 CAN 安装在卡车本体的电子控制系统里,诸如车灯组、电气车窗等,用以代替接线配线装置。本节主要介绍 CAN 总线的链路层的相关协议。

## 4.3.1    CAN 总线简介

CAN 是 Controller Area Network 的缩写,是 ISO 国际标准化的串行通信协议。

在当前的汽车产业中,出于对安全性、舒适性、方便性、低公害、低成本的要求,各种各样的电子控制系统被开发了出来。由于这些系统之间通信所用的数据类型及对可靠性的要求不尽相同,由多条总线构成的情况很多,线束的数量也随之增加。为适应"减少线束的数量""通过多个 LAN,进行大量数据的高速通信"的需要,1986 年德国电气商博世公司开发出面向汽车的 CAN 通信协议。此后,CAN 通过 ISO 11898 及 ISO 11519 进行了标准化,现在在欧洲已是汽车网络的标准协议。现在,CAN 的高性能和可靠性已被认同,并被广泛地应用于工业自动化、船舶、医疗设备、工业设备等方面。

图 4.11~图 4.13 集中展示了是 CAN 总线在车载网络中的构想和应用。CAN 等通信协议的开发,使多种 LAN 通过网关进行数据交换得以实现。

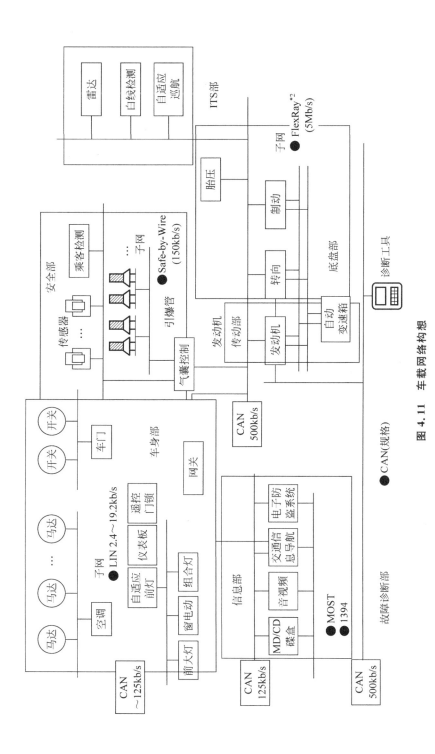

**图 4.11　车载网络构想**

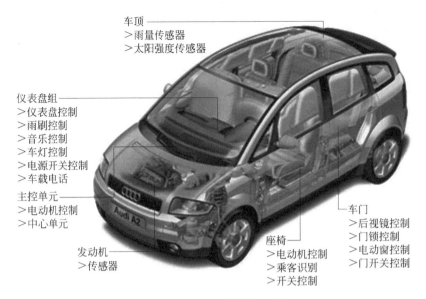

图 4.12　CAN 的应用示例

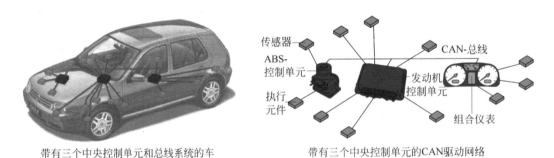

图 4.13　带有三个中央控制单元的车载 CAN 总线系统

　　目前汽车上的网络连接方式主要采用两条 CAN：高速 CAN，用于驱动系统，速率达到 500kb/s，主要面向实时性要求较高的控制单元，如发动机、电动机等；低速 CAN，用于车身系统，速率 100kb/s，主要是针对实时性要求较低的车身控制单元，如车灯、车门、车窗等信号的采集以及反馈以及车载娱乐设备等。高速 CAN 和低速 CAN 通过整车控制器 ECU 连接，实现相互之间的信息交互，如图 4.14 所示。显然，ECU 起到了网关的作用。

　　CAN 属于总线式串行通信网络，由于采用了许多新技术以及独特的设计，与一般的通信总线相比，CAN 总线的数据通信具有突出的性能、可靠性、实时性和灵活性。其特点可以概括如下。

　　(1) 通信方式灵活，CAN 多主方式工作，网络上任意节点均可在任意时刻主动地向网络上的其他节点发送信息。而不分主从通信方式灵活，且无须站地址节点信息。利用这一特点可方便地构成多机备份系统。

　　(2) CAN 网络上的节点信息分成不同的优先级，可满足不同的实时要求。

　　(3) 在碰撞时，低优先级的节点会主动退出发送，而最高优先级的节点可不受影响地继续传输数据，从而大大节省了总线冲突仲裁时间，尤其在网络负载很重的情况下也不会出现

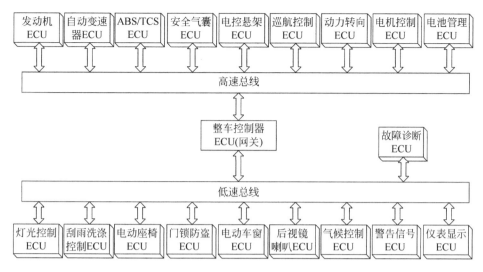

图 4.14　车载 CAN 总线系统

网络瘫痪情况。

（4）CAN 只需要通过报文滤波即可实现点对点、一点对多点及全局广播等几种方式传送接收数据，无须专门的“调度”。

（5）CAN 的直接通信距离最远可达 10km(传输速率 5kb/s 以下)；通信速率最高可达 1M/s(此时通信距离最长 40m)。

（6）CAN 上节点数主要取决于总线驱动电路，目前可达 110 个；报文标识符可达 2032 种（CAN2.0A)，而扩展标准（CAN2.0B）的报文标识符几乎不受限制。

（7）CAN 总线通信格式采用短帧格式，传输时间短，受干扰概率低，具有极好的检错效果。每帧最多为 8 个，可满足通常工业领域种控制命令、工作状态及测试数据的一般要求。同时 8B 也不会占用过程的总线时间，从而保证了通信的实时性。

（8）CAN 的每帧信息都有 CRC 校验以及其他检错措施，保证了数据通信的可靠性。

（9）CAN 总线通信接口中集成了 CAN 协议的物理层和数据链路层功能，可完成对通信数据的成帧处理，包括位填充、数据块编码、循环冗余检验、优先级判别等多项工作。

（10）CAN 的通信介质可为双绞线、同轴电缆或光纤，选择灵活。

（11）CAN 节点在错误严重的情况下具有自动关闭输出功能，以使总线上其他节点的操作不受影响。

## 4.3.2　CAN 节点的层结构

通信是分层的，这个概念应该贯彻在我们学习任何通信系统的整个过程中。仍以上面的传声筒游戏为例，假如一个小朋友想表达“你好”的意思，他不关心声音如何让罐头筒振动起来，更不关心“你好”在绳子上是以横波还是纵波传输的，他所关心的是自己的意思对方能不能理解。从通信层次的划分上来说，通话的小朋友就处于“应用层”，很显然，应用层是整个通信系统存在的唯一目的，任何通信系统都是为应用层服务的。

相对于“你好”这个想法，说出“你好”这个词有很多种表达语言，可以是中文、英文、日文等。从通信层次划分上来说，意思的表达就处于“会话层”和“表示层”。显然双方只有表示层一致才能正确理解。假如是两个说不同语言的小朋友一起玩传声筒游戏,估计就没有办法玩了。

在说出"你好"这个词之后,就轮到罐头筒来显身手了。罐头筒可以决定以怎样的方式传输信息以及如何让其他罐头筒获取这些信息,这相当于通信层次中的"数据链路层"。

处于整个通信最底层的是绳子,它起到了传导振动信号的作用,绳子上振动信号频率与幅度的组合就反映了传递的信息。这相当于通信层次的"物理层"。

通过以上描述,在我们大脑中已经有了一个通信系统的轮廓,大致归纳如下。

(1)绳子处于"物理层",它只传输各种频率与幅度不同的振动信号,却并不关心这些信号的意思。

(2)罐头筒属于"数据链路层",它负责收集信息并驱动绳子把信息传递给其他罐头筒。

(3)说话这个动作处于"会话表示层",负责把想要表达的意思用某种特定的方式表达出来。

(4)小朋友处于"应用层",他们是整个通信系统的用户,整个通信系统就是为传递用户的信息而设计并存在的。

尽管以上的例子不是非常贴切,但读者应该已经清楚通信是分层的。实际上,国际标准化组织(ISO)对通信做了更详细的划分,如表4.2所示。我们在学习或调试某个通信系统时,头脑中一定要分析问题处于通信系统的哪一层,不要出现物理层"绳子"断了,却希望调整表示层的语言来修复通信的情况。

表 4.2　ISO/OSI 基本参照模型

| ISO/OSI 基本参照模型 | | 各层定义的主要项目 |
| --- | --- | --- |
| 软件控制 | 7 层:应用层 | 由实际应用程序提供可利用的服务 |
| | 6 层:表示层 | 进行数据表现形式的转换。<br>如文字设定、数据压缩、加密等的控制 |
| | 5 层:会话层 | 为建立会话式的通信,控制数据正确地接收和发送 |
| | 4 层:传输层 | 控制数据传输的顺序、传送错误的恢复等,保证通信的品质。<br>如错误修正、再传输控制 |
| | 3 层:网络层 | 进行数据传送的路由选择或中继。<br>如单元间的数据交换、地址管理 |
| 硬件控制 | 2 层:数据链路层 | 将物理层收到的信号(位序列)组成有意义的数据,提供传输错误控制等数据传输控制流程。<br>如访问的方法、数据的形式,通信方式、连接控制方式、同步方式、检错方式,应答方式、通信方式、包(帧)的构成,位的调制方式(包括位时序条件) |
| | 1 层:物理层 | 规定了通信时使用的电缆、连接器等的媒体、电气信号规格等,以实现设备间的信号传送。<br>如信号电平、收发器、电缆、连接器等的形态 |

CAN 协议如图 4.15 所示涵盖了 ISO 规定的 OSI 基本参照模型中的传输层、数据链路层及物理层。

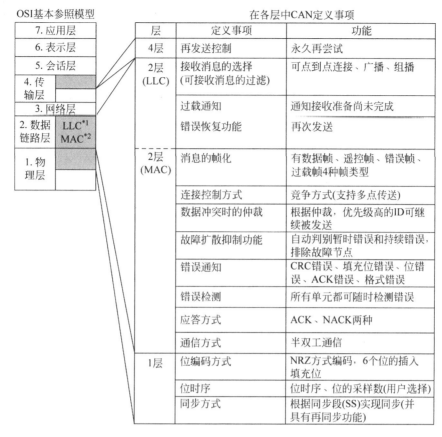

图 4.15　CAN 节点的层结构

本节的目的是在任意两个 CAN 仪器之间建立兼容性。兼容性有不同的方面，比如电气特性和数据转换的解释。为了达到设计透明度以及实现柔韧性，CAN 被细分为以下不同的层次。

（1）CAN 对象层；

（2）CAN 传输层；

（3）物理层。

对象层和传输层包括所有由 ISO/OSI 模型定义的数据链路层的服务和功能。对象层的作用范围如下。

（1）查找被发送的报文；

（2）确定由实际要使用的传输层接收哪一个报文；

（3）为应用层相关硬件提供接口。

在这里，定义对象处理较为灵活。传输层的作用主要是传送规则，也就是控制帧结构、执行仲裁、错误检测、出错标定、故障界定。总线上什么时候开始发送新报文及什么时候开始接收报文，均在传输层里确定。位定时的一些普通功能也可以看作是传输层的一部分，理所当然传输层的修改是受到限制的。

物理层的作用是在不同节点之间根据所有的电气属性进行位信息的实际传输。当然，同一网络内，物理层对于所有的节点必须是相同的。尽管如此，在选择物理层方面还是很自由的。

### 1. 多主控制

在总线空闲时,所有的单元都可开始发送消息(多主控制)。最先访问总线的单元可获得发送权,CSMA/CA 方式。多个单元同时开始发送时,发送高优先级 ID 消息的单元可获得发送权。

### 2. 消息的发送

在 CAN 协议中,所有的消息都以固定的格式发送。总线空闲时,所有与总线相连的单元都可以开始发送新消息。两个以上的单元同时开始发送消息时,根据标识符(Identifier,以下称为 ID)决定优先级。ID 并不是表示发送的目的地址,而是表示访问总线的消息的优先级。两个以上的单元同时开始发送消息时,对各消息 ID 的每个位进行逐个仲裁比较。仲裁获胜(被判定为优先级最高)的单元可继续发送消息,仲裁失利的单元则立刻停止发送而进行接收工作。

### 3. 系统的鲁棒性

与总线相连的单元没有类似于"地址"的信息。因此在总线上增加单元时,连接在总线上的其他单元的软硬件及应用层都不需要改变。

### 4. 通信速度

根据整个网络的规模,可设定适合的通信速度。在同一网络中,所有单元必须设定成统一的通信速度。即使有一个单元的通信速度与其他的不一样,此单元也会输出错误信号,妨碍整个网络的通信。不同网络间则可以有不同的通信速度。

### 5. 远程数据请求

可通过发送"远程帧"请求其他单元发送数据。

### 6. 错误检测功能·错误通知功能·错误恢复功能

所有的单元都可以检测错误(错误检测功能)。检测出错误的单元会立即通知其他所有单元(错误通知功能)。正在发送消息的单元一旦检测出错误,会强制结束当前的发送。强制结束发送的单元会不断反复地重新发送此消息直到成功发送为止(错误恢复功能)。

### 7. 故障封闭

CAN 可以判断出错误的类型是总线上暂时的数据错误(如外部噪声等)还是持续的数据错误(如单元内部故障、驱动器故障、断线等)。由此功能,当总线上发生持续数据错误时,可将引起此故障的单元从总线上隔离出去。

### 8. 连接

CAN 总线是可同时连接多个单元的总线。可连接的单元总数理论上是没有限制的。但实际上可连接的单元数受总线上的时间延迟及电气负载的限制。降低通信速度,可连接的单元数增加;提高通信速度,则可连接的单元数减少。

数据链路层分为 MAC 子层和 LLC 子层,MAC 子层是 CAN 协议的核心部分。数据链路层的功能是将物理层收到的信号组织成有意义的消息,并提供传送错误控制等传输控制的流程。具体地说,就是消息的帧化、仲裁、应答、错误的检测或报告。数据链路层的功能通常在 CAN 控制器的硬件中执行。

在物理层定义了信号实际的发送方式、位时序、位的编码方式及同步的步骤。但具体地说,信号电平、通信速度、采样点、驱动器和总线的电气特性、连接器的形态等均未定义。这些必须由用户根据系统需求自行确定。

### 4.3.3　CAN 总线的网络拓扑结构

网络拓扑结构设计是构建计算机网络的第一步,也是实现各种网络协议的基础,它对网络的性能、可靠性和通信费用等都有很大影响。网络拓扑结构按照几何图形形状可分为 4 种类型:总线拓扑、环状拓扑、星状拓扑和网状拓扑,这些形状也可以混合构成混合拓扑结构。按照 CAN 总线协议,CAN 总线可以是任意拓扑结构的,但一般来说,CAN 总线主要有以下几种常见的拓扑结构。

1. 总线拓扑

总线拓扑结构是由单根电缆组成的,该电缆连接网络中的所有节点,如图 4.16(a)所示。单根电缆称为总线,它只能支持一个通道,所有节点共享总线的全部带宽。在总线网络中,当一个节点向另外一个节点发送数据时,所有节点都将侦听数据,只有目标节点接收并处理发给它的数据后,其他节点才能忽略该数据。基于总线拓扑结构的网络很容易实现,且构建成本低,但其拓展性较差。当网络中节点增加时,网络性能将下降。此外,总线网络的容错能力较差,总线上的某个中断或故障将会影响整个网络的数据传输。因此,很少有 CAN 总线网络采用一个单纯的总线拓扑结构的。

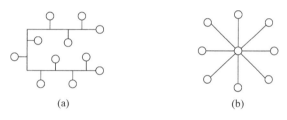

(a)　　　　　　　　　　　　　(b)

**图 4.16　总线拓扑和星状拓扑**

2. 星状拓扑

在星状拓扑结构中,网络中的每个节点通过一个中央设备,如集线器连接在一起。网络中的每个节点都将数据发送到中央设备,再由中央设备将数据转发到目标节点,如图 4.16(b)所示。一个典型的星状网络拓扑结构所需的电缆一般会稍多于环状网络和总线网络的电缆。由于在星状网络中任何单根电缆只连接两个设备(如一个工作站和一个接线器),因此电缆问题最多影响两个节点,单个电缆或节点发生故障,将不会导致整个网络的通信中断。但中央设备的失败将会造成一个星状网络的瘫痪。由于使用中央设备作为连接点,星状网络结构可以很容易地移动、隔离或与其他网络连接,这使得星状网络易于扩展。因此,星状网络是目前 CAN 总线局域网中最常用的一种网络拓扑结构,而且该结构也是以太网现在最常用的拓扑结构。

3. 环状拓扑

在环状拓扑结构中,每个节点与两个相邻的节点相连接以使整个网络形成一个环,数据沿着环向一个方向发送。环中的每个节点如同一个再生和发送信号的中继器,它们接收环中传送的数据,再将其转发到下一个节点。与总线拓扑结构相同,当环中的节点增加时,响应时间变长,网络性能也将下降。因此单纯的环状网络拓扑结构非常不灵活,而且不易扩展。在一个简单的环状拓扑结构中,单个节点或一处线缆发生故障将会造成整个网络瘫痪,因此,一些 CAN 总线网络采用双环结构以提供容错,如图 4.17(a)所示。

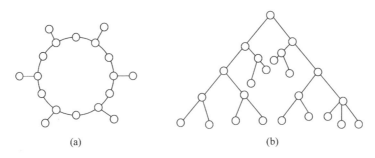

(a)  (b)

**图 4.17　环状拓扑和树状拓扑**

4. 树状拓扑

树状拓扑的适应性很强,可使用于很宽的范围,如对网络设备的数量、数据率和数据类型等没有太多的限制,可达到很高的带宽。树状结构在单个局域网中采用不多。如果把多个总线型或星状网连接在一起,或连到另一个大型机或一个环状网上,就形成了树状拓扑结构,这在实际应用环境中是非常需要的。树状结构非常适合分主次、分等级型管理系统,如图 4.17(b)所示。

5. 网状拓扑

在网络拓扑结构中,每两个节点之间都是互相连接的。网络拓扑常用于广域网,在这种情况下,节点是指地理场所。由于每个节点都是互连的,数据能够从发送地传输到目的地。如果一个连接出了问题,将能够轻易并迅速地更改数据传输路径。由于对两节点之间的数据传输提供了多条链路,因此,网状拓扑是最具有容错性的网络拓扑结构。网络拓扑的一个最大缺点就是成本问题,将 CAN 网络中的每个节点与其他节点相连接需要大量的专用线路。为缩减开支,可以选择半网状结构。在半网状结构中,直接连接网络中关键节点,通过星状或环状拓扑结构连接次要的节点。与全网状结构相比,半网状结构更加实用,因而在当前的应用中使用得更加广泛。星状网络结构可以很容易地移动、隔离或与其他网络连接,这使得星状网络易于扩展。因此,星状网络是目前 CAN 总线局域网中最常用一种网络拓扑结构,而且该结构也是以太网现在最常用的拓扑结构。

## 4.3.4　CAN 的标准接口

CAN 总线节点设备一般采用如图 4.18 所示的连接器。

(a) 12小型连接器　　　(b) OPEN5接线端子　　　(c) DB9插座

**图 4.18　常用接口元件**

CAN 的标准接口如图 4.19 所示。引脚定义如表 4.3 所示。

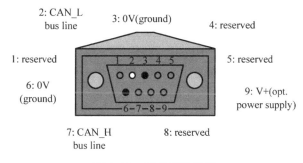

**图 4.19　CAN 标准接口**

**表 4.3　CAN 接口线功能**

| 引　　脚 | 信　　号 | 功　　能 |
| --- | --- | --- |
| 2 | CAN_L | CAN_L 信号线 |
| 7 | CAN_H | CAN_H 信号线 |
| 3、6 | GND | 参考地 |
| 5 | CAN_SHIELD | 屏蔽线 |
| 1、4、8、9 | 空 | 未用 |

# 4.4　CAN 总线通信

## 4.4.1　相关概念

### 1. 报文(Messages)

总线上的信息以不同的固定报文格式发送,但长度受限。当总线空闲时,任何连接的单元都可以开始发送新的报文。

### 2. 信息路由(Information Routing)

在 CAN 系统里,节点不使用任何关于系统配置的信息(如站地址)。以下是几个重要的概念。

(1) 系统灵活性:不需要改变任何节点的应用层及相关的软件或硬件,就可以在 CAN 网络中直接添加节点。

(2) 报文路由:报文的内容由识别符命名。识别符不指出报文的目的地,但解释数据的含义。因此,网络上所有的节点可以通过报文滤波确定是否应对该数据做出反应。

(3) 多播:由于引入了报文滤波的概念,任何数目的节点都可以接收报文,并同时对此报文做出反应。

(4) 数据连贯性:在 CAN 网络内,可以确保报文同时被所有的节点接收(或同时不被接收)。因此,系统的数据连贯性是通过多播和错误处理的原理实现的。

### 3. 位速率(Bit Rate)

不同的系统,CAN 的速度不同。可是,在给定的系统里,位速率是唯一的,并且是固定的。位速率一般是通过上电复位由 CAN 控制器进行配置的。

4. 优先权(Priorities)

在总线访问期间,识别符定义静态的报文优先权,从而确定节点报文的优先级。

5. 远程数据请求(Remote Data Request)

通过发送远程帧,需要数据的节点可以请求另一节点发送相应的数据帧。数据帧和相应的远程帧是由相同的识别符(IDENTIFIER)命名的。

6. 多主机(Multimaster)

总线空闲时,任何单元都可以开始传送报文。具有较高优先权报文的单元可以获得总线访问权。

7. 仲裁(Arbitration)

只要总线空闲,任何单元都可以开始发送报文。如果两个或两个以上的单元同时开始传送报文,那么就会有总线访问冲突。通过使用识别符的位形式仲裁可以解决这个冲突。仲裁的机制确保信息和时间均不会损失。当具有相同识别符的数据帧和远程帧同时初始化时,数据帧优先于远程帧。仲裁期间,每一个发送器都对发送位的电平与被监控的总线电平进行比较。如果电平相同,则这个单元可以继续发送。如果发送的是一"隐性"电平而监视到一"显性"电平(见总线值),那么该单元就失去了仲裁,必须退出发送状态。

8. 安全性(Safety)

为了获得最安全的数据发送,CAN 的每一个节点均采取了强有力的措施以进行错误检测、错误标定及错误自检。

9. 错误检测(Error Detection)

为了检测错误,必须采取以下措施。

(1) 监视(发送器对发送位的电平与被监控的总线电平进行比较);

(2) 循环冗余检查;

(3) 位填充;

(4) 报文格式检查。

10. 错误检测的执行(Performance of Error Detection)

错误检测的机制要具有以下的属性。

(1) 检测到所有的全局错误;

(2) 检测到发送器所有的局部错误;

(3) 可以检测到一报文里多达 5 个任意分布的错误;

(4) 检测到一报文里长度低于 15(位)的突发性错误;

(5) 检测到一报文里任一奇数个的错误。

对于没有被检测到的错误报文,其残余的错误可能性概率低于:报文错误率 $\times 4.7 \times 10^{-11}$。

11. 错误标定和恢复时间(Error Signalling and Recovery Time)

任何检测到错误的节点会标志出已损坏的报文。此报文会失效并将自动地开始重新传送。如果不再出现新错误的话,从检测到错误到下一报文的传送开始为止,恢复时间最多为 29 个位的时间。

12. 故障界定(Fault Confinement)

CAN 节点能够把永久故障和短暂扰动区分开来。永久故障的节点会被关闭。

13. 连接(Connections)

CAN 串行通信链路是可以连接许多单元的总线。理论上,可连接无数多的单元。但由于实际上受延迟时间以及/或者总线线路上电气负载的影响,连接单元的数量是有限的。

14. 单通道(Single Channel)

总线是由单一进行双向位信号传送的通道组成。通过此通道可以获得数据的再同步信息。要使此通道实现通信,有许多的方法可以采用,如使用单芯线(加上接地)、两条差分线、光缆等。本章介绍的链路层不限制这些实现方法的使用,即未定义物理层。

15. 总线值(Bus Value)

总线可以具有两种互补的逻辑值之一:"显性"或"隐性"。"显性"位和"隐性"位同时传送时,总线的结果值为"显性"。比如,在执行总线的"线与"时,逻辑 0 代表"显性"等级,逻辑 1 代表"隐性"等级。本章不给出表示这些逻辑电平的物理状态(如电压、光)。

16. 应答(Acknowledgment)

所有的接收器检查报文的连贯性。对于连贯的报文,接收器应答;对于不连贯的报文,接收器做出标志。

17. 睡眠模式/唤醒(Sleep Mode/Wake-up)

为了减少系统电源的功率消耗,可以将 CAN 器件设为睡眠模式以便停止内部活动及断开与总线驱动器的连接。CAN 器件可由总线激活,或系统内部状态而被唤醒。唤醒时,虽然传输层要等待一段时间使系统振荡器稳定,然后还要等待一段时间直到与总线活动同步(通过检查 11 个连续的"隐性"位),但在总线驱动器被重新设置为"总线在线"之前,内部运行已重新开始。为了唤醒系统上正处于睡眠模式的其他节点,可以使用一特殊的唤醒报文,此报文具有专门的、最低等级的识别符(如 rrr rrrd rrrr; r="隐性" d="显性")。

### 4.4.2　通信方式

CAN 总线系统根据节点的不同,可以采取不同的通信方式以适应不同的工作环境和效率。它可以分为多主式(Multi-master)结构和主从式(Infra-structure)结构两种。

1. 多主式结构

网络上任意节点均可以在任意时刻主动地向网络上的其他节点发送信息,而不分主从,不需占地址节点信息,通信方式灵活。在这种工作方式下,CAN 网络支持点对点、一点对多点和全局广播方式接收、发送数据。为避免总线冲突,CAN 总线采用非破坏性总线仲裁技术,根据需要将各个节点设定为不同的优先级,并以标识符(ID)标定,其值越小,优先级越高,在发生冲突的情况下,优先级低的节点会主动停止发送,从而解决了总线冲突的问题。这是 CAN 总线的基本协议所支持的工作方式,无须上层协议的支持。

2. 主从式结构

CAN 总线在主从式通信方式下工作时,其网络各节点的功能是区分的,节点间无法像多主式结构那样进行平等的点对点信息发送。在主从式结构系统的通信方式下,整个系统的通信活动要依靠主站中的调度器来安排。如果系统调度策略设计不当,系统的实时性、可靠性就会很差,而且容易引起瓶颈问题,妨碍正常有效的通信。所以采取主从式结构的网络都需要采取必要的措施去解决瓶颈问题。目前的 CAN 网络一般采用多主式和主从式结合的结构,这种结构比较灵活又具有较高的实时性和可靠性。

### 4.4.3　报文传输

CAN 总线采用两种互补的逻辑数值,即"显性"和"隐性"。"显性"数值表示逻辑"0",而"隐性"表示逻辑"1"。当总线上同时出现"显性"位和"隐性"位时,最终呈现在总线上的是"显性"位。CAN_H 和 CAN_L 表示 CAN 总线收发器与总线的两接口引脚,信号是以两线之间的"差分"电压 Vdiff 形式出现的。

在"隐性"状态下,VCAN_H 和 VCAN_L 被固定于平均电压电平,Vdiff 近似为零,此时 VCAN_H 和 VCAN_L 的标称值为 2.5V。"显性"位以大于最小阈值的差分电压表示,此时 VCAN_H 的标称值为 3.5V,VCAN_L 的标称值为 1.5V,如图 4.20 所示。在总线空闲状态,发送隐性位。

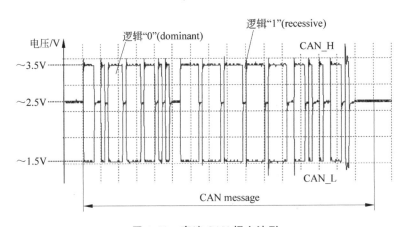

图 4.20　高速 CAN 报文波形

1. 线"与"原理

CAN 总线收发器的单节点信号示意图如图 4.21 所示。输出隐性电平时开关断开,因为上拉电阻的存在,输出为高电平。输出显性电平时开关闭合,输出对地短路变为低电平。

我们知道 CAN 是许多节点同时连接到 CAN_H 和 CAN_L 上进行数据收发,当有多个节点同时输出信号时会出现什么情况呢? 如图 4.22 所示有多个节点同时连接到一根电缆上时,某个节点内部的开关闭合(输出显性电平)会将线路电平拉低,此时即使其他节点输出高电平(隐性电平),线路电平仍然为低。

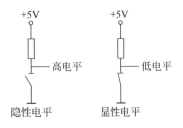

图 4.21　单节点信号示意图

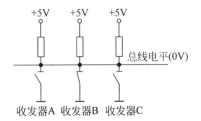

图 4.22　线"与"示意图

　　因此所有收发器的输出开关都是并联的,所以有一个或多个开关闭合时,线路就会输出低电平。这种关系和逻辑"与"相同,所以称为线"与"。因为线"与"的存在,当多个收发器同时输出不同电平信号时,隐性电平会被显性电平"覆盖",使信号电缆呈现显性电平。CAN控制器在发送的同时,会监听总线的当前电平是否与自己发送的电平一致,如果不一致则会进行相应的处理。如果不一致发生在仲裁域,就会迫使输出隐性电平的节点退出发送;如果发生在其他域,则会出现触发错误。

### 2. CAN 报文传输方式

　　CAN 总线传输的位状态如图 4.23 所示。

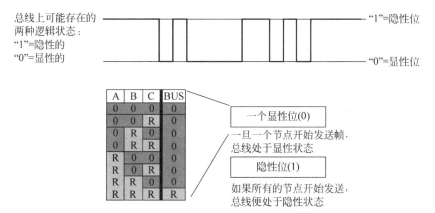

**图 4.23　CAN 总线传输的位状态**

### 3. CAN 报文传输仲裁技术

　　CAN 网的 MAC 层采用 CSMA/CD 的非破坏性仲裁技术。在 CAN 总线的位中,逻辑"0"被称作显性位,逻辑"1"被称作隐性位。CAN 采用总线拓扑结构,各节点的发送电路的端口用集电极开路门实现,因此可实现线与,如图 4.24 所示。

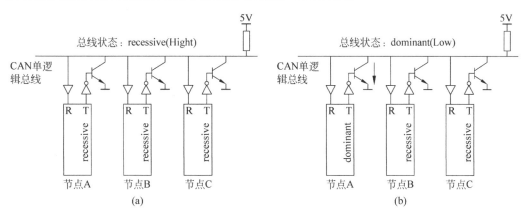

**图 4.24　总线"隐"性状态原理框图和总线"显"性状态原理框图**

　　CAN 总线的 MAC 层在进行总线仲裁时,采用 1-坚持的 CSMA/CD 与 NDBA 相结合的仲裁技术(CSMA/NDBA)。1-坚持的 CSMA/CD 方式保证了所有节点都能够在总线空闲后立即发送信息。NDBA(非破坏性的位元形式仲裁)则利用 NRZ(非零位复原)技术,当多个节点进行总线竞争时,保证优先级最高的节点仍然能够正常地传输数据。

　　非破坏性的位元形式仲裁利用了 CAN 总线的这个特点,如图 4.25 所示。首先,所有侦听到总线空闲的节点同时发送帧,且帧起始的上升沿同步。然后,各个帧的仲裁场中的标识符在总线同时相遇,各位标识符逐位进行"线与",进行冲突仲裁。在一条 CAN 总线上,当"显性"位和"隐性"位进行线与时,"显性"位覆盖"隐性"位,即"隐性"位在竞争中退出。发送节点在发送数据的同时,也对总线上的数据进行检测。如果发送节点发送的数据与总线上的数据相同,则发送节点继续发送下一位数据。如果发送节点发送的数据与总线上的数据不相同,即发送的是"1",但总线上的数据是"0",则发送节点立即停止发送。标识符逐位仲裁结束后,最后剩余的仍然在发送数据的节点获得了信息优先发送权,继续发送帧后面的各个场域。中途停止发送数据的节点则采用 1-坚持的 CSMA/CD 方式等待下一次发送。

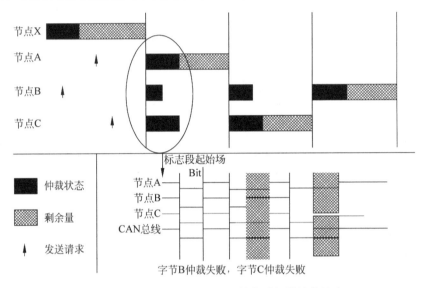

**图 4.25　CAN 总线 CSMA/CD 的非破坏性仲裁技术**

　　CSMA/CD 与 NDBA 仲裁方式可以利用如图 4.26 所示的例子进行说明。某采用标准帧格式的 CAN 总线处于空闲状态时,三个等待发送信息的节点 A(标识符为 5D5H)、B(标识符为 5DDH)、C(标识符为 7DDH)同时向总线发送了信息。在帧起始实现由"显性"位到"隐形"位上升跳变沿的同步。然后,三个节点的标识符从高位到低位逐位"线与"。在第二个标识符位(D9),节点 C 发送的数据是"1",而总线上的数据是"0",节点 C 停止发送信息,节点 A 和 B 继续发送信息。在第 8 个标识符位(D3),节点 B 发送的数据是"1",而总线上的数据是"0",节点 B 停止发送信息,节点 A 继续发送信息。最后,只剩下节点 A,其继续发送控制场、数据场等数据。节点 B 和 C 则继续等待总线空闲后,再发送信息。

　　利用 CSMA/NDBA 技术,使得当信号在 CAN 总线上发生冲突时,既不会破坏信号,又不会浪费带宽,保证优先级较高的信号的吞吐率。

4. 发送器/接收器

　　发送器:产生报文的单元被称为报文的"发送器",此单元保持作为报文发送器直到总线出现空闲或此单元失去仲裁为止。

　　接收器:如果有一单元不作为报文的发送器并且总线也不空闲,则这一单元就被称为报文的"接收器"。

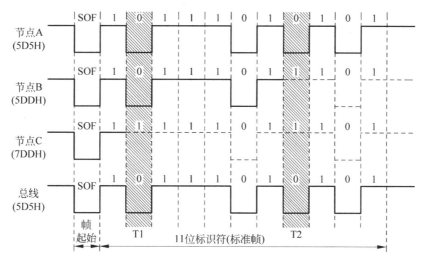

T1时刻节点C停止发送信息，T2时刻节点B停止发送信息

**图 4.26　CSMA/CD 与 NDBA 仲裁方式**

（1）报文校验

校验报文是否有效的时间点，发送器与接收器各不相同。

（2）发送器

如果直到帧的末尾位均没有错误，则此报文对于发送器有效。如果报文破损，则报文会根据优先权自动重发。为了能够和其他信息竞争总线，重新传输必须在总线空闲时启动。

（3）接收器

如果直到最后的位（除了帧末尾位）均没有错误，则报文对于接收器有效。

（4）编码

位流编码，帧的部分，诸如帧起始、仲裁场、控制场、数据场以及 CRC 序列，均通过位填充的方法编码。无论何时，发送器只要检测到位流里有 5 个连续识别值的位，便自动在位流里插入一补码位。

数据帧或远程帧（CRC 界定符、应答场和帧末尾）的剩余位场形式相同，不填充。错误帧和过载帧的形式也相同，但并不通过位填充的方法进行编码。

其报文里的位流根据"不返回到零"（NRZ）的方法来编码。这就是说，在整个位时间里，位电平要么为"显性"，要么为"隐性"。

### 4.4.4　帧类型

报文传输由以下 4 个不同的帧类型所表示和控制，如图 4.27 所示。

（1）数据帧：数据帧携带数据从发送器至接收器。

（2）远程帧：总线单元发出远程帧，请求发送具有同一识别符的数据帧。

（3）错误帧：任何单元检测到·总线错误就发出错误帧。

（4）过载帧：过载帧用以在先行的和后续的数据帧（或

**图 4.27　CAN 总线的帧类型**

远程帧)之间提供一附加的延时。

数据帧(或远程帧)通过帧间空间与前述的各帧分开。

1. 数据帧

数据帧由 7 个不同的位场组成：帧起始、仲裁场、控制场、数据场、CRC 场、应答场、帧结尾,如图 4.28 所示。数据场的长度可以为 0。

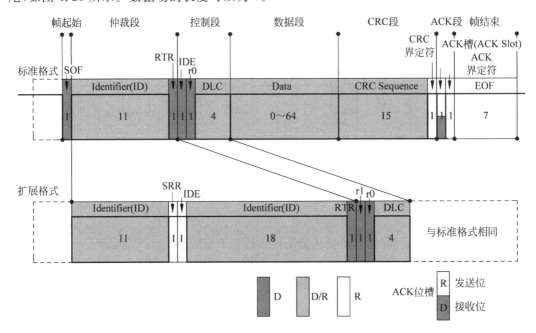

图 4.28　CAN 总线的数据帧结构

标准数据帧如表 4.4 所示,字节 1 为帧信息,第 7 位(FF)表示帧格式,在标准帧中 FF＝0；第 6 位(RTR)表示帧的类型,RTR＝0 表示为数据帧,RTR＝1 表示为远程帧。DLC 表示在数据帧时的实际长度。

表 4.4　标准数据帧

| 字　　节 | | 位 | | | | | | | |
| --- | --- | --- | --- | --- | --- | --- | --- | --- | --- |
| | | 7 | 6 | 5 | 4 | 3 | 2 | 1 | 0 |
| 字节 1 | 帧信息 | FF | RTR | x | x | DLC(数据长度) | | | |
| 字节 2 | 帧 ID1 | ID10 | ID9 | ID8 | ID7 | ID6 | ID5 | ID4 | ID3 |
| 字节 3 | 帧 ID2 | ID2 | ID1 | ID0 | x | x | x | x | x |
| 字节 4 | 数据 1 | 数据 1 | | | | | | | |
| 字节 5 | 数据 2 | 数据 2 | | | | | | | |
| 字节 6 | 数据 3 | 数据 3 | | | | | | | |
| 字节 7 | 数据 4 | 数据 4 | | | | | | | |
| 字节 8 | 数据 5 | 数据 5 | | | | | | | |
| 字节 9 | 数据 6 | 数据 6 | | | | | | | |
| 字节 10 | 数据 7 | 数据 7 | | | | | | | |
| 字节 11 | 数据 8 | 数据 8 | | | | | | | |

　　扩展数据帧如表 4.5 所示,字节 1 为帧信息,第 7 位(FF)表示帧格式,在扩展帧中 FF=1;第 6 位(RTR)表示帧的类型,RTR=0 表示为数据帧,RTR=1 表示为远程帧。DLC 表示在数据帧时的实际长度。

表 4.5　扩展数据帧

| 字　　节 | | 位 | | | | | | | |
|---|---|---|---|---|---|---|---|---|---|
| | | 7 | 6 | 5 | 4 | 3 | 2 | 1 | 0 |
| 字节 1 | 帧信息 | FF | RTR | x | x | DLC(数据长度) | | | |
| 字节 2 | 帧 ID1 | ID28 | ID27 | ID26 | ID25 | ID24 | ID23 | ID22 | ID21 |
| 字节 3 | 帧 ID2 | ID20 | ID19 | ID18 | ID17 | ID16 | ID15 | ID14 | ID13 |
| 字节 4 | | ID12 | ID11 | ID10 | ID9 | ID8 | ID7 | ID6 | ID5 |
| 字节 5 | | ID4 | ID3 | ID2 | ID1 | ID0 | x | x | x |
| 字节 6 | 数据 1 | 数据 1 | | | | | | | |
| 字节 7 | 数据 2 | 数据 2 | | | | | | | |
| 字节 8 | 数据 3 | 数据 3 | | | | | | | |
| 字节 9 | 数据 4 | 数据 4 | | | | | | | |
| 字节 10 | 数据 5 | 数据 5 | | | | | | | |
| 字节 11 | 数据 6 | 数据 6 | | | | | | | |
| 字节 12 | 数据 7 | 数据 7 | | | | | | | |
| 字节 13 | 数据 8 | 数据 8 | | | | | | | |

　　1) 帧起始

　　它标志数据帧和远程帧的起始,由一个单独的“显性”位组成。只在总线空闲(参见“总线空闲”)时,才允许站开始发送(信号)。所有的站必须同步于首先开始发送信息的站的帧起始前沿。

　　2) 仲裁场

　　仲裁场包括识别符和远程发送请求位(RTR),如图 4.29 所示。识别符的长度为 11 位。这些位的发送顺序是从 ID-10 到 ID-0。最低位是 ID-0。最高 7 位(ID-10～ID-4)必须不能全是“隐性”。RTR 位在数据帧里必须为“显性”,而在远程帧里必须为“隐性”。

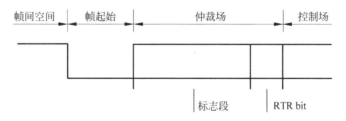

图 4.29　CAN 总线的仲裁场

　　我们知道一个 CAN 现场总线上会挂很多 CAN 节点,它们都可以主动发送报文。可以想象,如果在同一时刻有多个节点同时发送数据帧,则可能出现数据相互干扰的问题,就像一条铁轨不能在同一时刻跑多列火车一样。聪明的工程师想到了优先级仲裁的方法,该方法的基础就是“线与”原理,前面已经介绍在此不赘述。

　　仲裁过程是这样的,因为“线与”的存在,当多个收发器同时输出不同电平信号时,隐性电平会被显性电平"覆盖",使信号电缆呈现显性电平。CAN 控制器在发送数据的同时,会监听总线的当前电平是否与自己发送的电平一致,如果电缆上的电平状态与自己正在发送的电平状态不一致,则退出发送。如果这个位属于仲裁域,节点退出发送,则放弃总线的使用权。但是如果这个位属于其他位置,则 CAN 控制器会出现错误事件。

我们已经知道当多个节点同时发送数据时,只要有任何一个节点发送显性位(逻辑 0),线路就表现为显性状态。那么正在发送隐性位的节点就会发现电缆的电平状态与自己正在发送的电平状态不一致,它就会放弃总线的使用权。因此在仲裁端发送显性电平的节点会比发送隐性电平的节点优先级高。也就是说,仲裁段中 ID 码值越小(逻辑 0 越多,越靠前),优先级越高。相比以太网等发生碰撞后所有节点停止发送的方法,CAN 总线的无损仲裁机制可以很大程度地提升总线的利用率,并从最底层保证整个系统具有优先级的概念和实现基础。

仲裁端由 ID 码和一些标志位组成,标准帧具有 11 位 ID 码,扩展帧有 29 位 ID 码。标志位中比较重要的是远程帧标志位 RTR,当该位为逻辑 0(显性电平)时表示该帧为数据帧,该位为逻辑 1(隐性电平)时表示该帧为远程帧。因此在 ID 相同的情况下(这种应用极少出现),数据帧的优先级要高于远程帧。

扩展帧中的 IDE 标志位与标准帧中的 IDE 位处于同样的编码位置(标准帧的 IDE 位属于控制段,不参与总线仲裁)。IDE 为 1 表示该帧是扩展帧,为 0 时表示该帧为标准帧。因此,假设两个具有相同前 11 位的 ID 的标准帧与扩展帧进行总线仲裁,扩展帧将因为 IDE 位为 1 而失去总线控制权。(一般不会将这两种设备混合使用。)

3) 控制场

如图 4.30 所示控制场由 6 个位组成,包括数据长度代码和两个将来作为扩展用的保留位。所发送的保留位必须为"显性"。接收器接收所有由"显性"和"隐性"组合在一起的位。

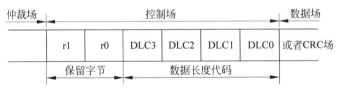

图 4.30　CAN 总线的控制场

数据长度代码指示了数据场中的字节数量。数据长度代码为 4 个位,在控制场里被发送。

数据长度代码中数据字节数的编码(DATA LENGTH CODE)如图 4.31 所示。

其中:d——显性,r——隐性。

数据帧:允许的数据字节数为{0,1,…,7,8},其他的数值不允许使用。图 4.31 为控制场数据长度代码中数据字节编码。

4) 数据场

数据场由数据帧中的发送数据组成。不论是标准帧还是扩展帧为 0~8 个字节,每字节包含 8 个位,首先发送 MSB。

相对于其他一帧可以传送上千个字节的通信方式(例如一帧以太网报文最多可以传送 1500 个字节数据),可能有读者认为 CAN 总线的通信效率太低,而实际上小数据量恰恰是

| 数据字节数 | 数据长度编码 | | | |
|:---:|:---:|:---:|:---:|:---:|
| | DLC3 | DLC2 | DLC1 | DLC0 |
| 0 | d | d | d | d |
| 1 | d | d | d | r |
| 2 | d | d | r | d |
| 3 | d | d | r | r |
| 4 | d | r | d | d |
| 5 | d | r | d | r |
| 6 | d | r | r | d |
| 7 | d | r | r | r |
| 8 | r | d | d | d |

**图 4.31　控制场数据长度代码中数据字节编码**

CAN 总线的一个重要特点。CAN 总线主要是面向汽车和工控等应用场合,这些场合的数据特点是小数据量和实时性。例如,汽车发动机向行车电脑(ECU)发送转速、温度等信息时,仅需要几个字节就可以完成。在汽车碰撞时,一条弹出气囊的命令也只需要几个字节,但是对实时性要求非常高。因此,CAN 总线中的 0~8 个字节的数据承载量可以满足绝大多数工业控制的需要。

5) CRC 场

数据在传输过程中,可能由于某些原因导致某些数据被转改,例如,电磁干扰或接插件松动导致数据由 0 变为 1。为了避免错误的数据引起系统误操作,操作系统会在每一层加入合适的校验,以便及时发现这种错误。在 CAN 帧中使用的就是 CRC 校验。CRC 校验是由 CAN 控制器自动完成的,即发送节点会根据发送内容计算得到一个 CRC 值,并填充入 CRC 段进行发送。接收节点也会根据接收到的数据内容进行 CRC 计算,并将计算结果与 CAN 帧的 CRC 值进行对比,如果不一致则认为数据帧传输有错误,并根据状态向总线和应用程序通告错误信息。

如图 4.32 所示,CRC 场包括 CRC 序列(CRC Sequence),其后是 CRC 界定符。

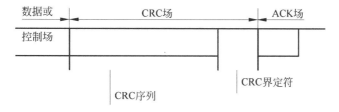

**图 4.32　CRC 检验场**

CRC 序列:由循环冗余码求得的帧检查序列最适用于位数低于 127 位(BCH 码)的帧。为进行 CRC 计算,被除的多项式系数由无填充位流给定,组成这些位流的成分是:帧起始、仲裁场、控制场、数据场(假如有),而 15 个最低位的系数为 0。将此多项式被下面的多项式发生器除(其系数以 2 为模):

$$x^{15}+x^{14}+x^{10}+x^8+x^7+x^4+x^3+1$$

这个多项式除法的余数就是发送到总线上的 CRC 序列。为了实现这个功能，可以使用 15 位的位移寄存器 CRC_RG(14:0)。如果用 NXTBIT 标记指示位流的下一位，它由从帧的起始到数据场末尾都由无填充的位序列给定。

CRC 序列的计算如下。

```
CRC_RG=0;                             //初始化移位寄存器
REPEAT；
CRCNXT=NXTBIT EXOR CRC_RG(14);
CRC_RG(14:1)=CRC_RG(13:0);            //寄存器左移一位
CRC_RG(0)=0;
IF CRCNXT THEN
CRC_RG(14:0)=CRC_RG(14:0) EXOR (4599hex);
ENDIF
UNTIL(CRC 序列开始或存在一个错误条件)
```

在传送/接收数据场的最后一位以后，CRC_RG 包含 CRC 序列。CRC 序列之后是 CRC 界定符，它包含一个单独的"隐性"位。

6）应答场

如图 4.33 所示应答场长度为两个位，包含应答间隙（ACK SLOT）和应答界定符（ACK DELIMITER）。在应答场里，发送站发送两个"隐性"位。当接收器正确地接收到有效的报文，接收器就会在应答间隙（ACK SLOT）期间（发送 ACK 信号）向发送器发送一"显性"的位以示应答。

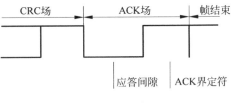

图 4.33　应答场

应答间隙：所有接收到匹配 CRC 序列的站会在应答间隙期间用一"显性"的位写入发送器的"隐性"位来做出回答。

ACK 界定符：ACK 界定符是 ACK 场的第二个位，并且是一个必须为"隐性"的位。因此，应答间隙被两个"隐性"的位所包围，也就是 CRC 界定符和 ACK 界定符。

7）帧结尾

每一个数据帧和远程帧均由一标志序列界定。这个标志序列由 7 个"隐性"位组成。

2. 远程帧

通过发送远程帧，作为某数据接收器的站通过其资源节点对不同的数据传送进行初始化设置。如图 4.34 所示，远程帧由 6 个不同的位场组成：帧起始、仲裁场、控制场、CRC 场、应答场、帧末尾。与数据帧相反，远程帧的 RTR 位是"隐性"的。它没有数据场，数据长度代码的数值是不受制约的（可以标注为容许范围里 0～8 的任何数值）。此数值是相应于数据帧的数据长度代码。

RTR 位的极性表示了所发送的帧是一数据帧（RTR 位"显性"）还是一远程帧（RTR"隐性"）。

3. 错误帧

错误帧由两个不同的场组成。第一个场用作为不同站提供的错误标志（ERROR FLAG）的叠加，第二个场是错误界定符。图 4.35 为 CAN 总线错误帧结构。

为了能正确地终止错误帧，一"错误被动"的节点要求总线至少有长度为三个位时间的

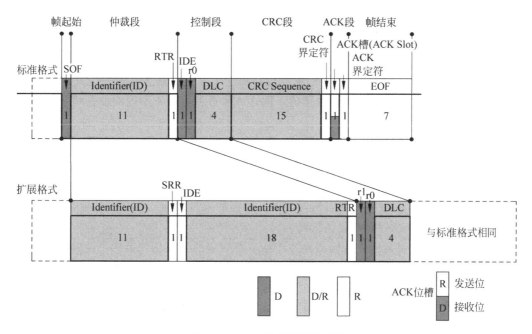

图 4.34 CAN 总线远程帧结构

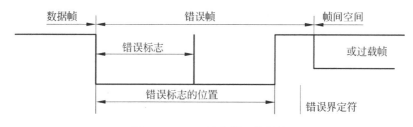

图 4.35 CAN 总线错误帧结构

总线空闲(如果"错误被动"的接收器有本地错误的话)。因此,总线的载荷不应为 100%。

有两种形式的错误标志,主动错误标志(Active Error Flag)和被动错误标志(Passive Error Flag)。

(1) 主动错误标志由 6 个连续的"显性"位组成,由处于主动错误的节点发出。

(2) 被动错误标志由 6 个连续的"隐性"位组成,由处于被动错误的节点发出。

错误界定符由 8 位隐性位构成。

主动错误标识符由 6 个显性位组成,这违反了"填充位"规则。可以理解为当一个节点发现了通信错误时,它会主动将帧彻底破坏掉,让其他节点都知道它接收出错了。

CAN 总线通信的一个特点就是必须保证一个帧能被所有的节点正确接收,如果由于某些原因使众多节点中的一个节点出现接收错误,那么这个节点就主动站出来,通过发送不符合"位填充"规则的错误帧来把当前的帧彻底破坏掉,以通知其他节点"这个帧我接收错了,不算数,重来"。其他接收节点也许没有出错,但是本着"不抛弃、不放弃"的原则,在接收到错误标识符后,也会发出一个主动错误标识,以表示对出错节点的声援。发送节点在发送的同时也会监听总线数据,当发现数据被其他节点"破坏"后,会主动进行数据重发。

或许读者发现这样很麻烦,其实这些烦琐的过程都是由 CAN 控制器自动完成,无须用户程序干预。

为了避免某个设备因为自身原因(例如硬件损坏)导致无法正确收发数据而不断破坏数据,从而影响其他正常节点通信,CAN 规范规定每个 CAN 控制器都有一个发送错误计数器和一个接收错误计数器。根据计数器值不同,CAN 节点会处于不同的设备状态。

**4. 过载帧**

如果把数据看成是运货的卡车,那么过载帧就是用于货物运量的协调员。当某个接收节点没有做好接收下一帧数据的准备时,该接收单元将发送过载帧。过载帧包括两个位场:过载标志和过载界定符。有以下两种过载条件都会导致过载标志的传送。

(1) 接收器的内部条件(此接收器对于下一数据帧或远程帧需要有一定延时)。

(2) 间歇场期间检测到一"显性"位。

由过载条件 1 而引发的过载帧只允许起始于所期望的间歇场的第一个位时间开始。而由过载条件 2 引发的过载帧应起始于所检测到"显性"位之后的位。图 4.36 为 CAN 总线过载帧结构。

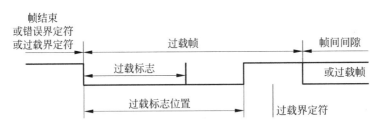

**图 4.36　CAN 总线过载帧结构**

通常为了延时下一个数据帧或远程帧,两个过载帧都会产生。

**1) 过载标志**

过载标志由 6 个"显性"的位组成。过载标志的所有形式和主动错误标志的一样。过载标志的形式破坏了间歇场的固定形式。因此,所有其他的站都检测到一过载条件并与此同时发出过载标志。(万一有的节点在间歇的第三个位期间于本地检测到"显性"位,则其他的节点将不能正确地解释过载标志,而是将这 6 个"显性"位中的第一个位解释为帧的起始。这第 6 个"显性"的位破坏了产生错误条件的位填充的规则。)

**2) 过载界定符**

过载界定符包括 8 个"隐性"的位。过载界定符的形式和错误界定符的形式一样。过载标志被传送后,站就一直监视总线直到检测到一个从"显性"位到"隐性"位的发送(过渡形式)。此时,总线上的每一个站完成了过载标志的发送,并开始同时发送 7 个以上的"隐性"位。

**5. 帧间空间**

数据帧(或远程帧)与其前面帧的隔离是通过帧间空间实现的,无论其前面的帧为何类型(数据帧、远程帧、错误帧、过载帧)。所不同的是,过载帧与错误帧之前没有帧间空间,多个过载帧之间也不是由帧间空间隔离的。

帧间空间包括间歇场、总线空闲的位场。如果"错误被动"的站已作为前一报文的发送器时,则其帧空间除了间歇、总线空闲外,还包括称作挂起传送的位场。

对于不是"错误被动"的站,或者此站已作为前一报文的接收器,其帧间空间如图 4.37 所示。

**图 4.37　非"错误被动"站其帧空间结构**

对于已作为前一报文发送器的"错误被动"的站,其帧间空间如图 4.38 所示。

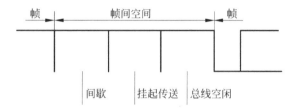

**图 4.38　"错误被动"站其帧空间结构**

1) 间歇

间歇包括三个"隐性"的位。间歇期间,所有的站均不允许传送数据帧或远程帧,唯一要做的是标识一个过载条件。

2) 总线空闲

总线空闲的(时间)长度是任意的。只要总线被认定为空闲,任何等待发送信息的站就会访问总线。在发送其他信息期间,有报文被挂起,对于这样的报文,其传送起始于间歇之后的第一个位。

总线上检测到的"显性"的位可被解释为帧的起始。

3) 挂起传送

"错误被动"的站发送报文后,站就在下一报文开始传送之前或总线空闲之前发出 8 个"隐性"的位跟随在间歇的后面。如果与此同时另一站开始发送报文(由另一站引起),则此站就作为这个报文的接收器。

### 4.4.5　错误处理

1. 错误检测

有以下 5 种不同的错误类型(这 5 种错误不会相互排斥)。

1) 位错误

站单元在发送位的同时也对总线进行监视。如果所发送的位值与所监视的位值不相符,则在此位时间里检测到一个位错误(BIT ERROR)。但是在仲裁场(ARBITRATION FIELD)的填充位流期间或 ACK 间隙(ACK SLOT)发送一"隐性"位的情况是例外的——此时,当监视到一"显性"位时,不会发出位错误(BIT ERROR)。当发送器发送一个被动错误标志但检测到"显性"位时,也不视为位错误。

2)填充错误

如果在使用位填充法进行编码的信息中,出现了第6个连续相同的位电平时,将检测到一个填充错误。(位填充是为了保证有足够的隐性到显性的跳变沿,填充位出现在5个连续的相同的极性位之后,填充位与前面的极性位相反),如图4.39所示。

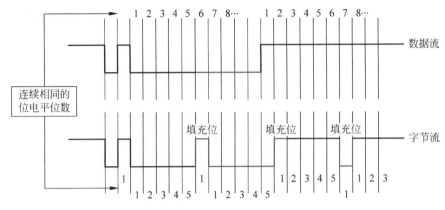

**图 4.39　位填充错误**

3)CRC错误

CRC序列包括发送器的CRC计算结果。接收器计算CRC的方法与发送器相同。如果计算结果与接收到CRC序列的结果不相符,则检测到一个CRC错误(CRC ERROR)。

4)形式错误

当一个固定形式的位场含有一个或多个非法位,则检测到一个形式错误(FORM ERROR)。

5)应答错误

只要在ACK间隙(ACK SLOT)期间所监视的位不为"显性",则发送器会检测到一个应答错误(ACKNOWLEDGMENT ERROR)。

2. 错误标定

检测到错误条件的站通过发送错误标志指示错误。对于"错误主动"的节点,错误信息为"主动错误标志",对于"错误被动"的节点,错误信息为"被动错误标志"。站检测到无论是位错误、填充错误、形式错误,还是应答错误,这个站会在下一位时发出错误标志信息。只要检测到的错误的条件是CRC错误,错误标志的发送开始于ACK界定符之后的位(其他的错误条件除外)。

3. 故障界定

至于故障界定,单元的状态可能为以下三种之一。

(1)错误主动

(2)错误被动

(3)总线关闭

错误主动的单元可以正常地参与总线通信并在错误被检测到时发出主动错误标志。

错误被动的单元不允许发送主动错误标志。错误被动的单元参与总线通信而且在错误被检测到时只发出被动错误标志。而且,发送以后,错误被动单元将在预设下一个发送之前处于等待状态。

总线关闭的单元不允许在总线上有任何的影响(比如,关闭输出驱动器)。在每一总线单元里实现以下两种计数以便故障界定。

(1) 发送错误计数

(2) 接收错误计数

这些计数按以下规则改变(注意:在给定的报文发送期间,可能要用到的规则不只一个)。

(1) 当接收器检测到一个错误,接收错误计数就加1。在发送主动错误标志或过载标志期间所检测到的错误为位错误时,接收错误计数器值不加1。

(2) 当错误标志发送以后,接收器检测到的第一个位为"显性"时,接收错误计数值加8。

(3) 当发送器发送一错误标志时,发送错误计数器值加8。

例外情况1:发送器为错误被动,并检测到一应答错误(注:此应答错误由检测不到一"显性"应答以及当发送被动错误标志时检测不到一"显性"位而引起)。

例外情况2:发送器因为填充错误而发送错误标志(注:此填充错误发生于仲裁期间。引起填充错误是由于:填充位位于 RTR 位之前,并已作为"隐性"发送,但是却被监视为"显性")。

例外情况1和例外情况2时,发送错误计数器值不改变。

(4) 发送主动错误标志或过载标志时,如果发送器检测到位错误,则发送错误计数器值加8。

(5) 当发送主动错误标志或过载标志时,如果接收器检测到位错误(位错误),则接收错误计数器值加8。

(6) 在发送主动错误标志、被动错误标志或过载标志以后,任何节点最多容许7个连续的"显性"位。以下的情况,每一发送器将它们的发送错误计数值加8及每一接收器的接收错误计数值加8:

① 当检测到第14个连续的"显性"位后;

② 在检测到第8个跟随着被动错误标志的连续的"显性"位以后;

③ 在每一附加的8个连续"显性"位顺序之后。

(7) 报文成功传送后(得到应答及直到帧末尾结束没有错误),发送错误计数器值减1,除非已经是0。

(8) 如果接收错误计数值介于1~127之间,在成功地接收到报文后(直到 ACK 间隙接收没有错误及成功地发送了应答位),接收错误计数器值减1。如果接收错误计数器值是0,则它保持0,如果大于127,则它会设一值介于119和127之间。

(9) 当发送错误计数器值等于或超过128时,或当接收错误计数器值等于或超过128时,节点为"错误被动"。让节点成为"错误被动"的错误条件致使节点发出主动错误标志。

(10) 当发送错误计数器值大于或等于256时,节点为"总线关闭"。

(11) 当发送错误计数器值和接收错误计数器值都小于或等于127时,"错误被动"的节点重新变为"错误主动"。

(12) 在总线监视到128次出现11个连续"隐性"位之后,"总线关闭"的节点可以变成

“错误主动”(不再是“总线关闭”),它的错误计数值也被设置为0。

　　一个大约大于96的错误计数值显示总线被严重干扰。最好能够采取措施测试这个条件。

　　起动/睡眠:如果起动期间内只有一个节点在线以及如果这个节点发送一些报文,则将不会有应答,如此检测到错误并重复报文。由于此原因,节点会变为“错误被动”,而不是“总线关闭”。

### 4.4.6　位定时要求

　　CAN总线属于异步串口通信的方式,这种通信方式是不传输时钟同步信号的,各个接收器按事先设置的节拍(波特率)来对总线上的电平信号尽心分片,每一片的值就代表一个位,就像每个接收器都有一个秒表,时间一到就读总线电平状态。大家熟悉的UART就是异步串行通信,SPI是同步串行通信。

　　异步串行通信的优点是减少了一根时钟线;缺点是各接收器的时钟不可能完全一致,总是会有一些偏差,有些偏快,有些偏慢,有些误差会累计直到通信出错。例如,一个节点的实际波特率比标注值大1‰,那么这种误差在100个位以后会累计达到1个位,从而使通信出错。就像有的表快,有的表慢,短时间看不出来,过几天误差就显示出来了。

　　要解决这个问题,很容易的办法就是提高时钟精度。大家都带上极其精准的手表,就可以保证长时间没有误差。但是这样会使设备成本增加,同时这种办法也是减少了误差,并不能消除累计误差。

　　聪明的工程师采用更经济、可靠的方法——同步。同步就像给钟表校时一样,隔一段时间所有的时钟就同步一次(例如归零)。这样尽管大家的时钟仍有误差,但是可以消除累计误差。CAN总线规定信号的跳变即为同步信号,所以只要有信号变化,节点时钟就会被同步。经过综合考虑,CAN总线同步的最大周期为5个位。但是因为传输的数据内容不可能都满足最长5个位就要变化一次,于是CAN总线进一步做了规范,如果传输的信号连续5个位是相同的,就要插入一个电瓶相反的位,这个额外的位称为“位填充”。例如,要传输数据中有0x00这个数据,其对应的二进制制是0000 0000,那么该字节数据在传输时将被替换成0000 0100。接收方会自动过滤填充位。整个插入与过滤的过程都在CAN控制器中自动完成,用户程序无须干预。

　　1. 标称位速率

　　位定时率为一理想的发送器在没有重新同步的情况下每秒发送的位数量。

　　2. 标称位时间

　　位定时=1/标称位速率,可以把位定时划分成几个不重叠时间的片段,它们是:

　　(1) 同步段(SYNC_SEG)

　　(2) 传播时间段(PROP_SEG)

　　(3) 相位缓冲段1(PHASE_SEG1)

　　(4) 相位缓冲段2(PHASE_SEG2)

　　位时间如图4.40所示。

　　1) 同步段(SYNC SEG)

　　位时间的同步段用于同步总线上不同的节点。这一段内要有一个跳变沿,用于同步。

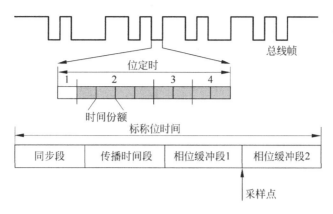

**图 4.40 位定时及采样点**

一位的输出从同步段的开头启动（对于发送节点）；如果总线状态要被改变，接收节点应在这个时间段内进行改变，固定长度，一个时间份额。

2）传播段（PROP SEG）

传播段用于补偿网络内的物理延时时间，补偿长度可编程（1～8 个时间份额），它是总线上输入比较器延时和输出驱动器延时总和的两倍。

3）相位缓冲段 1、相位缓冲段 2（PHASE SEG1、PHASE SEG2）

相位缓冲段用于补偿边沿阶段的错误。这两个段可以通过重新同步加长或缩短。相位缓冲段 1 通过重新同步对该段时间加长，在这个时间段的末端进行总线状态采样，长度可编程（1～8 个时间份额）。相位缓冲段 2 允许通过重新同步对该时间段缩短，长度可编程（1～8 个时间份额）。

4）采样点（SAMPLE POINT）

采样点是读总线电平并解释各位的值的一个时间点。采集点位于相位缓冲段 1（PHASE_SEG1）之后。

5）信息处理时间（INFORMATION PROCESS TIME）

信息处理时间是一个以采样点作为起始的时间段。采集点用于计算后续位的位电平。

6）时间份额（TIME QUANTUM，TQ）

时间份额是派生于振荡器周期的固定时间单元。存在有一个可编程的预比例因子，其整体数值范围为 1～32 的整数，以最小时间份额为起点，时间份额的长度为：时间份额（TIME QUANTUM）$=m\times$ 最小时间份额（MINIMUM TQ）（$m$ 为预比例因子）。

7）时间段的长度（Length of Time Segments）

同步段（SYNC_SEG）为一个时间份额；传播段的长度可设置为 1,2,…,8 个时间份额；缓冲段 1 的长度可设置为 1,2,…,8 个时间份额；相位缓冲段 2 的长度为阶段缓冲段 1 和信息处理时间之间的最大值；信息处理时间少于或等于两个时间份额。一个位时间总的时间份额值可以设置在 8～25 的范围内。

3. 同步

1）硬同步

硬同步后，内部的位时间从同步段重新开始。因此，硬同步强迫由于硬同步引起的沿处于重新开始的位时间同步段之内，如图 4.41 所示。

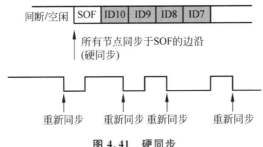

图 4.41　硬同步

2）重新同步跳转宽度

重新同步的结果,使相位缓冲段 1 增长,或使相位缓冲段 2 缩短。相位缓冲段加长或缩短的数量有一个上限,此上限由重新同步跳转宽度给定。重新同步跳转宽度应设置于 1 和最小值之间(此最小值为 4,PHASE_SEG1)。

时钟信息可以从一位值转换到另一位值的跳变中得到。后续位有固定的最大数值,其数值相同。这个属性提供了总线单元在帧期间重新和位流同步的可能性。(这里有一个属性,即:只有后续位的一固定最大值才具有相同的数值。这个属性使总线单元在帧期间重新同步于位流成为可能。可用于重新同步的两个过渡过程之间的最大长度为 29 个位时间。)

(1) 一个沿的相位误差。

一个沿的相位误差由相关于同步段的沿的位置给出,以时间份额量度。相位误差定义如下。

① $e=0$ 如果沿处于同步段里(SYNC_SEG);

② $e>0$ 如果沿位于采集点(SAMPLE POINT)之前;

③ $e<0$ 如果沿处于前一个位的采集点(SAMPLE POINT)之后。

(2) 重新同步。

当引起重新同步沿的相位误差的幅值小于或等于重新同步跳转宽度的设定值时,重新同步和硬件同步的作用相同。当相位错误的量级大于重新同步跳转宽度时:

① 如果相位误差为正,则相位缓冲段 1 被增长。增长的范围为与重新同步跳转宽度相等的值。

② 如果相位误差为负,则相位缓冲段 2 被缩短。缩短的范围为与重新同步跳转宽度相等的值。

(3) 同步的原则。

硬同步和重新同步都是同步的两种形式,遵循以下规则。

① 在一个位时间里只允许一个同步。

② 仅当采集点之前探测到的值与紧跟沿之后的总线值不相符合时,才把沿用作于同步。

③ 总线空闲期间,有一"隐性"转变到"显性"的沿,无论何时,硬同步都会被执行。

④ 如果仅仅是将"隐性"转化为"显性"的沿用作于重新同步使用,则其他符合规则 1 和规则 2 的所有从"隐性"转化为"显性"的沿可以用作为重新同步。有一例外情况,即,当发送一显性位的节点不执行重新同步而导致一"隐性"转化为"显性"沿,此沿具有正的相位误差,

不能作为重新同步使用。

4. 协议修改

为了把振荡器最大容差从目前的 0.5% 增加到 1.5%，有必要做以下修改以便向上兼容现有的 CAN 规范。

（1）如果 CAN 节点在间歇的第三位采集到一显性位，则此位被解释为帧的起始位。

（2）如果 CAN 节点有一信息等待发送并且节点在间歇的第三位采集到一显性位，则此位被解释为帧的起始位，并从下一个位开始发送具有识别符作为首位的报文，而不是首先发送帧的起始位或成为一接收器。

（3）如果节点在错误界定符或过载界定符的第 8 个位采集到一显性位，则在下一位开始发送一过载帧（而不是错误帧）。错误计数器值不会增加。

仅为隐性转换到显性的沿才会用于重新同步。为符合现有的规范，以下的规定仍然有效。

（1）在硬同步时，所有 CAN 控制器同步于帧起始位。

（2）直到遇上三个隐性的间歇位时，CAN 才发送帧起始位。

这个修改允许振荡器最大为 1.58% 的容差，并在总线速度达到 125KB/s 时使用一陶瓷谐振器。为了满足 CAN 协议的整个总线速度范围，仍然需要一晶振。只要符合以下的要求，就可以保持现有协议及增强型协议的兼容性。

（1）同一个网络里的控制器为现有 CAN 协议及增强型 CAN 协议时，所有的控制器必须使用晶振。

（2）具有最高振荡准确度要求的芯片，决定了其他节点的振荡准确度。只有在所有的节点使用增强型的 CAN 协议时才能使用陶瓷谐振器。

# 4.5　现场总线协议规范

1983 年，德国 BOSCH 开始研究新一代的汽车总线；1986 年，第一颗 CAN-bus 芯片交付应用；1991 年，由德国 BOSCH 公司发布 CAN2.0 规范；1993 年，国际标准 ISO 11898 正式出版；1995 年，ISO 11898 进行了扩展，从而能够支持 29 位 CAN 标识符。2000 年，市场销售超过一亿个 CAN 器件。

CAN2.0 规范分为 CAN2.0A 与 CAN2.0B。CAN2.0A 支持标准的 11 位标识符；CAN2.0B 同时支持标准的 11 位标识符和扩展的 29 位标识符。CAN2.0 规范的目的是为了在任何两个基于 CAN-bus 的仪器之间建立兼容性；规范定义了传输层，并定义了 CAN 协议在周围各层当中所发挥的作用。CAN2.0 规范涉及兼容性的不同方面，比如电气特性和数据转换的解释。为了达到设计透明度以及实现柔韧性，CAN 被细分为以下不同的层次。

（1）CAN 应用层。

（2）CAN 链路层。

（3）物理层。

对象层和传输层包括所有由 ISO/OSI 模型定义的数据链路层的服务和功能。定义对象处理较为灵活。对象层的作用范围包括：

（1）查找被发送的报文。

（2）确定由实际要使用的传输层接收哪一个报文。

（3）为应用层相关硬件提供接口。

传输层的作用主要是传送规则，也就是控制帧结构、执行仲裁、错误检测、出错标定、故障界定。总线上什么时候开始发送新报文及什么时候开始接收报文，均在传输层里确定。位定时的一些普通功能也可以看作是传输层的一部分。理所当然，传输层的修改是受到限制的。

物理层的作用是在不同节点之间根据所有的电气属性进行位信息的实际传输。当然，同一网络内，物理层对于所有的节点必须是相同的。尽管如此，在选择物理层方面还是很自由的。

作为通用、有效、可靠及经济的平台，CAN-bus 已经广泛地受到了欢迎。它可以使用于汽车系统、机械、技术设备和工业自动化里几乎任何类型的数据通信。

CAN2.0 规范没有规定媒体的连接单元以及其驻留媒体，也没有规定应用层。因此，用户可以直接建立基于 CAN2.0 规范的数据通信；不过，这种数据通信的传输内容一般不能灵活修改，适合于固定通信方式。

由于 CAN2.0 规范没有规定信息标识符的分配，因此可以根据不同应用使用不同的方法。所以，在设计一个基于 CAN 的通信系统时，确定 CAN 标识符的分配非常重要，标识符的分配和定位也是应用协议、高层协议的其中一个主要研究项目。

### 4.5.1　CAN2.0B 协议

1. CAN2.0B 标准帧

CAN 标准帧信息为 11 个字节，包括两部分：信息和数据部分。前三个字节为信息部分，如表 4.6 所示。

表 4.6　CAN2.0B 标准帧

|  | 7 | 6 | 5 | 4 | 3 | 2 | 1 | 0 |
|---|---|---|---|---|---|---|---|---|
| 字节 1 | FF | RTR | X | X | DLC(数据长度) | | | |
| 字节 2 | (报文识别码) | | | | | ID.10-ID.3 | | |
| 字节 3 | ID.2-ID.0 | | | X | X | X | X | X |
| 字节 4 | 数据 1 | | | | | | | |
| 字节 5 | 数据 2 | | | | | | | |
| 字节 6 | 数据 3 | | | | | | | |
| 字节 7 | 数据 4 | | | | | | | |
| 字节 8 | 数据 5 | | | | | | | |
| 字节 9 | 数据 6 | | | | | | | |
| 字节 10 | 数据 7 | | | | | | | |
| 字节 11 | 数据 8 | | | | | | | |

字节 1 为帧信息。第 7 位(FF)表示帧格式，在标准帧中，FF＝0；第 6 位(RTR)表示帧的类型，RTR＝0 表示为数据帧，RTR＝1 表示为远程帧；DLC 表示在数据帧时实际的数据

长度。

字节 2、3 为报文识别码,11 位有效。

字节 4~11 为数据帧的实际数据,远程帧时无效。

2. CAN2.0B 扩展帧

CAN 扩展帧信息为 13 个字节,包括两部分:信息和数据部分。前 5 个字节为信息部分,如表 4.7 所示。

表 4.7 CAN2.0B 扩展帧

| | 7 | 6 | 5 | 4 | 3 | 2 | 1 | 0 |
|---|---|---|---|---|---|---|---|---|
| 字节 1 | FF | RTR | X | X | DLC(数据长度) | | | |
| 字节 2 | (报文识别码) | | | | ID. 28-ID. 21 | | | |
| 字节 3 | ID. 20-ID. 13 | | | | | | | |
| 字节 4 | ID. 12-ID. 5 | | | | | | | |
| 字节 5 | ID. 4-ID. 0 | | | | | X | X | X |
| 字节 6 | 数据 1 | | | | | | | |
| 字节 7 | 数据 2 | | | | | | | |
| 字节 8 | 数据 3 | | | | | | | |
| 字节 9 | 数据 4 | | | | | | | |
| 字节 10 | 数据 5 | | | | | | | |
| 字节 11 | 数据 6 | | | | | | | |
| 字节 12 | 数据 7 | | | | | | | |
| 字节 13 | 数据 8 | | | | | | | |

字节 1 为帧信息。第 7 位(FF)表示帧格式,在扩展帧中,FF=1;第 6 位(RTR)表示帧的类型,RTR=0 表示为数据帧,RTR=1 表示为远程帧;DLC 表示在数据帧时实际数据长度。

字节 2~5 为报文识别码,其高 29 位有效。

字节 6~13 为数据帧的实际数据,远程帧时无效。

## 4.5.2 自定通信协议

CAN2.0A/B 规范仅定义了 OSI 模型的数据链路层、物理层,而没有规定 OSI 模型的上层。当用户要组建一个具有实际工作意义的 CAN-bus 通信网络时,必须自己制定应用层协议。

当 CAN-bus 网络节点的数目不多,或者所有节点基本上都由用户自行设计,不需要与国际标准设备进行接口时,用户只需要规定一个简单的应用层协议。以下将介绍制定一个简单的应用层通信协议,以供用户参考。

协议结构:假定 CAN-bus 符合 CAN2.0A 标准,则通信协议以 CAN2.0A 帧结构为基础。表 4.8 是帧报文格式,一个 CAN2.0A 标准帧由 11 位 ID、1 位 RTR、4 位 DLC、数据区(最多 8 个字节)组成。在此示例中,使用 11 位 ID 定义通信协议。

表 4.8　自定通信协议

| ID10 | ID9 | ID8 | ID7 | ID6 | ID5 | ID4 | ID3 | ID2 | ID1 | ID0 | RTR |
|---|---|---|---|---|---|---|---|---|---|---|---|
| Tag Addr(0~15) | | | | FEnd | FCnt | | | ServiceType | | | Dir |
| DLC(Data Length Code) | | | | | | | | | | | |
| Byte1 | | | | | | | | | | | |
| Byte2 | | | | | | | | | | | |
| Byte3 | | | | | | | | | | | |
| Byte4 | | | | | | | | | | | |
| Byte5 | | | | | | | | | | | |
| Byte6 | | | | | | | | | | | |
| Byte7 | | | | | | | | | | | |
| Byte8 | | | | | | | | | | | |

粗体字为各部分的注释。说明如下。

Tag Addr(0~15)：目标节点地址,可以支持同一网络上连接 16 个节点。

FEnd：帧结束标志,1 表示有后续帧,0 表示结束帧。

FCnt：帧计数位,从 000 开始,每帧递增循环。

ServiceType：服务类型,包括读/写/组读/组写等 8 种操作。

Dir：传输方向,0 表示从源节点到目标节点,1 表示向目标节点申请数据。

DLC：每帧字节数(1~8);值大于 8 时仅传输 8 个字节。

Byte1~Byte8：每帧可传输 8 个字节的数据;大于 8 个字节由需要分帧传输。

CAN2.0B 标准兼容 CAN2.0A 标准。CAN2.0B 扩展帧由 29 位 ID、1 位 RTR、4 位 DLC、数据区(最多 8 个字节)组成。由此可见,采用 CAN2.0B 扩展帧定义通信协议,将获得更宽的目标地址范围以及更多的服务类型,操作也更具有灵活性。设计者可以将更多精力用于考虑良好的产品功能及设计。

### 4.5.3　HiLon 协议

1. HiLon 协议 A

HiLon 协议 A 是一个通用协议。该协议基于非对称型主从式网络结构,支持广播和点对点传送命令数据。命令数据包可长达 256 字节。

协议以 CAN2.0A 帧结构为基础。表 4.9 是帧报文格式,一个 CAN2.0A 标准帧由 11 位 ID、1 位 RTR、4 位 DLC、数据区(最多 8 个字节)组成。

表 4.9　HiLon 协议 A

| ID10 | ID9 | ID8 | ID7 | ID6 | ID5 | ID4 | ID3 | ID2 | ID1 | ID0 | RTR |
|---|---|---|---|---|---|---|---|---|---|---|---|
| DIR | address(0~125) | | | | | | | TYPE | | | 0 |
| DLC(1~8) | | | | | | | | | | | |
| data or index(1 Byte) | | | | | | | | | | | |
| data(1~7 Bytes) | | | | | | | | | | | |

DIR：方向位。方向位决定一半的优先级，而剩余的优先级由节点地址决定，低地址优先级高。当方向位为"1"时，地址域是源节点地址（从节点到主节点），优先级由地址决定；当方向位为"0"时，地址域是目标节点地址（主节点到从节点），优先级由地址决定。从节点也可使用地址滤波技术从而减少需处理的网络信息量，该特点有效节省了 CAN 节点控制器资源，提高了控制器效率。

address：目标地址，表示节点地址，范围只能设定为 0～125。

TYPE：帧类型。见表 4.10 中的帧类型说明。

表 4.10　帧类型

| 位 7 | 位 6 | 位 5 | 说　　明 |
| --- | --- | --- | --- |
| 1 | 0 | X | 单帧（广播） |
| 0 | 0 | X | 单帧（点对点） |
| 1 | 1 | 1 | 非结束多帧（广播） |
| 1 | 1 | 0 | 结束多帧（广播） |
| 0 | 1 | 1 | 非结束多帧（点对点） |
| 0 | 1 | 0 | 结束多帧（点对点） |

DLC：每帧字节数（1～8）。

index：索引字节。对于单帧数据，该字节表示传输数据的第一个字节；对于多帧数据，此字节表示索引字节，即此帧数据在数据包中的位置。

data：数据。

2. HiLon 协议 B

HiLon 协议 B 是一个通用协议。该协议基于对称型多主网络结构，支持广播和点对点传送命令数据。命令数据包可长达 256B。

协议结构：协议以 CAN2.0A 帧结构为基础。表 4.11 是帧报文格式，一个 CAN2.0A 标准帧由 11 位 ID、1 位 RTR、4 位 DLC、数据区（最多 8 个字节）组成。

表 4.11　HiLon 协议 B

| ID10 | ID9 | ID8 | ID7 | ID6 | ID5 | ID4 | ID3 | ID2 | ID1 | ID0 | RTR |
| --- | --- | --- | --- | --- | --- | --- | --- | --- | --- | --- | --- |
| PRI | source address(0～125) | | | | | | | TYPE | | | 0 |
| DLC(1～8) | | | | | | | | | | | |
| destination address | | | | | | | | | | | |
| data or index(1Byte) | | | | | | | | | | | |
| data(1～6Bytes) | | | | | | | | | | | |

PRI：保留位（可作优先级位）。通常，保留位设置为 1。保留位也可作为优先级位，这时 1 为低优先级，0 为高优先级，而剩余的优先级由源地址决定，低地址优先级高。该保留功能可有效支持紧急信息传送，如报警等。

source address：源地址，表示发送数据的节点地址，范围只能设定为 0～125。

TYPE：帧类型。见表 4.12 中的帧类型说明。

表 4.12　帧类型

| 位 7 | 位 6 | 位 5 | 说　　明 |
|------|------|------|----------|
| 1 | 0 | X | 单帧(广播) |
| 0 | 0 | X | 单帧(点对点) |
| 1 | 1 | 1 | 非结束多帧(广播) |
| 1 | 1 | 0 | 结束多帧(广播) |
| 0 | 1 | 1 | 非结束多帧(点对点) |
| 0 | 1 | 0 | 结束多帧(点对点) |

DLC：每帧字节数(1~8)。

destination address：目标地址，表示接收数据的节点地址，范围只能设定为 0~125。

index：索引字节。对于单帧数据，该字节表示传输数据的第一个字节；对于多帧数据，此字节表示索引字节，即此帧数据在数据包中的位置。

data：数据。

### 4.5.4　I-CAN 协议

#### 1. CAN-bus 应用层协议

从 OSI 网络模型的角度看，现场总线网络一般只实现了第 1 层(物理层)、第 2 层(数据链路层)和第 7 层(应用层)。CAN 现场总线仅定义了第 1 层物理层以及第 2 层数据链路层(参考 ISO 11898 标准)。

由于 CAN 总线底层协议没有规定应用层，本身并不完整，而在基于 CAN-bus 的分布式控制系统中，有些附件功能需要一个高层协议来实现。例如，CAN 报文中的 11/29 位标识符和 8 字节数据的使用，发送大于 8 字节的数据块，如何响应或者确定报文的发送，网络的启动及监控，网络中 CAN 节点故障的识别和标识等。因此，在 CAN-bus 应用网络中，需要建立一个高层协议，即基于 CAN 总线的应用层协议，使其能够在 CAN 网络中实现统一的通信模式，智能网络管理功能以及提供设备功能描述方式。

目前已经存在一些国际上标准的 CAN-bus 高层协议，例如，DeviceNet 协议和 CANopen 协议。DeviceNet 协议适合于工业自动化控制和电力通信领域。CANopen 协议适合于产品不见内部的嵌入式网络，在汽车、电梯、医疗仪器以及船舶运输等领域中均得到了广泛应用。但是 DeviceNet 和 CANopen 协议规范比较复杂，理解和开发难度都比较大，对于一些并不复杂的基于 CAN 总线的控制网络不太适合。

为此，CAN 开发组织根据实际应用制定了一套简单的 CAN 应用层协议，暂定为 I-CAN 协议，做了 I-CAN 的简化版本。简化版的 I-CAN 协议，也是一种简单可靠的 CAN 应用层协议，适合于 CAN 的简单应用场合，具有简单有效的特点。用户能够很容易地通过 I-CAN 协议构建一个基于 CAN-bus 的工业应用网络。

#### 2. 通信协议的基础

对于一个通常意义上的网络，通信协议是实现网络中各设备之间数据传输的基础，通信协议的基本组成是：数据通信方式以及通信报文格式的定义。数据通信方式规定了网络中各设备之间进行通信的规则，通信报文格式的定义说明了通信数据分类、含义以及所要实现的通信功能。在一般的通信过程中采用命令/响应的方式，其通信报文数据结构定义如

图 4.42 所示。

| 命令帧 | 引导字 | 源地址 | 目的地址 | 命令字 | 辅参数 | 数据区长度 | 数据区数据 | CRC | 结束码 |

| 命令帧 | 引导字 | 目的地址 | 源地址 | 命令字 | 辅参数 | 数据区长度 | 数据区数据 | CRC | 结束码 |

**图 4.42　命令/响应通信报文数据结构**

图 4.42 中的命令帧通常由通信的发起方传送,将完整的一批指令发送到另外一个/多个节点,用于实现传递、请求、配置和同步等功能。相应帧则实现对命令执行结果的反馈,传输方向与命令帧的方向正好相反。

在基于命令/响应模式的通信网络中,由主控设备发送命令帧,受控设备接收到命令帧以后向后主控设备发送相应帧,从而实现数据交换。在通信帧中一般需要指明通信的发起方和接收方,以供网络中的设备识别是否为本机的数据,同时为保证数据传输的可靠性,通常在通信帧中对数据采用一定的校验方式,例如 CRC 校验。

一个通信协议采用何种通信模式以及如何制定通信报文格式,与该通信协议所采用的通信媒介有密切关系。例如,命令/相应通信模式简单可靠,但是整个网络的通信效率较低。通信报文格式定义需要考虑通信媒介采用字节传输还是数据流传输。

因此,基于 CAN 总线的 I-CAN 总线协议能够充分体现 CAN-bus 的下列特性。

(1) 多主结构,根据优先权对总线进行访问。

(2) 无破坏性的基于优先权的逐位仲裁。

(3) 借助验收滤波器的多地址帧传送,可灵活实现点对点、点对多即全局广播等多种传播方式。

(4) 实时性,短帧报文,每帧报文最多允许传输 8 字节数据。

3. I-CAN 协议的术语

I-CAN 节点:应用 I-CAN 协议建立 CAN 通信节点。

源地址:发送报文的节点。

目标地址:接收报文的节点。

主站(主控节点、主控设备、主机):基于 I-CAN 协议网络中的主控设备,负责管理整个网络中的通信,可以为 PC 或者嵌入式设备。

从站(受控节点、受控设备、从机):基于 I-CAN 协议网络中的 I/O 设备单元,主站建立与从站的数据通信,从从站获取输入数据,并向它分配输出数据。

4. I-CAN 协议组成结构

I-CAN 协议是基于 CAN 底层通信的应用层协议,规定了基于 CAN 总线网络的不同设备之间如何实现数据通信。I-CAN 协议结构如图 4.43 所示。

I-CAN 协议规范由三部分组成:设备功能定义、CAN 报文定义和报文传输协议。设备功能定义用于区分网络上设备具有不同的功能或者产品类型;CAN 报文定义规定了 I-CAN 协议中使用的 CAN 帧类型、帧 ID 以及报文数据的使用等;报文传输一些规定了基于 I-CAN 协议设备之间的通信方式。

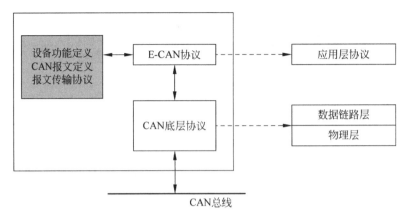

**图 4.43    I-CAN 协议通信层结构**

5. I-CAN 协议中报文格式

I-CAN 协议符合 CAN2.0B 规范,通信报文采用 CAN2.0B 扩展帧格式,对于 CAN 报文的 29 位标识符和报文数据的使用都做了详细的规定。I-CAN 协议中通信报文的格式固定如表 4.13 所示。

**表 4.13    I-CAN 协议报文格式**

| 帧标识符 | ID28 | ID27 | ID26 | ID25 | ID24 | ID23 | ID22 | ID21 | ID20 | ID19 | ID18 | ID17 | ID16 | ID15 | ID14 | ID13 |
|---|---|---|---|---|---|---|---|---|---|---|---|---|---|---|---|---|
| | SrcMACID(源节点编号) | | | | | | | | DestMACID(目标节点编号) | | | | | | | |
| | ID12 | ID11 | ID10 | ID9 | ID8 | ID7 | ID6 | ID5 | ID4 | ID3 | ID2 | ID1 | ID0 | RTR | | |
| | ACK | FUNC ID(功能码) | | | SourceID(资源节点编号) | | | | | | | | | 0 | | |
| | DLC | | | | | | | | | | | | | | | |
| 帧数据部分 | Byte0 | | | | | | | | | | | | | | | |
| | Segpolo | | SegNum | | | | | | | | | | | | | |
| | Byte1(LengthFlag,ErrID) | | | | | | | | | | | | | | | |
| | Byte2 | | | | | | | | | | | | | | | |
| | Byte3 | | | | | | | | | | | | | | | |
| | Byte4 | | | | | | | | | | | | | | | |
| | Byte5 | | | | | | | | | | | | | | | |
| | Byte6 | | | | | | | | | | | | | | | |
| | Byte7 | | | | | | | | | | | | | | | |

1) 节点编号

节点编号(MACID)为设备在网络上唯一的标识,分配为 8 位,范围为 0x00～0xFE,0xFF 作为特殊用途,一个 I-CAN 网络最多支持 254 个节点。在通信报文中通过指定发送节点和接收节点的编号来说明通信的参与者。

(1) SrcMACID(源节点编号):发送节点的编号。源节点 ID 分配为 8 位,数值范围为 0x00～0xFF。当 SourceID 为 0xFF 值时,标识本次发送的是特殊类型帧,用于建立通信。

(2) DestMACID(目标节点标号):接收节点编号。目标节点的编号分配为 8 位,数值范围为 0x00～0xFF,当 DestMACID 为 0xFF 值时,标识本次发送的广播帧,广播帧不需要应答。

2）ACK 响应标志位

ACK 响应标志位标志含义如表 4.14 所示。

表 4.14　ACK 标志位含义

| ACK | 含　　义 |
|---|---|
| 0 | 本帧需要应答；一般用于命令帧 |
| 1 | 本帧不要应答；一般用于响应帧,或不需要应答的命令帧（如广播帧） |

3）FUNC ID 功能码

FUNC ID 功能码分配为 4 位,功能码用于指示报文的功能,其功能及相关描述见表 4.15。

表 4.15　FUNC ID 功能码

| FUNC ID | 功　　能 | 描　　述 |
|---|---|---|
| 0x00 | 保留 | — |
| 0x01 | 连续写端口 | 用于对单个或多个资源节点的数据写入 |
| 0x02 | 连续读端口 | 用于读取单个或多个资源节点的数据 |
| 0x03 | 输入端口时间触发传送 | 用于输入端口定时循环或者状态改变传送 |
| 0x04 | 建立连接 | 用于 I-CAN 节点建立通信 |
| 0x05 | 删除连接 | 用于删除 I-CAN 节点建立的通信 |
| 0x06 | 设备复位 | 用于复位 I-CAN 节点 |
| 0x07 | MAC ID 检测 | 用于检测网络上是否有相同的 MACID 节点 |
| 0x08～0x0e | 保留 | |
| 0x0f | 出错响应 | 用于指示出错响应 |

4）Source ID 资源节点地址编号

Source ID 资源节点地址编号用于指示操作设备的内部单元,分配为 8 位,在 I-CAN 协议中资源节点分为两类,即 IO 数据和配置数据,占用 256 字节空间。在 I-CAN 协议中定义的资源节点如表 4.16 所示。

表 4.16　资源节点定义

| 设备号 | ID 分配 | 附件 ID 分配 | 功　　能 | 描　　述 | 数据类型 |
|---|---|---|---|---|---|
| 0 | 0x00～0x1F | — | DI | 32×8 位数字量输入单元 | |
| 1 | 0x20～0x3F | — | DO | 32×8 位数字量输出单元 | |
| 2 | 0x40～0x5F | — | AI | 16 通道×16 位模拟量输入单元 | |
| 3 | 0x60～0x7F | — | AO | 16 通道×16 位模拟量输出单元 | I/O 数据 |
| 4 | 0x80～0x9F | — | Serial Port 0 | 32 字节串口 0 | |
| 5 | 0xA0～0xbF | — | Serial Port 1 | 32 字节串口 1 | |
| 6 | 0xC0～0xdF | — | Others | 保留 | |
| 7 | 0xE0～0xFF | 0x00～0xFF | Config Area | 32 字节设备配置区域 | 配置数据 |

5）RTR

远程标识，在 I-CAN 协议中设置为 0，即不使用远程帧格式。

6）帧数据部分

帧数据区（Byte0～Byte7），最多可以有 8 字节数据；Byte0 用作分帧代码，每帧的有效数据可达 7 个；在特定的帧中，Byte1 被用作 LengthFlag、ErrID 等参数。

帧数据部分的第一字节 Byte0 为 Segflag（分帧代码）。分帧代码 Segflag 设定在数据区的 Byte 0 位置，用于实现"分段报文"格式的数据传输，分段报文在需要传送大于 7 个数据字节长度时使用，SegFlag 的格式定义如表 4.17 所示。

表 4.17　SegFlag 的格式定义

| Bit7 | Bit6 | Bit5 | Bit4 | Bit3 | Bit2 | Bit1 | Bit0 |
|------|------|------|------|------|------|------|------|
| SegPolo | | SegNum | | | | | |

其中，SegPolo 为分段标志，SegNum 为分段编号，SegPolo 的位值定义如表 4.18 所示。

表 4.18　SegPolo 的格式定义

| SegPolo 位值 | 含　义 |
|------|------|
| 00 | 本次数据传输没有分段 |
| 01 | 批量数据传输的第一个分段；此时 SegNum＝0x00 值 |
| 10 | 中间分段，SegNum 值从 0x01 起，每次加 1，以区分段数 |
| 11 | 最后分段，SegNum 值无关 |

说明：如果采用分段传输，第一段的 SegFlag＝0，最后分段 SegFlag＝0xC0 值。当报文分帧传输时，接收节点（目标节点）只在接收完报文全体的最后一帧后才做出响应。

Byte1（LengthFlag、ErrID）：

（1）LengthFlag：只在"读端口"命令出现，分配为 1 字节，位于数据区的 byte。

（2）1 位置，LengthFlag 标识需要读的字节数。

（3）ErrID（错误响应码）：在错误响应报文中使用，用于说明错误响应的类型，错误响应码定义如表 4.19 所示。

表 4.19　错误响应码定义

| ErrID | 描　述 | ErrID | 描　述 |
|------|------|------|------|
| 01 | 功能码不存在 | 03 | 命令不支持 |
| 02 | 资源不存在 | 04 | 参数非法 |

7）I-CAN 通信模式

为了充分利用 CAN 总线的传输特性，提高基于 I-CAN 协议网络中数据的通信效率，I-CAN 协议采用灵活的通信模式，支持主从方式通信以及时间触发通信模式。

8）通信的建立方式

基于 I-CAN 协议的网络为主从式网络。在 I-CAN 网络中，通信并不能随即发起，主控设备和从设备之间必须先建立一个通信连接，然后主控设备才能与从设备进行通信。通过建立连接从设备可以获取主设备的 MAC ID 以及通信报文发送的时间间隔。建立连接后,主控设备必须按周期与从设备进行通信,以维持建立的通信连接。

9) 主从通信模式

基于 I-CAN 协议的 CAN 网络中,最常用的通信方式是主从方式,即由网络中的主控设备发起,接收到命令帧的设备返回响应帧。主从方式通信分为点对点方式和广播方式两种,现在分别介绍如下。

(1) 点对点方式:即主站与一个从站设备进行通信,从机接收到命令并处理完请求后,返回一个响应报文给主机。在这种模式中,一个完整的通信过程包括主站的请求与从站的应答。每个从站必须有一个唯一的地址(0~254),用于区分其他的站点。在这种通信方式下,在未接收到主机请求时从机不会传输数据。

(2) 广播方式:主站发送请求给所有的从站。广播方式下主站请求是没有回应的,所有设备必须接收广播方式的命令帧。地址 0xFF 用于识别广播通信。

在 I-CAN 网络中。主从通信模式多用于主站设备对从站设备的配置和管理数据传送,也可以用于向从站设备请求或者分配 I/O 数据。

在 I-CAN 网络中,通常主站发起通信,向从站设备发送命令帧。从站设备接收到命令帧后,判断命令请求是否合法,如果没有错误,则从站设备向主站设备返回响应的请求数据;如果功能请求中有错误出现,则从设备返回的响应帧中就包含一个异常码用于说明错误原因,以供主站设备下一个操作。当从站应答主站时,功能码域判断是正常回应还是异常回应(有错误产生),若正常回应,从站返回原样的功能码;若是异常回应,将原功能码根据错误类型进行修改,同时返回错误码。通信过程如图 4.44 所示。

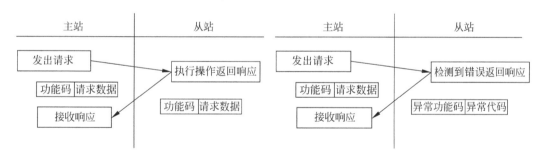

图 4.44　主从通信模式

10) 事件触发通信模式

主从通信模式简单可靠,但是每次通信均为命令/响应的过程,通信效率相对较低。为了提高通信效率,充分利用 CAN 的多主和无损仲裁机制,在 I-CAN 协议中也采用时间触发通信模式,在该模式下,从站设备可以定时循环向主站发送 IO 数据,或者在特定的状态下向主站发送 IO 数据。

(1) 定时循环发送:在基于 I-CAN 协议的网络中,主站通过设置从站的循环发送参数,使从站设备可以定时循环向主控设备发送数据,此时通信由从站发起,无须主站设备干预。

(2) 状态触发发送:在基于 I-CAN 协议的网络中,主站通过设置从站的状态发送参数,使从站设备可以在满足特定条件(例如输入超限)时向主控设备发送数据,无须主站设备干预。

11) I-CAN 协议报文处理流程

如图 4.45 所示状态图描述了 I-CAN 总线报文数据请求报文的一般处理过程,一旦一个数据请求报文被处理完,会产生一个 I-CAN 响应报文。根据数据请求报文的处理结果,会产生不同类型的响应,其处理过程如下。

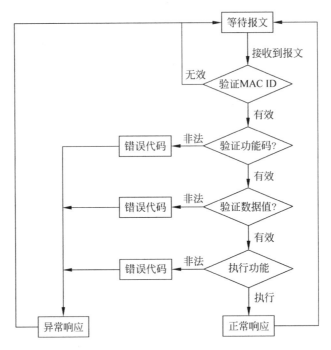

图 4.45　I-CAN 总线报文处理流程

(1) 正常 I-CAN 回应,回应功能码=请求功能码。

(2) 异常 I-CAN 回应,目的是为客户机提供处理过程中相关的出错信息,异常功能码=0x0F,并通过异常错误代码反映其错误类型。

12) I-CAN 协议中设备的定义

为了提供统一的设备描述以及设备访问方法,在 I-CAN 协议中将设备的标识、配置信息以及 IO 单元采用资源表格的方式进行描述。在资源节点列表中设备的标识、配置信息以及 I/O 单元均有唯一的表格地址与之对应,通过对资源表格的访问即可获取设备的各种信息。

在 I-CAN 协议中通过访问资源节点即可访问 CAN 机电设备中的应用单元,实现对 I/O 单元操作或者配置参数的设置。在 I-CAN 协议中资源节点分为两个部分,即 I/O 数据资源和配置资源。在 I-CAN 协议中每个资源节点分别具有地址及子地址,在访问资源节点时需要指定其地址以及子地址。资源节点采用地址以及子地址寻址的方式,因此其空间可达到 65 536B,方便以后对 I-CAN 协议中设备的扩展。配置资源寻址机制如图 4.46 所示。

在 I-CAN 协议中,目前的资源节点只占用 256 个字节空间,对于 IO 数据访问只需要指定资源节点地址,无须指定其子地址,但对于配置资源中的部分单元需要通过资源节点地址以及子地址的方式访问。在 I-CAN 协议中定义的资源节点如表 4.20 所示。

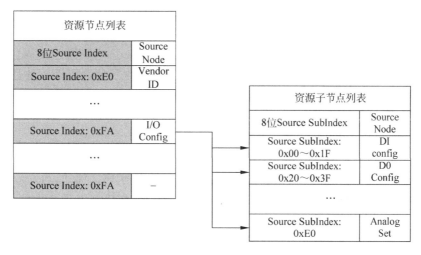

**图 4.46 配置资源寻址机制**

**表 4.20 资源节点定义**

| 设备号 | ID 分配 | 附件 ID 分配 | 功 能 | 描 述 | 数据类型 |
|---|---|---|---|---|---|
| 0 | 0x00~0x1F | — | DI | 32×8 位数字量输入单元 | I/O 数据 |
| 1 | 0x20~0x3F | — | DO | 32×8 位数字量输出单元 | |
| 2 | 0x40~0x5F | — | AI | 16 通道×16 位模拟量输入单元 | |
| 3 | 0x60~0x7F | — | AO | 16 通道×16 位模拟量输出单元 | |
| 4 | 0x80~0x9F | — | Serial Port 0 | 32 字节串口 0 | |
| 5 | 0xA0~0xbF | — | Serial Port 1 | 32 字节串口 1 | |
| 6 | 0xC0~0xdF | — | Others | 保留 | |
| 7 | 0xE0~0xFF | 0x00~0xFF | Config Area | 32 字节设备配置区域 | 配置数据 |

13) IO 资源

(1) DI 数字量输入单元

DI 映射到 I-CAN 设备中的数字量输入端口。资源节点编号范围为 0x00~0x1F,支持数字量输入单元的最大数目为 32×8=256。例如,当 CAN 机电设备支持 8 路数字量输入单元时。资源节点地址 0x00 对应于机电设备中的 8 路数字量输入单元。

DI 区支持连续读端口(FuncID: 0x03)和循环(FuncID: 0x04)功能码,对于 DI 区,每次至少读出 8 位(1 字节)。

(2) DO 数字量输出单元

DO 映射到 I-CAN 设备中的数字量输出端口。资源节点编号范围为 0x20~0x3F,支持数字量输出单元的最大数目为 32×8=256。例如,当 CAN 节点设备支持 8 路数字量输出单元时,资源节点地址 0x20 对应的节点设备中的 8 路数字量输出单元。

DO 区支持连续读端口(FuncID: 0x02)。每次至少写入 8 位(1 字节)。

(3) AI 模拟量输入单元

AI 映射到 I-CAN 设备中的模拟量输入端口。资源节点编号范围为 0x40~0x5F,模拟量输入单元长度为 16 位,支持模拟量输入单元的最大数目为 16 位。例如,当 CAN 节点设备支持 8 路模拟量输入单元时,资源节点地址 0x40～0x4F 对应于节点设备中的 8 路模拟量输入单元。

对于 AI 区,支持连续端口(FuncID:0x03)和循环(FuncID:0x04)功能码。AI 区每次至少读出一个通道(2B)。软件获得 AI 通道的分辨率、基准电压值。可以通过对 IO 配置寄存器(SourceID:0xF9)的访问获得目标的 AI 分辨率参数。对于同一节点,AI 的所有通道分辨率一致。

(4) AO 模拟量输出单元

AO 映射到 I-CAN 设备中的模拟量输出端口。资源节点编号范围为 0x60～0x70,模拟量输出单元长度为 16 位,支持模拟量输出单元的最大数目为 16。例如,当 CAN 节点设备支持 8 路模拟量输出单元时,资源节点地址 0x60～0x6F 对应于节点设备中的 8 路模拟量输入单元。

AO 区支持连续读端口(FuncID:0x20)功能码,AO 至少每次写入一个通道(2B)。AO 输出参数有 AO 通道的分辨率,响应模式以及通信超时的输出状态等。可以通过对 IO 配置寄存器(SourceID:0xF9)的读写来获得或者设置目标节点的 AO 参数。对于同一节点,AO 的所有通道参数一致。

① Serial Port:

Serial Port0:串口 1,资源节点编号范围为 0x80～0x9F。

Serial Port1:串口 2,资源节点编号范围为 0xa0～0xBF。

② 其他应用单元:

资源节点编号范围为 0xC0～0xDF,该部分为保留单元,用于扩展。

14) 配置资源

配置资源节点编号范围为 0xE0～0xFF:配置单元主要用于设备的标识信息、通信参数以及 IO 参数,配置资源如表 4.21 所示。

表 4.21　资源节点定义

| ID 分配 | 字节 | 功　能 | 属性 | 描　　述 | 附加 ID 分配 |
|---|---|---|---|---|---|
| 0xE0～0xE1 | 2 | Vendor ID | RO | 厂商代码,固定值 | — |
| 0xE2～0xE3 | 2 | Product Type | RO | 产品类型,固定值 | — |
| 0xE4～0xE5 | 2 | Product Code | RO | 产品型号,固定值 | — |
| 0xE6～0xE7 | 2 | Hardware Version | RO | 产品硬件版本 | — |
| 0xE8～0xE9 | 2 | Fireware Version | RO | 产品固定版本 | — |
| 0xEA～0xED | 4 | Serial Number | RO | 4 字节产品 SN 号码 | — |
| 0xEE | 1 | MAC ID | R/W | 本机节点的 ID 编号 | — |
| 0xEF | 1 | BaudRate | R/W | CAN 波特率,值 0xFF 无效 | — |
| 0xF0～0xF3 | 4 | UserBaudrate Set | R/W | 用户设置的特殊波特率 | — |
| 0XF4 | 1 | CyclicParameter | R/W | 循环模式(Cyclic)定时参数时间单位为:10ms | — |
| 0xF5 | 1 | CyclicMaster | R/W | 主站通信定时参数,时间单位为:10ms | — |
| 0xF6 | 1 | COS type set | R/W | 状态改变触发使能 | — |
| 0xF7 | 1 | Master MAC ID | R/W | 主站 MACID | — |

续表

| ID 分配 | 字节 | 功 能 | 属性 | 描 述 | 附加 ID 分配 |
|---------|------|-------|------|-------|-------------|
| 0xF8 | 1 | I/O parameter | R/W | 输入/输出通道参数 | 0x00～0x05 |
| 0xF9 | 1 | I/O configure | R/W | 输入/输出配置参数 | 0x00～0xBF |
| 0xFA～0xFF | 6 | 保留 | | — | — |

15) I-CAN 通信帧传输协议

主控节点向受控节点发送命令帧,受控节点处理命令帧,并发送响应帧。只有在当前的命令帧执行完毕时,才处理下一个到来的命令帧。

16) 通信帧格式解析

I-CAN 通信协议遵从"命令-响应"模式。

CAN 网络的源节点负责发起通信,在网络上发送命令帧的一般是主节点。ACK＝0 标识需要目标节点应答,广播帧时可以设置 ACK＝1,命令帧格式如下。

| Src MAC ID | DestID | ACK＝0 | FuncID | SubID | DLC | | 分段码 | 0～7 个数据 |
|------------|--------|--------|--------|-------|-----|--|--------|------------|

CAN 网络的目标节点收到命令帧并处理,同时发送正常的响应帧至网络。ACK＝1 表示为响应帧,无须应答。FuncID 与"命令帧"的 FuncID 相同,标识本帧为正常回应,正常响应的帧格式如下。

| Src MAC ID | DestID | ACK＝1 | FuncID | SubID | DLC | | 分段码 | 0～7 个数据 |
|------------|--------|--------|--------|-------|-----|--|--------|------------|

如果 CAN 网络的目标节点在收到"命令帧"后,无法对该命令帧进行处理(例如功能码不支持、参数错误等),则发送出错响应帧至网络。ACK＝1 标识为响应帧,无须应答。FuncID＝0xF 表示本帧为回应错误代码。出错的响应帧格式如下所示。

| Src MAC ID | DestID | ACK＝1 | FuncID＝x0F | SubID | DLC | | 0x00 | ErrID |
|------------|--------|--------|-------------|-------|-----|--|------|-------|

在"出错响应帧"中错误代码(ErrID)用于说明错误类型,现有的错误代码定义如表 4.22 所示。

表 4.22　出错响应帧格式定义

| ErrID | 描 述 | ErrID | 描 述 |
|-------|-------|-------|-------|
| 01 | 功能码不存在 | 03 | 命令不支持 |
| 02 | 资源不存在 | 04 | 参数非法 |

### 4.5.5　CANOpen 协议

1. 基本 CAN2.0A 协议

CANOpen 协议是一种主要应用于嵌入式系统的、架构在 CAN2.0A 规范基础上的工业控制常用 CAN 应用层协议。与 CAN 总线协议相比,CANOpen 的物理层和数据链路层完全遵循 CAN2.0A 规范,但是增加了一个类似简易传输层的协议,用于处理数据的分段传送及其组合。CANOpen 的 OSI 网络模型如图 4.47 所示。

| 层 | ISO/OSI | CAN 总线协议 |
|---|---|---|
| 7 | 应用层 | CANOpen |
| 1 | （简易）传输层 | 处理数据的分段传送及其组合 |
| 2 | 数据链路层 | 逻辑链路控制(LLC) |
| | | 媒体访问控制(MAC) |
| 1 | 物理层 | 物理媒体连接子层(PMA) |
| | | 物理信号子层(PLS) |

图 4.47　CANOpen 网络模型

CANOpen 协议也是利用标识符来分配帧的类型和节点的地址,分配帧类型的位称为功能码,分配节点地址的位成为节点 ID。CANOpen 的标识符包括高 4 位的功能码和低 7 位的节点 ID(NodeID),如表 4.23 所示。节点 ID 不能为 0,因此一个 CANOpen 网络最多允许 $2^7-1=127$ 个节点。

表 4.23　CANOpen 标识符

| ID.10 | ID.9 | ID.8 | ID.7 | ID.6 | ID.5 | ID.4 | ID.3 | ID.2 | ID.1 | ID.0 |
|---|---|---|---|---|---|---|---|---|---|---|
| 功能码 | | | | 节点(Node)ID | | | | | | |

功能码可以由用户自定义,但 CANOpen 协议定义了两个特殊的功能码:"0000"和"1110"。功能码"0000"表示网络管理(NMT),用于节点状态变更命令、侦听远程设备及故障,具体功能由其数据场的数据表示。当功能码表示 NMT 时,其后面的节点 ID 可以为 0,表示所有节点都要变更为指定状态。功能码"1110"表示心跳(HeartBeat),用于监控节点并确认其是否正常工作。另外,由于标准帧标识符的 7 个最高位不能全是"隐性"(即 1),因此 CANOpen 协议的功能码通常避免使用"1111"。

CANOpen 协议对于 I/O 信号的管理采用进程数据对象(PDO)协议,用于底层的智能节点与上层监控节点交换即时数据,最多可传送 8B 的数据。PDO 协议分为输入和输出两种,分别记为 RPDO 和 TPDO。TPDO 协议将底层智能节点的数据送至上层监控节点,RPDO 协议则是底层智能节点接收上层监控节点发送来的数据。显然,上层监控设备发送的数据通常都是控制信息,底层采集设备发送的则是监测信息,RPDO 的优先级要高于 TPDO。

2. CANOpen 协议实际应用

下面介绍一个基于 CANOpen 协议的 CAN 应用层协议。

在实际应用中,CANOpen 网络往往没有 127 个节点,因此可以将节点 ID 的若干位定义为扩展功能码。该 CAN 应用层协议对标识符做了如表 4.24 所示的定义,将节点 ID 的高两位定义为扩展功能码,只保留 5 位作为节点 ID。

表 4.24　某种 CANOpen 协议的标识符定义

| ID.10 | ID.9 | ID.8 | ID.7 | ID.6 | ID.5 | ID.4 | ID.3 | ID.2 | ID.1 | ID.0 |
|---|---|---|---|---|---|---|---|---|---|---|
| 基本功能码 | | | | 扩展功能码 | | 节点(Node)ID | | | | |

与基本 CANOpen 协议类似,设备节点号(Node ID)范围是 $1 \sim 31(2^5 - 1)$,0 不可用。基本功能码的最高位 ID.10 表示传输方向,ID.10 = 1 表示 TPDO,ID.10 = 0 表示 RPDO。例如,可以定义如表 4.25 所示的 RPDO,以及如表 4.26 所示的 TPDO。

表 4.25　功能码 RPDO 的定义

| 对　象 | 基本功能码 | 扩展功能码 | 信号类型 |
|---|---|---|---|
| RPDO1 | 0011 | 01 | 开关量 |
| RPDO2 | 0011 | 10 | 模拟量 |
| RPDO3 | 0011 | 11 | 模拟量 |
| RPDO4 | 0100 | 00 | 模拟量 |

表 4.26　功能码 TPDO 的定义

| 对　象 | 基本功能码 | 扩展功能码 | 信号类型 |
|---|---|---|---|
| TPDO1 | 1000 | 01 | 开关量 |
| TPDO2 | 1000 | 10 | 模拟量 |
| TPDO3 | 1000 | 11 | 模拟量 |
| TPDO4 | 1001 | 00 | 模拟量 |
| TPDO5 | 1001 | 01 | 模拟量 |

一个模拟量通常占两个字节,一个开关量通常只占一位。CAN 总线的数据帧采用短帧结构,每一帧的有效字节数为 8 个。因此,一个数据帧最多可以传输 64 个开关量或 4 个模拟量。当一个节点传输的模拟量大于 4 个时,需要将模拟量分散至不同的数据帧进行传输,各帧用功能码进行区分。而开关量通常只需要一个功能码定义即可。需要注意的是,TPDO4 被定义用于热电偶模拟量的传输。

这样,当一个节点 ID 为 NodeID 的底层智能节点接收到 CANOpen 网络上的一个上层监控节点发送来的开关量控制信息时,其标识符应该为"001 1010 0000 + NodeID"(二进制数)。当一个节点为 NodeID 的底层智能节点向上层发送一组非热电偶的模拟量时,其标识符应该为"100 0010 0000 + NodeID"(二进制数)。

此外,这个 CAN 应用层协议也保留定义了两个特殊的功能码:"0101 11"和"1010 11"。分别表示故障诊断请求帧和故障诊断响应帧。对于 NMT 和心跳帧,其基本功能码与 CANOpen 协议一样,而扩展功能码则设置为 0,即"0000 00"和"1110 00"。

该 CAN 应用层协议对 CAN 帧的数据场进行了定义。开关量如表 4.27 所示,第 0 字节的每位由低至高依次为第 $1 \sim 8$ 路开关量,即第 0 字节的末位数值就是第 1 路开关量的状态。以此类推,第 1 字节的每位由低至高依次为第 $9 \sim 16$ 路开关量,第 2 字节的每位由低至高依次为第 $17 \sim 24$ 路开关量,第 3 字节的每位由低至高依次为第 $25 \sim 32$ 路开关量。对于第 $4 \sim 7$ 字节,根据实际情况,并未做定义。

表 4.27　数据帧开关量定义

| 第 0 字节 | 第 1 字节 | 第 2 字节 | 第 3 字节 | 第 4 字节 | 第 5 字节 | 第 6 字节 | 第 7 字节 |
|---|---|---|---|---|---|---|---|
| $1 \sim 8$ 路 | $9 \sim 16$ 路 | $17 \sim 24$ 路 | $25 \sim 32$ 路 | | | | |

对于模拟量的定义如表 4.28 所示。第 0 字节表示第 1 路模拟量的低字节,第 1 字节表示第 1 路模拟量的高字节,即将第 1 字节的数值左移 8 位,再加上第 0 字节的数值,就是第 1 路模拟量的值。同样地,第 2 字节表示第 2 路模拟量的低字节,第 3 字节表示第 2 路模拟量的高字节,第 4 字节表示第 3 路模拟量的低字节,第 5 字节表示第 3 路模拟量的高字节,第 6 字节表示第 4 路模拟量的低字节,第 7 字节表示第 4 路模拟量的高字节。

表 4.28　数据帧模拟量定义

| 第 0 字节 | 第 1 字节 | 第 2 字节 | 第 3 字节 | 第 4 字节 | 第 5 字节 | 第 6 字节 | 第 7 字节 |
|---|---|---|---|---|---|---|---|
| 1 路低位 | 1 路高位 | 2 路低位 | 2 路高位 | 3 路低位 | 3 路高位 | 4 路低位 | 4 路高位 |

【例 4.1】　CAN 网络上一个节点 A 是一个信号采集装置,采集的信号如表 4.29 所示。

表 4.29　数据帧模拟量定义

| 序　号 | 数据名称 | 数据长度 | 量　程 |
|---|---|---|---|
| 数字量 1 路 | 断路器 B2 状态信号 | 1 位 | |
| 数字量 2 路 | 断路器 B3 状态信号 | 1 位 | |
| 数字量 3 路 | 隔离开关 S2 状态信号 | 1 位 | |
| 数字量 4 路 | 隔离开关 S3 状态信号 | 1 位 | |
| 数字量 5 路 | 差动保护信号 1 | 1 位 | |
| 模拟量 1 路 | 断路器 B2 输出端电压 | 2 字节 | 0～800V |
| 模拟量 2 路 | 断路器 B3 输出端电压 | 2 字节 | 0～800V |
| 模拟量 3 路 | 隔离开关 S2 输出端电压 | 2 字节 | 0～800V |
| 模拟量 4 路 | 断路器 B2 输出端电流 | 2 字节 | 0～200A |
| 模拟量 5 路 | 断路器 B3 输出端电流 | 2 字节 | 0～1500A |
| 模拟量 6 路 | 隔离开关 S2 输出端电流 | 2 字节 | 0～3000A |

该采集装置的 CAN 总线采用标准帧格式,应用层协议的标识位按表 4.23 和表 4.24 定义,其中的功能码采用 PDO 协议,且按表 4.25 和表 4.26 定义,数据字节按表 4.27 和表 4.28 定义。数据字节的默认值为 0。

假设节点 A 的 CAN 节点号为 0x01。若现在节点 A 的所有断路器和隔离开关都闭合、没有差动保护信号,所有模拟量经过 A/D 转换器后,其输出是 B2 输出端电压 E8AH、B3 输出端电压 E96H、S2 输出端电压 E92H、B2 输出端电流 6C8H、B3 输出端电流 91CH、S2 输出端电流 663H。试问该节点需要发送的数据帧的标识符和数据字节应如何表示?

**解:** 开关量数据帧标识符为 420H+01H=0x421

由表 4.29 可知,开关量的第 1、2、3、4 路为 1,第 5 路为 0,故发送数据为

　　　　　0F 00 00 00 00 00 00 00(十六进制)

该节点共 6 路模拟量,故需要两帧数据帧发送。

模拟量数据帧标识符为 440H+01H=441H 及 460H+01H=461H。

441H 发送第 1、2、3、4 路模拟量,低字节在前,高字节在后,数据为

　　　　　8A 0E 96 0E 92 0E C8 06(十六进制)

461H 发送第 5、6 路模拟量，低字节在前，高字节在后，数据为

1C 09 63 06 00 00 00 00 00（十六进制）

故该节点发送的数据帧为

421　0F 00 00 00 00 00 00 00

441　8A 0E 96 0E 92 0E C8 06

461　1C 09 63 06 00 00 00 00 00

**3. CAN 扩展帧应用层协议**

扩展帧的应用层协议与标准的帧的应用层协议类似，区别仅在于扩展帧的标识符为 29 位，在分配帧的类型以及节点的地址时更加灵活。下面以某型电量附件的 CAN 应用层协议为例，对 CAN 扩展帧应用层协议进行简单介绍，如表 4.30 所示。

表 4.30　某种 CAN 扩展帧协议的标识符定义

| 字节 | 7 | 6 | 5 | 4 | 3 | 2 | 1 | 0 |
|---|---|---|---|---|---|---|---|---|
| 1 | 0 | 0 | 0 | 权限类型 | | 节点 ID | | |
| 2 | 节点 ID | | 流水号 | | | | 1 | 1 |
| 3 | ID.15 | ID.14 | ID.13 | ID.12 | 保留 | | | |
| 4 | 保留 | | | | | | | |
| 5 | 数据 1 | | | | | | | |
| ... | ... | | | | | | | |
| 12 | 数据 8 | | | | | | | |

ID28、ID27 表示权限类型值：

（1）00 表示初始化。此时 ID.15＝0，ID.14＝1；ID.13、ID.12 表示分辨率，均为 1 或均为 0。

（2）01 表示动态信息。此时 ID.15＝0、ID.14＝0、ID.13、ID.12 保留。

（3）10 表示静态信息，即正常发送数据，发送数据的时间间隔可以在编写程序时设定。此时 ID.15＝1，ID.14＝0、ID.13＝1、ID.12＝0。

流水号表示当一个节点发送的模拟量数据个数大于 4 时，该节点发送的数据帧的编号。不同的权限类型对应的流水号不同，代表的数据内容也不相同。

**【例 4.2】**　某电量附件采用 CAN 总线协议的扩展帧格式，应用层协议的标识位按表 4.31 定义。

权限类型为 10 时，流水号对应的数据字节如表 4.31 所示。

表 4.31　某种 CAN 扩展帧协议权限类型为 11 时流水号对应的数据字节

| 流水号 | 0、1 字节 | 2、3 字节 | 4、5 字节 | 6、7 字节 |
|---|---|---|---|---|
| 1 | A 相电流（A） | B 相电流（A） | C 相电流（A） | 功率因数 |
| 2 | AB 线电压（V） | BC 线电压（V） | CA 线电压（V） | 有功功率（kW） |
| 3 | 频率（Hz） | | | |

数据类型都是整型。所有的电压、电流、功率均为测量值×10，功率因数为测量值×1000，频率为测量值×100。

现收到某节点发送的数据帧如下所示：

| | | | | | | | |
|---|---|---|---|---|---|---|---|
| 1187A000 | 6C | 01 | 67 | 01 | 66 | 01 | 1F | 03 |
| 118BA000 | 54 | 0F | 5D | 0F | 5C | 0F | C4 | 00 |
| 118FA000 | 86 | 13 | 00 | 00 | 00 | 00 | 00 | 00 |

请解析该数据帧。

**解**：1187A000 用二进制数表示 0001 0001 1000 0111 1010 0000 0000 0000 B，地址位为 001100 B(12)，流水号为 001 B(1)，1 路模拟量表示 A 相电流 16CH(364)，即 36.4A，2 路模拟量表示 B 相电流 167H(359)，即 35.9A，3 路模拟量表示 C 相电流 166H(358)，即 35.8A，4 路模拟量表示功率因数 31FH(799)，即 0.799。

118BA000 用二进制数表示 0001 0001 1000 1011 1010 0000 0000 0000 B，地址位为 001100 B(12)，流水号为 010 B(2)，1 路模拟量表示 AB 线电压 F54H(3924)，即 392.4V，2 路模拟量表示 BC 线电压 F5DH(3933)，即 393.3V，3 路模拟量表示 CA 线电压 F5CH(3932)，即 393.2V，4 路模拟量表示有功功率 0xC4H(196)，即 19.6kW。

118FA000 用二进制数表示 0001 0001 1000 1111 1010 0000 0000 0000 B，地址位为 001100 B(12)，流水号为 011 B(3)，1 路模拟量表示频率 1386H(4998)，即 49.98Hz。

### 4.5.6　DeviceNet 协议

DeviceNet 是应用广泛的底层设备网；DeviceNet 是 20 世纪 90 年代中期发展起来的基于 CAN 技术的开放型、符合全球工业标准的低成本、高效率、高性能、高可靠性的通信网络；DeviceNet 最初由美国 Rockwell 公司开发应用，并得到世界范围内三百多家著名自动化设备厂商的支持（如 Rockwell、ABB、Omron 等）；DeviceNet 现已成为国际标准 IEC 62026-3，并已被列为欧洲标准，也是实际上的亚洲和美洲的设备网标准。2002 年 10 月，DeviceNet 被批准为中国国家标准。

DeviceNet 基于 CAN2.0A 协议，采用 CAN 的物理层和数据链路层，控制芯片得到广泛支持。DeviceNet 采用短帧结构，最多可连接 64 个节点，具有时延小、效率高、不易受干扰等优点。DeviceNet 的传输介质为双绞线，支持总线供电，电源结构和容量可调(16A)，支持热插拔。

DeviceNet 与 CAN2.0A 协议最明显的区别在于支持总线供电，其总线电缆通常采用两根电源线（黑色 & 红色）、两根数据线（白色 & 蓝色），也可以使用屏蔽线。DeviceNet 线缆如图 4.48 所示。

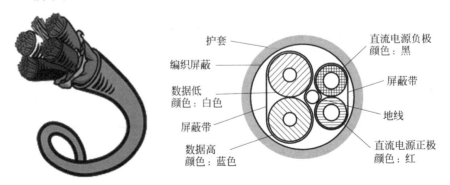

**图 4.48　DeviceNet 传输电缆**

DeviceNet 帧采用标准帧格式，只有数据帧和错误帧。DeviceNet 也采用 CSMA/NDBA 技术进行仲裁，通过 11 位标识符逐位仲裁解决。因此，DeviceNet 的每个节点都拥有一个网络中唯一的 11 位标识符，决定其总线冲突仲裁时的优先级。标识符值越小，优先级越高。

DeviceNet 在应用层采用的是通用工业协议（CIP），广泛应用于工业控制网络。应用层协议的主要任务，就是定义标识符和数据的格式。而标识符的作用，就是分配帧的类型以及节点的地址。DeviceNet 应用层协议将标识符分为 4 组，如表 4.32 所示。所有节点都用 6 位标识符标识，记为 MAC ID，所以 DeviceNet 最多能够接收 $2^6 = 64$ 个节点。

表 4.32　DeviceNet 报文分组

| ID. 10 | ID. 9 | ID. 8 | ID. 7 | ID. 6 | ID. 5 | ID. 4 | ID. 3 | ID. 2 | ID. 1 | ID. 0 | 范围(十六进制) | 标识符分组 |
|---|---|---|---|---|---|---|---|---|---|---|---|---|
| 0 | 报文 ID | | | | MAC ID | | | | | | 0～3FF | 报文组 1 |
| 1 | 0 | MAC ID | | | | | 报文 ID | | | | 400～5FF | 报文组 2 |
| 1 | 1 | 报文 ID | | | MAC ID | | | | | | 600～7BF | 报文组 3 |
| 1 | 1 | 1 | 1 | 1 | 报文 ID | | | | | | 7C0～7EF | 报文组 4 |
| 1 | 1 | 1 | 1 | 1 | 1 | 1 | X | X | X | X | 7F0～7FF | 无效标识符 |

报文组 1 称为 I/O 报文，有时也称为隐式报文，主要用于实时性要求较高和面向控制的数据，例如控制器输出控制指令至一个 I/O 模块设备。报文组 1 的标识符包括最高位 D0 = 0、4 位的报文 ID 和 6 位 MAC ID。标识符的最高位 D10 = 0 保证报文组 1 的最高优先级。报文 ID 可以用于分配、定义数据帧的类型，最多 $2^4 = 16$ 种报文类型。在进行仲裁时，优先考虑报文类型，再考虑节点。

报文组 2 通常用于查询节点或节点间建立连接，其标识符包括 D10 = 1、D9 = 0、6 位 MAC ID 和三位报文 ID。标识符的 D10 = 1、D9 = 0 保证报文组 2 的优先级仅次于报文组 1。

报文组 3 称为显式报文，适用于设备间多用途的点对点报文传输，常用于上载或下载程序、修改设备组态、记载分析诊断数据等。报文组 3 的标识符包括 D10 = 1、D9 = 1、三位报文 ID 和 6 位 MAC ID。

报文组 4 主要用于未连接显示报文建立和管理显示报文连接，其标识符的最高 5 位均为 1，其余 6 位都用于标识报文 ID。报文组 4 只适用于点对点连接。

### 4.5.7　标准硬件协议

对于 CAN 总线实现应用层协议，只需定义报文识别码和数据区。表 4.33 为 CAN 协议标准帧格式。

表 4.33　CAN 协议标准帧数据及识别码

| 报文识别码(COB-ID) | 数　据　区 |
|---|---|
| 11 位 ID | 8 个数据字节 |

1. 报文识别码的定义

报文识别码的定义如下。

| ID.10 | ID.9 | ID.8 | ID.7 | ID.6 | ID.5 | ID.4 | ID.3 | ID.2 | ID.1 | ID.0 |
|---|---|---|---|---|---|---|---|---|---|---|
| 基本功能码 | | | | 扩展功能码 | | 设备节点号(Node-ID) | | | | |

设备节点号(Node-ID)范围是 1~31,0 不可用。

功能码(Function Code)由基本功能码和扩展功能码组成,其定义如表 4.34 所示。

表 4.34　功能码的分配

| 对　象 | 基本功能码(ID.10-7) | 扩展功能码(ID.6-5) | 信　号　类　型 |
|---|---|---|---|
| NMT | 0000 | 00 | 管理 |
| RPDO1 | 0011 | 01 | 开关量 |
| TPDO1 | 1000 | 01 | 开关量 |
| RPDO2 | 0011 | 10 | 模拟量 |
| TPDO2 | 1000 | 10 | 模拟量 |
| RPDO3 | 0011 | 11 | 模拟量 |
| TPDO3 | 1000 | 11 | 模拟量 |
| RPDO4 | 0100 | 00 | 模拟量 |
| TPDO4 | 1001 | 00 | 模拟量 |
| RPDO5 | 0100 | 01 | 模拟量 |
| TPDO5 | 1001 | 01 | 模拟量 |
| RPDO6 | 0100 | 10 | 模拟量 |
| TPDO6 | 1001 | 10 | 模拟量 |
| RPDO7 | 0100 | 11 | 模拟量 |
| TPDO7 | 1001 | 11 | 模拟量 |
| RPDO8 | 0101 | 00 | 模拟量 |
| TPDO8 | 1010 | 00 | 模拟量 |
| RPDO9 | 0101 | 01 | 模拟量 |
| TPDO9 | 1010 | 01 | 模拟量 |
| FAT | 0101 | 11 | 故障诊断请求报文 |
| FAR | 1010 | 11 | 故障诊断响应报文 |
| HEARTBEAT | 1110 | 00 | 心跳 |

注:(1) ID.10 表示传输方向,0 表示下行,1 表示上行。

　　(2) ID.5 备用,暂定为 0。

2. PDO 报文发送方式

PDO 报文发送方式包括定时触发、事件触发和请求应答方式。

请求应答方式支持当收到作为发送请求的远程帧指令后,节点向 CAN 网络发送相应 PDO 报文,并发送远程帧表示发送结束。

远程帧报文识别码格式如下。

| ID.10 | ID.9 | ID.8 | ID.7 | ID.6 | ID.5 | ID.4 | ID.3 | ID.2 | ID.1 | ID.0 |
|---|---|---|---|---|---|---|---|---|---|---|
| XXXXXX | | | | | | 设备节点号(Node-ID) | | | | |

FAT(故障诊断请求报文):

| 0 字节 | 1 字节 | 2 字节 | 3 字节 | 4 字节 | 5 字节 | 6 字节 | 7 字节 |
|---|---|---|---|---|---|---|---|
| 0 | 备用 | | | | | | |

FAR(故障诊断响应报文)：

| 0 字节 | 1 字节 | 2 字节 | 3 字节 | 4 字节 | 5 字节 | 6 字节 | 7 字节 |
|---|---|---|---|---|---|---|---|
| 0/1 | 备用 | | | | | | |

3. 各模块 PDO 报文定义

PDO 报文分为三种形式：上行数据为定时发送和请求应答方式，下行指令为事件触发发送，上行指令回答为接收到下行指令后触发发送。所有硬件模块输出模拟量以实际物理值表示，负数用补码表示，0x8000 表示模拟量无效值，开关量 0 表示断开、1 表示闭合。具体定义如下。

1）开关量输入模块

开关量输入模块 32 路开关量数据在 TPDO 中的分配如下。

TPDO1 格式定义如下（上行数据）。

| 0 字节 | 1 字节 | 2 字节 | 3 字节 | 4 字节 | 5 字节 | 6 字节 | 7 字节 |
|---|---|---|---|---|---|---|---|
| 0～15 路开关量输入 | | 16～31 路开关量输入 | | | | | |

2）开关量 OC 模块

开关量 OC 输出模块 32 路开关量数据在 RPDO 中的分配如下。

RPDO1（下行指令）：

| 0 字节 | 1 字节 | 2 字节 | 3 字节 | 4 字节 | 5 字节 | 6 字节 | 7 字节 |
|---|---|---|---|---|---|---|---|
| 0～15 路开关量输出 | | 16～31 路开关量输出 | | | | | |

TPDO1（上行指令回答）：

| 0 字节 | 1 字节 | 2 字节 | 3 字节 | 4 字节 | 5 字节 | 6 字节 | 7 字节 |
|---|---|---|---|---|---|---|---|
| 0～15 路开关量状态 | | 16～31 路开关量状态 | | | | | |

3）开关量继电器输出模块

开关量继电器输出模块 32 路开关量输出数据与 RPDO 的分配如下。

RPDO1（下行指令）：

| 0 字节 | 1 字节 | 2 字节 | 3 字节 | 4 字节 | 5 字节 | 6 字节 | 7 字节 |
|---|---|---|---|---|---|---|---|
| 0～15 路继电器输出 | | 16～31 路继电器输出 | | | | | |

TPDO1（上行指令回答）：

| 0 字节 | 1 字节 | 2 字节 | 3 字节 | 4 字节 | 5 字节 | 6 字节 | 7 字节 |
|--------|--------|--------|--------|--------|--------|--------|--------|
| 0～15 路继电器状态 | | 16～31 路继电器状态 | | | | | |

4) 热电阻输入模块

热电阻输入模块 16 路模拟量数据,以两个字节表示放大 10 倍后温度值。

温度值域:－500～2000　　单位:0.1℃

TPDO 的分配如下。

TPDO2(上行数据):

| 0 字节 | 1 字节 | 2 字节 | 3 字节 | 4 字节 | 5 字节 | 6 字节 | 7 字节 |
|--------|--------|--------|--------|--------|--------|--------|--------|
| 热电阻输入 1 | | 热电阻输入 2 | | 热电阻输入 3 | | 热电阻输入 4 | |

TPDO3(上行数据):

| 0 字节 | 1 字节 | 2 字节 | 3 字节 | 4 字节 | 5 字节 | 6 字节 | 7 字节 |
|--------|--------|--------|--------|--------|--------|--------|--------|
| 热电阻输入 5 | | 热电阻输入 6 | | 热电阻输入 7 | | 热电阻输入 8 | |

TPDO4(上行数据):

| 0 字节 | 1 字节 | 2 字节 | 3 字节 | 4 字节 | 5 字节 | 6 字节 | 7 字节 |
|--------|--------|--------|--------|--------|--------|--------|--------|
| 热电阻输入 9 | | 热电阻输入 10 | | 热电阻输入 11 | | 热电阻输入 12 | |

TPDO5(上行数据):

| 0 字节 | 1 字节 | 2 字节 | 3 字节 | 4 字节 | 5 字节 | 6 字节 | 7 字节 |
|--------|--------|--------|--------|--------|--------|--------|--------|
| 热电阻输入 13 | | 热电阻输入 14 | | 热电阻输入 15 | | 热电阻输入 16 | |

5) 热电偶输入模块

热电偶输入模块 32 路,以两个字节表示放大 10 倍后温度值。

温度值域:2000～13 000　　单位:0.1℃

TPDO 的分配如下。

TPDO2(上行数据):

| 0 字节 | 1 字节 | 2 字节 | 3 字节 | 4 字节 | 5 字节 | 6 字节 | 7 字节 |
|--------|--------|--------|--------|--------|--------|--------|--------|
| 热电偶输入 1 | | 热电偶输入 2 | | 热电偶输入 3 | | 热电偶输入 4 | |

TPDO3(上行数据):

| 0 字节 | 1 字节 | 2 字节 | 3 字节 | 4 字节 | 5 字节 | 6 字节 | 7 字节 |
|--------|--------|--------|--------|--------|--------|--------|--------|
| 热电偶输入 5 | | 热电偶输入 6 | | 热电偶输入 7 | | 热电偶输入 8 | |

TPDO4(上行数据):

| 0 字节 | 1 字节 | 2 字节 | 3 字节 | 4 字节 | 5 字节 | 6 字节 | 7 字节 |
|--------|--------|--------|--------|--------|--------|--------|--------|
| 热电偶输入 9 | | 热电偶输入 10 | | 热电偶输入 11 | | 热电偶输入 12 | |

TPDO5（上行数据）：

| 0 字节 | 1 字节 | 2 字节 | 3 字节 | 4 字节 | 5 字节 | 6 字节 | 7 字节 |
|--------|--------|--------|--------|--------|--------|--------|--------|
| 热电偶输入 13 | | 热电偶输入 14 | | 热电偶输入 15 | | 热电偶输入 16 | |

TPDO6（上行数据）：

| 0 字节 | 1 字节 | 2 字节 | 3 字节 | 4 字节 | 5 字节 | 6 字节 | 7 字节 |
|--------|--------|--------|--------|--------|--------|--------|--------|
| 热电偶输入 17 | | 热电偶输入 18 | | 热电偶输入 19 | | 热电偶输入 20 | |

TPDO7（上行数据）：

| 0 字节 | 1 字节 | 2 字节 | 3 字节 | 4 字节 | 5 字节 | 6 字节 | 7 字节 |
|--------|--------|--------|--------|--------|--------|--------|--------|
| 热电偶输入 21 | | 热电偶输入 22 | | 热电偶输入 23 | | 热电偶输入 24 | |

TPDO8（上行数据）：

| 0 字节 | 1 字节 | 2 字节 | 3 字节 | 4 字节 | 5 字节 | 6 字节 | 7 字节 |
|--------|--------|--------|--------|--------|--------|--------|--------|
| 热电偶输入 25 | | 热电偶输入 26 | | 热电偶输入 27 | | 热电偶输入 28 | |

TPDO9（上行数据）：

| 0 字节 | 1 字节 | 2 字节 | 3 字节 | 4 字节 | 5 字节 | 6 字节 | 7 字节 |
|--------|--------|--------|--------|--------|--------|--------|--------|
| 热电偶输入 29 | | 热电偶输入 30 | | 热电偶输入 31 | | 热电偶输入 32 | |

6）电压电流输入模块

电压电流输入模块 32 路，以两个字节表示放大 1000 倍后的电压或电流值。

电压值域：$-10\,000 \sim 10\,000$　　　单位：$0.001\text{V}$

电流值域：$0 \sim 20\,000$　　　单位：$0.001\text{mA}$

TPDO 的分配如下。

TPDO2（上行数据）：

| 0 字节 | 1 字节 | 2 字节 | 3 字节 | 4 字节 | 5 字节 | 6 字节 | 7 字节 |
|--------|--------|--------|--------|--------|--------|--------|--------|
| 电压输入 1 | | 电压输入 2 | | 电压输入 3 | | 电压输入 4 | |

TPDO3（上行数据）：

| 0 字节 | 1 字节 | 2 字节 | 3 字节 | 4 字节 | 5 字节 | 6 字节 | 7 字节 |
|--------|--------|--------|--------|--------|--------|--------|--------|
| 电压输入 5 | | 电压输入 6 | | 电压输入 7 | | 电压输入 8 | |

TPDO4（上行数据）：

| 0字节 | 1字节 | 2字节 | 3字节 | 4字节 | 5字节 | 6字节 | 7字节 |
|--------|--------|--------|--------|--------|--------|--------|--------|
| 电压输入 9 | | 电压输入 10 | | 电压输入 11 | | 电压输入 12 | |

TPDO5(上行数据):

| 0字节 | 1字节 | 2字节 | 3字节 | 4字节 | 5字节 | 6字节 | 7字节 |
|--------|--------|--------|--------|--------|--------|--------|--------|
| 电压输入 13 | | 电压输入 14 | | 电压输入 15 | | 电压输入 16 | |

TPDO6(上行数据):

| 0字节 | 1字节 | 2字节 | 3字节 | 4字节 | 5字节 | 6字节 | 7字节 |
|--------|--------|--------|--------|--------|--------|--------|--------|
| 电流输入 1 | | 电流输入 2 | | 电流输入 3 | | 电流输入 4 | |

TPDO7(上行数据):

| 0字节 | 1字节 | 2字节 | 3字节 | 4字节 | 5字节 | 6字节 | 7字节 |
|--------|--------|--------|--------|--------|--------|--------|--------|
| 电流输入 5 | | 电流输入 6 | | 电流输入 7 | | 电流输入 8 | |

TPDO8(上行数据):

| 0字节 | 1字节 | 2字节 | 3字节 | 4字节 | 5字节 | 6字节 | 7字节 |
|--------|--------|--------|--------|--------|--------|--------|--------|
| 电流输入 9 | | 电流输入 10 | | 电流输入 11 | | 电流输入 12 | |

TPDO9(上行数据):

| 0字节 | 1字节 | 2字节 | 3字节 | 4字节 | 5字节 | 6字节 | 7字节 |
|--------|--------|--------|--------|--------|--------|--------|--------|
| 电流输入 13 | | 电流输入 14 | | 电流输入 15 | | 电流输入 16 | |

7) 电压电流输出模块

电压电流输出模块 32 路,以两个字节表示放大 1000 倍后的电压或电流值。

电压值域:-10 000~10 000　　　单位:0.001V

电流值域:0~20 000　　　单位:0.001mA

RPDO2(下行指令):

| 0字节 | 1字节 | 2字节 | 3字节 | 4字节 | 5字节 | 6字节 | 7字节 |
|--------|--------|--------|--------|--------|--------|--------|--------|
| 电压模拟量输出 1 | | 电压模拟量输出 2 | | 电压模拟量输出 3 | | 电压模拟量输出 4 | |

TPDO2(上行指令回答):

| 0字节 | 1字节 | 2字节 | 3字节 | 4字节 | 5字节 | 6字节 | 7字节 |
|--------|--------|--------|--------|--------|--------|--------|--------|
| 电压模拟量输出 1 | | 电压模拟量输出 2 | | 电压模拟量输出 3 | | 电压模拟量输出 4 | |

RPDO3(下行指令):

| 0 字节 | 1 字节 | 2 字节 | 3 字节 | 4 字节 | 5 字节 | 6 字节 | 7 字节 |
|---|---|---|---|---|---|---|---|
| 电压模拟量输出 5 | | 电压模拟量输出 6 | | 电压模拟量输出 7 | | 电压模拟量输出 8 | |

TPDO3（上行指令回答）：

| 0 字节 | 1 字节 | 2 字节 | 3 字节 | 4 字节 | 5 字节 | 6 字节 | 7 字节 |
|---|---|---|---|---|---|---|---|
| 电压模拟量输出 5 | | 电压模拟量输出 6 | | 电压模拟量输出 7 | | 电压模拟量输出 8 | |

RPDO4（下行指令）：

| 0 字节 | 1 字节 | 2 字节 | 3 字节 | 4 字节 | 5 字节 | 6 字节 | 7 字节 |
|---|---|---|---|---|---|---|---|
| 电压模拟量输出 9 | | 电压模拟量输出 10 | | 电压模拟量输出 11 | | 电压模拟量输出 12 | |

TPDO4（上行指令回答）：

| 0 字节 | 1 字节 | 2 字节 | 3 字节 | 4 字节 | 5 字节 | 6 字节 | 7 字节 |
|---|---|---|---|---|---|---|---|
| 电压模拟量输出 9 | | 电压模拟量输出 10 | | 电压模拟量输出 11 | | 电压模拟量输出 12 | |

RPDO5（下行指令）：

| 0 字节 | 1 字节 | 2 字节 | 3 字节 | 4 字节 | 5 字节 | 6 字节 | 7 字节 |
|---|---|---|---|---|---|---|---|
| 电压模拟量输出 13 | | 电压模拟量输出 14 | | 电压模拟量输出 15 | | 电压模拟量输出 16 | |

TPDO5（上行指令回答）：

| 0 字节 | 1 字节 | 2 字节 | 3 字节 | 4 字节 | 5 字节 | 6 字节 | 7 字节 |
|---|---|---|---|---|---|---|---|
| 电压模拟量输出 13 | | 电压模拟量输出 14 | | 电压模拟量输出 15 | | 电压模拟量输出 16 | |

RPDO6（下行指令）：

| 0 字节 | 1 字节 | 2 字节 | 3 字节 | 4 字节 | 5 字节 | 6 字节 | 7 字节 |
|---|---|---|---|---|---|---|---|
| 电流模拟量输出 1 | | 电流模拟量输出 2 | | 电流模拟量输出 3 | | 电流模拟量输出 4 | |

TPDO6（上行指令回答）：

| 0 字节 | 1 字节 | 2 字节 | 3 字节 | 4 字节 | 5 字节 | 6 字节 | 7 字节 |
|---|---|---|---|---|---|---|---|
| 电流模拟量输出 1 | | 电流模拟量输出 2 | | 电流模拟量输出 3 | | 电流模拟量输出 4 | |

RPDO7（下行指令）：

| 0 字节 | 1 字节 | 2 字节 | 3 字节 | 4 字节 | 5 字节 | 6 字节 | 7 字节 |
|---|---|---|---|---|---|---|---|
| 电流模拟量输出 5 | | 电流模拟量输出 6 | | 电流模拟量输出 7 | | 电流模拟量输出 8 | |

TPDO7（上行指令回答）：

| 0 字节 | 1 字节 | 2 字节 | 3 字节 | 4 字节 | 5 字节 | 6 字节 | 7 字节 |
|---|---|---|---|---|---|---|---|
| 电流模拟量输出 5 | | 电流模拟量输出 6 | | 电流模拟量输出 7 | | 电流模拟量输出 8 | |

RPDO8（下行指令）：

| 0 字节 | 1 字节 | 2 字节 | 3 字节 | 4 字节 | 5 字节 | 6 字节 | 7 字节 |
|---|---|---|---|---|---|---|---|
| 电流模拟量输出 9 | | 电流模拟量输出 10 | | 电流模拟量输出 11 | | 电流模拟量输出 12 | |

TPDO8（上行指令回答）：

| 0 字节 | 1 字节 | 2 字节 | 3 字节 | 4 字节 | 5 字节 | 6 字节 | 7 字节 |
|---|---|---|---|---|---|---|---|
| 电流模拟量输出 9 | | 电流模拟量输出 10 | | 电流模拟量输出 11 | | 电流模拟量输出 12 | |

RPDO9（下行指令）：

| 0 字节 | 1 字节 | 2 字节 | 3 字节 | 4 字节 | 5 字节 | 6 字节 | 7 字节 |
|---|---|---|---|---|---|---|---|
| 电流模拟量输出 13 | | 电流模拟量输出 14 | | 电流模拟量输出 15 | | 电流模拟量输出 16 | |

TPDO9（上行指令回答）：

| 0 字节 | 1 字节 | 2 字节 | 3 字节 | 4 字节 | 5 字节 | 6 字节 | 7 字节 |
|---|---|---|---|---|---|---|---|
| 电流模拟量输出 13 | | 电流模拟量输出 14 | | 电流模拟量输出 15 | | 电流模拟量输出 16 | |

8）脉冲量输入输出模块

脉冲量 8 路输入、8 路输出模块，以两个字节表示实际频率值。

脉冲量值域：0～40　　单位：kHz

模拟量数据与 TPDO、RPDO 的分配如下。

RPDO2（下行指令）：

| 0 字节 | 1 字节 | 2 字节 | 3 字节 | 4 字节 | 5 字节 | 6 字节 | 7 字节 |
|---|---|---|---|---|---|---|---|
| 脉冲量输出 1 | | 脉冲量输出 2 | | 脉冲量输出 3 | | 脉冲量输出 4 | |

TPDO2（上行指令回答）：

| 0 字节 | 1 字节 | 2 字节 | 3 字节 | 4 字节 | 5 字节 | 6 字节 | 7 字节 |
|---|---|---|---|---|---|---|---|
| 脉冲量输出 1 | | 脉冲量输出 2 | | 脉冲量输出 3 | | 脉冲量输出 4 | |

RPDO3（下行指令）：

| 0 字节 | 1 字节 | 2 字节 | 3 字节 | 4 字节 | 5 字节 | 6 字节 | 7 字节 |
|---|---|---|---|---|---|---|---|
| 脉冲量输出 5 | | 脉冲量输出 6 | | 脉冲量输出 7 | | 脉冲量输出 8 | |

TPDO3(上行指令回答)：

| 0 字节 | 1 字节 | 2 字节 | 3 字节 | 4 字节 | 5 字节 | 6 字节 | 7 字节 |
|--------|--------|--------|--------|--------|--------|--------|--------|
| 脉冲量输出 5 | | 脉冲量输出 6 | | 脉冲量输出 7 | | 脉冲量输出 8 | |

TPDO4(上行数据)：

| 0 字节 | 1 字节 | 2 字节 | 3 字节 | 4 字节 | 5 字节 | 6 字节 | 7 字节 |
|--------|--------|--------|--------|--------|--------|--------|--------|
| 脉冲量输入 1 | | 脉冲量输入 2 | | 脉冲量输入 3 | | 脉冲量输入 4 | |

TPDO5(上行数据)：

| 0 字节 | 1 字节 | 2 字节 | 3 字节 | 4 字节 | 5 字节 | 6 字节 | 7 字节 |
|--------|--------|--------|--------|--------|--------|--------|--------|
| 脉冲量输入 5 | | 脉冲量输入 6 | | 脉冲量输入 7 | | 脉冲量输入 8 | |

9) NMT 报文

NMT 报文可用于 Node-ID 的设置,此时 NMT 报文格式如下。

| 11 位识别码 | 0 字节 | 1 字节 | 2 字节 | 3 字节 |
|------------|--------|--------|--------|--------|
| 0x000 | 0x00 | Node-ID | 心跳报文定时时间(×100ms) | TPDO 发送定时时间(×100ms) |

定时时间默认采用 1s,NMT 报文中 TPDO 定时时间为 0 表示取消 TPDO 定时发送。

10) 心跳报文

节点配置为周期性地发送自身的状态信息,该报文被称作心跳报文(Heartbeat)。心跳报文发送周期默认为 5s。NMT 报文中心跳报文定时时间为 0 表示取消,心跳报文发送格式如下。

| COB-ID | 0 字节 |
|--------|--------|
| 0x700＋Node-ID | 节点状态 |
| | 0x00 |

节点状态为表 4.35 中的数值。

表 4.35　节点状态

| 状态数值 | 意　义 | 状态数值 | 意　义 |
|----------|--------|----------|--------|
| 0 | 启动(Boot-up) | 5 | 工作 |
| 4 | 停止 | 127 | 预操作 |

当一个采用了 Heartbeat 通信协议的节点启动后,发出一次 Boot-up 报文,然后以固定频率发送心跳报文。

Heartbeat 消费者通常是(NMT-Master)监控终端,它为每个 Heartbeat 节点设定一个超时值,当超时发生时采取相应动作。

(1) 数据类型定义

模拟量数值由两个字节表示,例如：

| 0 字节 | 1 字节 |
|---|---|
| 低位数据 | 高位数据 |

开关量数值由 1 位表示。

有关数值的说明如下。

开关量数值：0 表示断开，1 表示闭合。

模拟量数值：−32 767～32 767。

（2）现场控制模块定义

现场控制模块包括 16 路开关量输入、16 路开关量输出、8 路电流量输入、1 路节点温度值输入，TPDO、RPDO 分配如下。

RPDO1（下行指令）：

| 0 字节 | 1 字节 | 2 字节 | 3 字节 | 4 字节 | 5 字节 | 6 字节 | 7 字节 |
|---|---|---|---|---|---|---|---|
| 0～15 路开关量输出 | | | | | | | |

TPDO1（上行指令回答和上行数据）：

| 0 字节 | 1 字节 | 2 字节 | 3 字节 | 4 字节 | 5 字节 | 6 字节 | 7 字节 |
|---|---|---|---|---|---|---|---|
| 0～15 路开关量输入 | | | | | | | |

TPDO2（上行数据）：

| 0 字节 | 1 字节 | 2 字节 | 3 字节 | 4 字节 | 5 字节 | 6 字节 | 7 字节 |
|---|---|---|---|---|---|---|---|
| 电流输入 1 | | 电流输入 2 | | 电流输入 3 | | 电流输入 4 | |

TPDO3（上行数据）：

| 0 字节 | 1 字节 | 2 字节 | 3 字节 | 4 字节 | 5 字节 | 6 字节 | 7 字节 |
|---|---|---|---|---|---|---|---|
| 电流输入 5 | | 电流输入 6 | | 电流输入 7 | | 电流输入 8 | |

TPDO4（上行数据）：

| 0 字节 | 1 字节 | 2 字节 | 3 字节 | 4 字节 | 5 字节 | 6 字节 | 7 字节 |
|---|---|---|---|---|---|---|---|
| 节点温度值 | | 节点扩展信息 | | | | | |

发送数据帧 ID 列表如表 4.36 所示。

表 4.36　发送数据帧 ID 列表

| 序　号 | ID 号 | 备　注 |
|---|---|---|
| 1 | 0x420＋Node_ID | 开关量输入（16 路）和开关量输出状态（16 路） |
| 2 | 0x440＋Node_ID | 第 1～4 路电流输入值，对应内部点号 1～4 |
| 3 | 0x460＋Node_ID | 第 5～8 路电流输入值，对应内部点号 5～8 |
| 4 | 0x480＋Node_ID | 节点温度值及节点扩展信息 |
| 5 | 0x560＋Node_ID | 故障诊断响应数据帧 |

| 序　号 | ID 号 | 备　注 |
|---|---|---|
| 6 | 0x700＋Node_ID | 心跳报文 |
| 7 | 0x3C0＋Node_ID | 模块测点限值发送帧 |
| 8 | 0x760＋Node_ID | 配置参数状态重发 |
| 9 | 0x780＋Nodc_ID | 控制部位字发布数据帧 |

接收数据帧 ID 列表如表 4.37 所示。

**表 4.37　接收数据帧 ID 列表**

| 序　号 | ID 号 | 备　注 |
|---|---|---|
| 1 | 0x1A0＋Node_ID | 开关量输出值 |
| 2 | 0x2E0＋Node_ID | 故障诊断请求数据帧 |
| 3 | 0x380＋Node_ID | 要数指令(主机→从机) |
| 4 | 0x340＋Node_ID | 遥控系统部位指令接收数据帧 |
| 5 | 0x000＋Node_ID | NMT 报文 |
| 6 | 0x3E0＋Node_ID | 配置参数下载 |
| 7 | 0x400＋Node_ID | 车令数据帧 |

# 4.6　CAN 总线硬件产品

## 4.6.1　SJA1000 控制器

SJA1000 是一个独立的 CAN 控制器,它在汽车和普通的工业中都有应用。由于它和 PCA82C200 在硬件和软件都兼容,因此它基本可以完全替代 PCA82C200。SJA1000 有一系列先进的功能适合于多种应用,特别在系统优化、诊断和维护方面非常重要。

本文是要指导读者设计基于 SJA1000 的完整的 CAN 节点,同时本文还提供典型的应用电路图和编程的流程图。

SJA1000 独立的 CAN 控制器有以下两个不同的操作模式。

(1) BasicCAN 模式(和 PCA82C200 兼容);

(2) PeliCAN 模式。

BasicCAN 模式是上电后默认的操作模式。因此,用 PCA82C200 开发的已有硬件和软件可以直接在 SJA1000 上使用,而不用做任何修改。

PeliCAN 模式是新的操作模式,它能够处理所有 CAN2.0B 规范的帧类型。而且它还提供一些增强功能使 SJA1000 能应用于更宽的领域。

1. SJA1000 的特征

SJA1000 是一种独立控制器,用于移动目标和一般工业环境中的区域网络控制,它是 PCA82C200 CAN 控制器(BasicCAN)的替代产品。而且它增加了一种新的 PeliCAN 工作模式,这种模式支持具有很多新特性的 CAN2.0B 协议。内部结构如图 4.49 所示。引脚定义见表 4.38。

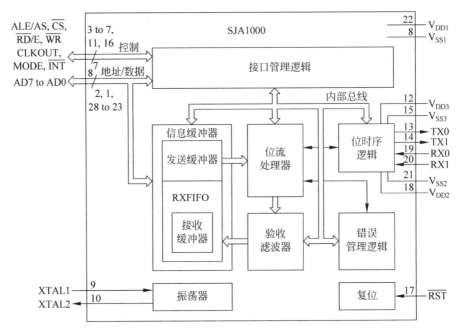

**图 4.49　SJA1000 内部结构框图**

**表 4.38　SJA1000 引脚描述**

| 符　号 | 引　脚 | 描　述 |
|---|---|---|
| AD7～AD0 | 2,1,28～23 | 多路地址/数据总线 |
| ALE/AS | 4 | ALE 输入信号(Intel 模式),AS 输入信号(Motorola 模式) |
| nCS | 4 | 片选输入低电平允许访问 SJA1000 |
| (nRD)nE | 5 | 微控制器的 nRD 信号(Intel 模式)或 E 使能信号(Motorola 模式) |
| nWR | 6 | 微控制器的 nWR 信号(Intel 模式)或 RD/nWR 信号(Motorola 模式) |
| CLKOUT | 7 | SJA1000 产生的提供给微控制器的时钟输出信号,时钟信号来源于内部振荡器且通过编程驱动时钟控制寄存器的时钟关闭位可禁止该引脚 |
| Vss1 | 8 | 接地 |
| XTAL1 | 9 | 输入到振荡器放大电路外部,振荡信号由此输入 |
| XTAL2 | 10 | 振荡放大电路输出;使用外部振荡信号时左开路输出 |
| MODE | 11 | 模式选择输入<br>1＝Intel 模式;0＝Motorola 模式 |
| Vdd3 | 12 | 输出驱动的 5V 电压源 |
| TX0 | 13 | 从 CAN 输出驱动器 0 输出到物理线路上 |
| TX1 | 14 | 从 CAN 输出驱动器 1 输出到物理线路上 |
| Vss3 | 15 | 输出驱动器接地 |
| nINT | 16 | 中断输出,用于中断微控制器;nINT 在内部中断寄存器各位都被置位时低电平有效;nINT 是开漏输出,且与系统中的其他 nINT 是线或的;此引脚上的低电平可以把 IC 从睡眠模式中激活 |

| 符　号 | 引　脚 | 描　述 |
|---|---|---|
| nRST | 17 | 复位输入,用于复位 CAN 接口,低电平有效;把 nRST 引脚通过电容连到 VSS,通过电阻连到 VDD 可自动上电复位(例如,$C=1\mu\mathrm{F}$;$R=50\mathrm{k}\Omega$) |
| Vdd2 | 18 | 输入比较器的 5V 电压源 |
| RX0<br>RX1 | 19<br>20 | 从物理的 CAN 总线输入到 SJA1000 的输入比较器;支配(控制)电平将会唤醒 SJA1000 的睡眠模式;如果 RX1 比 RX0 的电平高,就读支配(控制)电平,反之读弱势电平;如果时钟分频寄存器的 CBP 位被置位,就旁路 CAN 输入比较器以减少内部延时(此时连有外部收发电路);这种情况下只有 RX0 是激活的;弱势电平被认为是高而支配电平被认为是低 |
| Vss2 | 21 | 输入比较器的接地端 |
| Vdd1 | 22 | 逻辑电路的 5V 电压源 |

2. CAN 节点结构

通常,每个 CAN 模块能够被分成不同的功能块。SJA1000 用最优化的 CAN 收发器连接到 CAN 总线。收发器控制从 CAN 控制器到总线物理层或相反的逻辑电平信号。

上面一层是一个 CAN 控制器,它执行在 CAN 规范里规定的完整 CAN 协议,它通常用于报文缓冲和验收滤波。而所有这些 CAN 功能都由一个控制器控制,它负责执行应用的功能。例如,控制执行器、读传感器和处理人机接口(MMI)。

如图 4.50 所示,SJA1000 独立的 CAN 控制器通常位于微型控制器和收发器之间,大多数情况下这个控制器是一个集成电路。

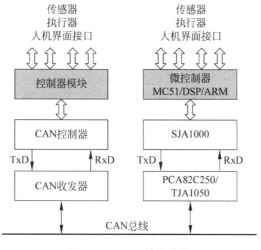

图 4.50　CAN 模块装置

3. 应用结构图

SJA1000 由 CAN 内核、接收 FIFO、发送缓冲区、接口管理逻辑、验收滤波器组成。图 4.51 是 SJA1000 的结构图。

CAN 内核模块根据 CAN 规范控制 CAN 帧的发送和接收。接口管理逻辑负责连接外

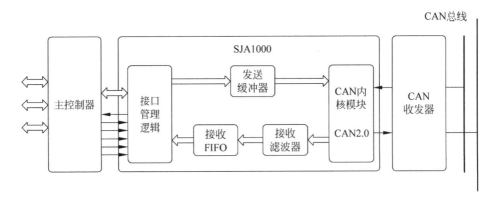

**图 4.51　SJA1000 的结构图**

部主控制器,提供复用的地址/数据总线接口及读/写控制信号,以方便主控制器与 SJA1000 交换数据。该控制器能可以是微型控制器或任何其他器件。

SJA1000 的发送缓冲器能够存储一个完整的报文(扩展帧或标准帧)。当主控制器启动发送时,接口管理逻辑会控制 CAN 内核从发送缓冲区读取 CAN 报文并发送。

当收到一个报文时,CAN 内核模块将串行位流转换成用于验收滤波器的并行数据。通过这个可编程的滤波器,SJA1000 能确定主控制器要接收哪些报文。

通过验收滤波器验收的报文按接收的先后顺序依次存储在接收 FIFO 中。储存报文的多少由工作模式决定,而最多能存储 21 条报文。因为数据超载可能性被大大降低,这使用户能更灵活地指定中断服务和中断优先级。

4. CAN 节点系统设计

为了连接到主控制器,SJA1000 提供一个复用的地址/数据总线和附加的读/写控制信号。SJA1000 可以作为主控制器外围存储器映射的 I/O 器件。SJA1000 的寄存器和管脚配置使它可以使用各种各样集成或分立的 CAN 收发器。

如图 4.52 所示是一个包括 80C51 微型控制器和 PCA82C251 收发器的典型 SJA1000 应用。CAN 控制器功能像一个时钟源,复位信号由外部复位电路产生。在这个例子里 SJA1000 的片选由微控制器的 P2.7 口控制。否则,这个片选输入必须接到 VSS。它也可以通过地址译码器控制,例如,当地址/数据总线用于其他外围器件的时候。

1) 电源

SJA1000 有三对电源引脚,用于 CAN 控制器内部不同的数字和模拟模块。

VDD1/VSS1:内部逻辑(数字)。

VDD2/VSS2:输入比较器(模拟)。

VDD3/VSS3:输出驱动器(模拟)。

为了有更好的 EME 性能,电源应该分隔开来。例如,为了抑制比较器的噪声,VDD2 可以用一个 RC 滤波器来退耦。

2) 复位

为了使 SJA1000 正确复位,CAN 控制器的 XTAL1 管脚必须连接一个稳定的振荡器时钟。引脚 17 的外部复位信号要同步并被内部延长到 15 个 $t_{XTAL}$。这保证了 SJA1000 所有寄存器能够正确复位。要注意的是上电后的振荡器的起振时间必须要考虑。

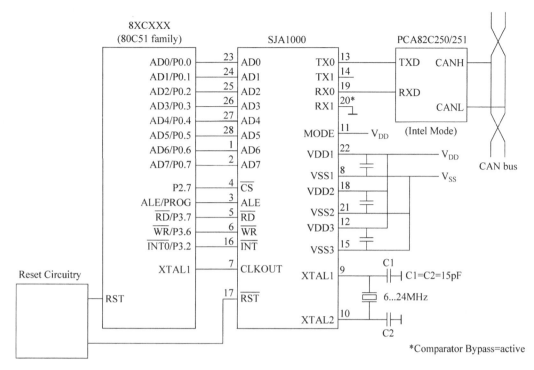

**图 4.52　典型的 SJA1000 应用**

3）振荡器和时钟策略

SJA1000 能用片内振荡器或片外时钟源工作。另外,CLKOUT 管脚可被使能,向主控制器输出时钟频率。图 4.53 显示了 SJA1000 应用的 4 个不同的定时原理。如果不需要 CLKOUT 信号,可以通过置位时钟分频寄存器 Clock Off＝1 关断。这将改善 CAN 节点的 EME 性能。CLKOUT 信号的频率可以通过时钟分频寄存器改变。

$$f_{\text{CLKOUT}} = f_{\text{XTAL}}/时钟分频因子(1、2、4、6、8、10、12、14)$$

上电或硬件复位后,时钟分频因子的默认值由所选的接口模式(引脚 11)决定。如果使用 16MHz 的晶振,Intel 模式下 CLKOUT 的频率是 8MHz。Motorola 模式中,复位后的时钟分频因子是 12,这种情况下 CLKOUT 会产生 1.33MHz 的频率。时钟策略见图 4.53。

4）睡眠和唤醒

置位命令寄存器的进入睡眠位(BasicCAN 模式)或模式寄存器(PeliCAN 模式)的睡眠模式位后,如果没有总线活动和中断等待,SJA1000 就会进入睡眠模式。振荡器在 15 个 CAN 位时间内保持运行状态。此时微型控制器用 CLKOUT 频率来计时,进入自己的低功耗模式。如果出现三个唤醒条件之中的一个,振荡器会再次启动并产生一个唤醒中断。振荡器稳定后,CLKOUT 频率被激活。

5）CPU 接口

SJA1000 支持直接连接到两个经典的微型控制器系列：Intel 的 80C51 和 Motorola 的 68xx。通过 SJA1000 的 MODE 引脚可选择接口模式。

(1) Intel 模式：MODE＝高。

(2) Motorola 模式：MODE＝低。

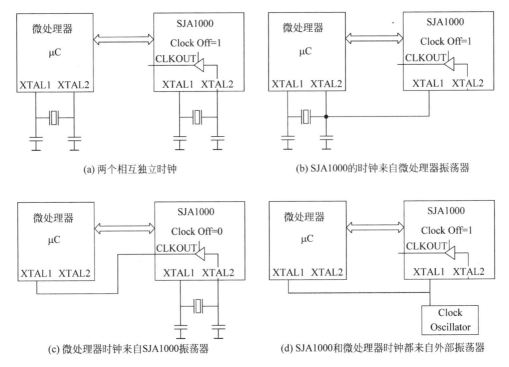

(a) 两个相互独立时钟

(b) SJA1000的时钟来自微处理器振荡器

(c) 微处理器时钟来自SJA1000振荡器

(d) SJA1000和微处理器时钟都来自外部振荡器

图 4.53   时钟策略

地址/数据总线和读/写控制信号在 Intel 模式和 Motorola 模式的连接如图 4.54 所示。Philips 基于 80C51 系列的 8 位微控制器和 XA 结构的 16 位微型控制器都使用 Intel 模式。

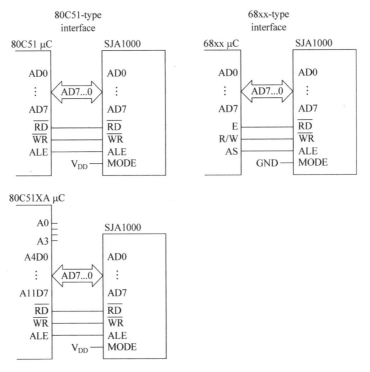

图 4.54   SJA1000 的 CPU 时钟接口

为了和其他控制器的地址/数据总线和控制信号匹配,必须要附加逻辑电路。但是必须确保在上电期间不产生写脉冲,另一个方法在这个时候使片选输入是高电平,禁能 CAN 控制器。

6)物理层接口

为了和早期的 PCA82C200 兼容,SJA1000 包括一个模拟接收输入比较器电路。当设计人员使用分立元件实现收发器时,就需要用到这个比较器。

如果使用外部集成收发器电路时,SJA1000 有两种连接收发器电路的方式供用户选择,如图 4.55 所示。

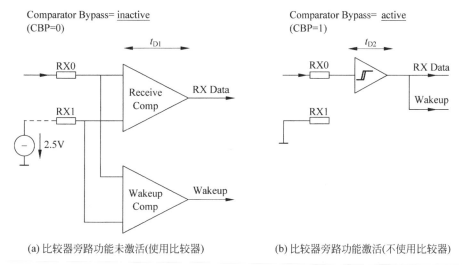

(a) 比较器旁路功能未激活(使用比较器)　　(b) 比较器旁路功能激活(不使用比较器)

**图 4.55　SJA1000 的接收输入比较器**

当比较器旁路功能未激活时,SJA1000 需要使用两个输入信号 RX0 和 RX1,并且 RX0 连接到收发器 RX,RX1 连接到 2.5V 的参考电压(由收发器提供)。

当比较器旁路功能激活,只需将 RX0 连接到收发器的 RX,RX1 连接到地。在这种模式下,内部传播延时 $t_{D2}$ 比使用比较器的传播延时小得多,这样既可以增加通信距离,又能显著减少休眠模式下的电流。

在使用集成 CAN 收发器时,SJA1000 与集成 CAN 收发器的典型连接图如图 4.56 所示,图中说明了如何通过输出控制寄存器和时钟分频寄存器来决定电路连接。

5. 控制 SJA1000 的基本功能和寄存器

SJA1000 的功能配置和行为由主控制器的程序执行。因此 SJA1000 能满足不同属性的 CAN 总线系统的要求。主控制器和 SJA1000 之间的数据交换经过一组寄存器(控制段)和一个 RAM(报文缓冲器)完成。RAM 的部分的寄存器和地址窗口组成了发送和接收缓冲器,对于主控制器来说就像是外围器件寄存器。表 4.39 根据它们在系统中的作用分组列出了这些寄存器。

**注意**,一些寄存器只在 PeliCAN 模式有效控制寄存器就仅在 BasicCAN 模式里有效。而且一些寄存器是只读的或只写的,还有一些只能在复位模式中访问。

关于寄存器的读(和/或)写访问、位定义和复位值等更多信息,可在表 4.39 中找到。

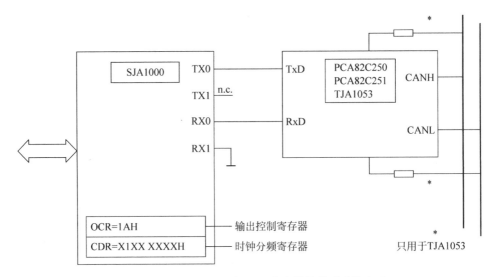

**图 4.56　SJA1000 与集成 CAN 收发器的典型连接电路**

**表 4.39　SJA000 内部寄存器的分类**

| 使用类型 | 寄存器名称(符号) | 寄存器地址 | | 功　能 |
| --- | --- | --- | --- | --- |
| | | PeliCAN 模式 | BasicCAN 模式 | |
| 选择不同的操作模式的要素 | 模式(MOD) | 0 | — | 选择睡眠模式、验收滤波器模式、自测试模式、只听模式和复位模式 |
| | 控制(CR) | — | 0 | 在 BasicCAN 模式里选择复位模式 |
| | 命令(CMR) | — | 1 | BasicCAN 模式的睡眠模式命令 |
| | 时钟分频器(CDR) | 31 | 31 | 在 CLKOUT 设置是中信号(引脚 7)选择 PeliCAN 模式、比较旁路模式、TX1(管脚 14)输出模式 |
| 设定 CAN 通信的要素 | 验收码(ACR) | 16~29 | 4 | 验收滤波器位的模式选择 |
| | 验收屏蔽(AMR) | 20~23 | 5 | |
| | 总线定时寄存器 0(BTR0) | 6 | 6 | 位定时参数的选择 |
| | 总线定时寄存器 1(BTR1) | 7 | 7 | |
| | 输出控制 | 8 | 8 | 输出驱动器属性选择 |
| | 命令(CMR) | 1 | 1 | 自接收、清除数据超载、释放接收缓冲器、中止传输和传输请求的命令 |
| | 状态(SR) | 2 | 2 | 报文缓冲器的状态、CAN 核心模块的状态 |
| | 中断(IR) | 3 | 3 | CAN 中断标志 |
| | 中断使能(IER) | 4 | — | 在 PeliCAN 模式使能和禁止中断 |
| | 控制(CR) | — | 0 | 在 BasicCAN 模式使能和禁止中断事件 |

| 使用类型 | 寄存器名称(符号) | 寄存器地址 | | 功　　能 |
| --- | --- | --- | --- | --- |
| | | PeliCAN 模式 | BasicCAN 模式 | |
| 复杂的错误检测和分析的要素 | 仲裁丢失捕捉(ALC) | 11 | — | 显示仲裁丢失的位置 |
| | 错误代码捕捉(ECC) | 12 | — | 显示最近一次的错误类型和位置 |
| | 出错警告界限(EWLR) | 13 | — | 产生出错警告中断的阈值选择 |
| | RX 错误计数(RXERR) | 14 | — | 反映接收错误计数器的当前值 |
| | TX 错误计数(TXERR) | 14、15 | — | 反映发送错误计数器的当前值 |
| | RX 报文计数器(RMC) | 29 | — | 接收 FIFO 里的报文数量 |
| | RX 缓冲器起始地址(RBSA) | 30 | — | 显示接收缓冲器提供的报文的当前内部 RAM 地址 |
| 信息缓冲器 | 发送缓冲器(TXBUF) | 16~28 | 10~19 | |
| | 接收缓冲器(RXBUF) | 16~28 | 20~229 | |

1) 发送缓冲器/接收缓冲器

要在 CAN 总线上发送的数据被载入 SJA1000 的存储区,这个存储区叫"发送缓冲器"。从 CAN 总线上收到的数据也存储在 SJA1000 的存储区,这个存储区叫接收缓冲器。这些缓冲器包括 2、3 或 5 个字节的标识符和帧信息(取决于模式和帧类型),而最多可以包含 8 个数据字节。

BasicCAN 模式:缓冲器长 10 个字节(见表 4.40)。

(1) 两个标识符字节;

(2) 最多 8 个数据字节。

表 4.40　BasicCAN 模式里的 Rx 和 Tx 缓冲器

| CAN 地址(十进制) | 名　　称 | 组成和注释 |
| --- | --- | --- |
| Tx 缓冲器:10<br>Rx 缓冲器:20 | 标识符字节 1 | 8 位标识符 |
| Tx 缓冲器:11<br>Rx 缓冲器:21 | 标识符字节 2 | 3 位标识符,1 位远程传输请求位,4 位数据长度代码 |
| Tx 缓冲器:12~19<br>Rx 缓冲器:20~29 | 数据字节 1~8 | 由数据长度代码指明,最多 8 个数据字节 |

PeliCAN 模式:这些缓冲器是 13 个字节长(见表 4.41)。

(1) 1 字节帧信息;

(2) 2 个或 4 个标识符字节标准帧或扩展帧;

(3) 最多 8 个数据字节。

表 4.41　PeliCAN 模式里的 Rx 缓冲器(读访问)和 Tx 缓冲器(写访问)

| CAN 地址(十进制) | 名　　称 | 组成和注释 |
| --- | --- | --- |
| 16 | 帧信息 | 1 位说明,如果报文包括一个标准帧或扩展帧<br>1 位远程传输请求位<br>4 位数据长度码,说明数据字节的数量 |

续表

| CAN 地址（十进制） | 名　称 | 组成和注释 |
|---|---|---|
| 17、18 | 标识符字节 1、2 | 标准帧：11 位标识符；扩展帧：16 位标识符 |
| 19、20 | 标识符字节 3、4 | 仅扩展帧：13 个标识符 |
| 帧类型<br>标准帧：19～26<br>扩展帧：21～28 | 数据字节 1～8 | 由数据长度代码说明，最多 8 个数据字节 |

注：整个接收 FIFO（64 个字节）能通过 CAN 地址 32～95 访问。

Tx 缓冲器的读访问可通过 CAN 地址 96～108 完成。

2）验收滤波器

独立的 CAN 控制器 SJA1000 装配了一个多功能的验收滤波器，该滤波器允许自动检查标识符和数据字节。使用这些有效的滤波方法，可以防止对于某个节点无效的报文或报文组存储在接收缓冲器里。因此降低了主控制器的处理负载。

滤波器由验收码寄存器和屏蔽寄存器根据数据表给定算法来控制。接收到的数据会和验收代码寄存器中的值进行逐位比较。接收屏蔽寄存器定义与比较相关的位的位置（0＝相关，1＝不相关）只有收到报文的相应的位与验收代码寄存器相应的位相同时报文才会被接收。

（1）BasicCAN 模式里的验收滤波

SJA1000 在这个模式可以即插即用地取代 PCA82C200（硬件和软件）。因此验收滤波功能与 PCA82C200 的一样，也可以使用。这个滤波器是由两个 8 位寄存器——验收码寄存器 ACR 和验收屏蔽寄存器 AMR 控制。CAN 报文标识符的高 8 位和这些寄存器里的值相比较，见图 4.57。因此可以定义若干组的标识符为被任何一个节点接收。

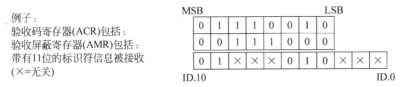

图 4.57　BasicCAN 模式里的验收滤波

在验收屏蔽寄存器里是"1"的位置上，标识符相应的位可以是任何值。这对于三个最低位也一样，因此在这个例子里可以接收 64 个不同的标识符。标识符其他的位必须等于验收代码寄存器相应位的值，如图 4.58 所示。

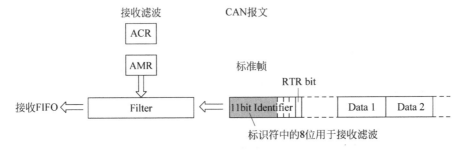

图 4.58　BasicCAN 模式的验收滤波

（2）PeliCAN 模式的验收滤波

PeliCAN 模式的验收滤波已被扩展：4 个 8 位的验收码寄存器 ACR0、ACR1、ACR2、ACR3 和验收屏蔽寄存器 AMR0、AMR1、AMR2、AMR3 可以用多种方法滤波报文。这些寄存器可用于控制一个长的滤波器或两个短的滤波器。报文的哪些位用于验收滤波，取决于收到的帧（标准帧或扩展帧）和选择的滤波器模式（单滤波器或双滤波器）。有关报文的哪些位和验收码和屏蔽位相比较的更多信息请看表 4.42。从图和表可以看出，标准帧的验收滤波可以包括 RTR 位甚至数据字节。对于不需要经过验收滤波的报文位（例如报文组被定义为接受），验收屏蔽寄存器必须在相应的位位置上置"1"。

如果报文不包括数据字节（例如是一个远程帧或者数据长度码为零）但是验收滤波包括数据字节，则如果标识符直到 RTR 位都有效的话，报文会被接收。

【例 4.3】　假设前面描述的同样的 64 个标准帧报文要在 PeliCAN 模式里滤波，可以通过使用一个长滤波器完成（单滤波器模式）。验收代码寄存器 ACRn 和验收屏蔽寄存器 AMRn 见表 4.42。

表 4.42　验收代码寄存器和验收屏蔽寄存器

| n | 0 | 1（高 4 位） | 2 | 3 |
| --- | --- | --- | --- | --- |
| ACRn | 01xx x010 | xxxx | Xxxx xxxx | Xxxx xxxx |
| AMRn | 0011 1000 | 1111 | 1111 1111 | 1111 1111 |
| 接收的报文（ID. 28～ID. 18，RTR） | 01xx x010 xxxx | | | |

（"X"=不相关；"x"=任意，只使用了 ACR1 和 AMR1 的高 4 位）

在验收屏蔽寄存器是 1 的位置上，标识符相应的位可以是任何值，譬如远程发送请求位和数据字节 1 和 2 的位，如图 4.59 所示。

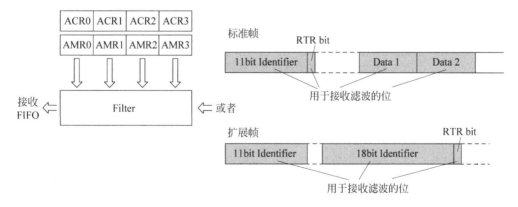

图 4.59　PeliCAN 模式的验收滤波单滤波器模式

【例 4.4】　假设下面两个有标准帧标识符的报文在标识符不用进一步译码时就被接收。数据和远程帧必须被正确接收。数据字节不要求验收滤波。

报文 1：（ID. 28）1011 1100 101（ID. 18）

信息 2：（ID. 28）1111 0100 101（ID. 18）

使用单滤波器模式可以接收到 4 个报文而不仅是要求的两个，见表 4.43。

**表 4.43 单滤波器模式接收报文**

| n | 0 | 1(高 4 位) | 2 | 3 |
|---|---|---|---|---|
| ACRn | 1X11 X100 | 101X | XXXX XXXX | XXXX XXXX |
| AMRn | 0100 1000 | 0001 | 1111 1111 | 1111 1111 |
| 接收的报文<br>(ID. 28～ID. 18,RTR) | | 1011 0100 101x<br>1111 0100 101x(报文 2)<br>1011 1100 101x(报文 1)<br>1111 1100 101x | | |

("X"=不相关,"x"=任意,只使用了 ACR1 和 AMR1 的高 4 位)

这个结果不满足进一步解码而接收两条信息的要求,使用双滤波器可以得到正确的结果,见表 4.44。

**表 4.44 双滤波器模式接收报文**

| | 滤波器 1 | | | 滤波器 2 | |
|---|---|---|---|---|---|
| n | 0 | 1 | 3 低 4 位 | 2 | 3 高 4 位 |
| ACRn | 1011 1100 | 101X XXXX | ··· XXXX | 1111 0100 | 101X··· |
| AMRn | 0000 0000 | 0001 1111 | ··· 1111 | 0000 0000 | 0001··· |
| 接收的信息<br>(ID. 28～ID. 18,RTR) | 1011 1100 101X<br>(报文 1) | | | 1111 0100 101X<br>(报文 2) | |

报文 1 被滤波器 1 接收,报文 2 被滤波器 2 接收。如果报文至少被两个滤波器中的一个接收,报文就接收 FIFO。这种方法可满足这种要求。

**【例 4.5】** 在这个例子里,使用一个长的验收滤波器滤波一组带有扩展帧标识符的报文,见表 4.45。

**表 4.45 长的验收滤波器滤波一组带有扩展帧标识符的报文**

| n | 0 | 1 | 2 | 3(高 6 位) |
|---|---|---|---|---|
| ACRn | 1011 0100 | 1011 000X | 1100 XXXX | 0011 0XXX |
| AMRn | 0000 0000 | 0001 0001 | 0000 1111 | 0000 0111 |
| 接收的报文<br>(ID. 28～ID. 18,RTR) | | 1011 0100 1011 000x 1100 xxxx 0011 0x | | |

("X"=不相关,"x"=任意,只使用了 ACR1 和 AMR1 的高 6 位)

**【例 4.6】** 有些使用标准帧系统仅用 11 位标识符和头两个数据字节识别报文。如果报文超过 8 个数据字节,头两个数据字节定义为报文头和使用分段存储协议就会使用这样的协议。例如,DeviceNet 对于这种系统类型,SJA1000 除了滤波 11 位标识符和 RTR 位外,在单滤波器模式里能滤波两个数据字节,在双滤波器模式里能过滤一个数据字节(除了 11 位标识符和 RTR 位)。下面的例子显示了用双滤波器模式,在这种系统里有效地滤波报文,见表 4.46。

表 4.46　双滤波器模式

| n | 滤波器 1 | | | 滤波器 2 | |
|---|---|---|---|---|---|
|  | 0 | 1 | 3 低 4 位 | 2 | 3 高 4 位 |
| ACRn | 1110 1011 | 0010 1111 | ··· 1001 | 1111 0100 | XXX0··· |
| AMRn | 0000 0000 | 0000 0000 | ··· 0000 | 0000 0000 | 1110··· |
| 接收的报文 | 1110　　1011　　0010　　1111···　1001 | | | 1111　　0100　　xxx0 | |
|  | 标识符＋RTR　　　　　∣　头一个数据字节 | | | 标识符　　　∣　　RTR | |

（"X"＝不相关，"x"＝任意）

滤波器 1 滤波的报文有：

（1）标识符"11101011001"；

（2）RTR＝"0"，也就是说是数据帧以及数据字节"11111001"（这是指例如 DeviceNet 一个信息的所有段都被过滤）。

滤波器 2 用来过滤一组 8 个报文，其中报文有：

标识符"11110100000"到"11110100111"，以及 RTR＝"0"，也就是数据帧。

单滤波器模式与双滤波器模式的对比见表 4.47。

表 4.47　单滤波器模式与双滤波器模式对比

| 帧类型 | 单滤波器模式（图 4.59） | 双滤波器模式（图 4.60） |
|---|---|---|
| 标准 | 验收的报文位：<br>（1）11 位标识符<br>（2）RTR 位<br>（3）第一个数据字节 8 位<br>（4）第二个数据字节 8 位<br>使用的验收码寄存器和屏蔽寄存器：<br>（1）ACR0 或 ACR1/ACR2/ACR3 的高 4 位<br>（2）AMR0 或 AMR1/AMR2/AMR3 的高 4 位<br>（接收屏蔽寄存器的未使用的位应设为"1"） | 滤波器 1：<br>验收的报文位：<br>（1）11 位标识符<br>（2）RTR 位<br>（3）第一个数据字节 8 位<br>使用的验收码寄存器和屏蔽寄存器：<br>（1）ACR0/ACR1 或 ACR3 的低 4 位<br>（2）AMR0/AMR1 或 AMR3 的低 4 位<br>滤波器 2：<br>用于验收测试的报文位：<br>（1）11 位标识符<br>（2）RTR 位<br>使用的验收码寄存器和验收屏蔽寄存器：<br>（1）ACR2 或 ACR3 的高 4 位<br>（2）AMR2 或 AMR3 的高 4 位 |
| 扩展 | 用于验收的报文位：<br>（1）11 位基本的标识符<br>（2）18 位扩展的标识符<br>（3）RTR 位<br>使用的验收码和验收屏蔽寄存器：<br>（1）ACR0/ACR1/ACR2 或 ACR3 的高 6 位<br>（2）AMR0/AMR1/AMR2 或 AMR3 的高 6 位<br>（验收屏蔽寄存器的未使用的位应设为"1"） | 滤波器 1：<br>用于验收的报文位：<br>（1）11 位基本标识符<br>（2）扩展标识符的 5 个最高位<br>使用的验收码和验收屏蔽寄存器：<br>ACR0/ACR1 和 AMR0/AMR1<br>滤波器 2：<br>用于测试验收的报文位：<br>（1）11 位基本的标识符<br>（2）扩展标识符的 5 个最高位<br>使用的验收码和验收屏蔽寄存器：<br>ACR2/ACR3 和 AMR2/AMR3 |

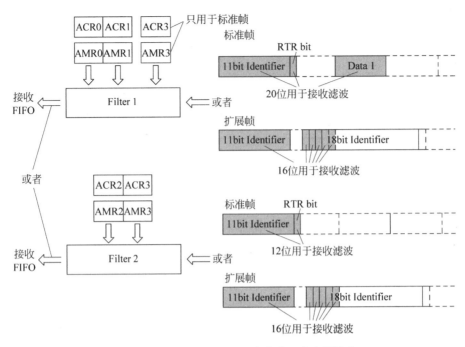

图 4.60　PeliCAN 模式的验收滤波双滤波器模式

6．CAN 通信的功能

通过 CAN 总线建立通信的步骤如下。

步骤 1：系统上电后。

（1）根据 SJA1000 的硬件和软件连接设置主控制器。

（2）根据选择的模式、验收滤波、位定时等设置 CAN 控制器的通信。这也是在 SJA1000 硬件复位后进行的。

步骤 2：在应用的主过程中。

（1）准备要发送的报文并激活 SJA1000 发送它们。

（2）对被 CAN 控制器接收的报文起作用。

（3）在通信期间对发生的错误起作用。

图 4.61 表示了程序的总体流程，接下来会详细解说那些直接控制 SJA1000 的流程。

1）系统初始化

如上面提到的一样，独立的 CAN 控制器 SJA1000 必须在上电或硬件复位后设置 CAN 通信。在由主控制器操作期间，它可能会发送一个软件复位请求，SJA1000 会被重新配置再

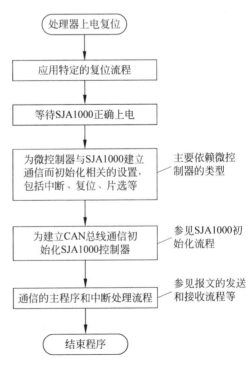

图 4.61　程序的总体流程图

次初始化。流程图如图 4.62 所示。本节还会给出一个使用 80C51 派生的微控制器编程的例子。上电后,主控制器在运行完自己的特殊复位程序后进入 SJA1000 的设置程序。

初始化过程的描述见图 4.62。假设上电后独立 CAN 控制器在管脚 1 得到一个低电平复位脉冲,使它进入复位模式,在设置 SJA1000 的寄存器前,主控制器通过读复位模式/请求标志来检查 SJA1000 是否已达到复位模式,因为要得到配置信息的寄存器仅在复位模式可写。在复位模式中,主控制器必须配置下面的 SJA1000 控制段寄存器。

模式寄存器(仅在 PeliCAN 模式),为应用选择下面的工作模式。

(1) 验收滤波器模式;

(2) 自我测试模式;

(3) 仅听模式。

时钟分频寄存器定义:

(1) 使用 BasicCAN 模式还是 PeliCAN 模式;

(2) 是否使能 CLKOUT 管脚;

(3) 是否旁路 CAN 输入比较器;

(4) TX1 输出是否用作专门的接收中断输出。

验收码寄存器和验收屏蔽寄存器:

(1) 定义接收报文的验收码;

(2) 对报文和验收码进行比较的相关位定义验收屏蔽码。

总线定时寄存器:

(1) 定义总线的位速率;

(2) 定义位周期内的位采样点;

(3) 定义在一个位周期里采样的数量。

输出控制寄存器:

(1) 定义 CAN 总线输出管脚 TX0 和 TX1 的输出模式:正常输出模式、时钟输出模式、双相输出模式或测试输出模式。

(2) 定义 TX0 和 TX1 输出管脚配置:悬空、下拉、上拉或推挽以及极性。

在将这个信息发送到 SJA1000 的控制段后,SJA1000 会清除复位模式/请求标志进入工作模式。要必须先检查标志是否确实被清除,是否进入了工作模式才能进行下一步的操作。这通过循环读标志实现。

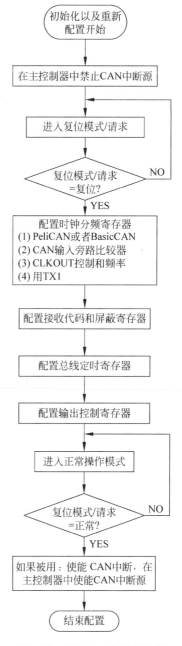

图 4.62　SJA1000 初始化流程

在硬件复位等待期间(管脚 17 是低电平),不能清除复位模式/请求标志,因为这将迫使复位模式/请求标志变成“复位/存在”。因此这个循环是不断尝试清除标志和检查是否成功离开复位模式。进入工作模式后,CAN 控制器的中断可被使能(如果适合的话)。

**【例 4.7】** SJA1000 的配置和初始化。

在下面编程例子里,假设微型控制器 S87C654 是主控制器。它以 SJA1000 输出的时钟作为时钟信号。在上电期间,一个复位电路为微型控制器和 CAN 控制器提供硬件复位信号。在复位期间,SJA1000 的时钟分频寄存器清零。因此 CAN 控制器进入 BasicCAN 模式,且时钟输出使能,当晶振起振后 CAN 控制器能够给 S87C654 传送时钟信号。管脚 11 的时钟频率是 $f_{\frac{CLK}{2}}$,它支持 80C51 系列控制器。收到这个时钟信号后,微控制器启动自己的复位过程,如图 4.61 所示。

关于不同的常数和变量等的定义本文就不介绍了,需要的读者可以参阅相关书籍。变量在 BasicCAN 和 PeliCAN 模式里的含义可以不同。例如,"InterruptEnReg"在 BasicCAN 模式里是指控制寄存器,但在 Pelican 模式里是指中断使能寄存器。编程使用的是 C 语言。

在例子里,假设 CAN 控制器要被初始化然后在 PeliCAN 模式里使用,这很容易可以从 BasicCAN 模式相应的初始化程序实现。

第一步必须在主控制器和 SJA1000 之间设定一个通信链路(片选,中断等),如图 4.61 中的"为微控制器与 SJA1000 建立通信而初始化相关的设置"。

```
/*定义中断优先级和控制*/
PX0＝PRIORITY_HIGH;              /*设 CAN 有一个高优先级中断*/
IT0 INTLEVELACT;                /*中断 0 为电平激活*/
/*使能 SJA1000 的通信接口*/
CS ENABLE_N;                    /*SJA1000 接口使能*/
/*通信连接的定义结束*/
```

第二步是初始化 SJA1000 的所有内部寄存器。因为一些寄存器仅在复位模式期间可被写,所以在写入之前必须检查。上电后,SJA1000 被设定为复位模式,如果复位模式已被置位,在循环里面可以检查到。

```
/*中断禁能如果使用上电后不需要*/
EA DISABLE;                     /*所有中断禁能*/
SAJIntEn＝DISABLE;              /*来自 SJA100 的外部中断禁能*/
/*设定复位模式/请求位(上电后,SJA1000 处于 BasicCAN 模式)在超时和出现错误信号后跳出循环*/
while((ModeControlReg & RM_RR_Bit)==ClrByte)
{
/*其他位而不是复位模式/请求位没有改变*/
ModeControlReg＝ModeControlReg RM_RR_Bit;
}
/*设定时钟分频寄存器选择 PeliCAN 模式,旁路 CAN 输入比较器作为外部收发器使用为控制器
S87C654 选择时钟*/
ClockDiv 标识符 eReg＝CANMode_Bit CBP_Bit DivBy2
/*如果需要在上电后总是必须的,CAN 中断禁能(写 SJA1000 中断使能/控制寄存器)*/
InterruptEnReg＝ClrIntEnSJA
/*定义验收代码和屏蔽 */
AcceptCode0Reg＝ClrByte;
AcceptCode1Reg＝ClrByte;
AcceptCode2Reg＝ClrByte;
AcceptCode3Reg＝ClrByte;
AcceptMask0Reg＝DontCare;        /*接收任何标识符*/
AcceptMask1Reg＝DontCare;        /*接收任何标识符*/
AcceptMask2Reg＝DontCare;        /*接收任何标识符*/
```

```
AcceptMask3Reg＝DontCare;                    /＊接收任何标识符＊/
/＊配置总线定时＊/
/＊位频率 1Mb/s@24MHz,总线被采样一次＊/
BusTiming0Reg＝SJW_MB_24 Prec_MB_24;
BusTiming1Reg＝TSEG2_MB_24 TSEG1_MB_24;
/＊配置 CA 输出;TX1 悬空,TX0 推挽正常输出模式 ＊/
OutControlReg＝Tx1Float｜Tx0PshPull｜NormalMode;
/＊离开复位模式/请求,也就是转向操作模式 S87C654 的中断使能,但 SJA1000 的 CAN 中断禁能,
这可以在一个系统里面分别完成清除复位模式位,选择双验收滤波器模式,关闭自我测试模式和仅
听模式,清除休眠模式唤醒＊/
do                                           /＊等待,直到 RM_RR_Bit 清零 ＊/
/＊在超时和出现错误后跳出循环 ＊/
{
ModeControlReg＝ClrByte;
}
while((ModeControlReg&RM_RR_Bit)!＝ClrByte);
SJAIntEn＝ENABLE;                             /＊SJA1000 的外部中断使能 ＊/
EA＝ENABLE;                                   /＊所有中断使能 ＊/
/＊ SJA1000 初始化例子的结束 ＊/
```

2）传输

根据 CAN 协议规范,报文的传输由 CAN 控制器 SJA1000 独立完成。主控制器必须将要发送的报文传送到发送缓冲器,然后将命令寄存器里的"发送请求"标志置位。发送过程可由 SJA1000 的中断请求控制或由查询控制段的状态标志控制。

（1）中断控制的发送

根据控制器的主要过程,CAN 控制器的发送中断以及为和 SJA1000 通信,主控制器使用的外部中断使能而且优先级高于启动发送（也由中断控制）。中断使能标志是位于 BasicCAN 模式的控制寄存器和 PeliCAN 模式的中断使能寄存器。

当 SJA1000 正在发送报文时,发送缓冲器被写锁定。所以在放置一个新报文到发送缓冲器之前,主控制器必须检查状态寄存器的"发送缓冲器状态标志"。

① 发送缓冲器被锁定

主控制器将新报文暂时存放在它自己的存储器里并设置一个标志,表示一个报文正在等待发送。如何处理可以设计来保存几个要发送的报文的临时存储计器是软件设计者的问题。启动传输报文会在中断服务程序中处理,程序在当前运行的发送末端被初始化。

从 CAN 控制器收到中断（见图 4.63 的中断处理过程）后,主控制器会检查中断类型。如果是发送中断,它会检查是否有更多的报文要被发送。一个正在等待的报文会从临时存储器复制到发送缓冲器,表示要发送更多信息的标志被清除。置位命令寄存器的发送请求 TR 标志,使 SJA1000 启动发送。

② 发送缓冲器被释放

主控制器将新报文写入发送缓冲器并置位命令寄存器的"发送请求"TR 标志,这将使 SJA1000 启动发送。在发送成功结束时,CAN 控制器会产生一个发送中断。

（2）查询控制的发送

流程如图 4.64 所示,CAN 控制器的发送中断在这类传输控制中禁能。只要 SJA1000

正在发送报文,发送缓冲器就被写锁定。因此在将新报文放入发送缓冲器之前,主控制器必须检查状态寄存器的发送缓冲器状态标志。

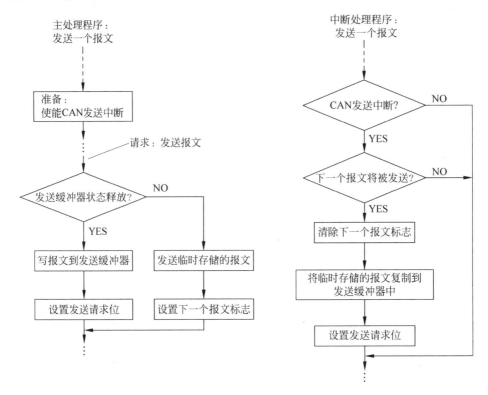

图 4.63　发送一个报文的流程图(中断控制)

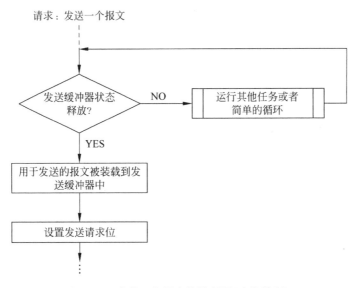

图 4.64　发送一个报文的流程图(查询控制)

① 发送缓冲器被锁定

周期查询状态寄存器,主控制器等待,直到发送缓冲器被释放。

② 发送缓冲器被释放

主控制器将新的报文写入发送缓冲器并置位命令寄存器间的发送请求 TR 标志,此时 SJA1000 将启动发送。

【例 4.8】 PeliCAN 模式的例子。

变量在 BasicCAN 和 PeliCAN 模式里的含义可以不同。例如,InterruptEnReg 在 BasicCAN 模式里是指控制寄存器,但在 PeliCAN 模式里是指中断使能寄存器。编程使用的是 C 语言。

根据 4.6.1 节给出的例子初始化 CAN 控制器后可启动正常的通信。

```
/* 等待,直到发送缓冲器被释放 */
Do
{
/* 等待时,启动查询定时器并运行一些任务,在超时和出现错误后跳出循环 */
}
while((statusReg&TBS_Bit)!=TBS_Bit)
/* 释放发送缓冲器,信息可写入缓冲器 */
/* 在这个例子里,会发送一个标准帧信息 */
TxFrameInfo=0x08;                /* SFF(data),DLC8 */
TxBuffer1=0xA5;                  /* 标识符 1=A5,(1010 0101) */
TxBuffer2=0x20;                  /* 标识符 2=20,(0010 0000) */
TxBuffer3=0x51;                  /* data1=51 */
TxBuffer10=0x58;                 /* data8=58 */
/* 启动发送 */
CommandReg=TR_Bit               /* 置位发送请求位 */
```

状态寄存器的 TS 和 RS 标志能检测 CAN 控制器是否已达到空闲状态。TBS 标志和 TCS 标志可以检查是否成功发送。

【例 4.9】 BasicCAN 模式的例子。

变量在 BasicCAN 和 PeliCAN 模式里的含义可以不同。例如,InterruptEnReg 在 BasicCAN 模式里是指控制寄存器,但在 PeliCAN 模式里是指中断使能寄存器。编程使用的是 C 语言。

根据 4.6.1 节给出的例子,初始化 CAN 控制器后,可启动正常的通信。

```
/* 等待,直到发送缓冲器被释放 */
Do
{
/* 等待时,启动查询定时器并运行一些任务,在超时和出现错误后跳出循环 */
}
while((StatusReg & TBS_Bit)!=TBS_Bit);
/* 发送缓冲器被释放信息可写入缓冲器 */
/* BasicCAN 模式里只有标准帧信息 */
TxBuffer1=0xA5                   /* 标识符 1=A5,(1010 0101) */
TxBuffer2=0x28                   /* 标识符 2=28,(0010 0000)(DLC=8) */
TxBuffer3=0x51                   /* data1=51 */
TxBuffer10=0x58                  /* data8=58 */
/* 启动发送 */
CommandReg=TR_Bit               /* 置位发送请求位 */
```

TBS 和 TCS 标志用于检查是否成功发送。

3) 中止发送

一个已经请求发送的报文,可通过置位命令寄存器的相应位执行"中止发送命令"中止发送。这个功能可用于:例如,发送一个比现在的报文更紧急的报文,而这个报文已被写入发送缓冲器,但是直到现在没有被成功地发送。

图 4.65 显示了一个使用发送中断的流程。这个流程显示了为了发送更高优先级的报文而中止当前发送的报文的情况。不同原因的中止报文发送要求不同的中断流程。一个相应的流程能从查询控制发送的处理中得到。

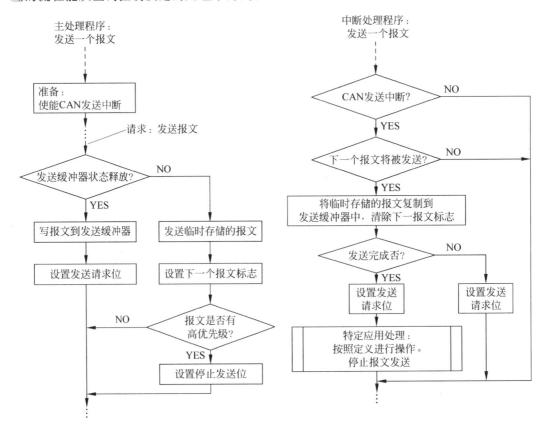

**图 4.65　中止发送一个报文的流程图(中断控制)**

为了避免报文由于不同的原因仍然等待处理,发送缓冲器会锁定(见图 4.65 的主流程图)。如果要求发送一个紧急报文,置位命令寄存器里中止发送位。当这条等待处理的报文已被成功地发送或中止后,发送缓冲器被释放,同时产生一个发送中断位。在中断流程,要检查状态寄存器的发送完成标志,确定前面的发送是否成功。状态"未完成"表示发送被中止。在这种情况下,主控制器要运行一个特殊程序来处理中止发送,例如,在检查后重复发送中止的报文(如果它仍然有效的话)。

4) 接收

根据 CAN 协议规范,报文的接收由 CAN 控制器 SJA1000 独立完成。收到的报文放在接收缓冲器。可以发送给主控制器的报文,由状态寄存器的接收缓冲器状态标志"RBS"标出(如果使能)。主控制器会将这条信息发送到本地的报文存储器,然后释放接收缓冲器并对报文操作。发送过程能被 SJA1000 的中断请求或查询 SJA1000 的控制段状态标志来控制。

（1）查询控制接收

流程如图 4.66 所示，CAN 控制器在这种接收类型下接收中断禁能。主控制器如常读 SJA1000 的状态寄存器检，查接收缓冲状态标志（RBS）看是否收到一个报文。这些标志的定义位于控制段的寄存器。接收缓冲器状态标志表示"空"，也就是没有收到报文。主控制器继续当前的任务直到收到检查接收缓冲器状态的新请求。

接收缓冲器状态标志表示"满"，也就是说收到一个或多个报文；主控制器从 SJA1000 得到第一个报文，然后通过置位命令寄存器的相应位，发送一个释放接收缓冲器命令。如图 4.66 所示，主控制器在检查更多信息报文前可以处理每个收到的报文。但也可以通过再次查询接收缓冲器状态位立即检查更多报文，并将在以后一起处理所有收到的报文。在这种情况下，主控制器的本地报文存储器必须足够大，可以存储多于一条报文。在已经发送和处理一条或所有报文后，主控制器继续执行其他的任务。

（2）中断控制接收

根据图 4.67 给出的控制器的主要过程，CAN 控制器的接收中断以及为和 SJA1000 通信主控制器的外部中断使能而且优先级高于中断控制报文。中断使能标志位于控制寄存器里（对于 BasicCAN 模式）或位于中断使能寄存器里（对于 PeliCAN 模式）。

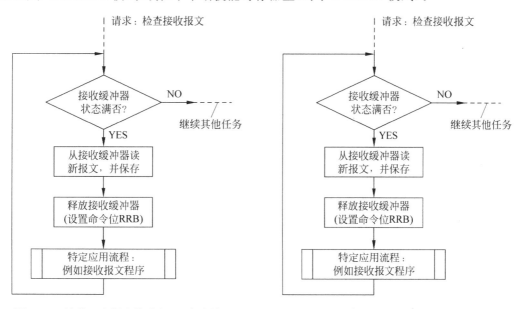

图 4.66　接收一个报文的流程图（查询控制）　　　图 4.67　接收一个报文的流程图（中断控制）

如果 SJA1000 已接收一个报文，而且报文已通过验收滤波器并放在接收 FIFO，那么会产生一个接收中断。因此主控制器能立刻作用，将收到的报文发送到自己的报文存储器，然后通过置位命令寄存器的相应标志"RRB"发送一个释放接收缓冲器命令。接收 FIFO 里的更多报文将产生一个新的接收中断，因此不可能将所有在接收 FIFO 中的有效信息在一个中断周期内读出。和这个方法相反，图 4.68 显示了一个将所有信息一次读出的过程。在释放了接收缓冲器后，SJA1000 会检查状态寄存器中接收缓冲器状态（RBS）看是否有更多报文，而所有有效的信息都会被循环读出。

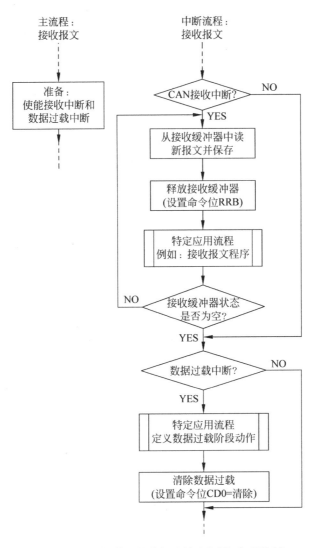

**图 4.68　数据超载和接收报文的流程图（中断控制）**

如图 4.67 所示,整个接收过程在一个中断程序中完成,而且和主程序没有相互作用,如果可行的话,报文的处理甚至也可以在中断程序里完成。

【例 4.10】　变量在 BasicCAN 和 PeliCAN 模式里的含义可以不同。例如,"InterruptEnReg"在 BasicCAN 模式里是指控制寄存器但在 PeliCAN 模式里是指中断使能寄存器。编程使用的是 C 语言。

根据 4.6.1 节给出的例子,初始化 CAN 控制器后,可启动正常的通信。

部分主程序:

```
...                          /*接收中断使能 */
InterruptEnReg RIE_Bit;
...
```

中断 0 服务程序的部分程序:

/＊从 SJA1000 读中断寄存器的内容并临时保存,所有中断标志被清除(在 PeliCAN 模式里接收中断
(RI)被首先清除,当给出释放缓冲器命令时)＊/
CANInterrupt＝InterruptReg;
/＊检查接收中断和读一个或所有接收到的信息＊/
If (RI_VarBit YES)　　　　　　　　　　/＊检测到接收中断＊/
{
/＊从 SJA1000 得到接收缓冲器的内容,并将它存入控制器的内部存储器,可以立刻对帧信息和数据
长度代码解码并适当地取出＊/
/＊释放接收缓冲器,接收中断标志被清除,新的信息将产生一个新中断＊/
CommandReg RRB_Bit;　　　　　　　　　/＊释放接收缓冲器 ＊/
}
…

（3）数据超载处理

在接收 FIFO 满了但还接收其他报文的时候,就会通过置位状态寄存器中的数据超载
状态位(如果使能)通知主控制器有数据超载的情况,SJA1000 会产生一个数据超载中断。

如果运行在数据超载的状态下,由于主控制器没有足够的时间及时从接收缓冲器取收
到的报文而变得极度超载。一个表示数据丢失的数据超载信号,可能会导致系统矛盾。通
常一个系统应该设计成:收到的信息要被足够快地传输和处理避免产生数据超载。如果数
据超载不能避免,那么主控制器应该执行一个特殊的处理程序来处理这些情况。

图 4.68 为数据超载中断的程序流程。在已经传输这条报文后(该报文产生接收中断并
释放接收缓冲器),会通过读接收缓冲器状态来检查在接收 FIFO 中是否还有有效报文。因
此在继续下一步之前,所有的信息都能从接收 FIFO 取出。当然在中断中读一条报文并且
处理它,要比 SJA1000 接收一条新报文更快。否则主控制器将一直在中断里读报文。

检测到数据超载后,可以根据"数据超载"策略启动一个异常处理。这个策略可以在以
下两种情况下决定。

① 数据超载和接收中断一起发生:信息可能已经丢失。

② 数据超载发生时,没有检测到接收中断:信息可能已经丢失,接收中断可能禁能。

主控制器怎样对这些情况采取相应的动作由系统设计者决定。相应的处理也可以在查
询控制报文接收中处理。

（4）中断

在 PeliCAN 模式里,SJA1000 有 8 个不同的中断(在 BasicCAN 模式里仅有 5 个),这些
中断可使主控制器立即作用在 CAN 控制器的某些状态上。

一旦 CAN 产生中断,SJA1000 就将中断输出管脚 16 设为低电平,直到主控制器通过
读 SJA1000 的中断寄存器对中断采取相应措施;或在 PeliCAN 模式里,释放接收缓冲器后
产生接收中断。在主控制器这个动作后,SJA1000 将输出中断跳到高电平。如果这段时间
有更多中断,或接收 FIFO 里有更多有效报文,SJA1000 立刻将中断输出再次设为低电平。
因此输出仅在很短的时间里保持高电平。处理中断请求的握手信号和在两个中断之间的高
电平脉冲要求主控制器的中断由电平触发。

图 4.69 的流程给出所有可能中断的概述。在这个流程里不同的中断被处理的次序仅
是一种可能的解决方法。中断被处理的次序很大程度上取决于系统和它所要求的行为。这
必须由整个系统的设计者决定。发送、接收和数据超载中断进行的动作已经在前面讨论过了。

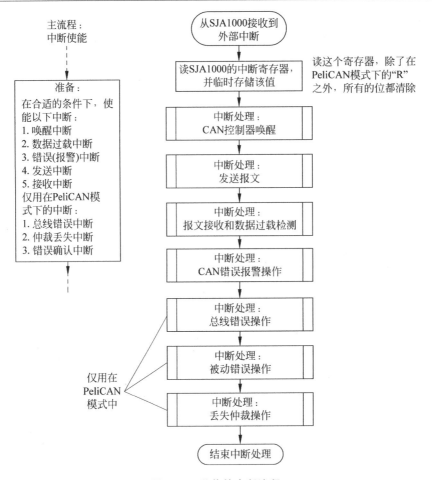

**图 4.69　总体的中断流程**

图 4.70～图 4.72 详细地给出唤醒中断、仲裁丢失中断和三个不同出错中断的流程。所有的出错中断可以执行系统的一个通用错误策略程序。这个策略完成：在开发期的系统优化和在操作期的系统自动优化和系统维护。仲裁丢失中断也可以用于系统优化和维护。下面的章节介绍了可获得关于不同的错误信号、仲裁丢失处理和相关信息的详细资料。

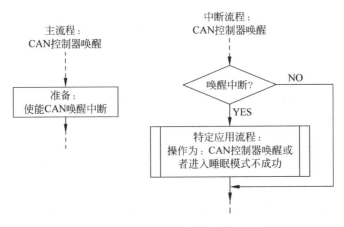

**图 4.70　CAN 控制器唤醒的流程图**

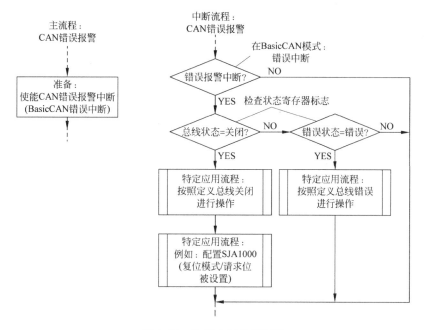

**图 4.71 出错中断的流程图**

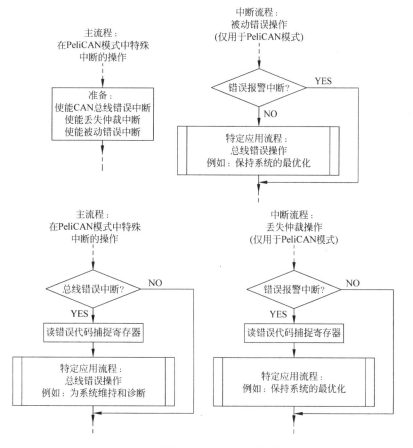

**图 4.72 处理特殊的 PeliCAN 中断流程图**

**7. PeliCAN 模式的功能**

**1）接收 FIFO/报文计数器/直接 RAM 访问**

SJA1000 寄存器和报文缓冲器对于主控制器来说是外围寄存器，它们可以通过复用的地址/数据总线寻址。在不同的模式（操作或复位）可以访问不同的寄存器。正常操作的地址范围是：Address0～31。它包括用于初始化、状态和控制的寄存器。而且 CAN 报文存储器位于地址 16 和 28 之间。在主控制器写访问时，用户能够寻址 CAN 控制器的发送缓冲器，在读访问时，读出接收缓冲器的内容。

除了上面所说的范围外，整个接收 FIFO 映射在 CAN 地址 32 和 95 之间，见图 4.73。而且是内部 80 个字节 RAM 一部分的 SJA1000 发送缓冲器在 CAN 地址 96 和 108 之间。

直接访问 RAM 时，可以读发送缓冲器和完整地接收 FIFO。

在 PeliCAN 模式里，接收 FIFO 能够存储高达 $n=21$ 条报文。用下面的方程可以算出报文的最大数量

$$n = \frac{64}{3 + \text{data\_length\_code}}$$

接收缓冲器被定义为一个 13 字节的窗口，总是包括接收 FIFO 当前的接收报文。如图 4.74 所示下面的部分或全部的报文都在接收缓冲器窗口。

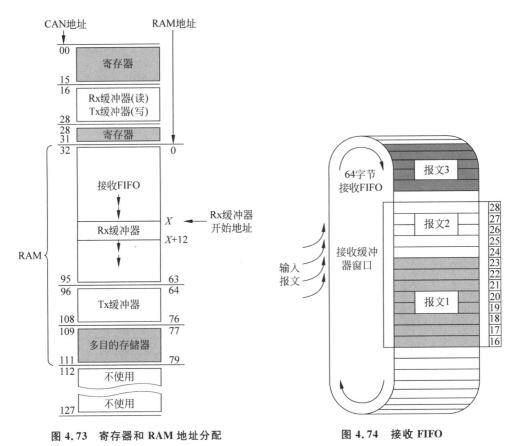

**图 4.73　寄存器和 RAM 地址分配**　　　　　　**图 4.74　接收 FIFO**

但是,在"释放接收缓冲器"命令之前,接收 FIFO 里的下一个收到的报文在接收缓冲器窗口(从 CAN 地址 16 开始)将完全可以看到。

为了分析的需要,SJA1000 另外提供两个寄存器,处理接收报文:

(1) Rx 缓冲器起始地址寄存器 RBSA 允许接收 FIFO 范围里识别单个 CAN 报文。

(2) Rx 报文计数器寄存器,表示接收 FIFO 里的当前存储的报文数量。

图 4.73 显示了物理 RAM 地址和 CAN 地址之间的关系。

2) 错误分析功能

基于错误计数器的值,每个 CAN 控制器能够在三种错误状态之一中工作:错误激活、错误认可或总线离线。如果错误计数器的值都在 0~127 之间,CAN 控制器是错误激活的。此时产生错误激活标志(6 个显性位)。如果一个错误计数器的值在 128~255 之间,SJA1000 是错误认可的。此时在检测到错误前,产生认可错误标志(6 个隐性位)。如果发送错误计数器的值高于 255,则到达总线离线状态。在这种状态下,自动置位复位请求位,SJA1000 对总线没有影响。如图 4.75 所示,总线离线状态只能在主控制器用命令"Reset Request=0"退出。这将启动总线离线恢复定时器,发送错误计数器计数 128 个总线释放信号。计数结束后,两个错误计数器都是 0,器件再次处于错误激活状态。

而且图上显示在不同的错误状态下错误和总线状态的值。

(1) 错误计数器

如上面描述,CAN 的错误状态和发送错误计数器和接收错误计数器的值直接有关。为了仔细研究错误界定,支持 SJA1000 的增强的错误分析功能,CAN 控制器提供可读的错误计数器。另外,在复位模式,允许对于两个错误计数器进行写访问。

(2) 出错中断

见图 4.75,使用了三个错误中断源来向主控制器发送出错的状态。每个中断都能在中断使能寄存器里分别使能。

① 总线出错中断

在 CAN 总线上检测到任何一个错误都会产生中断。

② 出错警告中断

如果超过出错警告界限,产生出错警告中断,而且它在 CAN 控制器进入总线离线状态和在此之前再一次进入错误激活状态也会产生这个中断。SJA1000 的出错警告界限在复位模式中可编程。复位后的默认值是 96。

③ 错误认可中断

如果错误状态从错误激活变成错误认可或相反,将产生错误认可中断。

(3) 错误码捕捉

如前几部分描述,SJA1000 可以执行在 CAN2.0B 规范定义的所有错误界定。每个 CAN 控制器处理错误的整个过程是完全自动的。但是,为了向用户提供某个错误的详细信息,SJA1000 提供了错误代码捕捉功能。无论什么时候发生 CAN 总线错误。它都会强制产生相应的总线出错中断。同时当前位的位置被捕捉入错误代码捕捉寄存器。在主控制器将捕捉的数据读出前,它都会被保存在寄存器中。然后捕捉机制再次激活。寄存器可以内容区分 4 种错误类型：格式出错、填充出错、位出错和其他错误。如图 4.76 所示，寄存器还另外表明在错误是在报文的接收还是发送期间发生。这个寄存器中的 5 个位表示 CAN 帧内错误的位位置，更多信息请看下面的表和数据表。

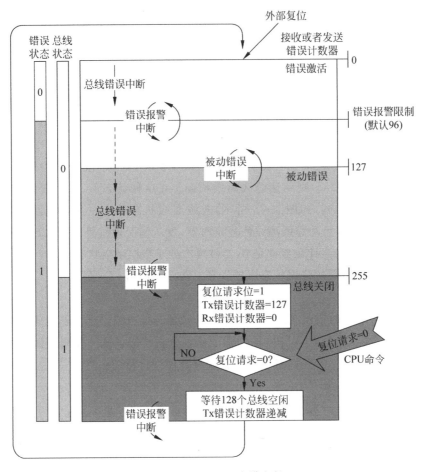

**图 4.75　SJA1000 出错中断**

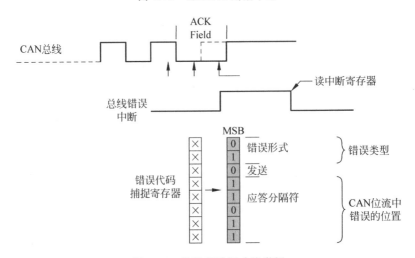

**图 4.76　错误码捕捉功能举例**

　　CAN 规范定义了：CAN 总线上的每个位只有特殊类型的错误。表 4.48 和表 4.49 显示了在 CAN 报文发送和接收期间可能出现的所有错误。左分的部分包括位置和错误的类型，这些由错误码捕捉寄存器捕捉。每张表的右边部分是将错误码转换成上层的错误描述，可以直接从寄存器内容知道其含意。通过使用这些表格，能得到有关错误计数器的变化和在器件发送和接收管脚的错误状态的更多信息。使用这些表时，例如在错误分析软件里，可以详细地分析每一个错误状态。关于 CAN 错误类型和位置的信息能用于错误统计和系统维护或在系统优化期间进行纠正。

**表 4.48　接收时可能出现的错误**

| 错误码捕捉 | | RX 错误计数 | 描　　　述 | |
|---|---|---|---|---|
| **CAN 位流里的错误位置** | **错误类型** | | | |
| 标识符<br>SRR、IDE 和 RTR 位<br>保留位<br>数据长度码<br>数据场<br>CRC 序列 | 填充 | +1 | 收到 5 个电平相同的连续的位 | —— |
| CRC 定界符 | 格式<br>填充 | +1<br>+1 | Rx＝显性<br>收到超过 5 个电平相同的连续的位 | 位必须是隐性 |
| 应答位 | 位 | +1 | TX＝显性，但 RX＝隐性 | 不能写显性位 |
| 应答定界符[1] | 格式 | +1 | RX＝显性，或<br><br>检测到 CRC 错误[1] | 临界的总线定时或总线长度<br>CRC 序列不正确 |
| 帧结束 | 格式<br>其他 | +1<br>±0 | RX＝前 6 位是显性<br>RX＝最后一位的显性 | ——<br>反应：发出超载标志，如果发送器重新发送，数据可能重复 |
| 间隔 | 其他 | ±0 | RX＝显性 | 反应：接收器发出超载标志 |
| 激活错误标志 | 位 | +8 | TX＝显性，但 RX＝隐性 | 不能写显性位 |
| 容许的显性位（Tolerate Dominant Bit） | 其他 | +8 | RX＝出错标志后的第一位是显性<br>RX＝出错或过载标志后有超过 7 位显性位 | |
| 错误定界符 | 格式<br>其他 | +1<br>±0 | RX＝前 7 位是显性位<br>RX＝定界符的最后一位是显性位 | 发送超载标志 |
| 超载标志 | 位 | +8 | TX＝显性，但 RX＝隐性 | 不能写显性位 |

**表 4.49　发送时可能出现的错误**

| 错误代码捕捉 | | | | |
|---|---|---|---|---|
| CAN 位流里的错误位置 | 错误类型 | TX 错误计数 | 描　　述 | |
| 帧起始 | 位 | +8 | Tx＝显性,但 Rx＝隐性 | 不能写显性位 |
| 标识符 | 位 | +8 | Tx＝显性,但 Rx＝隐性 | 不能写显性位 |
| | 填充 | ±0 | Tx 隐性,但 Rx 隐性 | —— |
| SRR 位 | 位 | +8 | Tx＝显性,但 Rx＝隐性 | 不能写显性位 |
| | 填充 | ±0 | Tx＝隐性,但 Rx＝显性 | —— |
| IDE 和 RTR 位 | 位 | +8 | Tx＝显性,但 Rx＝隐性 | 不能写显性位 |
| | 填充 | +8 | Tx＝隐性,但 Rx＝显性 | —— |
| 保留位<br>数据长度码<br>数据场<br>CRC 序列 | 位 | +8 | Tx＝显性,但 Rx＝隐性 | 不能写显性位 |
| CRC 定界符 | 格式 | +8 | Rx＝显性 | 位必须为隐性 |
| 应答隙 | 其他 | +8 | Rx＝隐性(错误激活) | 没有应答 |
| | 其他 | ±0 | Rx＝隐性(错误认可) | 没有应答,节点可能单独在总线上 |
| 应答定界符 | 格式 | +8 | Rx＝显性 | 临界的总线定时或总线长度 |
| 帧结束 | 格式 | +8 | Rx＝前 6 个位是显性位 | —— |
| | 其他 | +8 | Rx＝最后一位是显性位 | 帧已经被一些节点接收,再次发送可能导致接收器里数据重复 |
| 间隔 | 其他 | ±0 | Rx＝显性 | 来自于"旧"CAN 控制器的超载标志 |
| 激活错误标志<br>过载标志 | 位 | +8 | Tx＝显性,但 Rx＝隐性 | 不能写显性位 |
| 允许显性位(Tolerate Dominant Bit) | 格式 | +8 | Rx＝在激活错误标志或过载标志后有超过 7 个显性位 | —— |
| 错误定界符 | 格式 | +8 | Rx＝前 7 位是显性位 | —— |
| | 其他 | ±0 | Rx＝定界符的最后一位是显性位 | 来自于"旧"CAN 控制器的超载标志 |
| 认可错误标志 | 其他 | +8 | Rx＝显性(错误认可) | 没有收到应答,节点不是单独在总线上 |

**3) 仲裁丢失捕捉**

　　SJA1000 能够确定 CAN 位流丢失仲裁的确切位置,并立即产生"仲裁丢失中断"。而且这个位的号码被捕捉到仲裁丢失捕捉寄存器。主控制器读出这个寄存器的内容后,仲裁丢失捕捉功能被再次激活,如图 4.77 所示。

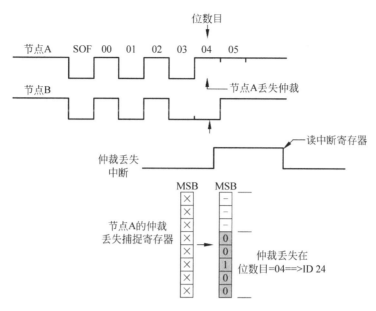

图 4.77　仲裁丢失捕捉功能

在这个功能的帮助下,SJA1000 能够监控每个 CAN 总线的访问。诊断或在系统配置期间,可以识别仲裁失败的所有位置。

下面这个例子显示了仲裁丢失功能如何使用。

首先使能中断使能寄存器里的仲裁丢失中断。中断后,中断寄存器的内容就被保存起来。如果仲裁丢失中断标志被置位,表示仲裁丢失捕捉寄存器的内容被分析过了。

【例 4.11】　仲裁丢失。

```
InterruptEnReg ALIE_Bit;                /*仲裁丢失中断使能*/
/*---------------------------中断服务程序--------------------------------------- */
int_reg_copy InterruptReg;              /*保存中断寄存器内容*/
if (int_reg_copy & ALIE_Bit);
candat＝ArbLostCapReg;                   /*读仲裁丢失捕捉寄存器*/
```

4) 单次发送

在一些应用中,自动重发 CAN 报文没有意义,它造成一个节点几次仲裁和数据变得无效。为了请求一个“单次发送”,CAN 控制器必须完成下面的步骤。

(1) 发送请求

(2) 等待发送状态

(3) 中止发送

通过同时置位命令位 CMR.0 和 CMR.1,处理软件能将初始化“单次发送”选项减少到一个命令。在这种情况下,没有必要查询状态位,主控制器能集中于其他任务上。“单次发送”功能能与 SJA1000 的仲裁丢失和错误代码捕捉功能完美结合。

如果仲裁丢失或发生错误,SJA1000 不会重新发送报文。一旦置位状态寄存器的发送状态位,内部发送请求位就自动清除。使用两个捕捉寄存器的附加信息,一个报文是否被重发由用户控制。如之前所描述的,单次发送能和自我测试模式一起使用。

5) 仅听模式

在仅听模式里,SJA1000 不能在 CAN 总线上写显性位。激活错误标志或超载标志不能都写,成功接收后的应答信息也不会给出。

错误就像在错误认可模式里处理。错误分析功能,如错误码捕捉和出错中断就像在正常操作模式一样工作。但是,错误计数器的状态被冻结。可以接收报文,但不可以发送。因此,这个模式可用于自动的位速率检测。

**注意**:在进入仅听模式之前,必须进入复位模式。

**【例 4.12】** 仅听模式。

```
ModeControlReg RM_RR_Bit;              / * 进入复位模式 * /
ClockDiv 标识符 eReg CANMode_ Bit;      / * PeliCAN 模式 * /
ModeControlReg LOM_Bit;                / * 进入仅听模式 * /
/ * 离开复位模式 * /
```

6) 自动位速率检测

自动位速率已有的测试和错误概念的主要缺点是产生的 CAN 出错帧不被接受。SJA1000 支持 PeliCAN 模式的自动位速率检测的请求。这里将简短地描述一个不影响网络运行操作的应用例子。

在仅听模式,SJA1000 不能发送报文也不能产生出错帧。这个模式里只能接收报文。软件里预定义的表格包含所有可能的位速率以及它们的位定时参数。在启动用最高位速率接收报文之前,SJA1000 使能接收中断和出错中断。如果在 CAN 总线产生了错误,软件会转向下一个较低的位速率。在成功地接收到一个报文后,SJA1000 已经检测到正确的位速率而且能转向正常工作模式。从现在起这个节点能够像系统其他激活的 CAN 节点一样工作。

位速率检测的算法如图 4.78 所示。

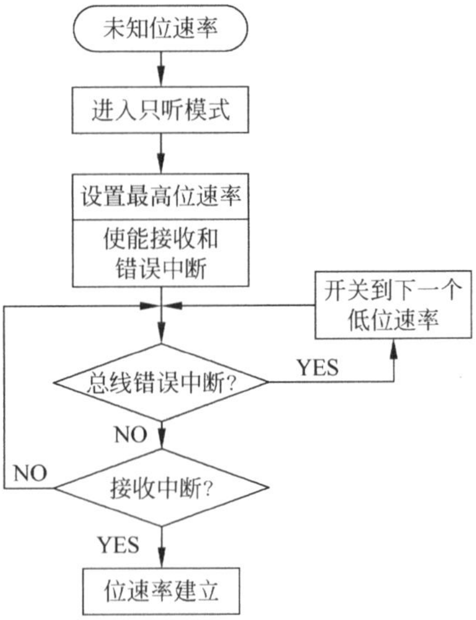

图 4.78　位速率检测的算法

7) CAN 的自测试

SJA1000 支持以下两种不同的自测试。

(1) 局部自测试;

(2) 总体自测试。

局部自测试,例如能很好地用于单个节点测试,因为它不需要来自于其他节点的应答。此时 SJA1000 必须处于"自测试模式"(模式寄存器)并发出"自接收请求"命令。

对于总体自测试,在操作模式下 SJA1000 执行同样的命令。但是在运行系统中,需要 CAN 的应答。

**注意**:在这两种情况下,物理层接口包括带有终端的 CAN 总线必须有效。发送或自接收通过置位命令寄存器的相应位初始化。

　　SJA1000 提供三个命令位用于 CAN 发送和自接收的初始化。表 4.50 显示了所有可能的组合(取决于所选的工作模式)。

表 4.50　CAN 发送请求命令

| 命　　令 | CMR | 成功操作后的中断 | 自 我 测 试 | 操 作 模 式 |
|---|---|---|---|---|
| 自接收请求 | 0x10 | Rx 和 Tx | 局部自我测试 | 总体自测试 |
| 发送请求 | 0x01 | Tx | 正常发送 | 正常发送 |
| 单次发送 | 0x03 | Tx | 没有重发的发送 | 没有重发的发送 |
| 单次发送和自我接收请求 | 0x12 | Rx 和 Tx | 无重发的局部自测试 | 无重发的总体自测试 |

　　下面的例子表示了初始化局部自测试的基本编程元素。

　　【例 4.13】　局部自测试。

```
...
ModeControlReg＝RM_RR_Bit;            /＊进入复位模式 ＊/
ClockDivideReg＝CANMode_Bit;          /＊PeliCAN 模式 ＊/
ModeControlReg＝STM_Bit;              /＊进入自我测试模式 ＊/
/＊离开复位模式 ＊/
TxFramInfo＝0x03;                     /＊填满发送缓冲器 ＊/
TxBuffer1＝0x53;
...
TxBuffer5＝0xAA;                      /＊最后一个发送的字节 ＊/
CommandReg＝SRR_Bit;                  /＊自我接收请求 ＊/
if (RxBuffer1！＝TxBufferRd1)
  comparison＝false
if (RxBuffer2！＝TxBufferRd2)
  comparison＝false
```

8) 接收同步脉冲的产生

　　在成功地接收到报文后,SJA1000 允许 TX1 管脚上产生一个脉冲(如果报文被完整地存储在接收 FIFO 里)。这个脉冲在时钟分频驱动寄存器里使能,在第 6 位“帧结束”持续期间内激活。因此,它能用于通用的事件触发任务,例如,作为一个专用的触发中断源或将在下面讨论的分布式系统内的总体时钟同步。

　　在分布式系统内,很难用一个不带额外同步信号线的系统时钟,所有连接到总线上的节点都有本地时钟(带有时钟相移)。假设 CAN 网络内的一个节点作为“主”时钟,网络里其余的时钟都同步到主时钟。

　　自身接收请求特征和每个 SJA1000 在接收到信息后的一定时间内产生一个脉冲,可以同步分布式系统里的系统时钟。在图 4.79 中,一个系统主机发送“自接收报文”到 CAN 总线上。报文接收后,每个节点包括主机,都产生一个接收同步脉冲。这个脉冲使每个从机节点的定时器复位。同时主机节点用这个脉冲去捕捉主时钟值 $t_M$。

　　在下一步,主机将 $t_M$ 值作为一个“参考时序报文”发送到所有从机。在每个从机的简单的加法程序和在 $t_S$ 内重载所有定时器,同步了整个系统时钟。

　　这种方法的主要好处是简化了复杂的时间标志处理。由于关键路径是由硬件控制确定,所以没有必要使用软件循环计数。而且它独立于网络参数。中断事件可能会在整个周

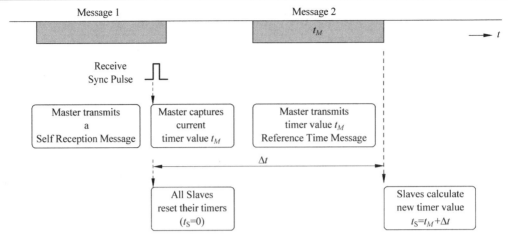

图 4.79　系统同步的时序图

期内发生,但不影响同步过程。

## 4.6.2　TJA1050 收发器

ISO 11898 是一个使用 CAN 总线协议的汽车内高速通信国际标准。这个标准的基本作用是定义了通信链路的数据链路层和物理层。如图 4.80 所示,物理层被细分成三个子层,分别如下。

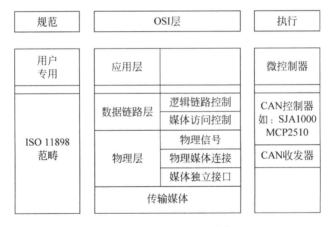

图 4.80　CAN 的分层结构

(1) 物理信令位编码定时和同步。

(2) 物理媒体连接驱动器和接收器特性。

(3) 媒体相关接口总线连接器。

物理信令子层和数据链路层通常是由协议控制器来实现,像用 Philips 的 SJA1000 协议控制器,协议控制器和物理传输媒体之间使用物理媒体连接子层接口,产品有像 Philips 的 TJA1050 或 PCA82C250 等收发器。本节着重介绍如何使用收发器 TJA1050 实现物理连接子层。

跟 PCA82C250 一样,TJA1050 符合 ISO 11898 标准。因此它可以和其他遵从 ISO 11898 标准的收发器产品协同操作。电磁兼容性 EMC 是 TJA1050 的主要设计目标。在关键的 AM 波段上它的辐射比 PCA82C250 低 20dB 以上。

由于 TJA1050 和 PCA82C250 的引脚互相兼容,那么 TJA1050 可以直接在已有的应用中使用,而不需要修改 PCB,因此用户可以立即从 TJA1050 突出的特性中获益。

1. CAN 高速收发器的一般应用

CAN 高速收发器的一般应用显示在图 4.81 中。其中,协议控制器通过一条串行数据输出线 TxD 和一条串行数据输入线 RxD 连接到收发器。而收发器则通过它的两个有差动接收和发送能力的总线终端 CANH 和 CANL 连接到总线线路。它的引脚“S”用于模式控制参考输出电压 $V_{ref}$ 提供一个 $V_{cc}/2$ 的额定输出电压,这个电压是作为带有模拟 Rx 输入的CAN 控制器的参考电平。由于 SJA1000 具有数字输入,因此它不需要这个电压。收发器使用 5V 的额定电源电压。

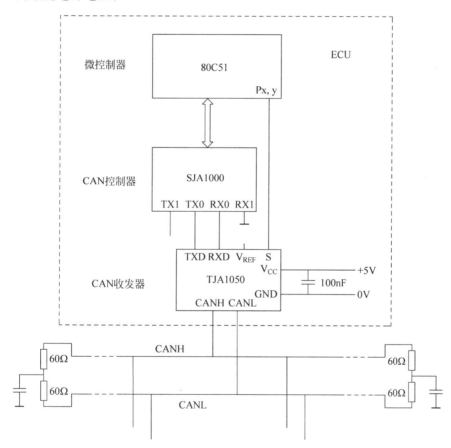

图 4.81　CAN 高速收发器的典型应用

协议控制器向收发器的 TxD 引脚输出一个串行的数据流。收发器的内部上拉功能将TxD 引脚置为逻辑高电平,即总线输出驱动器在开路时是无源的。在隐性状态中见图 4.82,CANH 和 CANL 输入通过典型内部阻抗为 25k 的接收器连接入网络,偏置到 $V_{cc}/2$ 的电平电压。另外,如果 TxD 是逻辑低电平,将激活总线的输出级,并在总线上产生一个显性信号电平,见图 4.83。输出驱动 CANH 由 $V_{cc}$ 提供一个源输出,而 CANL 则向 GND 提供一个下拉输出。

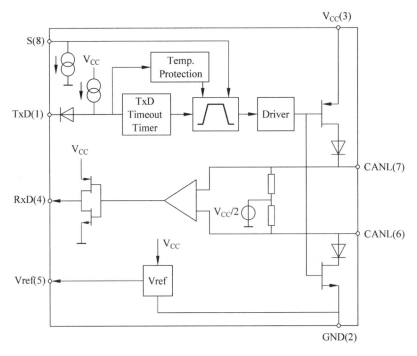

图 4.82　TJA1050 的方框图

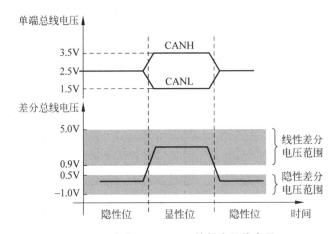

图 4.83　根据 ISO 11898 的额定总线电平

如果没有总线节点发送一个显性位,则总线处于隐性状态。如果一个或多个总线节点发送一个显性位,总线就会覆盖隐性状态而进入显性状态线与特性。

接收器比较器将差动的总线信号转换成逻辑电平信号,并在 RxD 输出。总线协议控制器将接收到的串行数据流译码。接收器比较器总是激活的,即当总线节点发送一个报文时,它同时监控总线。这个功能可以用于支持 CAN 的非破坏性逐位仲裁策略。

典型的总线采用一对双绞线。考虑到 ISO 11898 中定义的线性拓扑结构,总线两端都端接一个 $120\Omega$ 的额定电阻。这就要求总线额定负载是 $60\Omega$。终端电阻和电缆阻抗的紧密匹配确保了数据信号不会在总线的两端反射。

2. TJA1050 特征

TJA1050 的主要特征如下。

（1）完全符合 ISO 11898 标准。

（2）高速率最高达 1Mb/s。

（3）电磁辐射 EME 极低。

（4）电磁抗干扰 EMI 性极高。

（5）不上电的节点不会对总线造成扰动。

（6）TxD 引脚有防止箝位在显性总线电平的超时功能。

（7）静音模式中提供了只听模式和 Babbling Idiot 保护。

（8）保护总线引脚，防止汽车环境中的瞬态干扰。

（9）输入级和 3.3V 以及 5V 的器件兼容。

（10）输出驱动器受到温度保护。

（11）防止电池对地的短路。

（12）至少可以连接 110 个节点。

3. TJA1050 工作模式

TJA1050 有两种工作模式都由引脚 S 来控制：高速模式和静音模式。

它不支持 PCA82C250 有的可变斜率控制，所以，TJA1050 有固定的斜率。尽管如此，其输出级优良的对称性使它的 EMC 性能比前面的产品更好。

1）高速模式

高速模式是普通的工作模式，将引脚 S 连接到地可以进入该模式。由于引脚 S 有内部下拉功能，所以当它没有连接时，高速模式也是默认的工作模式。

在这个模式中，总线输出信号有固定的斜率，并且以尽量快的速度切换。这种模式适合用于最大的位速率和/或最大的总线长度而且此时它的收发器循环延迟最小。

2）静音模式

在静音模式中，发送器是禁能的，所以它不管 TxD 的输入信号。因此，收发器运行在非发送状态中，它此时消耗的电源电流和在隐性状态时的一样。将引脚 S 接高电平就可以进入静音模式。Babbling Idiot 保护静音模式中，节点可以被设置成对总线绝对无源的状态。当 CAN 控制器不受控，占用总线无意识地发送报文 babbling idiot 时，这个模式就显得非常重要。微控制器激活了静音模式后，此时微控制器不再直接访问 CAN 控制器，TJA1050 将会释放总线。因此，在今天的电子应用要求系统有高可靠性的情况下，静音模式变得非常有用。仅听模式，在静音模式中，RxD 如常监控总线。因此，静音模式就提供了具有诊断功能的仅听模式。它确保节点的显性位完全不会影响总线。

4. TxD 显性超时

除了静音模式外，TJA1050 还提供 TxD 显性超时功能。这个保护功能可以防止出错的 CAN 控制器通过发送持续的显性 TxD 信号将总线箝位在显性电平。也就是说，当引脚 TxD 由于硬件或者软件程序的错误，而被持续地置为低电平（即显性位），"TxD 显性超时"定时器电路可以防止总线进入持续的显性状态（阻塞所有的网络通信），这个定时器是由引脚 TxD 的负跳沿触发。

图 4.84 显示了 TxD 显性超时功能。如果引脚 TxD 的低电平持续时间超过内部的定

时器的值 $t_{\text{DOM}}$，发送器将被禁能，强使总线进入隐性状态。下一个显性输出只有在释放了 TxD 后才可以产生。

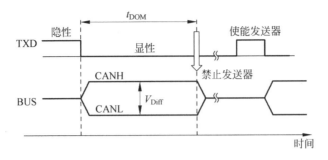

**图 4.84　TxD 显性超时功能**

根据 CAN 协议，TxD 只允许最多 11 个连续的显性位（最坏的情况是一个错误帧紧接在 5 个连续的显性位后）。TxD 呈显性所允许的最小时间会将最小位速率限制在 60kb/s。

5．与 3.3V 器件兼容

在汽车应用中，越来越多地使用电源电压低于 5V 的器件。通过减少 TxD 和引脚 S 的输入阈值，TJA1050 可以和 3.3V 的器件（像 CAN 控制器或者带 CAN 控制器的微处理器）通信。因此，它对 5V 供电的微控制器和 CAN 控制器以及 3.3V 供电的派生器件都适用。

但是由于 TxD 内部有一个上拉电阻连接到 $V_{\text{cc}}$ 5V，而且 RxD 有一个基于 $V_{\text{cc}}$ 的推挽级，所以 3.3V 的器件必须能承受 5V 的 RxD 和 TxD。

6．过热检测

输出驱动器在过热时会受到保护。如果实际连接点温度超过了 165℃，输出驱动器就会被禁能，直到实际连接点温度低于 165℃ 后，TxD 才会再一次变成隐性。因此，输出驱动器的振幅不会受到温度漂移的影响。

7．自动防故障功能

引脚 TxD 提供一个 $V_{\text{cc}}$ 的上拉，使引脚 TxD 在不使用时保持隐性电平。

引脚 S 提供一个 $V_{\text{cc}}$ 的上拉，当不适用引脚 S 时使收发器进入静音模式。

如果 $V_{\text{cc}}$ 掉电，引脚 TxD、S 和 RxD 会变成悬空状态，以防止通过这些引脚产生反向电流。

### 4.6.3　CTM1050T 收发器

在 CAN-bus 现场总线迅速普及的今天，CAN-bus 现场总线的应用场合也随之多元化，大型远距离的现场 CAN-bus 网络随处可见。由此带来一个事实，如果单个 CAN-bus 节点的电路设计不当，往往会出现总线通信不良，甚至因为收发器电路而损坏整个 CAN 网络系统的情况；尤其在环境恶劣的场合，这种危险就更多存在。为了避免不必要的损坏，提高可靠性，需要在 CAN-bus 节点设计时采取保护措施，降低风险，提高性能。一般情况下，需要在 CAN 控制器与 CAN 收发器之间采取隔离措施，在 CAN-bus 总线上加总线保护器件。

同传统的设计相比，如图 4.85 所示以 CTM1050T 为代表的隔离 CAN 收发器具备更高的集成度、更高的可靠性和更具竞争力的价格，能够帮助使用者降低整体的设计风险和采购成本。

采用 CTM1050T 隔离收发器的新设计方案，是基于 CTM1050T 隔离收发器具备良好的性能，CTM1050T 隔离 CAN 收发器的详细原理图如图 4.86 所示。

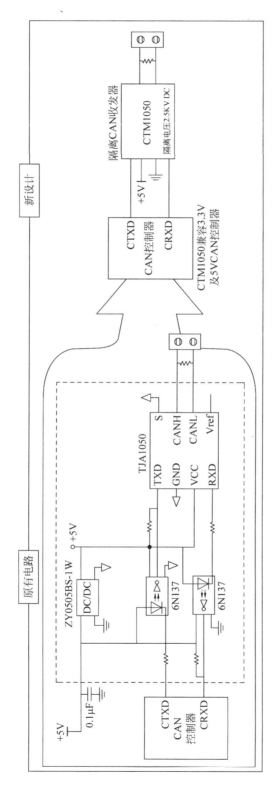

图 4.85 原有电路与新设计比较

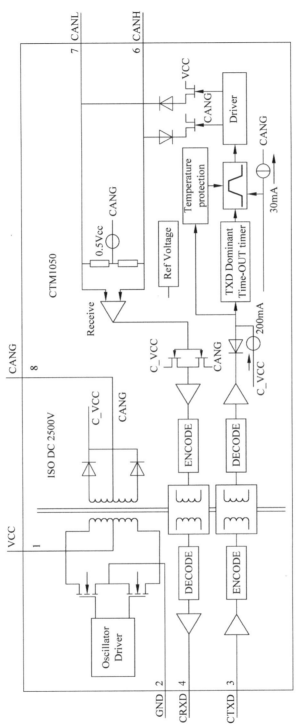

图 4.86　CTM1050T 原理图

CTM1050T 是高速隔离 CAN 收发器,内部集成了所有必需的电气元件,包括隔离电路、CAN 收发器、总线保护、电源电路,这些都被集成在小于 $3cm^2$ 的模块中。CTM1050T 的主要功能是将 CAN 控制器的逻辑电平转换为 CAN 总线的差分电平,并且具有(DC2500V)隔离功能、ESD 保护功能及 TVS 管防总线过电压。

综上所述,可以看到,CTM1050T 将传统方案设计中所需要的 DC-DC 电源模块、高速光耦、TJA1050 收发器等关键器件都整合到一体,体现了显著的优势,如表 4.51 所示。

**表 4.51　CTM1050T 优势**

| 对比项目 | 传 统 方 案 | 使用 CTM1050T 的新设计 |
|---|---|---|
| 成本 | 高 | 低 |
| 采购 | 需向多家厂商订购分立器件,过程烦琐 | 采购单一型号即可,方便 |
| 设计难度 | 需要合理计算电路参数,依靠工程师经验 | 简单 |
| 稳定性 | 多种分立器件共同制约 | 单一器件确保稳定、可靠 |
| 封装形式 | 未灌封,分立元件贴装在 PCB 上,无防护 | 灌封,具有更好的隔离、防震、防潮等优点 |
| 环境测试 | 根据各分立元件提供商而定 | 完整的 ESD、雷击、耐电压、EMI、EMC 和震动等测试 |

CTM 系列隔离 CAN 收发器与 CAN 控制器的连接非常简单,等同于普通的 CAN 收发器连接。如图 4.87 所示,将 CTM1050T 与 CAN 控制器相连接,只需要连接 RXD、TXD 引脚,然后外加+5V 电源即可。

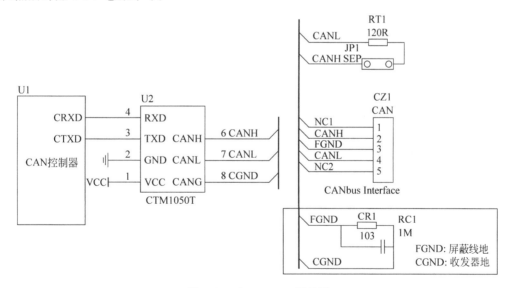

**图 4.87　CTM1050T 原理图**

CTM 系列隔离 CAN 收发器共有 8 个型号,带"T"后缀表示内部集成 ESD 总线保护元件,可以较多地避免由于浪涌、干扰引起的总线错误或元件故障。

如图 4.88 所示,为 CTM1050 的应用示例,该芯片可以连接任何一款 CAN 协议控制器,实现 CAN 节点的收发与隔离功能。在以往的设计方案中,需要光耦、DC-DC 隔离、CAN 收发器等其他元器件才能实现带隔离的 CAN 收发电路,但现在只需要利用一片 CTM1050T 接口芯片就可以实现带隔离的 CAN 收发电路,隔离电压可以达到 DC2500V,

其接口简单,使用方便,是嵌入式系统的理想选择。

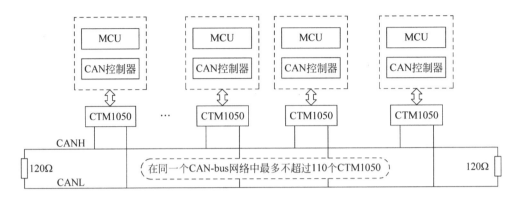

图 4.88　CTM1050 应用方案

如图 4.89 所示,为 CTM1050 与 CTM1050T 混合使用的应用示例,虽然 CTM1050T 在 CTM1050 的基础上具有 TVS 管防 CAN-bus 总线过电压作用,但随着 CTM1050T 数目的增加,其总线容抗也随之增加。通过测试在同一个 CAN-bus 网络中,所连 CTM1050T 数目不应超过 16 个。当 CTM1050 与 CTM1050T 混合使用时,建议将 CTM1050T 布置在网络的两端。

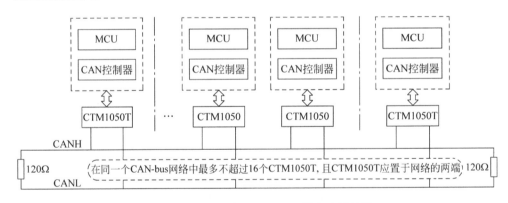

图 4.89　CTM1050 与 CTM1050T 混合应用示例

# 思　考　题

1. 填空题

(1) CAN 的 ISO/OSI 参考模型的层次结构分为<u>物理层</u>和<u>数据链路层</u>。

(2) CAN 报文帧格包含<u>11</u> 位标识符的标准帧和<u>29</u> 位标识符的扩展帧。

(3) 验收滤波器由<u>验收代码寄存器</u>和<u>验收屏蔽寄存器</u>定义。

（4）CAN 总线上用<u>显性</u>和<u>隐性</u>两个互补的逻辑值表示"0"和"1"。

（5）CAN 的最大传输速率：<u>1Mb/s</u>；最远传输距离：<u>10km</u>。

（6）CAN 总线最初是由<u>BOSCH</u> 公司设计的。

（7）CAN2.0 规范分为<u>CAN2.0A</u> 与<u>CAN2.0B</u>。

（8）CAN 总线报文传送由 4 种不同类型的帧表示，分别是<u>数据帧</u>、<u>远程帧</u>、<u>错误帧</u>、<u>过载帧</u>。

（9）CAN 总线系统根据节点的不同，可以分为<u>多主式结构</u>和<u>主从式结构</u>两种。

（10）验收滤波器的滤波模式包括<u>单过滤模式</u>和<u>双过滤模式</u>。

（11）CAN 总线采用两种互补的逻辑数值"显性"和"隐性"。"显性"数值表示逻辑"<u>0</u>"，而"隐性"表示逻辑"<u>1</u>"。当总线上同时出现"显性"位和"隐性"位时，最终呈现在总线上的是"<u>显性</u>"位。CAN_H 和 CAN_L 表示 CAN 总线收发器与总线的两接口引脚，信号是以两线之间的<u>差分电压 $V_{diff}$</u> 形式出现。

（12）CAN 总线的 MAC 层在进行总线仲裁时，采用<u>1-坚持的 CSMA/CD 与 NDBA</u> 相结合的仲裁技术。

（13）数据帧由 7 个不同的位场组成：<u>帧起始</u>、<u>仲裁场</u>、<u>控制场</u>、<u>数据场</u>、<u>CRC 场</u>、<u>应答场</u>、<u>帧结尾</u>。

（14）CAN 标准帧信息为 11 个字节，包括两部分：<u>信息</u>和<u>数据</u>部分。前<u>三</u>个字节为信息部分。

（15）CAN2.0A/B 规范仅定义了 OSI 模型的<u>数据链路层</u>、<u>物理层</u>，而没有规定 OSI 模型的上层。

2. 选择题

（1）可以作为 CAN 总线的传输介质的是（　D　）。

    A. 光纤　　　　　　　B. 双绞线　　　　　　C. 同轴电缆　　　　　D. 以上均可

（2）下面哪种说法是错误的？（　C　）

    A. CAN 是目前为止唯一有国际标准的现场总线

    B. CAN 为多主工作方式，而且不分主从

    C. CAN 采用破坏总线仲裁技术

    D. CAN 的直接通信距离可达 10km

（3）在一个给定的 CAN 系统中，位速率是（　C　）。

    A. 唯一的　　　　　　B. 固定的　　　　　　C. 唯一且固定　　　　D. 唯一但不固定

（4）CAN 在通信中的错误类型不包括（　D　）。

    A. 位错误　　　　　　B. 填充错误　　　　　C. 应答错误　　　　　D. 总路冲突错误

（5）标称位时间可以划分成为不重叠的时间片段，不包括（　B　）。

    A. 同步段　　　　　　B. 采样值　　　　　　C. 传播段　　　　　　D. 相位缓冲段

（6）下面哪种不属于现场总线？（　D　）

    A. LonWork　　　　　B. PROFIBUS　　　　C. HART　　　　　　D. USB

（7）下面哪项不属于 CAN 的特性？（　A　）

    A. 一主多从　　　　　　　　　　　　　　　B. 报文的优先权

    C. 时间同步的多点接收　　　　　　　　　　D. 错误检测

(8) 在远程帧发送/接收时,其发送/接收的数据字节数目为( A )。

    A. 0                     B. 4                   C. 6                 D. 8

(9) 以下对 CAN 总线描述有误的是( D )。

    A. 可连接节点多                           B. 传输距离远

    C. 抗干扰能力强                           D. 可与计算机直接相连

(10) 假设为标准模式,ACR=0x72H,AMR=0x38H,则下面哪种 ID 的报文不能被接收?( C )

    A. 0x0257H           B. 0x0391H           C. 0x0245H           D. 0x02D3H

(11) CAN 报文中帧类型不包括( C )。

    A. 数据帧           B. 远程帧           C. 应答帧           D. 错误帧

(12) 在 CAN 总线中,当错误计数值大于( A )时,说明总线被严重干扰。

    A. 96                 B. 127            C. 128            D. 255

(13) CANopen 协议支持( B )位标识符。

    A. 12                 B. 11             C. 29             D. 32

(14) DeviceNet 总线两端应加终端电阻,其标准阻值为( B )。

    A. 75Ω              B. 120Ω           C. 200Ω           D. 330Ω

(15) 下列 OSI 模型中的( B )不属于 DeviceNet 的通信模型。

    A. 物理层           B. 网络层           C. 应用层           D. 数据链路层

3. 简答题

(1) CAN 总线是如何进行位仲裁的?

① CSMA/CD 是"载波侦听多路访问/冲突检测"。利用 CSMA 访问总线,可对总线上的信号进行检测,只有当总线处于空闲状态时,才允许发送。利用这种方法,可以允许多个节点挂接到同一网络上。当检测到一个冲突位时,所有节点重新回到"监听"总线状态,直到该冲突时间过后,才开始发送。

② 在总线超载的情况下,这种技术可能会造成发送信号经过许多延迟。为了避免发送时延,可利用 CSMA/CD 方式访问总线。当总线上有两个节点同时进行发送时,必须通过"无损的逐位仲裁"方法来使有最高优先权的报文优先发送。在 CAN 总线上发送的每一条报文都具有唯一的一个 11 位或 29 位数字的 ID。

③ CAN 总线状态取决于二进制数"0"而不是"1",所以 ID 号越小,则该报文拥有越高的优先权。因此一个为全"0"标志符的报文具有总线上的最高级优先权。可用另外的方法来解释:在消息冲突的位置,第一个节点发送 0 而另外的节点发送 1,那么发送 0 的节点将取得总线的控制权,并且能够成功地发送出它的信息。

(2) 简述 CAN 总线与 RS-485 相比较其优点有哪些。

① RS-485 总线是不支持竞争的,其通信采用的是"一主多从"的方式,运行效率低,高峰期易堵塞;而 CAN 总线具有非破坏性总线仲裁,支持竞争,通信采用"多主对等"方式。

② RS-485 总线通信及组网的灵活性不强,通信速率也比较低;CAN 总线组网非常灵活,通信速率最大可达 1Mb/s。

③ RS-485 总线标准只是一个电气标准,并没有自己的通信协议,无故障定位和错误处理功能,所以由 RS-485 总线构成的网络维护也比较困难,往往一个节点出故障却要每个节

点进行排查；而 CAN 总线在这些方面则具有较强的功能。

（3）CAN 总线系统智能节点一般由微控制器、CAN 控制器、CAN 收发器及光耦组成，简要说明每部分的功能，并画出原理框图。

微控制器：负责 CAN 控制器的初始化，通过控制 CAN 控制器实现数据的接收和发送等通信任务。

CAN 控制器：对外它提供与微控制器的物理线路接口，通过微控制器对它编程，控制它的工作状态，进行数据的发送与接收，把应用层建立在它的基础之上。

CAN 收发器：是 CAN 控制器与物理总线间的接口，提供对总线的差动发送和接收功能。

光耦：连接于 CAN 控制器与收发器之间，主要是为了实现总线上各 CAN 节点间的电气隔离，增强 CAN 节点的抗干扰能力。

原理框图如图 4.90 所示。

**图 4.90　原理框图**

（4）ISO 规定的 OSI 基本参照模型为哪几层？CAN 总线协议使用了其中的哪几层？

ISO 规定了 7 层，分别是：应用层、表示层、会话层、传输层、网络层、数据链路层、物理层。

CAN 协议涵盖了 ISO 规定的 OSI（Open Systems Interconnection）基本参照模型中的传输层、数据链路层及物理层。

（5）CAN 总线值是怎样定义的？

CAN 网的 MAC 层采用 CSMA/CD 的非破坏性仲裁技术。在 CAN 总线的位中，逻辑"0"被称作显性位，逻辑"1"被称作隐性位。

（6）数据帧由哪 7 个不同的位场组成？

帧起始、仲裁场、控制场、数据场、CRC 场、应答场、帧结尾。

（7）CAN 总线的报文传输有哪 4 个不同的帧类型？

数据帧：数据帧携带数据从发送器至接收器。

远程帧：总线单元发出远程帧，请求发送具有同一识别符的数据帧。

错误帧：任何单元检测到一总线错误就发出错误帧。

过载帧：过载帧用以在先行的和后续的数据帧（或远程帧）之间提供一附加的延时。

（8）描述 CAN 总线数据帧的组成。

数据帧由 7 个不同的位场组成：帧起始、仲裁场、控制场、数据场、CRC 场、应答场、帧结尾，如图 4.91 所示。数据场的长度可以为 0。

（9）描述 CAN 总线标准远程帧的组成。

通过发送远程帧，作为某数据接收器的站通过其资源节点对不同的数据传送进行初始化设置。如图 4.92 所示远程帧由 6 个不同的位场组成：帧起始、仲裁场、控制场、CRC 场、应答场、帧末尾。与数据帧相反，远程帧的 RTR 位是"隐性"的。它没有数据场，数据长度代码的数值是不受制约的（可以标注为容许范围里 0～8 的任何数值）。此数值是相应于数据帧的数据长度代码。

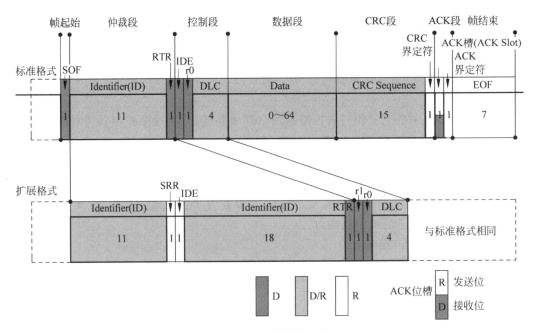

图 4.91 数据帧的组成

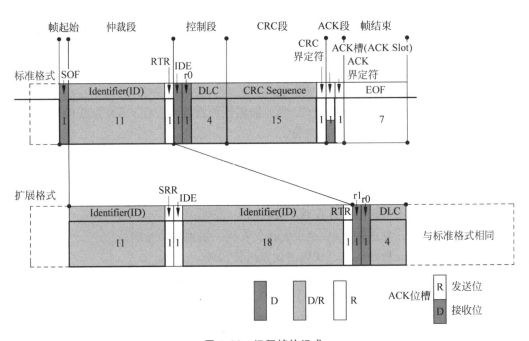

图 4.92 远程帧的组成

RTR 位的极性表示了所发送的帧是一数据帧（RTR 位"显性"）还是一远程帧（RTR "隐性"）。

（10）CAN 总线的主要特点有哪些？

① 多主方式工作。网络上任一节点均可在任意时刻主动地向网络上其他节点发送信息,而不分主从,通信方式灵活,且无须站地址等节点信息。

② 网络上的节点信息分成不同的优先级,可满足不同的实时要求。

③ 非破坏性总线仲裁技术。当多个节点同时向总线发送信息时,优先级较低的节点会主动地退出发送,而最高优先级的节点可不受影响地继续传输数据,从而大大节省了总线冲突仲裁时间。

④ 采用报文滤波。即可实现点对点、一点对多点及全局广播等几种方式传送接收数据,无须专门的“调度”。

⑤ 节点数主要取决于总线驱动电路,可达 110 个。

⑥ 采用短帧结构,传输时间短,受干扰概率低,具有极好的检错效果。

⑦ 每帧信息都有 CRC 校验及其他检错措施,保证了数据出错率极低。

(11) 报文传送由哪 4 种不同类型的帧表示和控制?

数据帧携带数据由发送器至接收器;远程帧通过总线单元发送,以请求发送具有相同标识符的数据帧;出错帧由检测出总线错误的任何单元发送;超载帧用于提供当前的和后续的数据帧的附加延迟。

# 第5章　工业以太网

从20世纪90年代开始,Internet技术开始了爆炸性的发展。Internet的基础是TCP/IP协议族,以太网是应用最为广泛的一种局域网,TCP/IP和以太网相结合是当前最为流行的网络解决方案。因此,人们很自然地就想将以太网和TCP/IP应用于工业控制网络,这样就可以使用大量成熟、廉价、易用的技术和产品,并使得信息集成更加容易和迅速。

## 5.1　以太网概述

以太网不是一种具体的网络,是一种技术规范。它最初是由XEROX公司研制而成的,并且在1980年由数据设备公司DEC、Intel公司和XEROX公司共同使之规范成形。后来它被作为802.3标准为电气与电子工程师协会(IEEE)所采纳。以太网络使用CSMA/CD(载波监听多路访问及冲突检测)技术,并以10M/s的速率运行在多种类型的电缆上。以太网与IEEE 802.3系列标准相类似。

IEEE 802.3在制定时突出的一个基本思想是将系统进行逻辑划分,并研究如何将网络连接在一起。ISO组织将网络按其功能划分为7个功能层,每层都完成一特定功能。图5.1为OSI参考模型。

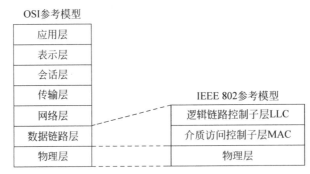

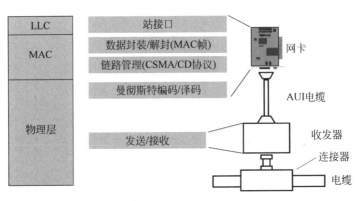

**图5.1　OSI参考模型**

（1）物理层是 OSI 的第一层，它虽然处于最底层，却是整个开放系统的基础。物理层为设备之间的数据通信提供传输媒体及互连设备，为数据传输提供可靠的环境。

（2）数据链路层可以粗略地理解为数据通道。对数据的检错、纠错是数据链路层的基本任务。

（3）网络层的功能没有太大意义。当数据终端增多时，它们之间有中继设备相连，此时会出现一台终端要求不只是与唯一的一台而是能和多台终端通信的情况，这就产生了把任意两台数据终端设备的数据链接起来的问题，也就是路由或者叫寻径。另外，当一条物理信道建立之后，被一对用户使用，往往有许多空闲时间被浪费掉。人们自然会希望让多对用户共用一条链路，为解决这一问题就出现了逻辑信道技术和虚拟电路技术。

（4）传输层也称为运输层。传输层只存在于端开放系统中，是介于低三层通信子网系统和高三层之间的一层，但却是很重要的一层，因为它是源端到目的端对数据传送进行控制从低到高的最后一层。

（5）会话层提供的服务可使应用建立和维持会话，并能使会话获得同步。会话层使用校验点可使通信会话在通信失效时从校验点继续恢复通信。

（6）表示层的作用之一是为异种机通信提供一种公共语言，以便能进行互操作。另外，由于各种系统对数据的定义并不完全相同，这自然给利用其他系统的数据造成了障碍。表示层和应用层担负了消除这种障碍的任务。

（7）应用层是开放系统的最高层，是直接为应用进程提供服务的。其作用是在实现多个系统应用进程相互通信的同时，完成一系列业务处理所需的服务。

可以将 7 层比喻为真实世界收发信的两个老板，如图 5.2 所示（左为传输端，右为接收端）。

（1）应用层：老板。

（2）表示层：相当于公司中替老板写信的助理。

（3）会话层：相当于公司中收寄信、写信封与拆信封的秘书。

（4）传输层：相当于公司中跑邮局的送信职员。

（5）网络层：相当于邮局中的排序工人。

（6）数据链路层：相当于邮局中的装拆箱工人。

（7）物理层：相当于邮局中的搬运工人。

作为信息技术基础，计算机网络（局域网和远程网）是当今世界上最为活跃的技术因素之一。网络分类的一种标准是它的连接距离，根据地理范围的大小，网络可以分为局域网、城域网和广域网。两个或更多的网络的连接被称为互联网。

20 世纪 70 年代末期出现的计算机局域网（LAN），在 20 世纪 80 年代获得了飞速发展和大范围的普及，20 世纪 90 年代步入更高速的阶段。局域网是一种在小范围内，将多种通信设备互连起来，实现数据通信和资源共享的专用网络。局域网是一种数据通信网络，从网络体系结构来看，它只包含于 OSI 网络模型中的物理层、数据链路层和网络层。目前，LAN 的使用已相当普遍。

局域网的基本组成包括个人计算机（或工业控制机）、传输介质（如同轴电缆、双绞线、光缆和无线媒体）、网络适配器（NIC，也称为网卡）以及将计算机与传输媒体相连的各种连接设备（即网络互连设备）。此外，局域网内通常还配有服务器和网络打印机。

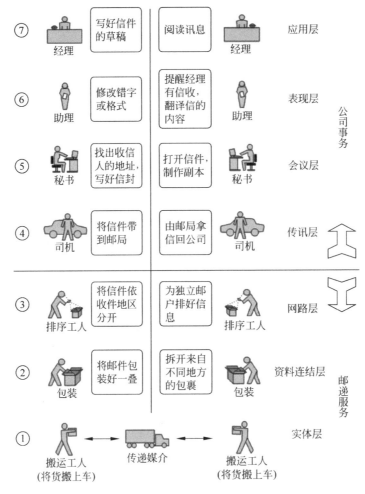

**图 5.2　OSI 与邮件收发示意图**

在局域网中,磁盘服务器已经由文件服务器取代。文件服务器无论在使用户共享文件方面,还是帮助用户跟踪他们的文件方面,都优于磁盘服务器。有些 LAN 能支持多个文件服务器,而每个服务器又有多个硬盘驱动器与之相连,因而使得 LAN 很容易扩充。目前,每种 LAN 都能供 PC 用户共享打印机,而且在多数情况下,打印服务器已成了整个 LAN 软件包的一部分,而不是一台独立的计算机。利用 LAN 打印服务器,用户仅可使用与一定文件服务器相连的打印机,或使用与网络上任何用户工作站相连的打印机。LAN 管理器可以限制对一定打印机的访问。用户也可将几个文件发送到同一个打印机。需要强调的是,LAN 是通过将一组 PC 连接到指定为服务器的机器上来实现的。

局域网的基本特点如下。

(1) 联网范围较小。一般距离在几百米到几十千米,如校园、厂区或一个建筑物等。

(2) 传输速率高。LAN 通常要比广域网(WAN)具有高得多的传输速率。目前,LAN 的传输速率为 10Mb/s,FDDI 的传输速率为 100Mb/s,而 WAN 的主干线速率国内目前仅为 64kb/s 或 2.048Mb/s,最终用户的上线速率通常为 14.4kb/s。

（3）误码率低。

（4）LAN 还有诸如高可靠性、易扩缩和易于管理及安全等多种特性。

## 5.1.1 IEEE 802 标准

以太网的前身是 20 世纪 70 年代夏威夷大学的 Norman Abramson 等人开发的 ALOHA 系统，该系统用无线电把散布在夏威夷岛上的节点连成网络。在 ALOHA 系统的基础上，施乐公司 Palo Alto 研究中心开发了带碰撞检测的载波侦听多址访问（CMSA/CD）协议，将其应用于网络来连接计算机、打印机及其他办公设备，并将该网络命名为以太网。所谓"以太"，是早期人们认为存在于真空中、作为电磁波传播介质的一种物质。1980 年，DEC、Intel、XEROX 等三家公司联合发布了以太网的 DIX1.0 版，定义以太网使用粗缆作为传输介质，通信波特率为 10Mb/s。1982 年，三家公司又联合发布了以太网的 DIX2.0 版。

以太网的成功引起了 IEEE 802 标准委员会的注意。成立于 1980 年的 IEEE 802 标准委员会致力于制定局域网及城域网标准，主要定位在物理层和数据链路层，其所制定的 IEEE 802 局域网及城域网标准是一个庞大的标准体系，其结构如图 5.3 所示。其中，IEEE 802.1 定义了标准的概述、体系结构、网络互联、网络管理等；IEEE 802.2 定义了数据链路层的逻辑链路控制（LLC）子层；IEEE 802.3 定义了以太网的物理层以及数据链路层的媒体访问控制（MAC）子层。除了以太网之外，比较有影响的局域网还有 IEEE 802.4 所定义的令牌总线网、IEEE 802.5 所定义的令牌环网等。

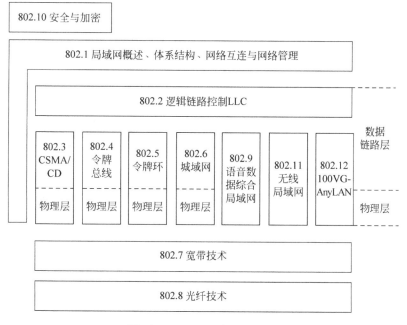

图 5.3　IEEE 802 标准结构图

以 DIX 版的以太网为基础，1983 年，IEEE 802.3 标准发布，它也采用粗缆作为传输介质，区别主要在于两者所定义的帧格式。现在使用的以太网，指的是符合 IEEE 802.3 标准的网络，其特点是使用 CSMA/CS 协议来解决信道竞争的问题。

其后，IEEE 802.3 标准不断扩充。截至 2003 年 3 月，IEEE 802.3 标准所支持的传输介质有同轴电缆、非屏蔽双绞线(UTP)、光纤等,所支持的通信波特率有1Mb/s、10Mb/s、100Mb/s、1000Mb/s、10Gb/s等。由于电话线使用的也是UTP,而建筑物里一般也都会布有电话线,以太网组网时可不必重新布线,使用现成的电话线即可。因此,以太网得到了迅速、广泛的应用,目前已经成为应用最广泛的一种局域网。

### 5.1.2 以太网物理层和数据链路层

#### 1. 以太网的物理层

IEEE 802.3标准定义了近二十种以太网,分类的依据主要是传输介质和通信波特率的不同,如表5.1所示。以太网类型命名规则采用"[通信波特率][信号方式][最大段长度]"格式命名。通信波特率的单位是Mb/s;信号方式表示网络是基带(BASE)还是宽带(BROAD);网络长度的单位是百米。如果以太网名称的后面带有字母T,则表示传输介质是双绞线;带有字母F,则表示传输介质是光纤。在以太网的发展过程中,前期主要是扩充所支持的传输介质,后期主要是提升通信波特率。

表5.1 IEEE 802.3标准所包括的以太网类型

| 以太网类型 | 发布时间 | 拓扑结构 | 传输介质 |
| --- | --- | --- | --- |
| 10BASE-5 | 1983年 | 总线型 | 直径为10mm的50Ω同轴电缆 |
| 10BASE-2 | 1985年 | 总线型 | 直径为5mm的50Ω同轴电缆 |
| 10BROAD-36 | 1985年 | 总线型或树状 | 75Ω同轴电缆 |
| 1BASE-5 | 1987年 | 星状 | UTP |
| 1BASE-T | 1990年 | 星状 | UTP |
| 10BASE-F系列 | 1993年 | 星状 | 光纤 |
| 100BASE系列 | 从1995年开始 | 星状 | UTP、光纤 |
| 1000BASE系列 | 从1998年开始 | 星状 | UTP、光纤 |
| 10GBASE系列 | 从2002年开始 | 星状 | UTP、光纤 |

早期使用同轴电缆的10BASE-5以太网,为了避免波反射现象,需要在电缆两端安装终端电阻,且其中一端需要接地。要把一个节点接入10BASE-5以太网,需要在节点上安装网卡,在电缆上安装收发器,并用收发器电缆把收发器和网卡连接起来,收发器电缆的最大长度为50m。如果10BASE-5以太网的网段长度超过500m,或节点数量超过100个,就需要另外组建一个网段,两个网段之间使用中继器连接。10BASE-2以太网与10BASE-5以太网性能相似,但网段最大长度为185m,节点数量最多接30个。在10BASE-2以太网上安装节点,还需要在节点网卡上安装T型连接器。10BASE-5以太网和10BASE-2以太网各有优劣。10BASE-5以太网可靠性高、抗干扰能力强、网段最大长度长,但成本较高、使用不方便。10BASE-2以太网成本低、使用方便,但是可靠性较差。

1990年发布的10BASE-T是以太网发展史上的一个里程碑,它在双绞线上实现了10Mb/s的数据传输。10BASE-T通常采用3类UTP(见图5.4),它是8芯双绞线,每根线的直径约为0.5mm,两两相绞成4对,每对线标以不同的颜

图5.4 8芯双绞线与RJ-45接头

色。10BASE-T 以太网只用了 4 对线中的两对,一对用于数据发送,另一对用于数据接收。

10BASE-T 以太网中的所有节点都通过双绞线接到中心集线器(Hub)上,因此其物理拓扑结构是星状的。要在 10BASE-T 以太网上安装一个节点,只需要在节点上安装一个网卡,然后用一根 UTP 网线,在线的两端安装 RJ-45 接头,把网卡和 Hub 连接起来即可。注意,如果使用的是 3 类 UTP,线长不能超过 100m。也可以用交换机、路由器代替 Hub,网络拓扑采用环状。

RJ-45 接头是一种只能沿固定方向插入并自动防止脱落的塑料接头,俗称"水晶头",如图 5.5 所示,专业术语为 RJ-45。连接器之所以把它称为"水晶头",是因为它的外表晶莹透亮。RJ-45 是一种网络接口规范,类似的还有 RJ-11 接口,就是我们平常所用的"电话接口",用来连接电话线。双绞线的两端必须都安装这种 RJ-45 接头,以便插在网卡(NIC)、集线器(Hub)或交换机(Switch)的 RJ-45 接口上,进行网络通信。

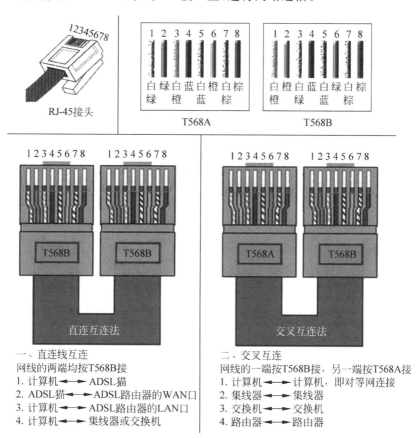

图 5.5　RJ-45 接头示意图

与使用同轴电缆的 10BASE-5、10BASE-2、10BROAD-36 等以太网相比,10BASE-T 以太网具有使用方便、成本低廉、性能优越等显著优点,因此迅速得到广泛应用。此外,10BASE-T 还提供对全双工通信的支持,而 10BASE-5、10BASE-2、10BROAD-36 等都只支持半双工通信。

从 1995 年开始陆续发布的 100BASE 系列以太网,又称为百兆位以太网或快速以太网,把通信波特率提高到 100Mb/s,其他的主要性能与 10BASE-T 以太网相似。100BASE 系列以太网共有 4 种:100BASE-T2、100BASE-T4、100BASE-TX 和 100BASE-FX。4 种网络中,只有 100BASE-T4 不支持全双工通信。100BASE-T4 也使用 3 类 UTP,但使用了全部 4 对线。100BASE-T2 的传输介质与 10BASE-T 一样,但其编码方式与 10BASE-T 不同。10BASE-TX 使用的是 5 类 UTP。

之后发布的 1000BASE 系列以太网和 10G BASE 系列以太网将通信波特率提高到 1000Mb/s 以上,通称为千兆位以太网和万兆位以太网。通常对于单个设备,1000Mb/s 通信速率没有必要,因此千兆位以太网和万兆位以太网多应用于主干网,而设备与主干网使用百兆位以太网连接。

2. 以太网的数据链路层

和 IEEE 802 标准所规定的其他各种局域网一样,以太网的数据链路层也分为媒体访问控制(MAC)子层和逻辑链路控制(LLC)子层。MAC 子层的任务是解决网络上所有的节点共享一个信道所带来的信道竞争问题。LLC 子层的任务把要传输的数据组帧,并且解决差错控制和流量控制的问题,从而在不可靠的物理链路上实现可靠的数据传输。LLC 子层为网络层的数据传输提供三种服务:不可靠的数据报服务、确认的数据报服务、可靠的面向连接的服务。

以太网的 MAC 子层采用 CSMA/CD 协议。网络上的节点在发送数据前,要侦听网络是否空闲。如果网络空闲,则发送;如果网络忙,则继续侦听。如果有两个节点要同时发送数据,则发生冲突。如果发生冲突,则节点发出阻塞信号,所有的节点都停止发送,等待一个随机的时间片后再尝试发送。确定随机时间片的长度所需要的随机数用二进制指数补偿算法产生。

CSMA/CD 协议的工作原理决定了其存在缺点。首先,它只能是一种半双工的通信模式,即一个节点只能发送数据或接收数据,不能同时发送和接收数据。另外,CSMA/CD 协议不提供优先级机制,网络上所有节点的地位是平等的。IEEE 802.3 标准定义了以太网的全双工通信模式,该模式只用于两个节点间的连接。当网络上只有两个节点时,就不存在碰撞,因此,这种模式下不需要侦听和碰撞检测。以太网支持全双工要满足两个条件,一是传输介质支持全双工,二是参与连接的两个节点都要支持全双工,且都处于全双工模式下。前面介绍的 100BASE-T2、100BASE-TX 和 100BASE-FX 都支持全双工通信方式。全双工以太网由于既不侦听检测碰撞,也可以同时收发数据,因此其通信波特率和通信效率都大为提高,且全双工以太网的网段最大长度也较长。有的交换机能够支持其与各个节点分别进行全双工通信,因此,现在的网络连接大多使用支持全双工的交换机实现。

IEEE 802.3 标准规定的以太网 MAC 帧格式如表 5.2 所示。前导码一共 7 字节,每个字节均为 10101010B。前导码的功能是让接收节点做好准备。然后是 1 字节的帧开始定界符(SDF),用来指示帧的开始。

表 5.2 IEEE 802.3 标准规定的以太网 MAC 帧格式

| 7B | 1B | 2 或 6B | 2 或 6B | 2B | 0~1500B | 0~46B | 4B |
|---|---|---|---|---|---|---|---|
| 前导码 | SFD | 目的地址 | 源地址 | 数据长度或类型 | 数据区 | 填充段 | 校验和 |

接着是目的地址和源地址。虽然 IEEE 802.3 容许采用 2 字节或 6 字节的地址,实际上以太网一般都使用 6 字节的地址。地址的最高位表示该地址是单播地址还是多播地址,该位为 0 表示单播地址,该位为 1 表示多播地址。如果地址的各位均为 1,则该地址为广播地址,该帧发给网络上的所有节点。地址的次高位表示该地址是全局地址还是局部地址,该位为 0 表示全局地址,该位为 1 表示局部地址。全局地址由 IEEE 分配,需要保证世界上没有两个节点地址是一样的;局部地址由网络管理员自行分配,只要保证在网络内部没有两个节点地址一样即可。

再之后的 2 字节,如果其数值小于或等于 1500,则表示的是数据区的长度,如果其数值大于或等于 1536,则表示的是数据区中数据的类型。数据区的长度是 0～1500 字节。不过,为了碰撞检测的需要,如果数据区的长度小于 46 字节,需要在后面加一段填充段,使得数据区和该区段的长度为 46 字节。因此,以太网的一个帧中包含的有效数据的长度为 46～1500 字节。

帧的最后是校验和。源节点在形成帧时,对从目的地址到填充段的数据进行 CRC 运算,将结果作为校验和。目的节点在接收到一个帧时,进行 CRC 校验,如果发现错误,就丢弃该帧。

如表 5.3 所示,以太网与 CAN 总线相比,CAN 总线采用短帧传输,一帧只能发送 8 字节的数据,而以太网的一帧能够发送 1500 字节的数据。现在的以太网通信速率都在 100Mb/s 以上,远高于 CAN 总线。但在媒体访问控制技术上,CAN 总线采用 1-坚持的 CSMA/NDBA 技术,能够使得所有节点的数据按照优先级顺序发送,满足通信的实时性和确定性。而以太网的 CSMA/CD 技术则较难满足通信的实时性和确定性。

表 5.3　以太网与 CAN 总线的比较

| | | 以　太　网 | CAN 总线 |
|---|---|---|---|
| 物理层 | 传输介质 | 5 类 UTP、屏蔽双绞线、同轴电缆、光纤、无线传输等 | 屏蔽双绞线、同轴电缆、光纤、无线传输等 |
| | 编码 | 同步 NRZ、曼彻斯特编码 | 异步 NRZ |
| | 插件 | RJ-45、AUI、BNC | 各种防护等级的工业级插件 |
| | 总线供电和本质安全 | 无 | 有 |
| | 传输速率 | 10Mb/s、100Mb/s、1000Mb/s 等 | 5kb/s～1Mb/s |
| 数据链路层 | MAC 子层 | 媒体访问方式采用载波侦听多路访问/冲突检测(CSMA/CD),较难满足工业网络通信的实时性和确定性的要求,在网络负载很重的情况下可能出现网络瘫痪的情况 | 负责报文分帧、仲裁、应答、错误检测和标定,采用 1 坚持 CSMA 和非破坏性位元形式仲裁技术,短帧传送数据,能够满足工业网络通信的实时性和确定性的要求,在网络负载很重的情况下不会出现网络瘫痪的情况 |
| | LLC 子层 | 成帧、处理传输差错、调整帧流量 | 报文滤波、过载通知、恢复管理 |

## 5.1.3　以太网网络层

网络层的功能是把数据报由源节点送到目的节点,需要解决报文格式定义、路由选择、阻塞控制、网际互连等问题。由于以太网是从 ARPANET 发展而来的,因此 TCP/IP 是以太网的基础。

1. IP 协议与 IP 互联网

IP 协议是 TCP/IP 协议族中最重要的协议,从协议体系结构来看,它向下屏蔽了不同物理网络的低层,向上提供一个逻辑上统一的互联网。互联网上的所有数据报都要经过 IP 协议进行传输,它是通信网络与高层协议的边界,如图 5.6 所示。

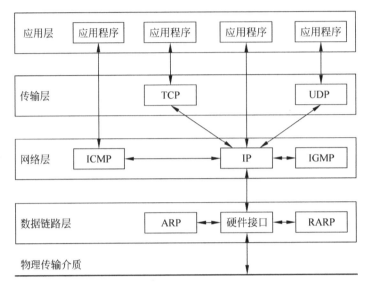

**图 5.6　IP 协议在 TCP/IP 协议族中的位置**

IP 协议是一种无连接的、不可靠的、但会尽力传送的数据报传输协议。说它不可靠,是因为 IP 协议不能保证数据报能正确地传输到目的主机。它只负责数据报在网络中的传输,而不管传输的正确与否,不进行数据报的确认,也不能保证数据报按正确的顺序到达(即先发的不一定先到达),但同时它也是"尽最大努力"传输数据的,因为它不随便丢弃传输中的数据报,只有在资源耗尽或网络出现故障的情况下才会放弃。

使用 IP 协议的互联网具有以下重要特点。

(1) IP 互联网中的计算机没有主次之分,所有主机地位平等(因为唯一标识它们的是 IP 地址)。当然,从逻辑上来说,所有网络(不管规模大小)也没有主次之分。

(2) IP 互联网没有确定的拓扑结构。

(3) 在 IP 互联网中的任何一台主机,都至少有一个独一无二的 IP 地址。有多个网络接口卡的计算机,每个接口可以有一个 IP 地址,这样一台主机可能就有多个 IP 地址。有多个 IP 地址的主机称为多宿主机。

(4) 与互联网有独立连接的设备都要有 IP 地址,包括 PC、工业控制机、工业交换机、IP 路由器、网关等。

2. IP 地址

IP 地址,是指 Internet 协议地址的简称,用作 Internet 上的独立的计算机唯一标识。为了确保一个 IP 地址对应一台主机,网络地址由 Internet 注册管理机构网络信息中心 NIC 分配,主机地址由网络管理机构负责分配。互联网是由很多网络连接而成的,互联网中的数据报有些是在本网内主机之间传输的,有些是要送到互联网中其他网络中的主机中去的。

因此,IP 地址不但要标识在本网内的主机号,还要标识在互联网中的网络号。也就是说,一个 IP 地址由"网络号(也称为网络地址)"和"主机号(也称为主机地址)"两部分组成,网络号标识互联网中的一个特定网络,主机号标识在该网络中的一台特定主机。这样给定一个 IP 地址,就可以很方便地知道它是哪个网络上的哪一台主机。

Internet 现在使用的 IP 协议是 IPv4(第 4 版),它使用一个 32 位二进制数(即 4 个字节)表示一个 IP 地址,在进行程序设计时一般用长整型。用二进制数表示 IP 地址适合于机器使用,但对用户来说难写、难记,易出错,因此人们常把 IP 地址按字节分成 4 个部分,并把每一部分写成等价的十进制数,数之间用"."分隔,这就是人们最常用的"点分十进制"表示法。IP 地址的不同表示法见表 5.4。

表 5.4　IP 地址的不同表示法

| 表 示 方 法 | 举　　例 | 说　　明 |
| --- | --- | --- |
| 二进制 | 1000 0110 0001 1000 0000 1000 0100 0010 | 计算机内部使用 |
| 十进制 | 2249721922 | 很少使用 |
| 十六进制 | 86180842 | 很少使用 |
| 点分十进制 | 134.24.8.66 | 最常用 |

在 Internet 发展的初期,人们用 IP 地址的前 8 位来定义所在的网络,后 24 位用来定义该主机在当地网络中的地址。这样互联网中最多只能有 255(应该有 256 个,但全 1 的 IP 地址用于广播)个网络。后来由于这种方案可以表示的网络数太少,而每个网络中可以连入的主机又非常多,于是人们设计了一种新的编码方案。该方案中用 IP 地址高位字节的若干位来表示不同类型的网络,以适应大型、中型、小型网络对 IP 地址的需求:这种 IP 地址分类法把 IP 地址分为 A、B、C、D 和 E 共 5 类,用 IP 地址的高位来区分,如图 5.7 所示。

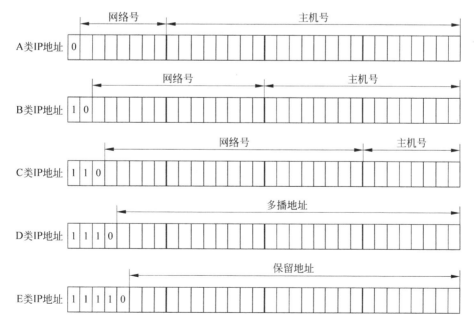

图 5.7　IP 地址的分类

IP 地址用来标识互联网中的主机,但少数 IP 地址有特殊用途,不能分配给主机,这些 IP 地址有网络地址、直接广播地址、有限广播地址、本网特定主机地址、回送地址和本网络本主机。一般来说,网络号和主机号不能全为 0 或全为 1。表 5.5 列出了 A、B、C 类 IP 地址的网络号和每个网络中的最大主机数。

表 5.5　A、B、C 类 IP 地址的网络号和每个网络中的最大主机数

| 网络类别 | 最大网络数 | 第一个可用的网络号 | 最后一个可用的网络号 | 每个网络中的最大主机数 |
| --- | --- | --- | --- | --- |
| A | 126 | 1 | 126 | 16 777 214 |
| B | 16 382 | 128.1 | 191.254 | 65 534 |
| C | 2 097 150 | 192.0.1 | 223.255.254 | 254 |

IP 地址最初使用两层地址结构(网络地址和主机地址),在这种结构中一个 A 类或 B 类网络所能容纳的主机数非常庞大,而使用 C 类 IP 地址的网络则只能接入 254 台主机。随着计算机网络的不断普及,有大量的个人用户和小型局域网接入互联网,仅靠 C 类 IP 地址不能满足需求。但分配一个 A 类或 B 类 IP 地址时,则会遇到网络地址不够、而主机地址浪费的问题。因此,人们提出了三层结构的 IP 地址,把每个网络可以进一步划分成若干子网(Subnet),子网内主机的 IP 地址由三部分组成,如图 5.8 所示,把两级 IP 地址结构中的主机地址分割成子网地址和主机地址两部分。

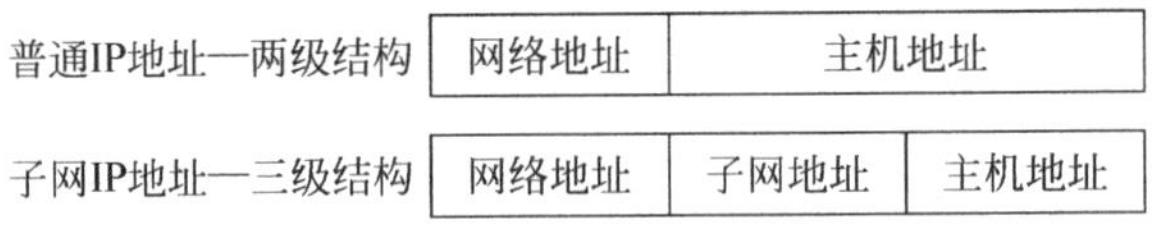

图 5.8　子网 IP 地址结构

一个网络可以划分成多少个子网,由子网地址位数决定。当然,一种给定类型的 IP 地址,如果子网占用的位数越多,子网内的主机就越少。划分子网进一步减少了可用的 IP 地址数量,这是因为主机地址的一部分被拿走用于识别子网和进行子网内广播。

对于划分了子网的网络,子网地址是由两级地址结构中主机地址的若干位组成的,具体子网所占位数的多少,要根据子网的规模来决定。如果一个网络内的子网数较少,而子网内主机数较多,就应该把两级地址结构中主机地址的大部分位分配给子网内的主机,少量位用于表示子网号。那么,究竟在一个 IP 地址中哪些位用来表示网络号,哪些位用来表示子网号,以及哪些位用来表示主机号呢? 这就要使用子网掩码(Subnet Mask)来标识。

子网掩码是一个 32 位二进制数,习惯上使用点分十进制数的格式表示。掩码中用于标识网络号和子网号的位置为 1,主机位为 0。例如,A、B、C 类 IP 地址的默认子网掩码分别如下。

A 类 IP 地址:255.0.0.0

B 类 IP 地址:255.255.0.0

C 类 IP 地址:255.255.255.0

同样地,如果对一个 C 类 IP 地址取其主机号的前两位作为子网号,其掩码为"1111 1111. 1111 1111. 1111 1111. 11000000"(255.255.255.192),可以将一个 C 类 IP 地址的网络划分为 4 个子网。每个子网可以产生 64 个可能的主机地址,但实际上只有 62 个地址是

可用的。另外两个地址,一个用于识别子网自身,另一个用于子网的广播。因此,计算子网内最大可用的主机数时总要减去 2。此外,如果采用的路由协议不支持子网地址全 0 或全 1,则可用的子网地址数要减 2。例如刚才的例子,两位的子网号数学上的组合为 00、01、10 和 11 共 4 种,如果 00 和 11 有特殊用处,则只剩下 01 和 10 可用于识别子网,即得到两个可用的子网地址。

【例 5.1】　有一个 B 类网络地址 166.111.0.0,如果子网地址允许全 0 或全 1,欲将其划分为 8 个子网,问如何设置子网掩码?

B 类 IP 默认子网掩码为 255.255.0.0,后 16 位为主机号,现把主机号高位拿来划分子网。

由于要划分为 $8 = 2^3$ 个子网,把第三个 8 位二进制数的前三位置为 1,掩码变成 11111111.11111111.11100000.00000000,用十进制表示为 255.255.224.0。

划分后的地址中网络地址为 19 位,主机地址为 13 位,划分后对应的 8 个网段及其主机地址范围如表 5.6 所示。除了子网 111 可有主机 $31 \times 2^8 - 2$ 台外,其他每个子网可有主机 $2^{13} - 2$ 台。

表 5.6　掩码为 255.255.224.0 对应的 8 个网段

| 序　号 | 子网号(三位) | 子网网络号 | 主机地址范围(5 位 + 8 位) |
| --- | --- | --- | --- |
| 1 | 000 | 166.111.0.0 | 0.1～31.254 |
| 2 | 001 | 166.111.32.0 | 32.1～63.254 |
| 3 | 010 | 166.111.64.0 | 64.1～95.254 |
| 4 | 011 | 166.111.96.0 | 96.1～127.254 |
| 5 | 100 | 166.111.128.0 | 128.1～159.254 |
| 6 | 101 | 166.111.160.0 | 160.1～191.254 |
| 7 | 110 | 166.111.192.0 | 192.1～223.254 |
| 8 | 111 | 166.111.224.0 | 224.1～254.254 |

注意:如果子网地址不允许全 0 或全 1,则子网号 000 和 111 不能被用于识别子网。此时有 6 个可用的子网地址(001～110),每个子网可有主机 $2^{13} - 2$ 台。

为了便于记忆 IP 地址,可以用唯一的文字符号的方式来标识计算机,即给每台主机取一个便于记忆的名字,这个名字就是域名地址。域名(Domain)由专门的机构来管理,用来避免引起重名问题。域名与 IP 地址之间的转换工作称为域名解析,在 Internet 上由专门的服务器负责。

3. IP 数据包格式

IP 协议是 TCP/TP 协议族中最为核心的协议,前面已经讨论过,它提供不可靠、无连接的数据报传输服务。IP 层提供的服务是通过 IP 层对数据报的封装与拆封来实现的。IP 数据报的格式分为报头区和数据区两大部分,其中报头区是为了正确传输高层数据而加的各种控制信息;数据区包括高层协议需要传输的数据。IP 数据报的格式如图 5.9 所示。

图 5.9 中表示的数据,最高位在左边,记为 31 位;最低位在右边,记为 0 位,在网络中传输数据时,先传输 31～24 位,其次是 23～16 位,然后传输 15～8 位,最后传输 7～0 位。由于 TCP/IP 协议头部中所有的二进制数在网络中传输时都要求以这种顺序进行,因此把它称为网络字节顺序。在进行程序设计时,以其他形式存储的二进制数必须在传输数据之

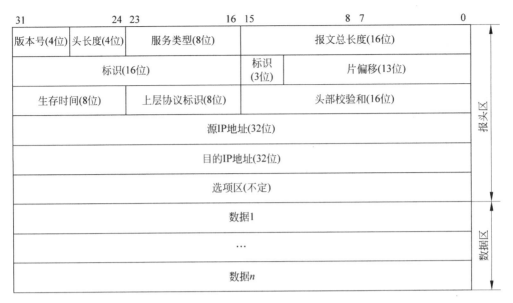

图 5.9 IP 数据报格式

前,把头部转换成网络字节顺序。

IP 数据报中的每一个域包含 IP 报文所携带的一些信息,正是用这些信息来完成 IP 协议功能的。

(1) 版本号。版本号占用 4 位二进制数,表示该 IP 数据报使用的是哪个版本的 IP 协议。目前在 Internet 中使用的 TCP/IP 协议族中,IP 协议的版本号为 4,所以也常称为 IPv4。下一个 IP 协议的版本号为 6,即 IPv6,当前正在实验中。注意,不同版本的 IP 协议所使用的数据报格式并不完全相同,而不仅是这个域的值不同。

(2) 头长度。头长度用 4 位二进制数表示,此域指出整个报头的长度(包括选项区),该长度是以 32 位二进制数为一个计数单位的,接收端通过此域可以计算出报文头在何处结束及从何处开始读数据。普通 IP 数据报(没有任何选项)的该字段值是 5(即 20 个字节的长度)。

(3) 服务类型(Type Of Service,TOS)。服务类型用 8 位二进制数表示,规定对本数据报的处理方式。该域分为 6 个子域,如图 5.10 所示。

| 优先级标识位 | D 标识位 | T 标识位 | R 标识位 | C 标识位 | 未用 |
|---|---|---|---|---|---|

图 5.10 服务类型域格式

(4) 报文总长度。报文总长度用 16 位二进制数表示,指整个 IP 数据报的长度,以字节为单位。利用头部长度字段和报文总长度字段,就可以计算出 IP 数据报中数据内容的起始位置和长度。由于该字段长度为 16 位二进制数,所以从理论上来说,IP 数据报最长可达 65 535 字节(实际由于受物理网络的限制,要比这个数值小得多)。

(5) 生存时间(Time To Live,TTL)。生存时间用 8 位二进制数表示,它指定了数据报可以在网络中传输的最长时间。在实际应用中为了简化处理过程,把生存时间字段设置成了数据报可以经过的最大路由器数。TTL 的初始值由源主机设置(通常为 32、64、128 或者 256),一旦经过一个处理它的路由器,它的值就减去 1。当该字段的值减为 0 时,数据报就被丢弃,并发送 ICMP 报文通知源主机,这样可以防止进入一个循环回路时,数据报无休止地传输。

（6）上层协议标识。上层协议标识用 8 位二进制数表示,从图 5.6 可知,IP 协议可以承载多种上层协议。目的端根据协议标识,就可以把收到的 IP 数据报送至 TCP 或 UDP 等处理此报文的上层协议。

（7）头部校验和。头部校验和用 16 位二进制数表示,这个域用于协议头数据有效性的校验,可以保证 IP 报头区在传输时的正确性和完整性。头部校验和字段是根据 IP 协议头部计算出的校验和码,它不对头部后面的数据进行计算。

（8）源 IP 地址。源 IP 地址是用 32 位二进制数表示的发送端 IP 地址。

（9）目的 IP 地址。目的 IP 地址是用 32 位二进制数表示的目的端 IP 地址。

（10）选项区。选项区给出一些不常用的信息。

IP 数据报在互联网上传输,可能要经过多个物理网络才能从源端传输到目的端。不同的网络由于链路层和介质的物理特性不同,因此在进行数据传输时,对数据帧的最大长度都有一个限制,这个限制值称为最大传输单元(MTU)。

当一个 IP 数据报要通过链路层进行传输时,如果 IP 数据报的长度比链路层 MTU 的值大,那么 IP 层就需要对将要发送的 IP 数据报进行分片,把一个 IP 数据报分成若干长度小于或等于链路层 MTU 的 IP 数据报,才能经过链路层进行传输。这种把一个数据报为了适合网络传输而分成多个数据报的过程称为分片。一定要注意,被分片后的各个 IP 数据报可能经过不同的路径到达目的主机。

当分了片的 IP 数据报被传输到最终目的主机时,目的主机要对收到的各分片重新进行组装,以恢复成源主机发送时的 IP 数据报,这个过程称为 IP 数据报的重组。

除了 IP 协议外,网络层还使用其他一些协议为 IP 协议服务,作为其有效的补充,包括:

（1）地址解析协议(ARP),用于在已知 IP 地址的情况下确定物理地址。

（2）反向地址解析协议(RARP),用于在知道物理地址的情况下确定 IP 地址。

（3）因特网控制报文协议(ICMP),主要用于报告传输中出现的问题,另外也可以用于网际测试。ICMP 报文是封装在 IP 数据报中传的。ICMP 部分弥补了 IP 在可靠性方面的缺陷,提供了一定的差错报告功能。

（4）因特网组管理协议(IGMP),用于管理多播组,在主机和多播路由器之间交换组从属关系信息。

## 5.1.4　以太网传输层

传输层协议为两个应用进程提供可靠并且合算的数据传输,需要具备寻址、建立连接、释放连接、流控制和缓存、多路复用、崩溃恢复等功能。传输层的协议有两种:传输控制协议(TCP)和用户数据报协议(UDP)。TCP 提供一种面向连接的、可靠的数据流服务,为应用进程提供了完备的服务。因为它的高可靠性,使 TCP 成为传输层最常用的协议,同时也是一个比较复杂的协议。TCP 和 IP 一样,是 TCP/IP 协议族中最重要的协议。UDP 是与网络层相邻的上一层常用的一个非常简单的协议,它的主要功能是在 IP 层之上提供协议端口功能,以标识源主机和目的主机上的通信进程。因此,UDP 只能保证进程之间通信的最基本要求,而没有提供数据传输过程中的可靠性保证措施,通常把它称为无连接、不可靠的通信协议。许多单请求单应答的客户/服务器型应用都使用 UDP。

## 1. TCP 报文段格式

TCP 报文段(常称为段)与 UDP 数据报一样,也是封装在 IP 中进行传输的,只是 IP 报文的数据区为 TCP 报文段。TCP 报文段的格式如图 5.11 所示。

| 31 | 16 | 15 | 0 |
| --- | --- | --- | --- |
| TCP源端口号(16位) | | TCP目的端口号(16位) | |
| 序列号(32位) | | | |
| 确认号(32位) | | | |
| 控制区(16位) | | 窗口大小(16位) | |
| 校验和(16位) | | 紧急指针(16位) | |
| 选项区+填充(不定) | | | |
| 数据1 | | | |
| … | | | |
| 数据n | | | |

**图 5.11　TCP 报文段的格式**

(1) TCP 源端口号。TCP 源端口号长度为 16 位,用于标识发送方通信进程的端口。目的端在收到 TCP 报文段后,可以用源端口号和源 IP 地址标识报文的返回地址。

(2) TCP 目的端口号。TCP 目的端口号长度为 16 位,用于标识接收方通信进程的端口。源端口号与 IP 头部中的源端 IP 地址,目的端口号与目的端 IP 地址,这 4 个数就可以唯一确定从源端到目的端的一对 TCP 连接。

(3) 序列号。序列号长度为 32 位,用于标识 TCP 发送端向 TCP 接收端发送数据字节流的序号。序列号的实际值等于该主机选择的本次连接的初始序号(Initial Sequence Number,ISN)加上该报文段中第一个字节在整个数据流中的序号。由于 TCP 为应用层提供的是全双工通信服务,这意味着数据能在两个方向上独立地进行传输。因此,连接的每一端必须保持每个方向上传输数据的序列号到达 $2^{32}-1$ 后又从 0 开始。序列号保证了数据流发送的顺序性,是 TCP 提供的可靠性保证措施之一。

(4) 确认号。确认号长度为 32 位。因为接收端收到的每个字节都被计数,所以确认号可用来标识接收端希望收到的下一个 TCP 报文段第一个字节的序号。确认号包含发送确认的一端希望收到的下一个字节的序列号,因此,确认号应当是上次已成功收到数据字节的序列号加 1。确认号字段只有 ACK 标志(下面介绍)为 1 时才有效。

(5) 控制区。控制区长度为 16 位,包括 4 位的首部长度、6 位的保留以及 6 位的标志域。每一位标志可以打开或关闭一个控制功能,这些控制功能与连接的管理和数据传输控制有关。控制区的结构如图 5.12 所示。

| 首部长度(4 位) | 保留(6 位) | URG | ACK | RSH | RST | SYN | FIN |
| --- | --- | --- | --- | --- | --- | --- | --- |

**图 5.12　TCP 控制区格式**

（6）首部长度。用 4 位二进制数表示 TCP 首部的长短，它以 32 位二进制数为一个计数单位。TCP 首部长度一般为 20 个字节，因此通常它的值为 5。但当首部包含选项时，该长度是可变的。首部长度主要用来标识 TCP 数据区的开始位置，因此又称为数据偏移。

（7）保留。保留字段长度为 6 位。该域必须置 0，准备为将来定义 TCP 新功能时使用。

（8）URG：紧急指针标志，置 1 时紧急指针有效。

（9）ACK：确认号标志，置 1 时确认号有效。如果 ACK 为 0，那么 TCP 首部中包含的确认号字段应被忽略。

（10）PSH：Push 操作标志，置 1 时表示要对数据进行 Push 操作。Push 操作的功能是：在一般情况下，TCP 要等待到缓冲区满就把数据发送出去，而当 TCP 软件收到一个 Push 操作时，则表明该数据要立即进行传输，因此 TCP 协议层首先把 TCP 首部中的标志域 PSH 置 1，并不等缓冲区被填满就把数据立即发送出去。同样，接收端在收到 PSH 标志为 1 的数据时，也立即将收到的数据传输给应用程序。

（11）RST：连接复位标志，表示由于主机崩溃或其他原因而出现错误时的连接。可以用它来表示非法的数据段或拒绝连接请求。例如，当源端口请求建立连接的目的端口上没有服务进程时，目的端口产生一个 RST 置位的报文；或当连接的一端非正常终止时，它也要产生一个 HST 置位的报文。一般情况下，产生并发送一个 RST 置位的 TCP 报文段的一端总是发生了某种错误或操作无法正常进行下去。

（12）SYN：同步序列号标志，用来发起一个连接的建立。也就是说，只有在连接建立的过程中 SYN 才被置 1。

（13）FIN：连接终止标志。当一端发送 FIN 标志置 1 的报文时，告诉另一端已无数据可发送，即已完成了数据发送任务，但它还可以继续接收数据。

（14）窗口大小。窗口大小字段长度为 16 位，它是接收端的流量控制措施，用来告诉另一端它的数据接收能力。连接的每一端把可以接收的最大数据长度（其本质为接收端 TCP 可用的缓冲区大小）通过 TCP 发送报文段中的窗口字段通知对方，对方发送数据的总长度不能超过窗口大小。窗口的大小用字节数表示，它起始于确认号字段指明的值，窗口最大长度为 65 535 个字节。通过 TCP 报文段首部的窗口刻度选项，它的值可以按比例变化，以提供更大的窗口。

（15）校验和。校验和字段长度为 16 位，用于进行差错校验。校验和覆盖了整个的 TCP 报文段的首部和数据区。

（16）紧急指针。紧急指针字段长度为 16 位。只有当 URG 标志置 1 时，紧急指针才有效，它的值指向紧急数据最后一个字节的位置。如果把占的值与 TCP 首部中的序列号相加，则表示紧急数据最后一个字节的序号，在有些实现中指向最后一个字节的下一个字节。如果 URC 标志没有被设置，紧急指针域用 0 填充。

（17）选项和填充。选项的长度不固定，通过选项使 TCP 可以提供一些额外的功能。每个选项由选项类型（占 1 个字节）、该选项的总长度（占 1 个字节）和选项值组成，如图 5.13 所示。填充字段的长度不定，用于填充以保证 TCP 头部的长度为 32 位的整数倍，值全为 0。

| 选项类型（1 字节） | 选项的总长度（1 字节） | 选项值（有的选项没有选项值） |
|---|---|---|

**图 5.13　TCP 选项格式**

2. TCP 连接的建立与关闭

TCP 是一个面向连接的协议。TCP 的高可靠性是通过发送数据前先建立连接,结束数据传输时关闭连接,在数据传输过程中进行超时重发、流量控制和数据确认,对乱序数据进行重排以及前面讲过的校验和等机制来实现的。下面讨论连接建立和关闭的问题。

TCP 在 IP 之上工作,IP 本身是一个无连接的协议,在无连接的协议之上要建立连接,对初学者来说,这是一个较难理解的问题。但读者一定要清楚,这里的连接是指在源端和目的端之间建立的一种逻辑连接,使源端和目的端在进行数据传输时彼此达成某种共识,相互可以识别对方及其传输的数据。连接的 TCP 协议层的内部表现为一些缓冲区和一组协议控制机制,外部表现为比无连接的数据传输具有更高的可靠性。

1) 建立连接

在互联网中两台要进行通信的主机,在一般情况下,总是其中的一台主动提出通信的请求(客户机),另一台被动地响应(服务器)。如果传输层使用 TCP,则在通信之前要求通信的双方首先要建立一条连接。TCP 使用“三次握手”(3-way Handshake)法来建立一条连接。所谓三次握手,就是指在建立一条连接时通信双方要交换三次报文。具体过程如下。

(1) 第一次握手。由客户机的应用层进程向其传输层 TCP 发出建立连接的命令,则客户机 TCP 向服务器上提供某特定服务的端口发送一个请求建立连接的报文段,该报文段中 SYN 被置 1,同时包含一个初始序列号 $x$(系统保持着一个随时间变化的计数器,建立连接时该计数器的值即为初始序列号,因此不同的连接初始序列号不同)。

(2) 第二次握手。服务器收到建立连接的请求报文段后,发送一个包含服务器初始序号 $y$,SYN 被置 1,确认号置为 $x+1$ 的报文段作为应答。确认号加 1 是为了说明服务器已正确收到一个客户连接请求报文段。因此,从逻辑上来说,一个连接请求占用了一个序号。

(3) 第三次握手。客户机收到服务器的应答报文段后,也必须向服务器发送确认号为 $y+1$ 的报文段进行确认。同时客户机的 TCP 协议层通知应用层进程,连接已建立,可以进行数据传输了。

通过以上三次握手,两台要通信的主机之间就建立了一条连接,相互知道对方的哪个进程在与自己进行通信,通信时对方传输数据的顺序号应该是多少。连接建立后,通信的双方可以相互传输数据,并且双方的地位是平等的。如果在建立连接的过程中握手报文段丢失,则可以通过重发机制进行解决。如果服务器端关机,客户机端收不到服务器端的确认,客户机端按某种机制重发建立连接的请求报文段若干次后,就通知应用进程,连接不能建立(超时)。还有一种情况是当客户请求的服务在服务器端没有对应的端口提供时,服务器端以一个复位报文应答(RST=1),该连接也不能建立。最后要说明一点,建立连接的 TCP 报文段中只有报文头(无选项时长度为 20 个字节),没有数据区。

2) 关闭连接

由于 TCP 是一个全双工协议,因此,在通信过程中两台主机都可以独立地发送数据,完成数据发送的任何一方都可以提出关闭连接的请求。关闭连接时,由于在每个传输方向既要发送一个关闭连接的报文段,又要接收对方的确认报文段,因此关闭一个连接要经过 4 次握手。具体过程如下(下面设客户机首先提出关闭连接的请求)。

(1) 第一次握手。由客户机的应用进程向其 TCP 协议层发出终止连接的命令,则客户 TCP 协议层向服务器 TCP 协议层发送一个 FIN 被置 1 的关闭连接的 TCP 报文段。

　　（2）第二次握手。服务器的 TCP 协议层收到关闭连接的报文段后就发出确认,确认号为已收到的最后一个字节的序列号加 1,同时把关闭的连接通知其应用进程,告诉它客户机已经终止了数据传送。在发送完确认后,服务器如果有数据要发送,则客户机仍然可以继续接收数据,因此把这种状态称为半关闭(Half-close)状态。因为服务器仍然可以发送数据,并且可以收到客户机的确认,只是客户方已无数据发向服务器了。

　　（3）第三次握手。如果服务器应用进程也没有要发送给客户方的数据了,就通告其TCP 协议层关闭连接。这时服务器的 TCP 协议层向客户机的 TCP 协议层发送一个 FIN置 1 的报文段,要求关闭连接。

　　（4）第 4 次握手。同样,客户机收到关闭连接的报文段后,向服务器发送一个确认,确认号为已收到数据的序列号加 1。当服务器收到确认后,整个连接被完全关闭。

　　连接建立和关闭的过程如图 5.14 所示,该图是通信双方正常工作时的情况。关闭连接时,图中的 $u$ 表示服务器已收到的数据的序列号,$v$ 表示客户机已收到的数据的序列号。

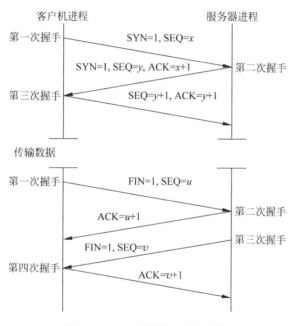

**图 5.14　TCP 连接的建立与关闭**

　　3. TCP 的超时重发机制

　　TCP 提供的是可靠的传输层。前面已经看到,接收方对收到的所有数据要进行确认,TCP 的确认是对收到的字节流进行累计确认。发送 TCP 报文段时,首部的“确认号”就指出该端希望接收的下一个字节的序号,其含义是在此之前的所有数据都已经正确收到,请求发送从确认号开始的数据。

　　TCP 的确认方式有两种:一种是利用只有 TCP 首部,而没有数据区的专门确认报文段进行确认;另一种是当通信双方都有数据要传输时,把确认“捎带”在要传输的报文段中进行确认。因此,TCP 的确认报文段和普通数据报文段没有什么区别。数据和确认都有可能在传输过程中丢失,为此,TCP 通过在发送数据时设置一个超时定时器来解决这个问题。在数据传送出去的同时定时器开始计数,如果当定时器到(溢出)时还没有收到接收方的确认,那么就重发该数据,定时器也开始重新计时,这就是超时重发。

4. UDP

UDP 的基本数据单元称为用户数据报(User Datagram)。UDP 功能比较简单,仅为来自上层的数据增加端口地址、报文长度和校验和,其报文段的格式如图 5.15 所示。

| UDP源端口号(16位) | UDP目的端口号(16位) |
|---|---|
| 报文总长度(16位) | 校验和(16位) |
| 数据1 | |
| ... | |
| 数据n | |

图 5.15　UDP 报文段的格式

(1) 源端口(Source Port):2 字节,源端口地址。

(2) 目的端口(Destination Port):2 字节,目的端口地址。

(3) 长度(Length):2 字节,UDP 用户数据报的总长度,以字节为单位。

(4) 校验和(Checksum):2 字节,用于校验 UDP 数据报的数字段和包含 UDP 数据报头部的"伪头部"。其校验方法同 IP 数据报的头部中的头部校验和。

UDP 具有如下特点。

(1) UDP 是一种无连接、不可靠的数据报传输服务协议。UDP 不与远端的 UDP 模块保持端对端的连接,它仅仅是把数据报发向网络,并从网络接收传来的数据报。UDP 不能保证每个用户数据报都发送成功,也不能保证接收节点收到的多个用户数据报的先后顺序是正确的,并且也不能保证接收节点每个用户数据报只收到一个拷贝。

(2) UDP 对数据传输过程中唯一的可靠保证措施是进行差错校验,如果发生差错,则只是简单地抛弃该数据报。当 UDP 通过检查用户数据报的校验和发现错误时,可以通过 ICMP 通知发送节点有一个用户数据报损坏,并被丢弃。但是,如果有用户数据报丢失,UDP 和 ICMP 都没有能力发现。

(3) 如果目的端收到的 UDP 数据报中的目的端口号不能与当前已使用的某端口号匹配,则将该数据报抛弃,并发送目的端口不可达的 ICMP 差错报文。

(4) UDP 在设计时的简单性,是为了保证 UDP 在工作时的高效性和低延时性。因此,在服务质量较高的网络中(如局域网),UDP 可以高效地工作。

(5) UDP 常用于传输延时小,对可靠性要求不高,有少量数据要进行传输的情况,如 DNS、TFTP 等。

## 5.1.5　以太网应用层

TCP/IP 的协议族中常用的应用层协议有以下几个。

(1) Internet 管理:简单网络管理协议(SNMP)。

(2) Internet 安全:因特网协议安全(IPSec)。

(3) 域名:域名系统(DNS),用于实现 IP 地址和主机名(Host Name)之间的对应。

（4）引导及自配置：引导协议（BOOTP）、动态主机配置协议（DHCP）。

（5）远程登录：Telnet、Rlogin。

（6）文件传输和访问：文件传输协议（FTP）、普通文件传输协议（TFTP）、网络文件系统（NFS）、远程进程调用（RPC）。

（7）电子邮件：简单邮件传输协议（SMTP），用于两个主机间的美国信息交换标准码；邮局协议（POP），用于访问邮件服务器；因特网报文访问协议（IMAP）和多用途因特网邮件扩展（MIME），用于把传输的非 ASCII 数据编成 ASCII，通过 SMTP 进行传输。

（8）万维网（World Wide Web，WWW）：超文本传愉协议（Hypertext Transfer Protocol，HTTP）。

（9）多媒体：实时传输协议（RTP）。

（10）新闻组：网络新闻组（USENET）。

上述协议是为一般应用开发的，其中一些协议在工业应用中也需要。但是，在工业控制网络中，还应根据实际需要，由用户自行制定相应的应用层协议。下面以"综合平台管理系统信息交换协议"（IPMSMXP）为例，说明工业控制网络中的应用层协议。

1. IPMSMXP 数据报的格式

该协议应用层 UDP 数据报的格式如表 5.7 所示。

表 5.7　应用层 UDP 数据报的格式

| 序　号 | 字 段 名 称 | 字 段 长 度 | 说　　明 |
|:---:|:---|:---:|:---|
| 1 | IPMSMXP 协议标示 | 2 字节 | 填：1851H |
| 2 | 版本号 | 2 字节 | 1.0 版，填：0010H |
| 3 | 总长度 | 2 字节 | 报文总长度 |
| 4 | 备用 | 2 字节 | 保留备用 |
| 5 | 发送端地址 | 4 字节 | 发送方的 IP 地址 |
| 6 | 接收端地址 | 4 字节 | 接收方的 IP 地址 |
| 7 | 序列号 | 1 字节 | 报文发送序号 |
| 8 | 确认号 | 1 字节 | 确认报文号 |
| 9 | 报文标志 | 1 字节 | 报文标志 |
| 10 | 信息单元个数 | 1 字节 | 报文包含的信息单元个数 |
| 11 | 信息单元序号 | 1 字节 | 信息单元在报文中所处位置 |
| 12 | 信息单元标识 | 1 字节 | 信息单元标识码 |
| 13 | 信息单元长度 | 2 字节 | 信息单元总长度 |
| 14 | 信息单元内容 | $n_1$ 字节 | 信息单元所包含的内容 |
| 15 | 信息单元序号 | 1 字节 | 信息单元在报文中所处位置 |
| 16 | 信息单元标识 | 1 字节 | 信息单元标识码 |
| 17 | 信息单元长度 | 2 字节 | 信息单元总长度 |
| 18 | 信息单元内容 | $n_2$ 字节 | 信息单元所包含的内容 |
| ⋯ | ⋯⋯ | ⋯ | ⋯⋯ |

其中：

（1）总长度，长度为 2 字节（16 位），表示整个报文长度（含其本身两个字节），以字节为单位，其值不大于 1450 字节。

（2）发送端地址和接收端地址，分别表示发送方、接收方的 IP 地址，都为 4 字节（32 位）。

（3）序列号，长度为 1 字节（8 位），与发送端地址和接收端地址的组合表示含信息单元报文的序列连续特征，为 0～255 循环加 1。

（4）报文标志，长度为 1 字节（8 位）。bit0＝0 表示本报文需要确认，bit0＝1 表示本报文不需要确认，如果报文中的一个信息单元需确认，bit0 必须置为 0。bit1＝1 表示确认号有效。bit3、bit2 组合表示重发次数。重发次数最多为两次，取值为 0、1、2，分别表示原报文、第一次重发报文、第二次重发报文。bit7、bit6、bit5、bit4 保留，填 0。

（5）确认号，长度为 1 字节（8 位），仅当报文标志的 bit1＝1 时有效，表示已接收到序列号等于该确认号的需确认报文。

（6）信息单元个数，长度为 1 字节（8 位），表示该报文包含的信息单元个数。

（7）信息单元序号，长度为 1 字节（8 位），表示该信息单元在报文中所处的位置。取值范围为 1～255。

（8）信息单元标识，长度为 1 字节（8 位），表示信息类型。

（9）信息单元长度，长度为 2 字节（16 位），表示信息单元描述段的长度，以字节为单位。

（10）信息单元内容，表示信息单元传输的数据，不同内容的格式也不同。

采用确认和超时重发机制保证需确认报文的可靠传输。当接收方收到需确认报文后，应立即发送确认报文。重发次数定为三次，规定超时时隔为 60ms，三次发送均未收到确认报文，则放弃该报文。重发报文序列号与原报文序列号相同。确认报文可以单独发送，也可以与信息单元同帧发送。单独发送确认报文时，其报文标志 bit0＝1、bit1＝1、bit2＝0、bit3＝0，即值为 03H，信息单元个数的值为 00H。

该协议应用层 TCP 数据报的格式如表 5.8 所示。

表 5.8　应用层 TCP 数据报的格式

| 序　号 | 字 段 名 称 | 字 段 长 度 | 说　明 |
|---|---|---|---|
| 1 | IPMSMXP 协议标识 | 2 字节 | 填：1851H |
| 2 | 版本号 | 2 字节 | 1.0 版，填：0010H |
| 3 | 总长度 | 2 字节 | 报文总长度 |
| 4 | 备用 | 2 字节 | 保留备用 |
| 5 | 发送端地址 | 4 字节 | 发送方的 IP 地址 |
| 6 | 接收端地址 | 4 字节 | 接收方的 IP 地址 |
| 7 | 信息单元个数 | 1 字节 | 报文包含的信息单元个数 |
| 8 | 备用 | 1 字节 | 保留备用 |
| 9 | 信息单元序号 | 1 字节 | 信息单元在报文中所处位置 |
| 10 | 信息单元标识 | 1 字节 | 信息单元标识码 |
| 11 | 信息单元长度 | 2 字节 | 信息单元总长度 |
| 12 | 信息单元内容 | $n_1$ 字节 | 信息单元所包含的内容 |
| 13 | 信息单元序号 | 1 字节 | 信息单元在报文中所处位置 |
| 14 | 信息单元标识 | 1 字节 | 信息单元标识码 |
| 15 | 信息单元长度 | 2 字节 | 信息单元总长度 |
| 16 | 信息单元内容 | $n_2$ 字节 | 信息单元所包含的内容 |
| … | …… | … | …… |

　　其中,总长度、发送端地址、接收端地址、信息单元个数、信息单元序号、信息单元标识、信息单元长度、信息单元内容的定义与 UDP 数据报的格式相同。

　　2. 信息单元内容的格式

　　所有的信息单元内容都包含时戳。时戳表示信息产生的时刻,由信息源头设备产生,为一个长度为 8 字节的无符号整型数。时戳的高 4 字节表示从 1970 年开始至今的秒数,取值范围为 $0\sim2^{32}-1$。时戳的低 4 字节表示当前的 $10^{-9}$ 秒值,取值范围为 $0\sim10^{9}-1$。

　　此外,大多数信息单元内容还包含设备标识 ID。设备标识 ID 长度为 2 字节,由用户根据实际情况自行设置。

　　信息单元包括状态询问报文、工作状态报文、心跳报文、关机报文、故障诊断请求报文、设备故障诊断信息报文、时统信息报文、模拟量输入报文、开关量输入报文、报警和事件信息报文、控制指令报文、扩展自定义信息报文等。不同的信息单元,其内容格式也不相同,部分报文的格式如表 5.9～表 5.14 所示。

表 5.9　心跳报文内容的格式

| 序　号 | 字 段 名 称 | 字 段 长 度 | 说　　明 |
|---|---|---|---|
| 1 | 信息单元序号 | 1 字节 | 打包时设置 |
| 2 | 信息单元标识 | 1 字节 | 03H |
| 3 | 信息单元长度 | 2 字节 | 00 0EH |
| 4 | 时戳 | 8 字节 | 打包时赋值 |
| 5 | 设备标识 ID | 2 字节 | 发送方的 ID |

表 5.10　关机报文内容的格式

| 序　号 | 字 段 名 称 | 字 段 长 度 | 说　　明 |
|---|---|---|---|
| 1 | 信息单元序号 | 1 字节 | 打包时设置 |
| 2 | 信息单元标识 | 1 字节 | 04H |
| 3 | 信息单元长度 | 2 字节 | 00 0EH |
| 4 | 时戳 | 8 字节 | 打包时赋值 |
| 5 | 设备标识 ID | 2 字节 | 发送方的 ID |

表 5.11　时统报文内容的格式

| 序　号 | 字 段 名 称 | 字 段 长 度 | 说　　明 |
|---|---|---|---|
| 1 | 信息单元序号 | 1 字节 | 打包时设置 |
| 2 | 信息单元标识 | 1 字节 | 05H |
| 3 | 信息单元长度 | 2 字节 | 00 2EH |
| 4 | 时戳 | 8 字节 | 打包时赋值 |
| 5 | 控制字 | 1 字节 | 表示往来授时服务器和客户机的帧类型。01H 表示时统客户机发出对时请求;<br>02H 表示时统服务端响应对时请求 |
| 6 | 时区 | 1 字节 | 当地时区,8 位符号整型表示。<br>包括零时区、东 1～12 区、西 1～11 区。<br>东 1～12 区为正,西 1～11 区为负 |

| 序　号 | 字 段 名 称 | 字 段 长 度 | 说　　明 |
|---|---|---|---|
| 7 | 时戳 $T1$ | 8 字节 | 时统客户机发送时间 |
| 8 | 时戳 $T2$ | 8 字节 | 时统服务端发送时间 |
| 9 | 时戳 $T3$ | 8 字节 | 时统客户机接收时间 |
| 10 | 时戳 $T4$ | 8 字节 | 时统服务端接收时间 |

对时后,时统客户机的时间为

$$设备当前时间+[(T2-T4)-(T1-T3)]/2$$

**表 5.12　模拟量报文内容的格式**

| 序　号 | 字 段 名 称 | 字 段 长 度 | 说　　明 |
|---|---|---|---|
| 1 | 信息单元序号 | 1 字节 | 打包时设置 |
| 2 | 信息单元标识 | 1 字节 | 12H |
| 3 | 信息单元长度 | 2 字节 | 00 0EH $+m\times14$ |
| 4 | 时戳 | 8 字节 | 打包时赋值 |
| 5 | 模拟量信号数量 | 2 字节 | 值为 $m$ |
| 6 | 模拟量信号 ID | 4 字节 | 由用户自行定义 |
| 7 | 模拟量信号数据 | 4 字节 | |
| 8 | 模拟量信号状态 | 1 字节 | 00H：采集点信号正常<br>01H：传感器故障或短线<br>02H：采集点状态未知 |
| 9 | 报警状态 | 1 字节 | 00H：无报警<br>01H：普通报警<br>02H：一级低报警<br>03H：一级高报警<br>04H：二级低报警<br>05H：二级高报警<br>06H：三级低报警<br>07H：三级高报警<br>80H：报警确认 |
| 10 | 报警限值 | 4 字节 | 与当前报警状态对应的报警限值,无报警限值则为 00 00 00 00H |
| … | ……… | … | …… |

**表 5.13　开关量报文内容的格式**

| 序　号 | 字 段 名 称 | 字 段 长 度 | 说　　明 |
|---|---|---|---|
| 1 | 信息单元序号 | 1 字节 | 打包时设置 |
| 2 | 信息单元标识 | 1 字节 | 13H |
| 3 | 信息单元长度 | 2 字节 | 00 0EH$+m\times8$ |
| 4 | 时戳 | 8 字节 | 打包时赋值 |
| 5 | 开关量信号数量 | 2 字节 | 值为 $m$ |
| 6 | 开关量信号 ID | 4 字节 | 由用户自行定义 |

| 序　　号 | 字 段 名 称 | 字 段 长 度 | 说　　　明 |
|---|---|---|---|
| 7 | 开关量信号数据 | 4 字节 | |
| 8 | 开关量信号状态 | 1 字节 | 00H：采集点信号正常<br>01H：传感器故障或短线<br>02H：采集点状态未知 |
| 9 | 报警状态 | 1 字节 | 00H：无报警<br>01H：普通报警<br>02H：一级低报警<br>03H：一级高报警<br>04H：二级低报警<br>05H：二级高报警<br>06H：三级低报警<br>07H：三级高报警<br>80H：报警确认 |
| 10 | 备用 | 1 字节 | |
| … | …… | … | …… |

**表 5.14　控制指令报文内容的格式**

| 序　　号 | 字 段 名 称 | 字 段 长 度 | 说　　　明 |
|---|---|---|---|
| 1 | 信息单元序号 | 1 字节 | 打包时设置 |
| 2 | 信息单元标识 | 1 字节 | 15H |
| 3 | 信息单元长度 | 2 字节 | 00 18H |
| 4 | 时戳 | 8 字节 | 打包时赋值 |
| 5 | 控制指令 ID | 4 字节 | 由用户自行定义 |
| 6 | 控制指令数值 | 4 字节 | 开关量控制指令的"开"和"关"分别对应不同的控制指令 ID，因此可以不填 |
| 7 | 控制指令参数 | 4 字节 | 需要时填入，可不填 |

# 5.2　Modbus 通信协议

　　1979 年，Modicon 公司（现 Schneider 的一部分）提出了 Modbus 协议规范。随后，Modbus 协议成为工业串行链路的事实标准。在 1997 年，Schneider 电气在 TCP/IP 上实现了 Modbus 协议。2004 年，Modbus 协议成为我国现场总线标准之一。

　　Modbus 协议是应用于电子控制器上的一种通用语言。通过此协议，控制器相互之间、控制器经由网络（例如以太网）和其他设备之间可以通信。它已经成为一个通用工业标准。有了它，不同厂商生产的控制设备可以连成工业网络，进行集中监控。此协议定义了一个控制器能认识使用的消息结构，而不管它们是经过何种网络进行通信的。它描述了一控制器请求访问其他设备的过程，如何回应来自其他设备的请求以及怎样侦测错误并记录。它制定了消息域格局和内容的公共格式。当在一 Modbus 网络上通信时，此协议决定了每个控制器需要知道它们的设备地址,识别按地址发来的消息,决定要产生何种行动。如果需要回应,控制器将生成反馈信息并用 Modbus 协议发出。在其他网络上,包含 Modbus 协议的消息转换为在此网络上使用的帧或包结构。这种转换也扩展了根据具体的网络解决节地址、路由路径及错误检测的方法。

### 5.2.1　范围

Modbus 是 OSI 模型第 7 层上的应用层报文传输协议,它在连接至不同类型总线或网络的设备之间提供客户/服务器通信。自从 1979 年出现工业串行链路的事实标准以来,Modbus 使成千上万的自动化设备能够通信。目前,继续增加对简单而规范的 Modbus 结构支持。互联网组织能够使 TCP/IP 栈上的保留系统端口 502 访问 Modbus。Modbus 是一个请求/应答协议,并且提供功能码规定的服务。Modbus 功能码是 Modbus 请求/应答 PDU 的元素。

Modbus 标准分为三部分。第一部分("Modbus 协议规范")描述了 Modbus 事物处理,第二部分("Modbus 报文传输在 TCP/IP 上的实现指南")提供了一个有助于开发者实现 TCP/IP 上的 Modbus 应用层的参考信息,第三部分("Modbus 报文传输在串行链路上的实现指南")提供了一个有助于开发者实现串行链路上的 Modbus 应用层的参考信息,如图 5.16 所示。此协议支持传统的 RS-232、RS-422、RS-485 和以太网。许多工业设备,包括 PLC、DCS、智能仪表等都在使用 Modbus 协议作为它们之间的通信标准。

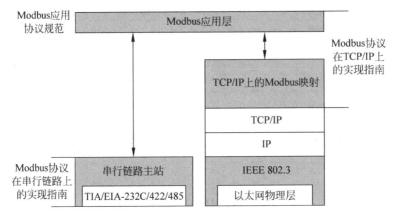

**图 5.16　Modbus 技术规范组成**

1. Modbus 在串行通信上传输

标准的 Modbus 接口使用 RS-232C 兼容串行接口,它定义了连接器的引脚、电缆、信号位、传输波特率、奇偶校验。控制器能直接或通过调制解调器组网。

控制器通信使用主-从技术,即仅某一设备(主设备)能主动传输(查询),其他设备(从设备)根据主设备查询提供的数据做出响应。典型的主设备有:主机和可编程仪表。典型的从设备有:可编程控制器。

主设备可单独和从设备通信,也能以广播方式和所有从设备通信。如果单独通信,从设备返回一消息作为响应。如果是以广播方式查询的,则不做任何响应。Modbus 协议建立了主设备查询的格式:"设备(或广播)地址+功能代码+所有要发送的数据+一个错误检测域"。

从设备响应消息也由 Modbus 协议构成,包括确认要动作的域、任何要返回的数据和一个错误检测域。如果在消息接收过程中发生一错误,或从设备不能执行其命令,从设备将建立一错误消息并把它作为响应发送出去。

2. Modbus 在其他类型网络上传输

在其他网络上,控制器使用"对等"技术通信,任何控制器都能初始化和其他控制器的通信。这样在单独的通信过程中,控制器既可作为主设备,也可作为从设备。提供的多个内部通道允许同时发生传输进程。

在消息级,Modbus 协议仍提供了主-从原则,尽管网络通信方法是"对等"的。如果一个控制器发送一段消息,则它只是作为主设备,并期望从设备得到响应。同样,当控制器接收到一段消息,它将建立一个从设备响应格式,并返回给发送的控制器。

3. Modbus 帧结构

通用 Modbus 帧结构如图 5.17 所示,其中,功能码和数据码称为协议数据单元(PDU)。

| 起始位 | 设备地址 | 功能码 | 数据 | 校验码 | 停止位 |

图 5.17　Modbus 帧结构

由于 Modbus 协议最初是在串行链路上实现的,因此限制了 Modbus PDU 的长度。例如,对于采用 RS-485 串行链路通信的 Modbus 协议,如果采用 RTU 模式,最大数据长度为256B,则 Modbus PDU 的长度为

$$256-服务器地址(1B)-CRC 校验(2B)=253B$$

因此,尽管 Modbus 协议也能够在其他类型网络上实现,但 Modbus PDU 的长度已经形成了一种规范,即不大于 253B。例如,对于采用 TCP/IP 通信的 Modbus 协议,其最大数据长度为

$$253B+MBAP(7B)=260B$$

4. 查询-响应周期

Modbus 是一种简单的客户/服务器应用协议。实现方式为,首先客户机(主设备)能够向服务器(从设备)发送请求(查询),然后服务器分析请求,处理请求,向客户机发送应答(响应)。主设备与从设备的查询-响应周期关系如图 5.18 所示。

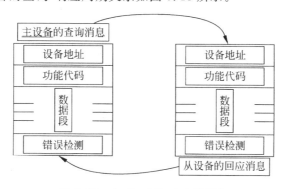

图 5.18　主-从、查询-响应周期表

1) 查询

查询消息中的功能代码告知被选中的从设备要执行何种功能。数据段包含从设备要执行功能的任何附加信息。例如,功能代码 03 是要求从设备读保持寄存器并返回它们的内容。数据段必须包含要告知从设备的信息:从何种寄存器开始读及要读的寄存器数量。错误检测域为从设备提供了一种验证消息内容是否正确的方法。

2) 响应

如果从设备产生了正常的响应,在响应消息中的功能代码是在查询消息中的功能代码的响应。数据段包括从设备收集的数据,像寄存器值或状态。如果有错误发生,功能代码将被修改,以用于指出响应消息是错误的,同时数据段包含描述此错误信息的代码。错误检测域允许主设备确认消息内容是否可用。

当服务器对客户机响应时,它使用功能码域来指示正常(无差错)响应或者出现某种差错(称为异常响应);对于一个正常响应来说,服务器仅复制原始功能码;对于异常响应,服务器将原始功能码的最高有效位设置逻辑 1 后返回;异常码指示差错类型。

## 5.2.2　协议描述

Modbus 协议定义了一个与基础通信层无关的简单协议数据单元(PDU),如图 5.19 所示。特定总线或网络上的 Modbus 协议映射能够在应用数据单元(ADU)上引入一些附加域。

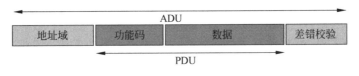

图 5.19　通用 Modbus 帧

启动 Modbus 事务处理的客户机创建 Modbus 应用数据单元。

Modbus 协议建立了客户机启动的请求格式。用一个字节编码 Modbus 数据单元的功能码域。有效的码字范围是十进制 1~255(128~255 为异常响应保留)。当从客户机向服务器设备发送报文时,功能码域通知服务器执行哪种操作。向一些功能码加入子功能码来定义多项操作。从客户机向服务器设备发送的报文数据域包括附加信息,服务器使用这个信息执行功能码定义的操作。这个域还包括离散项目和寄存器地址、处理的项目数量以及域中的实际数据字节数。在某种请求中,数据域可以是不存在的(0 长度),在此情况下服务器不需要任何附加信息。

如果在一个正确接收的 Modbus ADU 中,不出现与请求 Modbus 功能有关的差错,那么服务器至客户机的响应数据域包括请求数据。如果出现与请求 Modbus 功能有关的差错,那么域包括一个异常码,服务器应用能够使用这个域确定下一个执行的操作。

例如,客户机能够读一组离散量输出或输入的开/关状态,或者客户机能够读/写一组寄存器的数据内容。当服务器对客户机响应时,它使用功能码域来指示正常(无差错)响应或者出现某种差错(称为异常响应)。对于一个正常响应来说,服务器仅对原始功能码响应,如图 5.20 所示。对于异常响应,服务器返回一个与原始功能码等同的码,设置该原始功能码的最高有效位为逻辑 1,如图 5.21 所示。

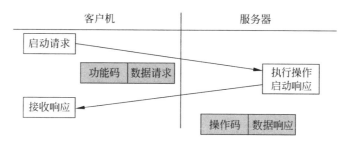

**图 5.20　Modbus 事件处理（无差错）**

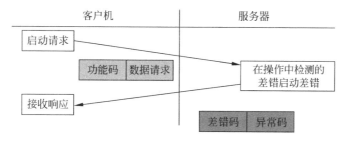

**图 5.21　Modbus 事件处理（异常响应）**

串行链路上第一个 Modbus 执行的长度约束限制了 ModbusPDU 大小最大 RS－485ADU＝256(B)。因此，对串行链路通信来说，ModbusPDU＝256－服务器地址(1B)－CRC(2B)＝253B。从而：

RS-232/RS-485ADU＝253B＋服务器地址(1B)＋CRC(2B)＝256B。

TCPModbusADU＝249B＋MBAP(7B)＝256B。

Modbus 协议定义了以下三种 PDU。

(1) Modbus 请求 PDU，mb_req_pdu。

(2) Modbus 响应 PDU，mb_rsp_pdu。

(3) Modbus 异常响应 PDU，mb_excep_rsp_pdu。

定义 mb_req_pdu 为：

mb_req_pdu＝{function_code,request_data}，其中

function_code：[1B]Modbus 功能码

request_data：[nB]，这个域与功能码有关，并且通常包括诸如可变参考、变量、数据偏移量、子功能码等信息。

定义 mb_rsp_pdu 为：

mb_rsp_pdu＝{function_code,response_data}，其中

function_code：[1B]Modbus 功能码

response_data：[nB]，这个域与功能码有关，并且通常包括诸如可变参考、变量、数据偏移量、子功能码等信息。

定义 mb_excep_rsp_pdu 为：

mb_excep_rsp_pdu＝{function_code,request_data}，其中

function_code：[1B]Modbus 功能码＋0x80

exception_code：[1B]，定义了 Modbus 异常码。

## 5.2.3　数据编码

Modbus 使用一个"big-Endian"表示地址和数据项。这意味着当发送多个字节时，首先发送最高有效位。例如表 5.15 中：

表 5.15　Modbus 使用数据表示

| 寄存器大小 | 值 |
|---|---|
| 16b | 0x1234 |

发送的第一字节为 0x12，然后 0x34。

Modbus 以一系列具有不同特征表格上的数据模型为基础，如表 5.16 所示。

表 5.16　Modbus 数据模型

| 基　本　表 | 对象类型 | 长　　度 | 访问类型 | 注　　释 |
|---|---|---|---|---|
| 离散量输入 | 开关量输入 | 1b | 只读 | I/O 系统提供这种类型数据 |
| 线圈 | 开关量输出 | 1b | 读写 | 通过应用程序改变这种类型数据 |
| 输入寄存器 | 模拟量输入 | 2B | 只读 | I/O 系统提供这种类型数据 |
| 保持寄存器 | 模拟量输出 | 2B | 读写 | 通过应用程序改变这种类型数据 |

输入与输出之间以及比特寻址的和字寻址的数据项之间的区别并没有暗示任何应用操作。如果这是对可疑对象核心部分最自然的解释，那么这种区别是可完全接受的，而且很普通，以便认为 4 个表格全部覆盖了另外一个表格。

对于基本表格中的任何一项，协议都允许单个地选择 65 536 个数据项，而且设计那些项的读写操作可以越过多个连续数据项直到数据大小规格限制，这个数据大小规格限制与事务处理功能码有关。

很显然，必须将通过 Modbus 处理的所有数据放置在设备应用存储器中。但是，存储器的物理地址不应该与数据参考混淆。要求仅仅是数据参考与物理地址的链接。

Modbus 功能码中使用的 Modbus 逻辑参考数字是以 0 开始的无符号整数索引。

以下实例示出了两种在设备中构造数据的方法。可能有不同的结构，这个文件中没有全部描述出来。每个设备根据其应用都有它自己的数据结构。

**实例 1：有 4 个独立块的设备**

图 5.22 示出了设备中的数据结构，这个设备含有数字量和模拟量、输入量和输出量。由于不同块中的数据不相关，每个块是相互独立的。按不同 Modbus 功能码访问每个块。

**实例 2：仅有一个块的设备**

在图 5.23 中，设备仅有一个数据块。通过几个 Modbus 功能码可能得到一个相同数据，或者通过 16 比特访问或 1 个比特访问。

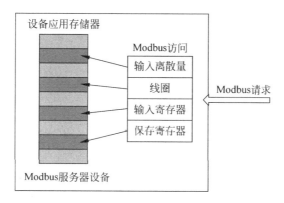

图 5.22　带有独立块的 Modbus 数据模型

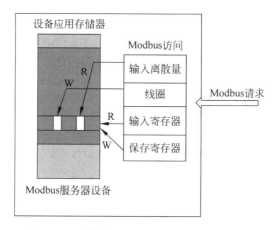

图 5.23　仅带有一个块的 Modbus 数据模型

## 5.2.4　响应机制

　　标准的 Modbus 接口使用 RS-232C 兼容串行接口,它定义了连接器的引脚、电缆、信号位、传输波特率、奇偶校验,控制器能直接或通过调制解调器组网。控制器通信使用主-从技术,即仅某一设备(主设备)能主动传输(查询),其他设备(从设备)根据主设备查询提供的数据做出响应。典型的主设备有主机和可编程仪表,典型的从设备有可编程控制器。主设备可单独和从设备通信,也能以广播方式和所有从设备通信。如果单独通信,从设备返回一消息作为响应。如果是以广播方式查询的,则不做任何响应。Modbus 协议建立了主设备查询的格式:"设备(或广播)地址＋功能代码＋所有要发送的数据＋一个错误检测域"。从设备响应消息也由 Modbus 协议构成,包括确认要动作的域、任何要返回的数据和一个错误检测域。如果在消息接收过程中发生一错误,或从设备不能执行其命令,从设备将建立一错误消息并把它作为响应发送出去。

　　在其他网络上,控制器使用"对等"技术通信,任何控制器都能初始化和其他控制器的通信。这样在单独的通信过程中,控制器既可作为主设备,也可作为从设备。提供的多个内部通道允许同时发生传输进程。在消息级,Modbus 协议仍提供了主-从原则,尽管网络通信方法是"对等"的。如果一个控制器发送一段消息,则它只是作为主设备,并期望从设备得到响应。同样,当控制器接收到一段消息,它将建立一个从设备响应格式,并返回给发送的控制器。

图 5.24 描述了在服务器侧 Modbus 事务处理的一般处理过程。

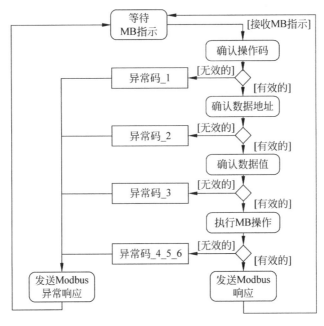

**图 5.24　Modbus 事务处理的状态图**

一旦服务器处理请求,使用合适的 Modbus 服务器事务建立 Modbus 响应。根据处理结果,可以建立以下两种类型响应。

(1) 一个正常 Modbus 响应:

响应功能码＝请求功能码

(2) 一个 Modbus 异常响应:

用来为客户机提供处理过程中被发现的差错相关的信息;

响应功能码＝请求功能码＋0x80;

提供一个异常码来指示差错原因。

### 5.2.5　功能码

Modbus 功能码分为以下三类,如图 5.25 所示。

1. 公共功能码

是较好地被定义的功能码,保证是唯一的,Modbus 组织可改变的,公开证明的,具有可用的一致性测试,MBIETFRFC 中证明的,包含已被定义的公共指配功能码和未来使用的未指配保留供功能码。

2. 用户定义功能码

(1) 有两个用户定义功能码的定义范围,即 65～72 和十进制 100～110。

(2) 用户没有 Modbus 组织的任何批准就可以选择和

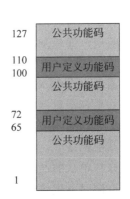

**图 5.25　Modbus 功能码分类**

实现一个功能码。

（3）不能保证被选功能码的使用是唯一的。

（4）如果用户要重新设置功能作为一个公共功能码，那么用户必须启动 RFC，以便将改变引入公共分类中，并且指配一个新的公共功能码。

3. 保留功能码

一些公司对传统产品通常使用的功能码，并且对公共使用是无效的功能码。

公共功能码定义如表 5.17 所示。

**表 5.17　公共功能码定义**

| | | | | 功能码 | | | |
|---|---|---|---|---|---|---|---|
| | | | | 码 | 子码 | （十六进制） | 页 |
| 数据访问 | 比特访问 | 物理离散量输入 | 读输入离散量 | 02 | | 02 | <u>11</u> |
| | | 内部比特或物理线圈 | 读线圈 | 01 | | 01 | <u>10</u> |
| | | | 写单个线圈 | 05 | | 05 | <u>16</u> |
| | | | 写多个线圈 | 15 | | 0F | <u>37</u> |
| | | | | | | | |
| | 16 比特访问 | 输入存储器 | 读输入寄存器 | 04 | | 04 | <u>14</u> |
| | | 内部存储器或物理输出存储器 | 读多个寄存器 | 03 | | 03 | <u>13</u> |
| | | | 写单个寄存器 | 06 | | 06 | <u>17</u> |
| | | | 写多个寄存器 | 16 | | 10 | <u>39</u> |
| | | | 读/写多个寄存器 | 23 | | 17 | <u>47</u> |
| | | | 屏蔽写寄存器 | 22 | | 16 | <u>46</u> |
| | | | | | | | |
| | 文件记录访问 | | 读文件记录 | 20 | 6 | 14 | <u>42</u> |
| | | | 写文件记录 | 21 | 6 | 15 | <u>44</u> |
| 封装接口 | | | 读设备识别码 | 43 | 14 | 2B | |

这里以 0x01 读线圈为例进行说明（具体流程见图 5.26）。

在一个远程设备中，使用该功能码读取线圈的 1～2000 连续状态。请求 PDU 详细说明了起始地址，即指定的第一个线圈地址和线圈编号。从零开始寻址线圈。因此寻址线圈 1～16 为 0～15。

根据数据域的每个比特将响应报文中的线圈分成一个线圈。指示状态为 1＝ON 和 0＝OFF。第一个数据字节的 LSB（最低有效位）包括在询问中寻址的输出。其他线圈以此类推，一直到这个字节的高位端为止，并在后续字节中按从低位到高位的顺序。

如果返回的输出数量不是 8 的倍数，将用零填充最后数据字节中的剩余比特（一直到字节的高位端）。字节数量域说明了数据的完整字节数。

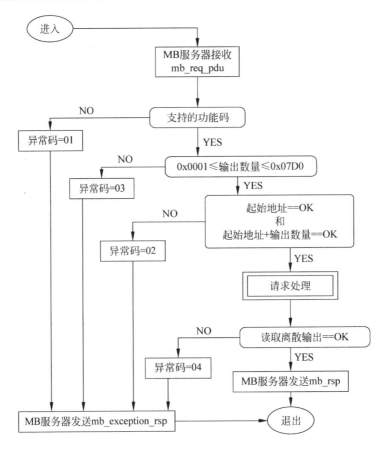

图 5.26 读取线圈状态图

（1）请求 PDU（见表 5.18）

表 5.18 请求 PDU 报文码

| 功能码 | 1 个字节 | **0x01** |
| --- | --- | --- |
| 起始地址 | 2 个字节 | 0x0000～0xFFFF |
| 线圈数量 | 2 个字节 | 1～2000(0x7D0) |

（2）响应 PDU（见表 5.19）

表 5.19 响应 PDU 报文码

| 功能码 | 1 个字节 | 0x01 |
| --- | --- | --- |
| 字节数 | 1 个字节 | $N^*$ |
| 线圈状态 | N 个字节 | $n=N$ 或 $N+1$ |

注：* $N=$ 输出数量/8，如果余数不等于 0，那么 $N=N+1$。

（3）错误（见表 5.20）

表 5.20 错误报文码

| 功能码 | 1 个字节 | 功能码＋0x80 |
| --- | --- | --- |
| 异常码 | 1 个字节 | 01 或 02 或 03 或 04 |

表 5.21 列出一个请求读离散量输出 20～38 的实例。

表 5.21　请求读离散量输出实例

| 请　　求 | | 响　　应 | |
| --- | --- | --- | --- |
| 域名 | （十六进制） | 域名 | （十六进制） |
| 功能 | 01 | 功能 | 01 |
| 起始地址 Hi | 00 | 字节数 | 03 |
| 起始地址 Lo | 13 | 输出状态 27～20 | CD |
| 输出数量 Hi | 00 | 输出状态 35～28 | 6B |
| 输出数量 Lo | 13 | 输出状态 38～36 | 05 |

将输出 27～20 的状态表示为十六进制字节值 CD,或二进制 11001101。输出 27 是这个字节的 MSB,输出 20 是 LSB。

通常,将一个字节内的比特表示为 MSB 位于左侧,LSB 位于右侧。第一字节的输出从左至右为 27～20。下一个字节的输出从左到右为 35～28。当串行发送比特时,从 LSB 向 MSB 传输:20～27、28～35 等。

在最后的数据字节中,将输出状态 38～36 表示为十六进制字节值 05 或二进制 00000101。输出 38 是左侧第 6 个比特位置,输出 36 是这个字节的 LSB。用 0 填充 5 个剩余高位比特。

【例 5.2】　功能码 01,即读取一组开关量输出的状态。

客户机的请求码如表 5.22 所示。

表 5.22　客户机请求码

| 功能码 | 1 字节 | 01H |
| --- | --- | --- |
| 起始地址 | 2 字节 | 0000H～FFFFH |
| 线圈数量 | 2 字节 | 0001H～07D0H |

请求码共 5 个字节。第一个字节表示功能码,01H 表示读取一组开关量输出;之后两个字节表示从地址标号为 X 的继电器线圈开始读取其输出值;再之后的两个字节表示读取若干数量的继电器线圈的状态值,且线圈数量不超过 2000。

正常响应时,服务器的响应码如表 5.23 所示。

表 5.23　正常响应时服务器的响应码

| 功能码 | 1 字节 | 01H |
| --- | --- | --- |
| 字节计数 | 1 字节 | $N$ |
| 线圈状态 | $N$ 字节 | |

响应码共 $N+2$ 个字节,$N=$ 线圈数量/8,如果余数不等于 0,那么 $N=N+1$。第一个字节表示功能码,01H 表示读取一组开关量输出;之后一个字节表示输出开关量占用了字节的个数,用于核对后面的数据字节个数是否正确;随后的 $N$ 个字节,返回各个线圈当前输出的状态。

出现异常响应时,服务器的错误码如表 5.24 所示。

表 5.24　出现异常时服务器的错误码

| 差错码 | 1 字节 | 81H |
|---|---|---|
| 异常码 | 1 字节 | 01 或 02 或 03 或 04 |

错误码共两个字节,第一个字节表示出现异常了的功能码,将原先的功能码 01H (00000001B)的最高位置为"1",即 81H(10000001B),仍然表示一组开关量输出;后一个字节表示异常码,01~04 分别指示不同的差错类型。

【例 5.3】　功能码 03,即读取一组模拟量输出的值。

客户机的请求码如表 5.25 所示。

表 5.25　客户机请求码

| 功能码 | 1 字节 | 03H |
|---|---|---|
| 起始地址 | 2 字节 | 0000H~FFFFH |
| 寄存器数量 | 2 字节 | 0001H~007DH |

请求码共 5 个字节。第一个字节表示功能码,03H 表示读取一组模拟量输出;之后两个字节表示从地址标号为 $X$ 的保持寄存器开始读取其输出值;再之后的两个字节表示读取若干数量的保持寄存器的输出值,且保持寄存器数量不超过 125。

正常响应时,服务器的响应码如表 5.26 所示。

表 5.26　正常响应时服务器的响应码

| 功能码 | 1 字节 | 03H |
|---|---|---|
| 字节数 | 1 字节 | $2N$ |
| 寄存器值 | $2N$ 字节 | |

响应码共 $2N+2$ 个字节($N$ 为保持寄存器的数量)。第一个字节表示功能码,03H 表示读取一组模拟量输出;之后一个字节表示读取的模拟量占用的字节个数(通常用两个字节表示一个模拟量数据),用于核对后面的数据字节个数是否正确;随后的 $2N$ 个字节,返回各个保持寄存器的输出值。

出现异常响应时,服务器的错误码如表 5.27 所示。

表 5.27　出现异常时服务器的错误码

| 差错码 | 1 字节 | 83H |
|---|---|---|
| 异常码 | 1 字节 | 01 或 02 或 03 或 04 |

错误码共两个字节,第一个字节表示出现异常了的功能码,将原先的功能码 03H (00000011B)的最高位置为"1",即 83H(10000011B),仍然表示读取一组模拟量输出;后一个字节表示异常码,01~04 分别指示不同的差错类型。

【例 5.4】　功能码 16,即强制多路模拟量输出。

客户机的请求码如表 5.28 所示。

表 5.28　客户机请求码

| 功能码 | 1 字节 | 10H |
|---|---|---|
| 起始地址 | 2 字节 | 0000H～FFFFH |
| 寄存器数量 | 2 字节 | 0001H～007BH |
| 字节数 | 1 字节 | 2N |
| 寄存器值 | 2N 字节 | |

请求码共 2N+6 个字节(N 为保存寄存器的数量)。第一个字节表示功能码,10H 表示强制多路模拟量输出;之后两个字节表示从地址标号为 X 的保持寄存器开始写入输出值;再之后的两个字节表示对若干数量的保持寄存器赋值,且保持寄存器数量不超过 123;再之后的一个字节表示模拟量占用的字节个数,用于核对后面的数据字节个数是否正确;随后的 2N 个字节,表示向各个保持寄存器写入的赋值。

正常响应时,服务器的响应码如表 5.29 所示。

表 5.29　正常响应时服务器的响应码

| 功能码 | 1 字节 | 10H |
|---|---|---|
| 起始地址 | 2 字节 | 0000H～FFFFH |
| 寄存器数量 | 2 字节 | 0001H～007BH |

响应码共 5 个字节。第一个字节表示功能码,10H 表示强制多路模拟量输出;之后两个字节表示从地址标号为 X 的保持寄存器写入输出值;再之后的两个字节表示对若干数量的保持寄存器赋值,且保持寄存器数量不超过 123。

出现异常响应时,服务器的错误码如表 5.30 所示。

表 5.30　出现异常响应时服务器的错误码

| 差错码 | 1 字节 | 90H |
|---|---|---|
| 异常码 | 1 字节 | 01 或 02 或 03 或 04 |

错误码共两个字节,第一个字节表示出现异常了的功能码,将原先的功能码 10H (00010000B)的最高位置为"1",即 90H(10010000B),仍然表示强制多路模拟量输出;后一个字节表示异常码,01～04 分别指示不同的差错类型。

## 5.3　串行链路上的 Modbus

Modbus 标准定义了 OSI 模型第 7 层上的应用层报文传输协议,它在连接至不同类型总线或网络的设备之间提供客户/服务器通信。它还将串行链路上的协议标准化,以便在一个主站和一个或多个从站之间交换 Modbus 请求。Modbus 串行链路协议是一个主/从协议。该协议位于 OSI 模型的第二层。

一个主从类型的系统有一个向某个"子"节点发出显式命令并处理响应的节点(主节点)。典型的子节点在没有收到主节点的请求时并不主动发送数据,也不与其他子节点通信。

　　在物理层,Modbus 串行链路系统可以使用不同的物理接口 RS-485、RS-232。最常用的是 TIA/EIA-485-RS-485 两线制接口。作为附加的选项,也可以实现 RS-485 四线制接口。当只需要短距离的点到点通信时,TIA/EIA-232-ERS-232 串行接口也可以使用。

　　图 5.27 给出了 Modbus 串行通信栈对应于 7 层 OSI 模型的一般关系。

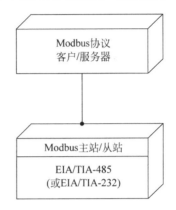

| 层 | ISO/OSI模型 | |
|---|---|---|
| 7 | 应用层 | Modbus协议 |
| 6 | 表示层 | 空 |
| 5 | 会话层 | 空 |
| 4 | 传输层 | 空 |
| 3 | 网络层 | 空 |
| 2 | 数据链路层 | Modbus串行链路协议 |
| 1 | 物理层 | EIA/TIA-485(或EIA/TIA-232) |

**图 5.27　Modbus 协议和 ISO/OSI 模型**

　　位于 OSI 模型第 7 层的 Modbus 应用层报文传输协议,提供了连接于总线或网络的设备之间的客户/服务器通信。在 Modbus 串行链路上客户机的功能由主节点提供而服务器功能由子节点实现。

### 5.3.1　Modbus 数据链路层

　　1. Modbus 主站/从站协议原理

　　Modbus 串行链路协议是一个主-从协议。在同一时刻,只有一个主节点连接于总线,一个或多个子节点(最大编号为 247)连接于同一个串行总线。Modbus 通信总是由主节点发起。子节点在没有收到来自主节点的请求时,从不会发送数据。子节点之间从不会互相通信。主节点在同一时刻只会发起一个 Modbus 事务处理。

　　主节点以下两种模式对子节点发出 Modbus 请求。

　　(1) 在单播模式,主节点以特定地址访问某个子节点,子节点接到并处理完请求后,子节点向主节点返回一个报文(一个"应答")。在这种模式,一个 Modbus 事务处理包含两个报文:一个来自主节点的请求,一个来自子节点的应答。每个子节点必须有唯一的地址

（1～247），这样才能区别于其他节点被独立地寻址。

（2）在广播模式，主节点向所有的子节点发送请求。对于主节点广播的请求没有应答返回。广播请求一般用于写命令。所有设备必须接受广播模式的写功能。地址 0 是专门用于表示广播数据的。

单播和广播模式的区别如图 5.28 和图 5.29 所示。

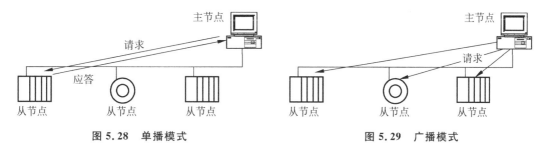

图 5.28　单播模式　　　　　　　　　　　　图 5.29　广播模式

2. Modbus 地址规则

Modbus 寻址空间有 256 个不同地址，如表 5.31 所示。

表 5.31　Modbus 寻址空间

| 0 | 1～247 | 248～255 |
|---|---|---|
| 广播地址 | 子节点单独地址 | 保留 |

地址 0 保留为广播地址。所有的子节点必须识别广播地址。

Modbus 主节点没有地址，只有子节点必须有一个地址。该地址必须在 Modbus 串行总线上唯一。

3. Modbus 帧描述

Modbus 应用协议定义了简单的独立于其下面通信层的协议数据单元（PDU），如图 5.30 所示。

在不同总线或网络的 Modbus 协议映射在协议数据单元之外引入了一些附加的域。发起 Modbus 事务处理的客户端构造 Modbus PDU，然后添加附加的域以构造适当的通信 PDU。

图 5.30　Modbus 协议数据单元

（1）在 Modbus 串行链路（图 5.31），地址域只含有子节点地址。

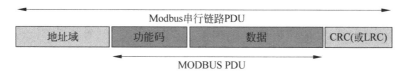

图 5.31　串行链路上的 Modbus 帧

如前文所述，合法的子节点地址为十进制 0～247。每个子设备被赋予 1～247 范围中的地址。主节点通过将子节点的地址放到报文的地址域对子节点寻址。当子节点返回应答时，它将自己的地址放到应答报文的地址域以让主节点知道哪个子节点在回答。

（2）功能码指明服务器要执行的动作。功能码后面可跟有表示含有请求和响应参数的数据域。

（3）错误检验域是对报文内容执行"冗余校验"的计算结果。根据不同的传输模式（RTU 或 ASCII），使用两种不同的计算方法。

4. 主站/从站状态图

Modbus 由以下两个不同的子层组成。

（1）主/从协议

（2）传输模式（RTU 和 ASCII 模式）

下面描述了主节点和子节点与传输模式无关的状态图。RTU 和 ASCII 传输模式在后面用两个状态图具体说明。描述了一个帧的接收和发送。

如图 5.32 所示的状态图使用与 UML 标准标记法绘制。标记法要点如下。

当一个系统处于"状态_A"时发生"触发"事件，只有当"临界条件"为真时系统会转换到"状态_B"，然后，一个"动作"被执行。

图 5.33 描述了主节点的状态特征。

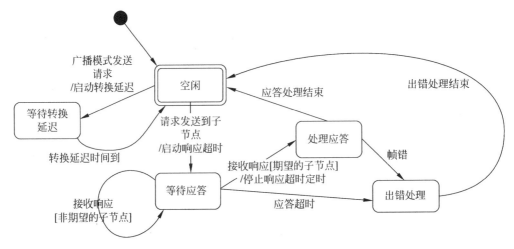

图 5.33　主节点状态图

（1）状态"空闲"＝无等待的请求。这是电源上电后的初始状态。只有在"空闲"状态请求才能被发送。发送一个请求后，主节点离开"空闲"状态，而且不能同时发送第二个请求。

（2）当单播请求发送到一个子节点，主节点将进入"等待应答"状态，同时一个临界超时定时启动。这个超时称为"响应超时"。它避免主节点永远处于"等待应答"状态。响应超时的时间依赖于具体应用。

（3）当收到一个应答时，主节点在处理数据之前检验应答。在某些情况下，检验的结果可能为错误。如收到来自非期望的子节点的应答，或接收的帧错误。在收到来自非期望子节点的应答时，响应超时继续计时；当检测到帧错时，可以执行一个重试。

（4）响应超时但没有收到应答时，则产生一个错误。那么主节点进入"空闲"状态，并发出一个重试请求。重试的最大次数取决于主节点的设置。

（5）当广播请求发送到串行总线上，没有响应从子节点返回。然而主节点需要进行延迟以便使子节点在发送新的请求处理完当前请求。该延迟被称作"转换延迟"。因此，主节点会在返回能够发送另一个请求的"空闲"状态之前，到"等待转换延迟"状态。

（6）在单播方式，响应超时必须设置到足够的长度以使任何子节点都能处理完请求并返回响应。而广播转换延迟必须有足够的长度以使任何子节点都能只处理完请求而可以接收新的请求。因此，转换延迟应该比响应超时要短。典型的响应超时在 9600b/s 时从 1 秒到几秒，而转换延迟从 100ms 到 200ms。

（7）帧错误包括：①对每个字符的奇偶校验；②对整个帧的冗余校验。

图 5.34 描述了子节点的状态特征。

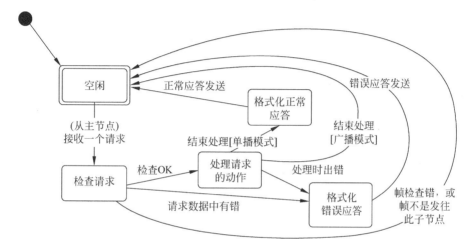

图 5.34　子节点状态图

（1）状态"空闲"＝没有等待的请求。这是电源上电后的初始状态。

（2）当收到一个请求时，子节点在处理请求中要求的动作前检验报文包。不同的错误可以发生于：请求的格式错，非法动作，当检测到错误时，必须向主节点发送应答。

（3）当要求的动作完成后，单播报文要求必须格式化一个应答并发往主节点。

（4）如果子节点在接收到的帧中检测到错误，则没有响应返回到主节点。

（5）任何子节点均应该定义并管理 Modbus 诊断计数器以提供诊断信息。通过使用 Modbus 诊断功能码，可以得到这些计数值。

5．主站/从站通信时序图

图 5.35 显示了主/从通信的三种典型情况。

需要注意的是，请求、应答、广播阶段的持续时间依赖于通信特征帧长度和吞吐量，等待和处理阶段的持续时间取决于子节点应用的请求处理时间。

## 5.3.2　两种串行传输模式

在 Modbus 系统中，有两种传输模式可供选择。一种模式是 ASCII（美国信息交换码），另一种模式是 RTU（远程终端设备）。它们定义了报文域的位内容在线路上串行地传送，确定了信息如何打包为报文和解码。这两种传输模式与从机 PC 通信的能力是同等的，选择时应视所用 Modbus 主机而定。每个 Modbus 系统只能使用一种模式，不允许两种模式

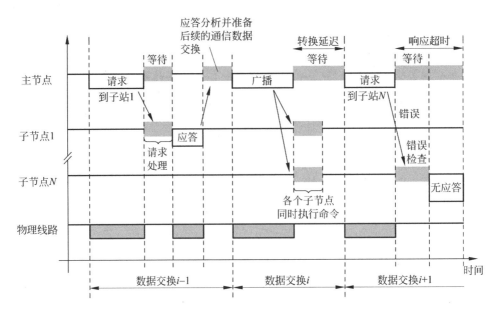

**图 5.35　各种情形的主/从通信时序图**

混用。

### 1. RTU 传输模式

当设备使用 RTU 模式在 Modbus 串行链路通信,报文中每个 8 位字节含有两个 4 位十六进制字符。这种模式的主要优点是较高的数据密度,在相同的波特率下比 ASCII 模式有更高的吞吐率。每个报文必须以连续的字符流传送。

RTU 模式(每个字节 11 位)的格式如图 5.36 所示。

**图 5.36　RTU 模式位序列**

其中包括 1 个起始位,8 个数据位,首先发送最低有效位,1 个位作为奇偶校验,1 个停止位。每个字符或字节均由此顺序发送(从左到右):最低有效位(LSB)~最高有效位(MSB)。设备配置为奇校验、偶校验或无校验都可以接受。如果无奇偶校验,将传送一个附加的停止位以填充字符帧,如图 5.37 所示。

**图 5.37　RTU 模式位序列(无校验的特殊情况)**

Modbus RTU 帧最大为 256B,如图 5.38 所示。在 RTU 模式包含一个对全部报文内容执行的,基于循环冗余校验(CRC)算法的错误检验域。CRC 域检验整个报文的内容。不管报文有无奇偶校验,均执行此检验。CRC 域作为报文的最后的域附加在报文之后。计算后,首先附加低字节,然后是高字节,CRC 高字节为报文发送的最后一个子节。附加在报文后面的 CRC 的值由发送设备计算,接收设备在接收报文时重新计算 CRC 的值,并将计算结果于实际接收到的 CRC 值相比较。如果两个值不相等,则为错误。

| 字节点<br>地址 | 功能<br>代码 | 数　　据 | CRC | |
|---|---|---|---|---|
| 1B | 1B | 0～252B | 2B | |
| | | | CRC 低 | CRC 高 |

图 5.38　RTU 报文帧

由发送设备将 Modbus 报文构造为带有已知起始和结束标记的帧。这使设备可以在报文的开始接收新帧,并且知道何时报文结束。不完整的报文必须能够被检测到而错误标志必须作为结果被设置。在 RTU 模式,报文帧由时长至少为 3.5 个字符时间的空闲间隔区分。在后续的部分,这个时间区间被称作 $t_{3.5}$,如图 5.39 所示。

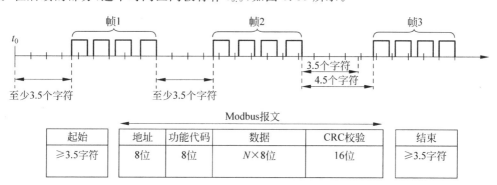

| 起始 | 地址 | 功能代码 | 数据 | CRC校验 | 结束 |
|---|---|---|---|---|---|
| ≥3.5字符 | 8位 | 8位 | $N×8$位 | 16位 | ≥3.5字符 |

图 5.39　RTU 报文帧

整个报文帧必须以连续的字符流发送。如果两个字符之间的空闲间隔大于 1.5 个字符时间,则报文帧被认为不完整应该将被接收节点丢弃,如图 5.40 所示。

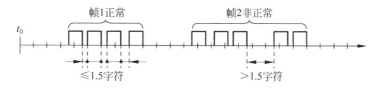

图 5.40　字符间隔

RTU 接收驱动程序的实现,由于 $t_{1.5}$ 和 $t_{3.5}$ 的定时,隐含着大量的对中断的管理。在高通信速率下,这导致 CPU 负担加重。因此,在通信速率等于或低于 19 200b/s 时,这两个定时必须严格遵守;对于波特率大于 19 200b/s 的情形,应该使用两个定时的固定值:建议的字符间超时时间 $t_{1.5}$ 为 750$\mu$s,帧间的超时时间 $t_{3.5}$ 为 1.750ms。

图 5.41 表示了对 RTU 传输模式状态图的描述。"主节点"和"子节点"的不同角度均在相同的图中表示。

上面状态图的一些解释如下。

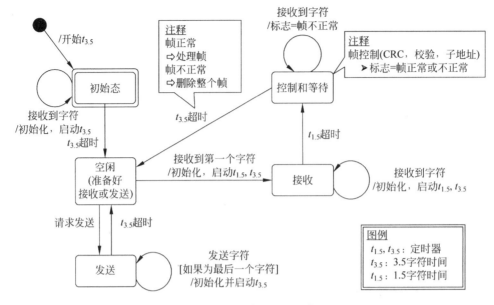

**图 5.41　RTU 传输模式状态图**

（1）从"初始"态到"空闲"态转换需要 $t_{3.5}$ 定时超时：这保证帧间延迟。

（2）"空闲"态是没有发送和接收报文要处理的正常状态。

（3）在 RTU 模式，当没有活动的传输的时间间隔达 3.5 个字符长时，通信链路被认为在"空闲"态。

（4）当链路空闲时，在链路上检测到的任何传输的字符被识别为帧起始。链路变为"活动"状态。然后，当链路上没有字符传输的时间间隔达到 $t_{3.5}$ 后，被识别为帧结束。

（5）检测到帧结束后，完成 CRC 计算和检验。然后，分析地址域以确定帧是否发往此设备，如果不是，则丢弃此帧。为了减少接收处理时间，地址域可以在一接到就分析，而不需要等到整个帧结束。这样，CRC 计算只需要在帧寻址到该节点（包括广播帧）时进行。

2. ASCII 传输模式

当 Modbus 串行链路的设备被配置为使用 ASCII 模式通信时，报文中的每个 8 位字节以两个 ASCII 字符发送。当通信链路或者设备无法符合 RTU 模式的定时管理时使用该模式。

由于一个字节需要两个字符，此模式比 RTU 效率低。例如，字节 0X5B 会被编码为两个字符——0x35 和 0x42（ASCII 编码 0x35＝"5"，0x42＝"B"）。

ASCII 模式（每个字节 10 位）的格式如图 5.42 所示。

**图 5.42　ASCII 模式位序列**

其中包括 1 个起始位,7 个数据位,首先发送最低有效位,1 个位作为奇偶校验,1 个停止位。每个字符或字节均由此顺序发送(从左到右):最低有效位(LSB)~最高有效位(MSB)。设备配置为奇校验、偶校验或无校验都可以接受。如果无奇偶校验,将传送一个附加的停止位以填充字符帧,如图 5.43 所示。

**图 5.43　ASCII 模式位序列无校验的特殊情况**

Modbus ASCII 帧最大为 513B,如图 5.44 所示。在 ASCII 模式,包含一个对全部报文内容执行的,基于纵向冗余校验 LRC 算法的错误检验域。LRC 域检验不包括起始"冒号"和结尾 CRLF 对的整个报文的内容。不管报文有无奇偶校验,均执行此检验。LRC 域为一个字节,包含一个 8 位二进制值。LRC 值由发送设备计算,然后将 LRC 附在报文后面。接收设备在接收报文时重新计算 LRC 的值,并将计算结果于实际接收到的 LRC 值相比较。如果两个值不相等,则为错误。

| 起始 | 地址 | 功能 | 数据 | LRC | 结束 |
|---|---|---|---|---|---|
| 1 字符<br>⋮ | 2 字符 | 2 字符 | 0~2×252 字符 | 2 字符 | 2 字符<br>CR,LF |

**图 5.44　ASCII 报文帧**

由发送设备将 Modbus 报文构造为带有已知起始和结束标记的帧。这使设备可以在报文的开始接收新帧,并且知道何时报文结束。不完整的报文必须能够被检测到而错误标志必须作为结果被设置。在 ASCII 模式,报文用特殊的字符区分帧起始和帧结束。一个报文必须以一个"冒号"(ASCII 十六进制 3A)起始,以"回车-换行"CRLF(ASCII 十六进制 0D 和 0A)结束。对于所有的域,允许传送的字符为十六进制 0~9,A~F(ASCII 编码)。设备连续的监视总线上的"冒号"字符,当收到这个字符后,每个设备解码后续的字符一直到帧结束。报文中字符间的时间间隔可以达 1s。如果有更大的间隔,则接收设备认为发生了错误。

由于每个字符字节需要用两个字符编码,因此,为了确保 ASCII 模式和 RTU 模式在 Modbus 应用级兼容,ASCII 数据域最大数据长度 2×252 是 RTU 数据域 252 的两倍。

ASCII 报文帧的要求在图 5.45 中综合,"主节点"和"子节点"的不同角度均在相同的图中表示。

上面状态图的一些解释如下。

(1)"空闲"态是没有发送和接收报文要处理的正常状态。

(2)每次接收到":"字符表示新的报文的开始。如果在一个报文的接收过程中收到该字符,则当前报文被认为不完整并被丢弃。而一个新的接收缓冲区被重新分配。

(3)检测到帧结束后,完成 LRC 计算和检验。然后,分析地址域以确定帧是否发往此设备,如果不是,则丢弃此帧。为了减少接收处理时间,地址域可以在一接到时就分析,而不

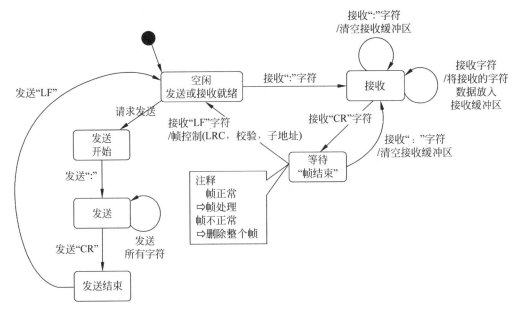

图 5.45　ASCII 传输模式状态图

需要等到整个帧结束。

3. 差错检验方法

标准 Modbus 串行链路的可靠性基于以下两种错误检验。

(1) 奇偶校验(偶或奇)应该被每个字符采用。

(2) 帧检验(LRC 或 CRC)必须运用于整个报文。

由设备(主节点或子节点)生成的字符检验和帧检验发送前附加于报文体,设备(子节点或主节点)在接收时检验每个字符和整个报文。

主节点被用户配置为在放弃事务处理前等待一个预定的超时间隔(响应超时),这个间隔被设置成任何子节点有足够的时间正常响应(单播请求)。如果子节点检测到错误,则报文不起作用,子节点将不会构造对主节点的响应。因此,将达到超时时间能使主节点的程序处理错误。注意,当寻址到不存在的子设备的报文也会导致超时错误。

1) 奇偶检验

用户可以配置设备使用偶校验(要求的)或奇校验,或无校验(建议的)。这将确定每个字符的奇偶位如何设置。无论指定了偶校验还是奇校验,则数据部分为 1 的位的总数被计数(ASCII 模式 7 数据位,RTU 模式 8 数据位)。而奇偶位会被设置为 0 或 1 以使为 1 的位的总数为偶数或奇数。

例如,RTU 字符帧的数据为

$$11000101$$

为 1 的位的总数为 4。如果使用偶校验,帧的奇偶位为 0,使为 1 的位的总数仍然为偶数(4);如果使用奇校验,帧的奇偶位为 1,使为 1 的位的总数为奇数(5)。当报文发送时,奇偶位被计算并作用于每个字符帧。接收的设备计算为 1 的位的总数,如果与设备配置不附,则设置错误标记。(Modbus 串行链路的所有设备必须被配置成使用相同的奇偶检验方法)。注意,奇偶检验只能检测到一个字符帧在传输过程中奇数个的增加或丢失的位。例如,假如使用奇校验,字符帧中含有的三个为 1 的位丢失了两个,而为 1 的位的计数的结果仍然为奇数。

如果没有指定奇偶检验,奇偶位不会被传送,也不可以进行奇偶检验:一个附加的位被传送以填充字符帧。

2) 帧检验

依赖于传输模式,两种检验方法被使用:CRC 或 LRC。

在 RTU 模式,包含一个对全部报文内容执行的,基于循环冗余校验(CRC)算法的错误检验域。CRC 域检验整个报文的内容。不管报文有无奇偶校验,均执行此检验。

在 ASCII 模式,包含一个对全部报文内容执行的,基于纵向冗余校验(LRC)算法的错误检验域。LRC 域检验不包括起始"冒号"和结尾 CRLF 对的整个报文的内容。不管报文有无奇偶校验,均执行此检验。

## 5.3.3　Modbus 物理层

新的串行链路上的 Modbus 解决方案应该按照 EIA/TIA-485(即已知的 RS-485 标准)实现电气接口。该标准允许"两线结构"的点对点和多点系统。此外,某些设备可能能实现"四线"RS-485 接口。设备也可能能实现 RS-232 接口。在这种 Modbus 系统中,一个主站和一个或几个从站在一个无源串行链路上通信。

在标准的 Modbus 系统中,所有设备(并行)连接在一条由三条导线组成的干线电缆上。其中两条导线("两线"结构)形成一对平衡双绞线,双向数据在其上传送。数据信号发送速率要求 9600b/s 波特率,推荐 19 200b/s 波特率。该值(19 200)必须被作为约定值来实现。其他波特率可选择来实现:1200b/s,2400b/s,4800b/s,…,38 400b/s,56kb/s,115kb/s 等,每种波特率对发送方要求其精度必须高于 1%,而对接收方必须允许 2% 误差。

每台设备可能有以下几种连接方式。

(1) 双向连到主干电缆上,形成菊花链。

(2) 经分支电缆连到一个无源接头上。

(3) 经特种电缆连到一个有源接头上。

在设备上可用螺钉端子、RJ-45 或 9 芯 D-型连接器与电缆相接。

一个 Modbus 多点串行链路系统是由主电缆(主干)和一些可能的分支电缆组成。在主干电缆的两端需要有线路终端以使阻抗匹配。

如图 5.46 所示,不同的设备可以在同一个 Modbus 串行链路系统中运行。

(1) 集成有通信收发器的设备通过无源接头和分支电缆连接到主干上(例如从站 1 和主站);

(2) 没有集成通信收发器的设备通过有源接头和分支电缆连接到主干上(有源接头集成有收发器)(例如从站 2);

(3) 设备以菊花链形式直接连接到主干电缆上(例如从站 $n$)。

在后面的"2 线 Modbus 定义"和"可选 4 线 Modbus 定义"中,采用下列规定。

(1) 主干间的接口称为 ITr(主干接口);

(2) 设备和无源接头间的接口称为 IDv(分支接口);

(3) 设备和有源接头间的接口称为 AUI(附加单元接口)。

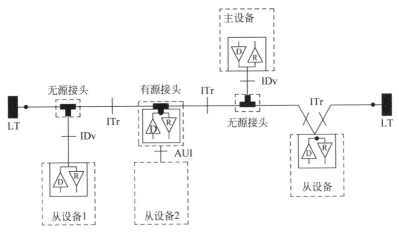

图 5.46　串行总线基本结构

1. 2 线 Modbus 定义

串行链路上的 Modbus 解决方案应当依照 EIA/TIA-485 标准实现"2 线"电气接口,如图 5.47 所示。在这个 2 线总线上,在任何时候只有一个驱动器有权发送信号。实际上,还有第三条导线把总线上所有设备相互连接:公共地。具体的 2 线 Modbus 电路定义见表 5.32。

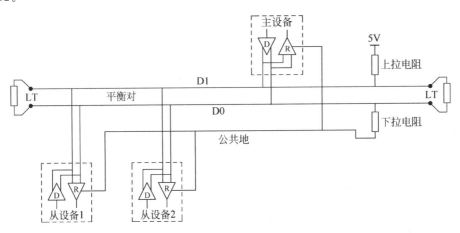

图 5.47　2 线制的一般拓扑结构

表 5.32　2 线 Modbus 电路定义

| 所需电路 | | 设备 | 设备需求 | EIA/TIA-485 的命名 | 说　明 |
|---|---|---|---|---|---|
| 在 ITr 上 | 在 IDv 上 | | | | |
| D1 | D1 | I/O | X | B/B′ | 收发器端子 1,V1 电压 (V1>V0 表示二进制 1[OFF]状态) |
| D0 | D0 | I/O | X | A/A′ | 收发器端子 0,V0 电压 (V0>V1 表示二进制 0[ON]状态) |
| 公共地 | 公共地 | — | X | C/C′ | 信号和可选的电源公共地 |

2. 可选 4 线 Modbus 定义

如图 5.48 所示,这种 Modbus 设备同样允许实现两对总线(4 线)单向数据传输。在主对总线(RXD1-RXD2)上的数据只能由从站接收,而在从对总线(TXD0-TXD1)上的数据只能由主站接收。实际上,公共地作为第 5 条导线必须把 4 线总线上的所有设备相互连接。和 2 线-Modbus 一样,在任何时刻只有一个驱动器有权力发送数据。这种设备必须依照 EIA/TIA-485 对每一对平衡线实现一个驱动器和一个收发器。(有时候这种方式被称为 "RS-422",这是错误的,因为 RS-422 标准不支持几台设备在一对平衡线上。)具体可选 4 线 Modbus 电路,定义见表 5.33。

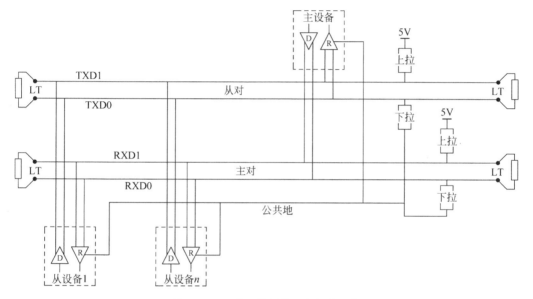

**图 5.48 可选 4 线制的一般拓扑结构**

**表 5.33 可选 4 线 Modbus 电路定义**

| 所需电路 | | 设备 | 设备需求 | EIA/TIA-485 的命名 | 对 IDv 的说明 |
|---|---|---|---|---|---|
| 在 ITr 上 | 在 IDv 上 | | | | |
| TXD1 | TXD1 | Out | X | B | 发生器端子 1,Vb 电压 (Vb>Va 表示二进制 1[OFF]状态) |
| TXD0 | TXD0 | Out | X | A | 发生器端子 0,Va 电压 (Va>Vb 表示二进制 0[ON]状态) |
| RXD1 | RXD1 | In | (1) | B′ | 接收器端子 1,Vb′电压 (Vb′>Va′表示二进制 1[OFF]状态) |
| RXD0 | RXD0 | In | (1) | A′ | 接收器端子 0,Va′电压 (Va′>Vb′表示二进制 0[ON]状态) |
| 公共地 | 公共地 | — | X | C/C′ | 信号和可选的电源公共地 |

**3. 4 线与 2 线电缆的兼容性**

为了将执行 2 线物理接口的设备接入一个已存在的 4 线系统,4 线电缆系统可以按下述修改。

(1) TXD0 信号应与 RXD0 信号连接,使之成为 D0 信号。

(2) TXD1 信号应与 TXD0 信号连接,使之成为 D1 信号。

(3) 上拉、下拉电阻和线路终端电阻应重新安排以正确地适应 D0,D1 信号。

图 5.49 给出一个使用 2 线接口的从站 2 和 3 能与使用 4 线接口的主站和从站 1 一起工作的例子。

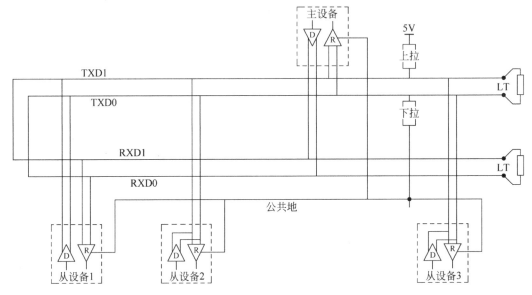

**图 5.49　4 线电缆系统变为 2 线电缆系统**

为了将执行 4 线物理接口的设备接入一个已存在的 2 线系统,该新接入设备的 4 线接口可以按下述安排。

(1) TXD0 信号应与 RXD0 信号连接,之后连接到主干的 D0 信号线上;

(2) TXD1 信号应与 RXD1 信号连接,之后连接到主干的 D1 信号线上。

图 5.50 给出一个使用 4 线制的从站 2 和 3 能与使用 2 线制的主站和从站 1 一起工作的例子。

**4. RS-232-Modbus 定义**

某些设备是应用 RS-232 接口以实现 DCE 和 DTE 通信。

RS-232-Modbus 的电路定义如表 5.34 所示。

(1) 标有"X"的信号只在选择执行 RS-232-Modbus 时才需要。

(2) 信号都要符合 EIA/TIA-232 标准。

(3) 每个 TXD 都与另一设备的 RXD 连接。

(4) RTS 可以与另一设备的 CTS 连接。

(5) DTR 可以与另一设备的 DSR 连接。

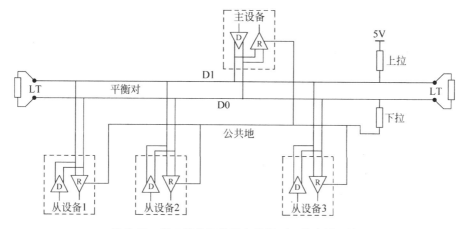

图 5.50 带 4 线接口的设备连接到 2 线电缆系统

表 5.34 RS-232-Modbus 的电路定义

| 信 号 | DCE | DCE(1)要求 | DTE(1)要求 | 备 注 |
|---|---|---|---|---|
| 公共地 | — | X | X | 信号地 |
| CTS | In | | | 为发送而清除 |
| DCD | — | | | 被侦测数据载波(从 DCE 到 DTE) |
| DSR | In | | | 数据设置就绪 |
| DTR | Out | | | 数据终端就绪 |
| RTS | Out | | | 请求发送 |
| RXD | In | X | X | 接收的数据 |
| TXD | Out | X | X | 发送的数据 |

这种可选串行链路系统上的 Modbus 只应用于短距离(一般小于 20m)的点到点的互连。

# 5.4 TCP/IP 上的 Modbus

Modbus 是标准协议,已提交给互联网工程任务部 IETF,将成为 Internet 标准,互联网编号分配管理机构 IANA 给 Modbus 协议赋予 TCP 端口 502。因自 1978 年,工业自动化行业已安装了百万计串口 Modbus 设备和十万计 Modbus TCP/IP 设备,拥有超过三百个 Modbus 兼容设备厂商,还有 90% 的第三厂家 I/O 支持 Modbus TCP/IP,所以是使用广泛的事实标准。Modbus 的普及得益于使用门槛很低,无论用串口还是用以太网,硬件成本低廉,Modbus 和 Modbus TCP 都可以免费得到,不需交任何费用,且在网上有很多免费资源,如 C/C++、Java 样板程序、ActiveX 控件、各种测试工具等,所以用户使用很方便。另外,几乎可找到任何现场总线到 Modbus TCP 的网点,方便用户实现各种网络之间的互联。

### 5.4.1 协议描述

**1. 总体通信结构**

Modbus TCP/IP 的通信系统可以包括不同类型的设备,如图 5.51 所示。

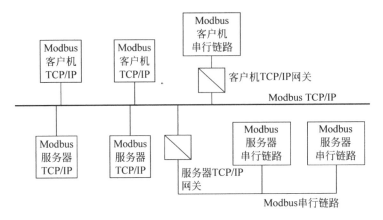

**图 5.51 Modbus TCP/IP 通信结构**

(1) 连接至 TCP/IP 网络的 Modbus TCP/IP 客户机和服务器设备。

(2) 互连设备。例如,在 TCP/IP 网络和串行链路子网之间互连的网桥、路由器或网关,该子网允许将 Modbus 串行链路客户机和服务器终端设备连接起来。

Modbus 协议定义了一个与基础通信层无关的简单协议数据单元(PDU)。特定总线或网络上的 Modbus 协议映射能够在应用数据单元(ADU)上引入一些附加域,如图 5.52 所示。

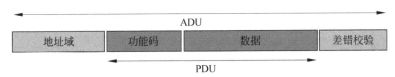

**图 5.52 通用 Modbus 帧**

启动 Modbus 事务处理的客户机建立 Modbus 应用数据单元,功能码向服务器指示执行哪种操作。

**2. TCP/IP 上的 Modbus 应用数据单元**

在 TCP/IP 上使用一种专用报文头识别 Modbus 应用数据单元,称为 MBAP 报文头(Modbus 协议报文头),如图 5.53 所示。这种报文头提供一些与串行链路上使用的 Modbus RTU 应用数据单元比较的差别。

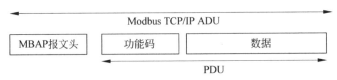

**图 5.53 TCP/IP 上的 Modbus 的请求/响应**

（1）用 MBAP 报文头中的单个字节单元标识符取代 Modbus 串行链路上通常使用的 Modbus 从地址域。这个单元标识符用于设备的通信,这些设备使用单个 IP 地址支持多个独立 Modbus 终端单元,例如:网桥、路由器和网关。

（2）用接收者可以验证完成报文的方式设计所有 Modbus 请求和响应。对于 Modbus PDU 有固定长度的功能码来说,仅功能码就足够了。对于在请求或响应中携带一个可变数据的功能码来说,数据域包括字节数。

（3）当在 TCP 上携带 Modbus 时,即使将报文分成多个信息包来传输,一般是在 MBAP 报文头上携带附加长度信息,以便接收者能识别报文边界。显式和隐式长度规则的存在以及 CRC-32 差错校验码的使用(在以太网上)将对请求或响应报文产生极小的未检出干扰。

3．MBAP 报文头描述

MBAP 报文头包括下列域（见表 5.35）。

表 5.35　MBAP 报文头

| 域 | 长度 | 描　　　述 | 客　户　机 | 服　务　器 |
|---|---|---|---|---|
| 事务元标识符 | 2B | Modbus 请求/响应事务处理的识别码 | 客户机启动 | 服务器从接收的请求中重新复制 |
| 协议标识符 | 2B | 0＝Modbus 协议 | 客户机启动 | 服务器从接收的请求中重新复制 |
| 长度 | 2B | 以下字节的数量 | 客户机启动（请求） | 服务器（响应）启动 |
| 单元标识符 | 1B | 串行链路或其他总线上连接的远程从站的识别码 | 客户机启动 | 服务器从接收的请求中重新复制 |

报文头为 7 个字节长,具体如下。

（1）事务处理标识符:用于事务处理配对。在响应中,Modbus 服务器复制请求的事务处理标识符。

（2）协议标识符:用于系统内的多路复用。通过值 0 识别 Modbus 协议。

（3）长度:长度域是下一个域的字节数,包括单元标识符和数据域。

（4）单元标识符:为了系统内路由,使用这个域。专门用于通过以太网 TCP/IP 网络和 Modbus 串行链路之间的网关对 Modbus 或 Modbus＋串行链路从站的通信。Modbus 客户机在请求中设置这个域,在响应中服务器必须利用相同的值返回这个域。

4．Modbus 功能码描述

在 5.2.5 节中详细说明了 Modbus 应用层协议上使用的标准功能码。

## 5.4.2　Modbus 组件结构模型

Modbus 报文传输服务概念结构如图 5.54 所示。

1．TCP/IP 栈层

TCP/IP 的栈可以进行参数配置,以便于使得数据流控制、地址管理和连接管理适应于特定的产品或系统的不同约束。一般说来,BSD 套接字接口就用来管理 TCP 连接。

2．TCP 管理层

报文传输服务的主要功能之一是管理通信的建立和结束,管理建立在 TCP 连接上的数

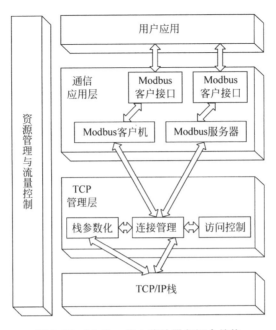

**图 5.54　Modbus 报文传输服务概念结构**

据流。

1) 连接管理

在客户机和服务器的 Modbus 模块之间的通信需要调用 TCP 连接管理模块,它负责全面管理报文传输 TCP 连接。

连接管理中存在两种可能:用户应用自身管理 TCP 连接,或全部由这个模块进行连接管理,而对用户应用透明,后一种方案灵活性较差。

TCP502 口的侦听是为 Modbus 通信保留的,在默认状态下,强制侦听这个口。然而,有些市场或应用可能需要其他口作为 TCP 上 Modbus 的通信之用。为此,建议客户机和服务器均应向用户提供对 TCP 口上的 Modbus 参数进行配置的可能性。重要的是,即使在某一个特定的应用中为 Modbus 服务配置了其他 TCP 服务器口,除一些特定应用口外,TCP 服务器 502 口必须仍然是可用的。

2) 访问控制模块

在某些至关重要的场合,必须禁止不需要的主机对设备内部数据的访问。这既是为什么需要安全模式,也是在需要时实现安全处理的原因。

3. 通信应用层

一个 Modbus 设备可以提供一个客户机和/或服务器 Modbus 接口。可提供一个 Modbus 后台接口,允许间接地访问用户应用对象。

此接口由 4 部分组成:离散量输入、离散量输出(线圈)、寄存器输入和寄存器输出,如图 5.55 和图 5.56 所示。此接口与用户应用数据之间的映射必须加以定义。

1) Modbus 客户机

Modbus 客户机允许用户应用清晰地控制与远端设备的信息交换。Modbus 客户机根据用户应用向 Modbus 客户接口发送的需求中所包含的参数生成一个 Modbus 请求。

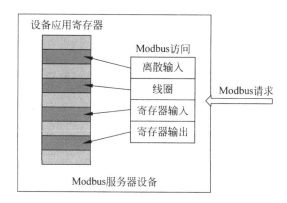

图 5.55　分离数据块的 Modbus 数据模型

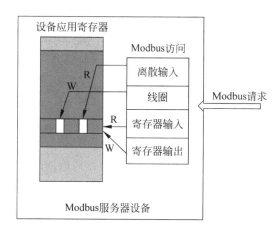

图 5.56　单一数据块的 Modbus 数据模型

Modbus 客户机调用一个 Modbus 的事务处理，事务处理管理包括 Modbus 证实的等待和处理。

2）Modbus 客户机接口

Modbus 客户机接口提供一个接口，使得用户应用能够生成对包括访问 Modbus 应用对象在内的各类 Modbus 服务的请求。尽管在实现模型中以实例说明，但是 Modbus 客户机接口（API）在这里不进行描述。

3）Modbus 服务器

在收到一个 Modbus 请求以后，模块激活一个本地操作进行读、写或完成其他操作。这些操作的处理对应用程序开发人员来说都是透明的。Modbus 服务器的主要功能是等待来自 TCP502 口的 Modbus 请求，处理这一请求，然后生成一个 Modbus 应答，应答取决于设备状况（场景）。

4）Modbus 后台接口

Modbus 后台接口是一个从 Modbus 服务器到定义应用对象的用户应用之间的接口。

4. 资源管理和数据流控制

为了平衡 Modbus 客户机与服务器之间进出报文传输的数据流，在 Modbus 报文传输栈的所有各层均设置了数据流控制机制。资源管理和数据流控制模块首先是基于 TCP 内部数据流控制,附加数据链路层的某些数据流控制以及用户应用层的数据流控制。

### 5.4.3 TCP/IP 栈的使用

TCP/IP 栈(图 5.57)提供了一个接口,用来管理连接、发送和接收数据,还可以进行参数配置,以使得栈的特性适应于设备或系统的限制。

1. TCP 层的参数调整

1)每个连接的参数

**SO-RCVBUF,SO-SNDBUF**:这些参数允许为发送和接收用套接字接口设定高限位。可以通过调整这些参数来实现流量控制管理。接收缓存区的大小即为每个连接 advertisedwindow 的最大值。为了提高性能,必须增加套接字缓存区的大小。否则,这些值必须小于内部驱动器的资源,以便在内部驱动器的资源耗尽之前关闭 TCP 窗口。接收缓存区大小取决于 TCP 窗口大小、TCP 最大段的大小和接收输入帧所需的时间。由于最大段的尺寸为

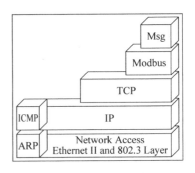

**图 5.57 TCP/IP 栈**

300 个字(一个 Modbus 请求需要最大 256 字+MBAP 报文头),如果需要 3 帧进行缓存,可将套接字缓存区大小调整为 900 字。为了满足最大的缓存需求和预定的时间,可以增加 TCP 窗口的大小。

**TCP-NODELAY**:通常,小报文(称为 tinygrams)在局域网(LAN)上的传输不会产生问题,因为多数局域网是不拥堵的,但是,这些 tinygrams 在广域网上将会造成拥堵。一个称为"NAGLE 算法"的简单方案是:收集小量的数据,当前面报文的 TCP 确认到达时再用单个进行发送。为了获得更好的实时特性,建议将小量的数据直接发送,而不要试图将其收集到一个段内再发送。这就是为什么建议强制选择 TCP-NODELAY 选项,这个选项禁用客户机和服务器连接的"NAGLE 算法"。

**SO-REUSEADDR**:当 Modbus 服务器关闭一个由远端客户启动的 TCP 连接时,在这个连接处于"时间等待"状态(两个 MSL:最大段寿命)的过程中,该连接所用的本地口号不能被再次用来打开一个新的连接。建议为每个客户机和服务器连接,指明 SO-REUSEADDR 选项,以迂回这个限制。此选项允许为自身分配一个口号,它作为连接的一部分在 2MSL 期间内等待客户机并侦听套接字接口。

**SO-KEEPALIVE**:TCP/IP 默认状态下,不通过空闲的 TCP 连接发送数据。因此,如果在 TCP 连接端这个过程没有发送数据,在两个 TCP 模块间就没有交换任何数据。这就假设客户机端应用和服务器端应用均采用计数器来探测连接的存活性,以便关闭连接。建议在客户机与服务器连接两端均采用 KEEPALIVE 选项,以便查询另一端得知对方是否故障并死机,或故障并重新启动。然而,我们必须牢记,采用 KEEPALIVE 可能引起一个非常良好的连接,在瞬间故障时通信中断,如果保持连接计时器计时周期太短,将占用不必要的网络带宽。

2)整个 TCP 层的参数

**TCP 连接建立超时**:多数伯克利推出的系统将新连接建立的时限设定为 75s,这个默认值应该适应于实时的应用限制。

**保持连接参数**：连接的默认空闲时间是 2h。超过此空闲时间将触发一个保持连接试探过程。第一个保持连接试探后，在最大次数内每隔 75s 发送一个试探，直到收到对试探的应答为止。在一个空闲连接上发出保持连接试探的最大数是 8 次。如果发出最大试探次数之后而没有收到应答，TCP 向应用发出一个错误信号，由应用来决定关闭连接。

**超时与重发参数**：如果检测到一个 TCP 报文丢失，将重发此报文。检测丢失的方法之一是管理重发超时(RTO)，如果没有收到来自远端的确认，超时终止。TCP 进行 RTO 的动态评估。为此，在发送每个非重发的报文后测量往返时间(RTT)。往返时间(RTT)是指报文到达远端设备并从远端设备获得一个确认所用的时间。一个连接的往返时间是动态计算的，然而，如果 TCP 不能在 3s 内获得 RTT 的估计，那么，就设定 RTT 的默认值为 3s。如果已经估算出 RTO，它将被用于下一个报文的发送。如果在估算的 RTO 终止之前没有收到下一个报文的确认，启用指数补偿算法。在一个特定的时间段内，允许相同报文最大次数的重发。之后，如果收不到确认，连接终止。可以对某些栈设置连接终止之前重发的最大次数和重发的最长时间。

2. IP 层的参数配置

下列参数必须在 Modbus 实现的 IP 层进行配置。

(1) 本地 IP 地址：IP 地址可以是 A、B 或 C 类的一种。

(2) 子网掩码：可基于各种原因，将 IP 网络划分成子网，使用不同的物理介质(例如以太网、广域网等)、更有效的使用网络地址以及控制网络流量的能力。子网掩码必须与本地 IP 地址的类型相一致。

(3) 默认网关：默认网关的 IP 地址必须与本地 IP 地址在同一子网内。禁止使用 0.0.0.0。如果没有定义网关，那么此值可设为 127.0.0.1 或本地 IP 地址。

注：Modbus 报文传输服务在 IP 层上不要求段功能。应该利用本地 IP 地址、子网掩码和默认网关(不同于 0.0.0.0)配置本地 IP 端。

## 5.4.4　通信应用层

Modbus 报文传输服务提供设备之间的客户/服务器通信，这些设备连接在一个 Ethernet(以太网)TCP/IP 网络上。

这个客户/服务器模式是基于 4 种类型报文，如图 5.58 所示。

**图 5.58　Modbus 客户/服务器模式**

(1) Modbus 请求：客户机在网络上发送用来启动事务处理的报文。

(2) Modbus 指示：服务端接收的请求报文。

(3) Modbus 响应：服务器发送的响应信息。

(4) Modbus 证实：在客户端接收的响应信息。

1. Modbus 请求的生成

在收到来自用户应用的需求后，客户端必须生成一个 Modbus 请求，并发送到 TCP 管理。可以将生成 Modbus 请求分解成为以下几个子任务。

（1）Modbus 事务处理的实例化，使客户机能够存储所有需要的信息，以便将响应与相应的请求匹配，并向用户应用发送证实。

（2）Modbus 请求（PDU＋MPAB 报文头）的编码。启动需求的用户应用必须提供所有需要的信息，使得客户机能够将请求编码。根据 Modbus 协议进行 Modbus PDU 的编码（Modbus 功能码、相关参数和应用数据）。填充 MBAP 报文头的所有域。然后，将 MBAP 报文头作为 PDU 前缀，生成 Modbus 请求 ADU。

（3）发送 Modbus 请求 ADU 到 TCP 管理模块，TCP 管理模块负责对远端服务器寻找正确 TCP 的套接字。除了 Modbus ADU 以外，还必须传递目的 IP 地址。

图 5.59 深入地描述了请求生成的过程。

2. Modbus 响应的生成

一旦处理请求，Modbus 服务器必须使用适当的 Modbus 服务器事务处理生成一个响应，并且必须将响应发送到 TCP 管理组件。根据处理结果，可以生成以下两类响应。

（1）肯定的 Modbus 响应：

　　　　　响应功能码＝请求功能码

（2）Modbus 异常响应：

　　　　　响应功能码＝请求功能码＋0x80

目的是为客户机提供与处理过程检测到的错误相关的信息，提供异常码来表明出错的原因。

3. 处理 Modbus 证实

在 TCP 连接中，当收到一个响应帧时，位于 MBAP 报文头中的事务处理标识符用来将响应与先前发往 TCP 连接的原始请求联系起来：如果事务处理标识符

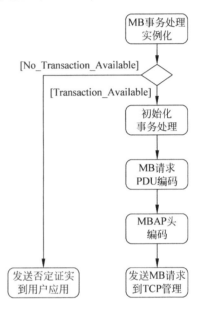

图 5.59　请求生成操作示意图

没有提及任何未解决的事务处理，那么必须废弃响应；如果事务处理标识符提及了未解决的事务处理，那么必须分解响应，以便向用户应用发送 Modbus 证实（肯定的或否定的证实）；分解响应就是检验 MBAP 报文头和 Modbus PDU 的响应。

1）MBAP 报文头

在检验协议标识符必为 0x0000 以后，长度给出了 Modbus 响应的大小。

如果响应来自直接连接到 TCP/IP 网络的 Modbus 服务器设备，TCP 连接识别码足以清晰地识别出远端服务器。因此，MBAP 头中携带的单元标识符是无效的，必须废弃这个单元标识符。如果将远端服务器连接在一个串行链路子网上，并且响应来自一个网桥、路由或网关，那么单元标识符（值≠0xFF）识别发送初始响应的远端 Modbus 服务器。

2）Modbus 响应 PDU

必须检验功能码，根据 Modbus 协议，分析 Modbus 的响应格式：如果功能码与请求中所用的功能码相同，并且如果响应的格式是正确的，那么，向用户应用发出 Modbus 响应作为肯定的证实。如果功能码是一个 Modbus 异常码（功能码＋80H），向用户应用发出一个异常响应作为肯定的证实。如果功能码与请求中所用的功能码不同（＝非预期的功能码），

或如果响应的格式是错误的,那么,向用户应用发出一个错误信号作为否定的证实。

　　**注**:肯定证实是指服务器收到请求命令并做出响应的证实。并不意味着服务器能够成功地完成请求命令中要求的操作(Modbus 异常响应指明执行操作失败)。

　　图 5.60 深入地描述了证实处理的过程。

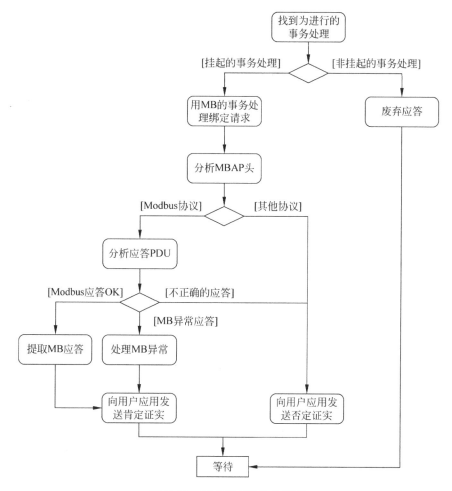

**图 5.60　证实处理操作示意图**

# 5.5　工业以太网相关技术

　　工业网络存在自身的特点,例如工业网络中的许多信息是周期发送的(如监测信息、闭环控制信息等),同时也存在一些非周期的信息(如突发事件报警、程序上下载等)。此外,工业网络中信息流向具有明显的方向性,如变送器传送测量信息到控制器、控制器传送控制信息给执行机构等。同时,工业网络的信息长度相对较短,但对于响应时间的要求则较高,网络必须具备确定性,各个节点有时还需要时间同步。而且,工业网络应便于安装,以适应不同的任务,增减网络节点,方便维护。然而,工业网络最突出的特点还是工作环境较为恶劣。因此,还要求工业网络必须具有以下特点。

　　(1) 环境适应性。包括机械环境适应性(如耐振动、耐冲击)、气候环境适应性(工作温度要求为 $-40\sim+90\text{℃}$，至少为 $-20\sim+70\text{℃}$，并且要耐腐蚀、防尘、防水)、电磁环境适应性或电磁兼容性应符合国家相关标准。

　　(2) 可靠性。在恶劣环境下仍然能够正常工作。

　　(3) 安全性。防爆要求，包括隔爆、本质安全两种方式。

　　因此，要实现上述功能，工业网络的通信协议需要选择合适的网络模型。而所谓工业以太网，就是在以太网技术和 TCP/IP 技术的基础上开发出来的一种工业网络。以太网是应用最为广泛的一种局域网，以太网在商业应用上的巨大成功、很高的认知度以及技术上的快速进步，使得在工业应用中使用以太网会带来多方面的好处。

　　首先，使用以太网要比其他通信网络容易。这是因为，一般情况下，用户或多或少会有一些以太网的知识和使用经验，这可以降低用户培训所需的时间和成本投入。而以太网技术的广泛使用使得用户在碰到问题时会比较容易解决。以太网产品种类丰富，有很多相关软硬件产品，使得以太网技术更容易使用。以太网有很多种，支持多种传输介质、多种通信波特率，可以满足各种应用的需求。

　　其次，以太网产品可以把批量做得比较大，使成本和价格降低，并且以太网市场产品的供应商很多，竞争激烈，所以以太网产品的价格比较低廉，使用以太网比较容易降低成本。然而，工业以太网的成本目前还是比较高的。但是，如果能够广泛使用，产品批量做大，其成本和价格也会容易下降。

　　再次，以太网技术发展迅速，其技术之先进、功能之强大是其他通信网络所无法比拟的。例如，目前主流以太网的波特率都在 100Mb/s 以上，而其他通信网络的波特率一般都在 10Mb/s 以下。

　　另外，由于很多企业局域网用的是以太网，在工业应用中也使用以太网，可以使得信息集成更加方便，符合自动化系统的网络结构扁平化的必然趋势。早期的工业网络，为了控制成本，把自动化系统的网络分成若干层，因为各层对通信的要求是不同的。但是，层次越多，系统越复杂，维护就越困难。所以，随着通信网络成本的下降，人们更倾向于采用较少的层次。目前在顶层的信息网络通常采用以太网，而随着以太网技术的不断提高，在控制层也采用以太网，使系统网络化为一层，在监控系统的最顶层就能够直接对最底层的设备进行控制，真正实现系统的"无人操作"。

　　然而，传统以太网的物理层并不能满足工业应用的环境需求。同时，传统以太网是一种非确定性的网络，不能满足工业现场数据传输的实时性和时延的确定性要求。而且，传统以太网多用于办公开发，本身并不提供标准的面向工业应用的应用层协议。

　　针对这些缺点，可以采用屏蔽、保护、总线供电等方法增强工业以太网的环境适应性，同时利用全双工交换式、提高速率、VPN、优先级调度等方法提高工业以太网的确定性。此外，可以结合现有的工业控制协议或制定新的协议，使得工业以太网具有面向工业应用的应用层协议。

### 5.5.1　工业以太网交换机

　　**1. 以太网交换机概述**

　　以太网交换机(Switch)是一种基于 MAC(网卡的硬件地址)识别、能完成封装转发数据帧功能的网络设备。交换机能够为接入的任意两个网络节点提供独享的电信号通路,在数据帧的发送方和接收方之间建立临时交换路径,使数据帧直接由源地址到达目的地址。交换机只允许必要的网络流量通过,能够有效地减少冲突域,但不能划分网络层广播。交换机可以"学习"MAC 地址,并把其存放在内部地址表中。交换机的每个端口都具有桥接功能,有时被称为多端口网桥。按照适用的工作环境不同,交换机可以分为普通(商用)交换机、工业交换机以及军品交换机,如图 5.61 所示。

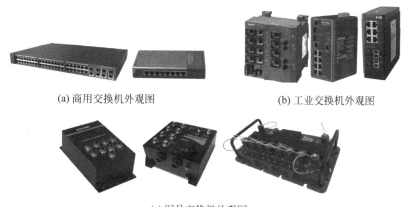

(a) 商用交换机外观图　　　　　　(b) 工业交换机外观图

(c) 军品交换机外观图

**图 5.61　交换机外观图**

从外观上看,以太网交换机跟 Hub 差不多,但其内部结构却比 Hub 复杂得多。Hub 内部实际上是一条共享的总线,各个端口共享该总线进行 CSMA/CD 方式的通信。以太网交换机内部也是一条总线,但该总线带宽要比 Hub 内部的总线高得多,足以让全部端口互相同时通信而没有阻塞,如图 5.62 所示。对于一台 100Mb/s 的共享式 Hub,其数据流量总和不大于 100Mb/s;而对于一台 100Mb/s 的以太网交换机,则其每个端口的流量最大值都为 100Mb/s,如果这台交换机有 8 个端口,且两两端口为一条路径通路,那么就意味着该交换机最大数据流量为 400Mb/s。

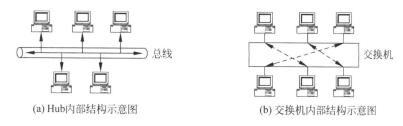

(a) Hub内部结构示意图　　　　　　(b) 交换机内部结构示意图

**图 5.62　Hub 与交换机的内部结构示意图**

交换机的主要功能包括物理编址、网络拓扑结构、错误校验、帧序列以及流量控制。目前交换机还具备了一些新的功能,如对 VLAN(虚拟局域网)的支持、对链路汇聚的支持,有的交换机甚至还具有防火墙的功能。

交换机除了能够连接同种类型的网络之外,还可以在不同类型的网络(如以太网和快速以太网)之间起到互连作用。如今许多交换机都能够提供支持快速以太网或 FDDI 等的高速连接端口,用于连接网络中的其他交换机或者为带宽占用量大的关键服务器提供附加带宽。

一般来说,交换机的每个端口都用来连接一个独立的网段,但是有时为了提供更快的接入速度,可以把一些重要的网络计算机直接连接到交换机的端口上。这样,网络的关键服务器和重要用户就拥有更快的接入速度,支持更大的信息流量。

交换机支持全双工、半双工和全双工/半双工自适应等多种传输模式。由于全双工具有延迟小、速度快的优点,因此大多数工业级交换机采用全双工传输模式,各端口都能够接收数据并缓冲,同时实现点对点传送,没有丢包和信息碰撞,提高了传输速率和可靠性。

2. 工作原理

交换机内部有一条高带宽的背部总线和一个内部交换矩阵,所有端口都挂接在背部总线上。内部交换矩阵是一个地址表,存储着各个端口与各个节点的 MAC 地址,交换机可以识别新的 MAC 地址并将其存放在内部地址表中。交换机内部的背板总线实际上是一个高性能的数字交叉网络,能够完成任意两个端口之间的数据交换。交换机的各个端口针对接收线路和发送线路各有一个缓冲队列。当数据从终端设备发往交换机的时候,发出的数据暂存在交换机的接收队列中,然后进行下一步处理。如果交换机要把接收的数据发送给某一终端,交换机查找内部地址表,以确定目的 MAC 的 NIC 挂接在哪个端口上。这时候交换机把要发送的数据发往该接收终端所在端口的发送队列,然后再发送到接收终端。如果接收终端忙,则数据一直存储在发送队列中,如图 5.63 所示。

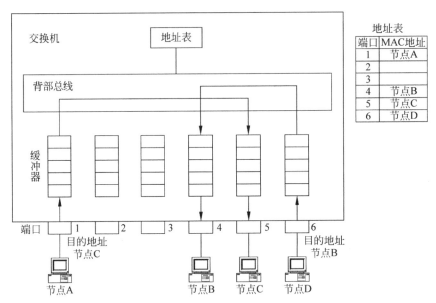

图 5.63　交换机工作原理示意图

交换机的具体工作过程如下。

(1) 交换机根据收到数据帧中的源 MAC 地址建立该地址同交换机端口的映射,并将其写入 MAC 地址表中。

(2) 交换机将数据帧中的目的 MAC 地址同已建立的 MAC 地址表进行比较,以决定由哪个端口进行转发。

(3) 如果数据帧中的目的 MAC 地址不在 MAC 地址表中,则向所有端口转发。这一过程称为泛洪。

（4）广播帧和组播帧向所有的端口转发。

对每个接口的发送队列结构进行更改可以实现服务质量功能。例如，我们为每个接口设计不止一个发送队列，假设设置三个，则可以对这三个队列进行优先级划分，分成低、中、高三个优先级，然后根据数据帧的优先级字段，把数据帧放到相应的优先级队列中。在传输的时候，可以优先传输优先级高的队列，等高优先级队列内没有数据了再传送优先级低的队列，以此类推。也可以实现一些其他调度策略，例如 WFQ（基于优先级的加权公平队列）等调度技术。

3. 交换机的三种交换方式

1）直通式

直通式（Cut Through）的以太网交换机可以理解为在各端口间是纵横交叉的线路矩阵电话交换机。它在输入端口检测到一个数据包时，检查该包的包头，获取包的目的地址，启动内部的动态查找表转换成相应的输出端口，在输入与输出交叉处接通，把数据包直通到相应的端口，实现交换功能。由于不需要存储，延迟非常小、交换非常快，这是它的优点。它的缺点是，因为数据包内容并没有被以太网交换机保存下来，所以无法检查所传送的数据包是否有误，不能提供错误检测能力。由于没有缓存，不能将具有不同速率的输入/输出端口直接接通，而且容易丢包。

2）存储转发

存储转发（Store & Forward）方式是计算机网络领域应用最为广泛的方式。如图 5.64所示，它把输入端口的数据包先存储起来，然后进行 CRC 校验，在对错误包处理后才取出数据包的目的地址，通过查找表转换成输出端口送出包。因此，存储转发方式的缺点是在数据处理时延时大，但是，其可以对进入交换机的数据包进行错误检测，有效地改善网络性能。尤其重要的是，存储转发方式可以支持不同速度的端口间的转换，保持高速端口与低速端口间的协同工作。

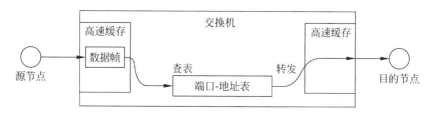

**图 5.64　交换机存储转发原理**

3）碎片隔离

这是介于前两者之间的一种解决方案。碎片隔离方式（Fragment Free）检查数据包的长度是否够 64B，如果小于 64B，说明是假包，则丢弃该包；如果大于 64B，则发送该包。这种方式也不提供数据校验。它的数据处理速度比存储转发方式快，但比直通式慢。

4. 交换机之间的连接

交换机之间的连接方式有两种，一是级联，二是堆叠。

1）级联模式

级联模式是最常规、最直接的一种扩展方式，一些构建较早的网络都使用了集线器（Hub）作为级联的设备。级联模式是以太网扩展端口应用中的主流技术。它通过使用统一的网管平台实现对全网设备的统一管理,如拓扑管理和故障管理等。在级联模式下,为了保证网络的效率,一般建议层数不要超过4层。如果网络边缘节点存在通过广播式以太网设备如Hub扩展的端口,由于其为直通工作模式,不存在交换,不纳入层次结构中。需要注意的是,Hub工作方式为CSMA/CD机制,因冲突而产生的回送,可能导致的网络性能影响将远远大于交换机级联所产生的影响。

2)堆叠技术扩展

堆叠技术是目前在以太网交换机上扩展端口使用较多的另一类技术,是一种非标准化技术。各个厂商之间不支持混合堆叠,堆叠模式为各厂商制定,不支持拓扑结构。目前流行的堆叠模式主要有两种:菊花链模式和矩阵模式。堆叠技术最大的优点就是提供简化的本地管理,将一组交换机作为一个对象来管理。

(1)菊花链堆叠。菊花链堆叠是一种基于级联结构的堆叠技术,对交换机硬件上没有特殊的要求。通过相对高速的端口串接和软件的支持,最终实现构建一个多交换机的层叠结构。通过环路,可以在一定程度上实现冗余。但是,就交换效率来说,同级联模式处于同一层次。

(2)矩阵堆叠。矩阵堆叠需要一个高速交换中心,所有堆叠的交换机通过专用的高速堆叠端口上行到统一的堆叠中心。矩阵堆叠的电缆长度不能超过2m,因此,这种方式连接的所有交换机需要放在同一个机架内。

## 5.5.2　虚拟局域网技术

### 1. VLAN概述

随着以太网技术的普及,以太网的规模也越来越大,从小型的办公环境到大型的园区网络,网络管理变得越来越复杂。首先,在采用共享介质的以太网中,所有节点位于同一个冲突域中,同时也位于同一个广播域中,即一个节点向网络中某些节点的广播会被网络中所有的节点所接收,造成很大的带宽资源和主机处理能力的浪费。为了解决传统以太网的冲突域问题,可以利用交换机对网段进行逻辑划分。但是,交换机虽然能解决冲突域问题,却不能克服广播域问题。例如,一个ARP广播就会被交换机转发到与其相连的所有网段中。当网络上有大量这样的广播存在时,不仅是对带宽的浪费,还会因过量的广播产生广播风暴。当交换网络规模增加时,网络广播风暴问题还会更加严重,并可能因此导致网络瘫痪。其次,在传统的以太网中,同一个物理网段中的节点也就是一个逻辑工作组,不同物理网段中的节点是不能直接相互通信的。这样,当用户由于某种原因在网络中移动但同时还要继续原来的逻辑工作组时,就必然会需要进行新的网络连接乃至重新布线。为了解决上述问题,虚拟局域网(VLAN)应运而生。

虚拟局域网是一种将局域网设备从逻辑上划分为一个个网段,从而实现虚拟工作组的新兴数据交换技术。如图5.65所示,管理员能够根据实际应用需求,把同一物理局域网内部的用户按照自定义的逻辑划分成不同的广播域,与物理上的LAN有着相同的属性。注意,只有具有VLAN协议的交换设备(如交换机或路由器)才能实现VLAN功能,即虚拟局域网是建立在各种交换设备的基础之上的。交换设备实质上只是物理网络上的一个控制点,它由软件进行管理,允许用户利用软件功能灵活地配置资源,管理网络。利用交换设备中的VLAN功能,不必改变网络的物理基础,即可重新配置网络。

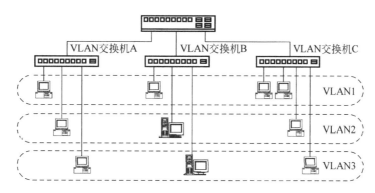

**图 5.65　利用具有 VLAN 协议的交换机划分虚拟局域网**

在一个交换网络中,VLAN 提供了网段和机构的弹性组合机制。采用 VLAN 设置,网络性能可以获得较大的改善,具有控制广播、提高网络整体安全性、网络管理更加灵活易于扩展等技术优势。

(1) VLAN 具有控制广播、安全性高和灵活性及可扩展性等技术优势。通过 VLAN,能够把原来一个物理的局域网划分成很多个逻辑意义上的子网,而不必考虑具体的物理位置。

(2) 控制广播。一个 VLAN 就是一个逻辑广播域,通过对 VLAN 的创建,隔离了广播,缩小了广播范围,可以控制广播风暴的产生。

(3) 提高网络整体安全性。通过路由访问列表或 MAC 地址分配等 VLAN 划分原则,可以控制用户访问权限和逻辑网段大小,将不同用户群划分在不同 VLAN,使得相同 VLAN 内的主机间传送的数据不会影响到其他 VLAN 上的主机,从而减少了数据交互的可能性,极大地提高了交换式网络的整体性能和安全性。

(4) 网络管理更加灵活、易于扩展。对于交换式以太网,如果对某些用户重新进行网段分配,需要网络管理员对网络系统的物理结构重新进行调整,甚至需要追加网络设备,增大网络管理的工作量。而对于采用 VLAN 技术的网络来说,可以利用 VLAN,根据部门职能、对象组或者应用等,将把原来一个物理的局域网划分成很多个逻辑意义上的子网或网段,而不必考虑网络中各个节点的具体地理位置。每一个 VLAN 都可以对应于一个逻辑单位,如部门、车间和项目组等。在不改动网络物理连接的情况下,可以任意地将工作站在工作组或子网之间移动。利用虚拟网络技术,大大减轻了网络管理和维护工作的负担,降低了网络维护费用。

2. VLAN 实现

1) 用交换机端口号划分 VLAN

这是最常用的一种 VLAN 划分方法,应用也最为广泛、有效,目前绝大多数支持 VLAN 协议的交换机也都提供这种 VLAN 配置方法。这种划分 VLAN 的方法是根据以太网交换机的交换端口来划分的,它是将 VLAN 交换机上的物理端口和 VLAN 交换机内部的 PVC(永久虚电路)端口分成若干个组,每个组构成一个虚拟网,相当于一个独立的 VLAN 交换机。

这种实现 VLAN 的方法,其优点在于简单,容易实现,而且配置也相当直截了当。从一个端口发出的广播直接发送到 VLAN 内的其他端口,也便于直接监控。但是这种方式的缺点是自动化程度低,灵活性不好。例如,不允许多个虚拟局域网包含同一个实际网段(或交换机端口);当用户从一个端口移动到另一个端口时,如果新端口与旧端口不属于同一个 VLAN,则网络管理员必须对该用户重新进行虚拟局域网的网络地址配置。

　　在最初的虚拟局域网实施中,虚拟局域网只能在同一台交换机上得到支持。如图 5.66 所示,一台支持 VLAN 协议的交换机的端口 1、2、7 被划分为虚拟局域网 1,端口 3、4、6 被划分为虚拟局域网 2,端口 5、8 被划分为虚拟局域网 3。连接相应端口的工作站可以是单台计算机,也可以是一个网段(如 Hub 连接的多台计算机)。第二代的虚拟局域网实施则支持跨越多台交换机,但需要一台骨干交换机(Backbone Switch)进行连接。如图 5.67 所示,两台支持 VLAN 协议的交换机 A、B 通过一台骨干交换机桥接,交换机 A 的端口 2、7 以及交换机 B 的端口 3、8 被划分为虚拟局域网 1,交换机 A 的端口 3、4、6 以及交换机 B 的端口 5、7 被划分为虚拟局域网 2,交换机 A 的端口 5、8 以及交换机 B 的端口 2、4、6 被划分为虚拟局域网 3。

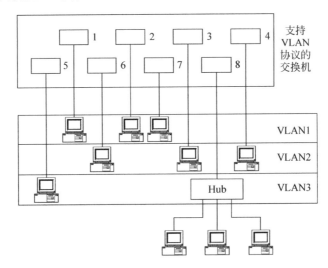

图 5.66　用交换机端口号定义虚拟局域网(一台交换机)

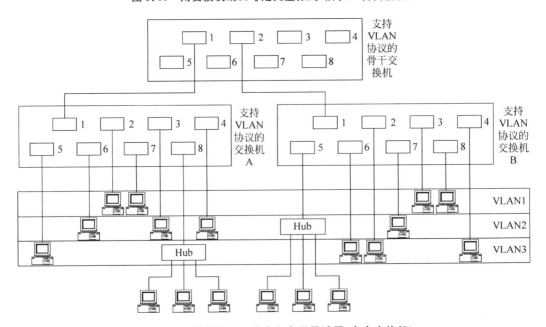

图 5.67　用交换机端口号定义虚拟局域网(多台交换机)

2) 基于 MAC 地址划分 VLAN

这种方式的 VLAN 要求交换机对节点的 MAC 地址和交换机端口进行跟踪,在新节点入网时,根据需要将其划归至某一个 VLAN。由于工作站的 MAC 地址是硬连接到其网卡(NIC)上的,所以基于 MAC 地址的虚拟局域网使得网络管理者能够把网络上的任意一个工作站移动到不同的实际位置,但仍让其自动保持原有的虚拟局域网成员资格。无论该工作站在网络中怎样移动,由于其 MAC 地址保持不变,因此不需要对网络地址重新配置。按照这种方式,由 MAC 地址划分的虚拟局域网可以被视为基于用户的虚拟局域网。

这种 VLAN 的划分方法的最大优点是,当用户物理位置移动时,即从一个交换机换到其他的交换机时,VLAN 不必重新配置,如图 5.68 所示。因为基于 MAC 地址定义的 VLAN 是基于用户,而不是基于交换机的端口。但是,基于 MAC 地址划分 VLAN,需要一个虚拟局域网中所有的用户在初始化时,都必须进行配置。在一个大型网络中,要求网络管理人员必须将每个用户逐个地分配到各自特定的虚拟局域网中,如果有几百个甚至上千个用户的话,配置是非常烦琐的。但是,只有在这种初始化工作完成后,交换机才能对用户的 MAC 地址进行自动跟踪。因此,这种方法的缺点是只适用于小型局域网。而且,这种定义的方法也导致了交换机执行效率的降低,因为在每一个交换机的端口都可能存在很多个 VLAN 组的成员,保存了许多用户的 MAC 地址,查询起来相当不容易。另外,对于使用笔记本用户来说,他们的网卡可能经常更换,这样 VLAN 就必须经常配置。

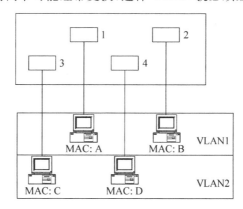

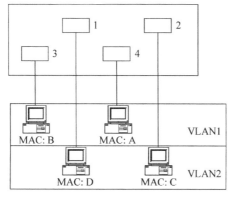

| MAC地址 | VLAN |
| --- | --- |
| A | 1 |
| B | 1 |
| C | 2 |
| D | 2 |

即使计算机改变了所连接的端口,交换机仍然能够查出其MAC地址,并正确指定端口所属的VLAN

图 5.68　基于 MAC 地址的 VLAN 示意图

3）用网络层地址划分 VLAN

这种划分 VLAN 的方法是根据每个主机的网络层地址或协议类型（如果支持多协议）划分的。虽然这种划分方法是根据网络地址，例如 IP 地址，但它不是路由，与网络层的路由毫无关系。

这种方法的优点是，即使用户的物理位置改变了，但不需要重新配置所属的 VLAN，而且可以根据协议类型来划分 VLAN，对 TCP/IP 用户和网络管理者来说十分有利。此外，这种方法不需要附加的帧标签来识别 VLAN，这样可以减少网络的通信量。

这种方法的缺点是效率低，因为检查每一个数据包的网络层地址是需要消耗处理时间的（相对于前面两种方法，比查看数据帧中的 MAC 地址耗时更多）。一般的交换机芯片都可以自动检查网络上数据包的以太网帧头，但要让芯片能检查 IP 帧头，需要更高的技术，同时也更费时。当然，这与各个厂商的实现方法有关。

4）基于 IP 组播的 VLAN

IP 组播实际上也是一种 VLAN 的定义，即认为一个组播组就是一个 VLAN。这种 VLAN 的建立是动态的，它代表了一组 IP 地址。在基于 IP 组播的虚拟局域网中，由称为"代理"的设备对各个成员进行管理。当一个 IP 数据包通过多点传输发送时，就动态建立 VLAN 代理，这个代理和多个 IP 节点组成 IP 组播组虚拟局域网。网络用广播信息通知各 IP 站，表明存在一个特定 IP 多点传输组的组播。节点如果响应信息，就可以加入 IP 组播组，成为 VLAN 中的一员。但 IP 组播组 VLAN 中的各个节点仅仅是在某一时段内、特定多点组播组的成员。

这种划分的方法提供了很高的灵活性，可以根据服务灵活地组建，而且可以跨越路由器，形成 VLAN 与广域网的互连。因此，这种方法具有更大的灵活性，而且也很容易通过路由器进行扩展。当然，这种方法不适合局域网，主要是效率不高。

3. VLAN 与 IEEE 802.1Q

以前各个厂商都声称他们的交换机实现了 VLAN，但各个厂商实现的方法都不相同，所以彼此无法互连。这样，用户一旦购买了某个厂商的交换机，就没法再购买其他厂商的交换机进行组网了。而现在，VLAN 的标准是 IEEE 提出的 802.1Q 协议，只有支持相同的开放标准才能保证网络的互连互通，以及保护网络设备投资。802.1Q 协议采用的方法是，交换机在接收的标准以太网帧中插入一段带有 VLAN 标签（Tag）的数据（4B），如图 5.69 所示。

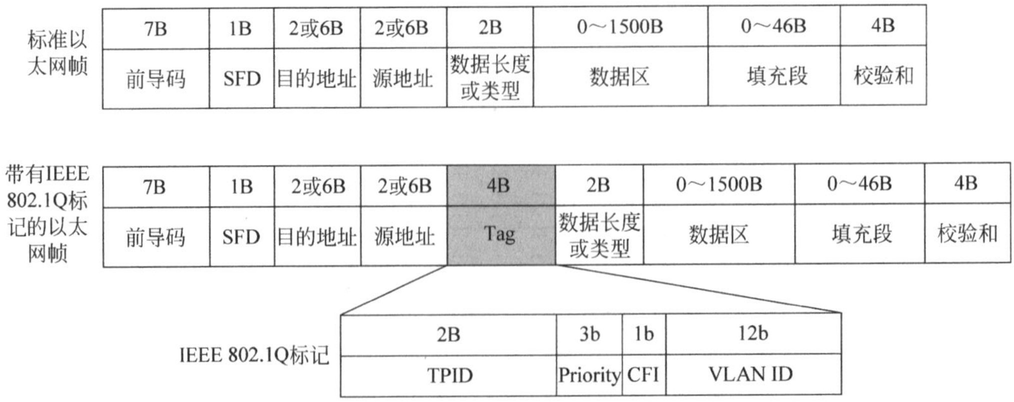

| 标准以太网帧 | 7B | 1B | 2或6B | 2或6B | 2B | 0～1500B | 0～46B | 4B |
|---|---|---|---|---|---|---|---|---|
| | 前导码 | SFD | 目的地址 | 源地址 | 数据长度或类型 | 数据区 | 填充段 | 校验和 |

| 带有IEEE 802.1Q标记的以太网帧 | 7B | 1B | 2或6B | 2或6B | 4B | 2B | 0～1500B | 0～46B | 4B |
|---|---|---|---|---|---|---|---|---|---|
| | 前导码 | SFD | 目的地址 | 源地址 | Tag | 数据长度或类型 | 数据区 | 填充段 | 校验和 |

| IEEE 802.1Q标记 | 2B | 3b | 1b | 12b |
|---|---|---|---|---|
| | TPID | Priority | CFI | VLAN ID |

图 5.69　带有 IEEE 802.1Q 标记的以太网帧

其中,TPID 为 IEEE 802.1 标签号,2B。当其值为 8100H,表示该帧的传送标签为 IEEE 802.1Q 或 802.1P。TCI 为标签控制信息字段,2B,包括:

(1) User Priority。定义用户优先级,3 位,包括 8 个优先级别。

(2) CFI。规范格式指示器,1 位,以太网交换机中通常被设置为 0。

(3) VLAN ID。VLAN 识别位,12 位,支持 $2^{12}=4096$ 个 VLAN 的识别。在可能的 4096 个 VLAN ID 中,VID=0 用于识别帧优先级,4095(FFFH)作为预留值,所以 VLAN 配置的最大可能值为 4094。

有了 VLAN 标签,就可以在不同的交换机之间进行数据交互了。通常一个交换机所连接的各个节点之间传输数据时,不需要在帧中插入 VLAN 标签。而不同交换机所连接的各个节点之间传输数据时,则需要在帧中插入 VLAN 标签,如图 5.70 所示。

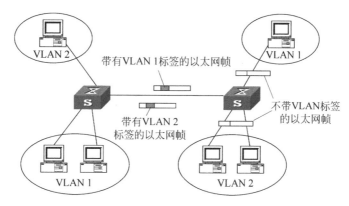

**图 5.70　不同交换机连接的 VLAN 进行数据交互,以太网帧需要带有 IEEE 802.1Q 标记**

### 5.5.3　工业以太网冗余技术

1. STP 生成树协议

STP(Spanning Tree Protocol,生成树协议)是 IEEE 802.1d 定义的一种链路管理协议。STP 可以协调多个网桥或交换机共同工作,在网络中建立树状拓扑,并且通过一定的方法实现路径冗余,使网络避免因为一个节点的故障导致部分网络无法正常通信,而且冗余设计的网络环路不会出现广播风暴。生成树协议适合所有厂商的网络设备,在配置上和体现功能强度上有所差别,但是原理和应用效果是一致的。

STP 的基本思想就是,按照“树”的结构构造网络的拓扑结构。“树”的根是一个称为根桥的桥设备,由根桥开始,逐级形成一棵“树”。根桥是由网络中所有交换机或网桥的 BID (Bridge ID)确定的,BID 由网桥(交换机)优先级和 MAC 地址构成,通常 BID 最小的设备成为网络中的根桥,其他的设备则成为非根桥。每个非根桥选择一个端口作为根端口,与上一级连接,通常选择到根桥最短路径的端口作为根端口,其他端口则与下一级连接。每个网段还需要选择一个端口作为选择端口(也称为转发端口),通常选择这个网段到根桥最短路径的端口。根桥的所有端口都是选择端口。STP 定义了 5 种不同的端口状态:关闭 (Disable)、侦听(Listening)、学习(Learning)、阻塞(Blocking)和转发(Forwarding)。

各个交换机或网桥之间通过传输一种特殊的协议报文——网桥协议数据单元(Bridge Protocol Data Unit,BPDU)来确定网络的拓扑结构。BPDU 有两种,配置 BPDU

(Configuration BPDU)和拓扑更改通知(TCN)BPDU。前者用于计算无环的生成树,后者则在网络拓扑发生变化时产生,缩短 CAM 表项的刷新时间(由默认的 300s 缩短为 15s)。

当首次连接时,根桥将进行生成树拓扑的计算,出现两条以上的路径时,选择一条距离根桥最短的活动路径,生成配置 BPDU。然后根桥定时发送配置 BPDU 至各个非根桥,每个非根桥接收到配置 BPDU 后,刷新存储的最佳 BPDU,并向下一级桥设备转发。如果网络拓扑发生变化(如接入了一台新的交换机或网桥),根桥将重新进行生成树拓扑的计算,生成新的配置 BPDU,然后定时发送至各个非根桥。如果非根桥在离上一次接收到配置 BPDU 最长寿命(Max Age,默认 20s)后还没有接收到配置 BPDU,该节点将进入侦听状态,并产生 TCN BPDU 向上一级桥设备发送,直至 TCN BPDU 送至根桥为止。然后根桥在其后发送的配置 BPDU 中将携带标记,表明拓扑已发生变化,网络中的所有设备接收到后,将 CAM 表项的刷新时间从 300s 缩短为 15s。整个收敛的时间为 50s 左右。

STP 从某种意义上说是一种网络保护技术,同时也为网络提供了备份连接的可能。但是,由于当网络拓扑发生变化时,节点端口由阻塞状态到转发状态要经过侦听状态和学习状态,这两个状态需要约 30～50s 的时间延迟,因此 STP 的保护速度较慢,无法满足高速网络的需求。同时,由于生成树理论没有域的概念,因此网络拓扑的改变容易引起全局波动。此外,STP 缺乏对现有多 VLAN 环境的支持,不能有效利用带宽。

2. RSTP 快速生成树协议 IEEE 802.1w

RSTP(Rapid Spanning Tree Protocol,快速生成树协议):802.1w 由 802.1d 发展而成,这种协议在网络结构发生变化时,能更快地收敛网络。它比 802.1d 多了两种端口类型:预备端口类型和备份端口类型。

RSTP 是从 STP 发展而来的,其实现基本思想一致,但它更进一步地处理了网络临时失去连通性的问题。与 STP 相比,RSTP 只有关闭、学习和转发三种端口状态,STP 中的关闭、侦听、阻塞三种端口状态在 RSTP 中统一合并为关闭端口状态。

此外,RSTP 增加了两种端口类型,预备端口类型和备份端口类型。在一个网段内有一台设备的一个端口到根桥的路径最短,作为这个网段的选择端口。那么,这个网段中其他设备到根桥路径最短的端口就作为预备端口。当选择端口所在设备故障时,预备端口就成为新的选择端口。如果选择端口所在设备中,还有一个端口与选择端口具有共同的连接时,就成为备份端口。如图 5.71 所示,对于网段 n,交换机 SW2、SW1 直接与根桥连接,现指定 SW1 的端口 P1 作为选择端口,SW1 上与 P1 具有相同连接的端口 P2 就是备份端口。交换机 SW1 的端口 P3 可以作为预备端口。

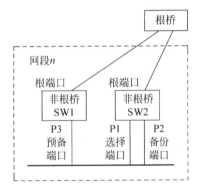

图 5.71 预备端口与备份端口

RSTP 规定在某些情况下,处于关闭状态的端口,如网络边缘端口(即直接与终端相连的端口),可以直接进入转发状态,不需要任何时延。或者是网桥或交换机旧的根端口已经进入关闭状态,且新的根端口所连接的对端网桥的选择端口仍处于转发状态,那么新的根端口可以立即进入转发状态。即使是非边缘的选择端口,也可以通过与相连的网桥进行一次握手,等待对端网桥的赞同报文而快速进入转发状态。由于这种握手机制不依赖于定时器,因此可以迅速地把信息传送到网络各处,随着拓扑结构的改变而在很短的时间内恢复连接。

RSTP 加快了网络的收敛,使得收敛速度最快达到 1s 以内。但其仍然是单生成树协议,在网络规模比较大的时候仍然会导致较长的收敛时间,在网络结构不对称的时候,单生成树还会影响网络的连通性。

3. MSTP 多生成树协议

多生成树(Multiple Spanning Tree Protocol,MSTP)是 IEEE 802.1s 中定义的一种新型多实例化生成树协议,使用修正的快速生成树协议。多生成树提出了域的概念,具有完全一致的 VLAN 实例映射关系,且支持 MSTP 协议的交换机或网桥组成一个域。在域的内部可以生成多个生成树实例,都具有相同的 MST 配置信息,并且将每个 VLAN 关联到相应的一个实例中(一个 VLAN 只能关联到一个实例中)。每个域的内部有一个主实例,称为 IST(Internal Spanning Tree),而域和域之间则由 CST(Common Spanning Tree)连接。这样,整个网络拓扑就由 CST 和 IST 组成了一个逻辑上的树状拓扑,这个树称为 CIST(Common and Internal Spanning Tree)。域与域之间的 CIST 将各个域连成一个大的生成树,各个 VLAN 内的数据在不同的生成树实例内进行转发,这样就提供了负载均衡功能,并节省了通信开销和资源占用率。

STP/RSTP 是基于端口的,而 MSTP 是基于实例的。把支持 MSTP 的交换机和不支持 MSTP 交换机划分成不同的区域,分别称作 MST 域和 SST 域。在 MST 域内部运行多生成树协议,在 MST 域的边缘运行 RSTP 兼容的内部生成树协议,如图 5.72 所示。

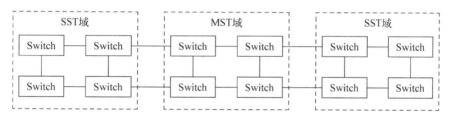

图 5.72　MST 与 SST

## 5.5.4　工业以太网时间同步技术

许多控制系统都离不开时间同步的概念,而随着分布式控制系统和现场总线控制系统的发展,使得各个控制节点之间的时间同步变得越来越重要。特别是在网络化监控系统中,考虑到调度和控制的实时性,对时间同步的精度要求就更为严格。然而,设备之间存在时钟差异以及网络中存在传输延迟,这些系统固有问题会严重影响监控系统的实时性。因此,需要采用有效的时间同步技术来提高系统中各个站点之间的时间同步精度。

目前,工业系统同步测量常用的时间同步方法主要依靠 GPS 精密时钟系统实现,其 1PPS(秒脉冲)时钟精度可达到 200ns。但这种方式需要独立的天线和接收模块,成本较高,难以大规模应用到现场 PMU 中,在封闭空间的网络系统测控中存在局限性。基于以太网的同步测量的最好办法,是借助监控网络本身实现。网络时间同步主要有 NTP/SNTP 和 IEEE 1588 协议。

### 1. NTP

NTP(Network Time Protocol)是近二十年用于 IP 网络的主要的时间同步协议,全称是网络时间协议,是设计用来使 Internet 上的计算机保持时间同步的一种通信协议。NTP 可以估算出数据包在 Internet 上的往返延迟,并可独立地估算计算机时钟偏差,从而实现网络上计算机的时间同步。NTP 采用客户/服务器(Client/Server)结构,具有相当高的灵活性和适应性。

NTP 协议支持广播/多播模式、客户/服务器模式以及对称模式。在客户/服务器模式下,一对一连接,客户机可以被服务器同步,但服务器不能被客户机同步。对称模式客户/服务器模式相似,但双方都能同步对方或被对方同步,先发出申请建立连接的一方工作在主动模式下,另一方工作在被动模式下。广播/多播模式是一对多的连接,服务器主动发出时间信息,客户机由此信息调整自己的时间,这种模式忽略网络时延,精度较低,适用于高速局域网。这三种模式中,最典型的是客户/服务器模式。在这个模式中,NTP 的客户机可以利用算法从多个服务器的响应包中判断出最接近真实时间的偏移值。所以客户/服务器模式是 NTP 各个模式中对时精度最高的,适用于大型分布式网络。NTP 提供的时间精度在广域网上为数十毫秒,在局域网上则为亚毫秒级甚至更高,在专用的时间服务器上可能达到更高的精确度。

SNTP(Simple Network Time Protocol)是 NTP 的分支,即简单网络时间协议。SNTP 适用于时间精度较低的客户机,最好仅限于适用在时间同步网的终端位置。SNTP 实现简单,一些商用操作系统,如 Windows 操作系统,直接支持客户机的 SNTP。SNTP 假定客户机和服务器之间的报文传输时延是相等的,但是报文传输延迟不仅包括报文在网络传输的时延,还包括报文在节点内部的处理时间(如数据打包或解包、系统中断、进程调度等),而且各个节点的数据流量并不对等,客户机与服务器的处理能力也不一定相同,因此客户机和服务器之间的报文传输时延实际上并不严格相等。所以,SNTP 的时间精度只能达到 ms 级。

客户/服务器模式下,客户机周期性地向服务器发送 NTP 包请求时间信息,该包中包含离开客户机时的时间戳 $T_1$。当服务器接收到该包时,依次填入该包到达的时间戳 $T_2$、交换包的源地址和目的地址、该包离开时的时间戳 $T_3$,然后立即把包返回给客户机。客户机在接收到响应包时,再填入包回到客户机的时间戳 $T_4$。整个过程如图 5.73 所示。

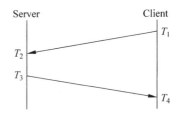

**图 5.73　NTP 下,服务器和客户机对时过程**

假设服务器的时钟是准确的,服务器和客户机的时间偏移量是 $T_{Offset}$,从客户机发送报文到服务器的路径延迟是 $T_{Delay1}$,从服务器到客户机的路径延迟是 $T_{Delay2}$,假设 $T_{Delay1} = T_{Delay2} = T_{Delay}$,则有

$$T_2 - T_1 = T_{Offset} + T_{Delay}$$
$$T_4 - T_3 = T_{Delay} - T_{Offset}$$

可以求出服务器和客户机时钟的时间偏移为

$$T_{Offset} = [(T_2 - T_1) + (T_4 - T_3)]/2$$

从而客户机时钟对时为

$$当前时间 + [(T_2 - T_1) + (T_4 - T_3)]/2$$

NTP/SNTP 是各行业中应用最广泛的网络时间协议,尤其在电信领域得到很好的应用。但是,对于监控网络而言,ms 级的精度往往是不够的。因此,NTP/SNTP 通常无法满足有更高时间同步要求的应用领域。

2. IEEE 1588 协议

鉴于 NTP/SNTP 无法满足有更高时间同步要求的应用领域,国际上提出了 IEEE 1588 对时标准,其全称为"网络测量和控制系统精密时钟同步协议标准",该标准定义了一种精确时间协议(Precision Time Protocol,PTP)。PTP 借鉴了 NTP 技术,对内存及 CPU 性能没有特殊要求,只需要最小限度的网络带宽。PTP 可以达到 μs 级的同步精度,并且在采取补偿措施的情况下,有可能实现更高的精度。现在 IEC(国际电工委员会)组织已将 IEEE 1588 转换为 IEC 61588 标准。

与 NTP/SNTP 相比,IEEE 1588 具有以下特点。

(1) IEEE 1588 能够实现亚微秒级的高精度同步,NTP/SNTP 的同步精度一般只能达到毫秒级。

(2) IEEE 1588 是针对相对本地化、网络化的系统而设计的,它要求子网较好,内部组件相对稳定,因此特别适合工业自动化和测量环境。当然,要想实现广域范围的同步,IEEE 1588 还需要借助外部时钟源,如 GPS 等。

(3) IEEE 1588 实现了网络中的高精度同步,使得在分配控制工作时,无须再进行专门的同步通信,从而达到了通信时间模式与应用程序执行时间模式分开的效果。

(4) IEEE 1588 适合于在局域网中支持组播报文发送的网络通信技术,故其应用范围十分广泛,尤其适合在以太网中实现。采用 IEEE 1588,基于以太网和 TCP/IP 的网络技术不需要大的改动就可以运行于高精度的网络控制系统中。

(5) IEEE 1588 占用的网络资源和计算资源较少,故实现成本较低,适于在低端设备中完成。

(6) IEEE 1588 具有良好的开放性和互操作性。

IEEE 1588 系统包括多个节点,每个节点代表一个 IEEE 1588 时钟,时钟之间通过网络相连,并由网络中最精确的时钟以基于报文(Message-based)传输的方式同步所有其他时钟。IEEE 1588 系统中的交换机/路由器必须是支持 IEEE 1588 协议的交换机/路由器,从时钟节点也应当支持 IEEE 1588 协议。

IEEE 1588 的时钟分为普通时钟(Ordinary Clock)和边界时钟(Boundary Clock),普通时钟只有一个 PTP 端口,边界时钟则包含一个或多个 PTP 端口。每个 PTP 端口有三种状态:主状态(PTP-Master)、从状态(PTP-Slave)和被动状态(PTP-Passive)。PTP 端口处于主状态或从状态的时钟,分别称为主时钟(Master Clock)和从时钟(Slave Clock)。一个简单的 PTP 系统包括一个主时钟和多个从时钟,主时钟负责同步系统中的所有从时钟。如果 PTP 端口处于被动状态,则意味着对应的时钟不参与 PTP 时间同步。PTP 系统采用分层的主从式(Master-Slave)模式进行时间同步,一个节点既可以作为主时钟又可以作为从时钟,一个主时钟可以带多个从时钟,如图 5.74 所示。PTP 系统既可以只由普通时钟组成,也可以还含有边界时钟和管理节点。

IEEE 1588 主要定义了 4 种多点传送的时钟报文类型:同步报文 Sync、跟随报文 Follow-up、延迟请求报文 Delay-Req 和延迟请求响应报文 Delay-Resq。同步过程分为以下

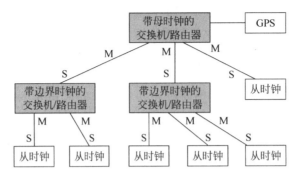

**图 5.74　典型的 PTP 系统模型**

M-主时钟；S-从时钟

两步执行。

（1）主从时钟之间的差异纠正，即时钟偏移量测量。

主时钟周期性（一般为 2s）地给从时钟发送 Sync 报文，此报文所包含的信息有报文在网络传输时刻的估计值和事件序列标识值（Sequence ID）等。在主时钟的媒体独立接口（Media Independent Interface，MII）处连接有报文时标生成器，它可以精确测量 Sync 报文的发送时刻（$T_1$），主时钟随后发送 Follow-up 报文，该报文中携带 $T_1$ 信息以及相关事件序列标识值（Associate Sequence ID），此标识值必须与同一个时钟发送的最新的 Sync 报文中的 Sequence ID 相对应。在 PTP 时钟同步的过程中，一般情况下，每个 Sync 报文都有一个相应的 Follow-up 报文紧随其后。从时钟通过内部的报文时标生成器，精确测量 Sync 报文到达的时刻（$T_2$），确认所收到的 Sync 报文和 Follow-up 报文里的序列标识值相等后，比较 $T_1$ 和 $T_2$，纠正从时钟与主时钟之间的时间差异。

（2）主从时钟之间通信路径传输延迟的测量。

从时钟发送 Delay-Req 报文给主时钟，后者回应 Delay-Resq 报文。报文的双向传输中都包含精确的传输时刻，从时钟利用此时间差异可以计算传输延迟。此测量方法要求传输路径对称，即发送延迟和接收延迟相等。主从通信路径延迟测量的周期比主从时钟偏移量测量的周期要长得多，目的是减少网络负载和终端设备的处理任务。

与 NTP 不同的是，主时钟发送的 Sync 报文并不包含其发送时刻的精确值，而是在其后的 Follow-up 报文中，这样就使得报文传输和时间测量互不影响。而且，PTP 的时间标签信息是在接近于物理层的媒体独立接口（MII）处"加盖"的，如图 5.75 所示。MII 是 IEEE 802.3 定义的以太网行业标准，包括一个数据接口以及介于一个 MAC 层与物理层之间的管理接口。MII 的管理接口包括时钟信号和数据信号两根信号线，使得应用层能够直接监视和控制物理层。

图 5.75 中的圆点表示报文的时标生成处。当报文交换完成时，从时钟处理所有的 4 个时间戳。假设主从时钟的时间偏移量是 $T_{\text{Offset}}$、路径延迟是 $T_{\text{Delay1}}$，则有

$$T_2 - T_1 = T_{\text{Offset}} + T_{\text{Delay}}$$
$$T_4 - T_3 = T_{\text{Delay}} - T_{\text{Offset}}$$

可以求出主从时钟的时间偏移量为

$$T_{\text{Offset}} = \left[(T_2 - T_1) + (T_4 - T_3)\right]/2$$

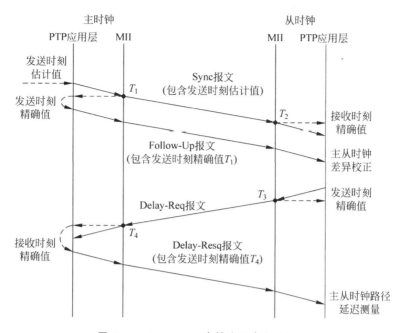

**图 5.75　IEEE 1588 高精度同步实现机制**

主从时钟的路径延迟为

$$T_{\text{Delay}} = \big[(T_2 - T_1) - (T_4 - T_3)\big]/2$$

以上只是介绍了 IEEE 1588 的基本原理,在实际工程应用中还需要根据实际情况制定相关报文的具体格式。

# 思　考　题

1. 选择题

(1) 下面关于以太网交换机部署方式的描述中,正确的是(　D　)。

　　A. 如果通过专用端口对交换机进行级联,则要使用交叉双绞线

　　B. 同一品牌的交换机才能使用级联模式连接

　　C. 把各个交换机连接到高速交换机中心形成菊花链的连接模式

　　D. 多个交换机矩阵堆叠后可当成一个交换机使用和管理

(2) 划分 VLAN 的方法有多种,这些方法中不包括(　B　)。

　　A. 基于端口划分　　　　　　　　　　B. 基于路由器划分

　　C. 基于 MAC 地址划分　　　　　　　D. 基于 IP 组播划分

(3) 100BASE-FX 采用的传输介质是(　B　)。

　　A. 双绞线　　　　　B. 光纤　　　　　C. 无线电波　　　　D. 同轴电缆

(4) IEEE 802.3 标准中使用的媒体访问控制方式是(　C　)。

　　A. Token Ring　　　　　　　　　　　B. Token Bus

　　C. CSMA/CD　　　　　　　　　　　　D. ALOHA

(5) 连接以太网交换机的模式有两种：级联和堆叠，其中堆叠模式（　B　）。

    A. 仅有菊花链堆叠

    B. 既可以菊花链堆叠，又可以矩阵堆叠

    C. 仅有矩阵堆叠

    D. 并联堆叠

(6) IEEE 802 工程标准中的 802.3 协议是（　A　）。

    A. 局域网的载波侦听多路访问标准　　　　B. 局域网的令牌环网标准

    C. 局域网的令牌总线标准　　　　　　　　D. 局域网的互联标准

(7) 以太网帧前导码是（　A　）。

    A. 7 字节　　　　　　B. 1 字节　　　　　　C. 6 字节　　　　　　D. 2 字节

(8) 在局域网中，价格低廉且可靠性高的传输介质是（　C　）。

    A. 粗同轴电缆　　　　B. 细同轴电缆　　　　C. 双绞线　　　　　　D. 光缆

(9) 以下不是 100Mb/s 快速以太网网络组成部分的是（　D　）。

    A. 网卡　　　　　　　B. 收发器　　　　　　C. 集线器　　　　　　D. 路由器

(10) 不属于快速以太网设备的是（　C　）。

    A. 收发器　　　　　　B. 集线器　　　　　　C. 路由器　　　　　　D. 交换机

(11) 以太网交换机可以堆叠主要是为了（　D　）。

    A. 将几台交换机难叠成一台交换机　　　　B. 增加端口数量

    C. 增加交换机的带宽　　　　　　　　　　D. 以上都是

(12) 在 802.5 中定义的帧类型是（　C　）。

    A. 10BASE-5　　　　B. 10BASE-T　　　　C. 令牌　　　　　　D. Ethernet

(13) 网桥的功能是（　C　）。

    A. 网络分段　　　　　　　　　　　　　　B. 隔离广播

    C. LAN 之间的互连　　　　　　　　　　　D. 路径选择

(14) 在双绞线的布线中一般都按 568 布线标准进行，这种标准分为 EIA/TIA-568A 和 EIA/TIA-568B，以下是 EIA/TIA-568B 的线序排列（从左到右）正确的是（　C　）。

    A. 白橙、橙、白蓝、蓝、白绿、绿、白棕、棕

    B. 白绿、绿、白橙、蓝、白蓝、橙、白棕、棕

    C. 白橙、橙、白绿、蓝、白蓝、绿、白棕、棕

    D. 白绿、绿、白橙、白棕、棕、橙、蓝、白蓝

(15) 在 OSI 参考模型中，（　D　）处于模型的最底层。

    A. 传输层　　　　　　B. 网络层　　　　　　C. 数据链路层　　　　D. 物理层

(16) 在共享介质以太网中，采用的介质访问控制方法是（　D　）。

    A. 并发连接方法　　　　　　　　　　　　B. 令牌方法

    C. 时间片方法　　　　　　　　　　　　　D. CSMA/CD 方法

(17) 交换式局域网的核心设备是（　B　）。

    A. 中继器　　　　　　B. 局域网交换机　　　C. 聚线器　　　　　　D. 路由器

(18) 如果要用非屏蔽双绞线组建以太网，需要购买带（　A　）接口的以太网卡。

    A. RJ-45　　　　　　B. F/O　　　　　　　C. AUI　　　　　　　D. BNC

（19）以太网交换机的 100Mb/s 全双工端口的带宽为（　D　）。

　　A. 1000Mb/s　　　　　B. 50Mb/s　　　　　C. 100Mb/s　　　　　D. 200Mb/s

（20）在网络互连的层次中,(　C　)是在数据链路层实现互连的设备。

　　A. 网关　　　　　　　B. 中继器　　　　　C. 网桥　　　　　　　D. 路由器

（21）我们所说的高层互连是指(　D　)及其以上各层协议不同的网络之间的互连。

　　A. 网络层　　　　　　B. 表示层　　　　　C. 数据链路层　　　D. 传输层

（22）TCP/IP 是 Internet 中计算机之间通信所必须共同遵守的一种(　A　)。

　　A. 通信规定　　　　　B. 信息资源　　　　C. 软件　　　　　　　D. 硬件

（23）把计算机网络分为有线和无线网的主要分类依据是(　C　)。

　　A. 网络成本　　　　　　　　　　　　B. 网络的物理位置

　　C. 网络的传输介质　　　　　　　　D. 网络的拓扑结构

（24）(　B　)定义了 CSMA/CD 总线介质访问控制子层与物理层规范。

　　A. IEEE 802.2　　　B. IEEE 802.3　　　C. IEEE 802.4　　　D. IEEE 802.5

2. 填空题

（1）CSMA/CD 是允许多个工作站都连接在一条总线上,所有工作站都不断向总线发出监听信号,但同一时刻只能允许　1　个工作站在总线上数据传输。

（2）以太网类型命名规则采用"[通信波特率][信号方式][最大段长度]"格式命名。

（3）和 IEEE 802 标准所规定的其他各种局域网一样,以太网的数据链路层也分为媒体访问控制(MAC)子层和逻辑链路控制(LLC)子层。

（4）传输层协议为两个应用进程提供可靠并且合算的数据传输,需要具备寻址、建立连接、释放连接、流控制和缓存、多路复用、崩溃恢复等功能。

（5）TCP 属于传输层,UDP 属于传输层,Wi-Fi 属于以太网传播物理层协议。

（6）网络层的功能是将网络地址翻译成对应的 IP 地址,IP(v4)属于网络层,其 IP 地址为32 位。

（7）以太网的功能模块包括两大部分,相应于数据链路层和物理层的功能。

（8）为了查看 TCP/IP 的配置情况,用 ipconfig 命令;要测试本地计算机 TCP/IP 安装是否正确以及与其他计算机的连接性,用 ping 命令。

（9）TCP 使用在面向连接的场合,UDP 使用在面向不连接的场合。

（10）IP 分组格式中,数据报头部长度的最小值为20 个字节,最大值为60 个字节。

（11）IEEE 802.6 标准采用的媒体访问控制技术是:循环式(令牌总线)。

（12）Modbus 是 OSI 模型第7 层上的应用层报文传输协议,它在连接至不同类型总线或网络的设备之间提供客户/服务器通信。

（13）对于采用 RS-485 串行链路通信的 Modbus 协议,如果采用 RTU 模式,最大数据长度为256 字节。

（14）Modbus 协议定义了一个与基础通信层无关的简单协议数据单元(PDU),特定总线或网络上的 Modbus 协议映射能够在应用数据单元(ADU)上引入一些附加域。

（15）Modbus 功能码分为三类:公共功能码、用户定义功能码、保留功能码。

（16）Modbus 传输模式包括 RTU 和 ASCII 模式。

（17）在 TCP/IP 上使用一种专用报文头识别 Modbus 应用数据单元,称为 MBAP 报文头。

（18）Modbus 报文传输服务提供设备之间的客户/服务器通信，这个客户/服务器模式是基于 4 种类型报文：请求、指示、响应、证实。

（19）交换机的三种交换方式有直通式、存储转发、碎片隔离。

（20）交换机的连接方式有两种方式，即级联方式和堆叠方式。

3．判断题

（1）CSMA 技术不能解决发送中出现的冲突现象。（对）

（2）以太网双绞线如果两个接头的线序发生同样的错误，网线照样可以使用。（对）

（3）两台计算机直接通过网卡连接，网线线序应该都采用 EIA/TIA-568B。（错）

（4）测试时只有 1236 线连通，该网线可以用。（对）

4．简答题

（1）划分 VLAN 的常用方法有哪几种？并说明各种方法的特点。

常用的 VLAN 划分方法有以下几种。

① 按交换端口号划分。按交换端口号将交换设备端口进行分组来划分 VLAN，例如，一个交换设备上的端口 1、2、5、7 所连接的客户工作站可以构成 VLAN A，而端口 3、4、6、8 则构成 VLAN B 等。

② 按 MAC 地址划分。即由网管人员指定属于同一个 VLAN 中的各客户站的 MAC 地址。

③ 按第三层协议划分。基于第三层协议的 VLAN 实现在决定 VLAN 成员身份时主要考虑协议类型（支持多协议的情况下）或网络层地址（如 TCP/IP 网络的子网地址）。此种类型的 VLAN 划分需要将子网地址映射到 VLAN，交换设备根据子网地址将各机器的 MAC 地址同一个 VLAN 联系起来。交换设备将决定不同网络端口上连接的机器属于同一个 VLAN.

（2）载波侦听多路访问（CSMA/CD）是什么？

为了尽可能避免在网络信息中出现冲突而造成无用数据，建立了载波检测多址访问/冲突检测（CSMA/CD）管理计划方式。载波侦听多路访问（CSMA/CD）技术包括载波侦听多路访问（CSMA）和碰撞检测（CD）两个方面内容，只能用于总线型拓扑结构。

（3）名词解释：ISO 和 OSI。

ISO 是国际标准化组织（International Standardization Organization）的缩写；OSI 是开放式系统互连（Open System Interconnect）的缩写。

（4）名词解释：网桥。

在数据链路层扩展以太网要使用网桥。网桥工作在数据链路层，它根据 MAC 帧的目的地址对收到的帧进行转发和过滤。当网桥收到一个帧时，并不是向所有的接口转发此帧，而是先检查自此帧的目的 MAC 地址，然后再确定将此帧转发到哪一个接口，或者是把它丢弃（即过滤）。

（5）TCP 和 UDP 各有什么特点？

① TCP 的特点：

- TCP 是面向连接的运输层协议；
- 每一条 TCP 连接只能有两个端点，每一条 TCP 连接只能是点对点的；

- TCP 提供可靠交付的服务；
- TCP 提供全双工通信；
- 面向字节流。

② UDP 的特点：

- UDP 是无连接的；
- UDP 使用尽最大努力交付；
- UDP 是面向报文的。
- UDP 没有拥堵控制；
- UDP 支持一对一、一对多、多对一和多对多的通信；
- UDP 的首部开销小。

# 第6章 异构网络通信

通信协议是一种分层结构的,根据 ISO 的 7 层模型通信协议分为物理层、数据链路层、网络层、传输层、会话层、表示层、应用层。如果用户想通过转换模块的以太网透明传输协议实现串口数据和以太网数据的转发,那么其串口服务器工作原理的应用模型如图 6.1 所示。

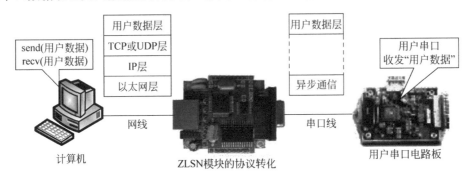

**图 6.1　透明协议转换模块**

所谓以太网网络透明传输协议(简称为"以太网透传")是指网络协议的应用层数据和串口协议的用户数据完全一致,不存在格式转化问题,形象地比喻为"透明传输"。例如网络数据应用层数据内容为字符"a",那么串口协议的用户层数据也是"a",用户电路板收到的数据也是字符"a"。

那么用户数据是如何从计算机传给用户串口板的呢? 这首先需要了解网络协议和串口协议的区别。

网络(TCP/IP)协议分为以太网层、IP 层、TCP 或 UDP 层、用户数据层。以太网层表示了网络通信介质,例如光纤、无线、有线以太网线。IP 层中的关键点是包含 IP 地址,IP 地址是每个网络设备的地址。TCP 或者 UDP 层的关键点是端口,端口用于区分一个 IP 地址下的多个应用程序。用户数据层携带用户需要传输的数据。

相对而言,串口协议没有 IP 层和 TCP 层这两层。这里有以下两个问题。

(1) 串口协议如何弥补网络协议缺失的 IP 层和 TCP 层?

实际上在透明协议转换模块中已经保存了 IP 层、TCP 层的关键点——IP 地址和端口。每个透明协议转换模块都具有一个可以设定的 IP 地址,同时也有一个 TCP 或者 UDP 的端口,这样计算机就可以通过这个"IP+端口"将网络数据发送给透明协议转换模块。同样地,透明协议转换模块也保存了目的计算机的 IP 和端口,这样也可以将数据发送给计算机。联网模块内部保存的 IP 和端口解决了串口协议中没有 IP 和端口的问题。

(2) 如何使用透明传输协议?

对于计算机程序设计人员来说,调用 Socket API 函数 send()和 recv()即可发送网络层数据,例如,执行 send("a")就可以将字符"a"发送到用户串口电路板。用户调用 recv(buf)即可将串口电路板发送的数据接收到缓冲区 buf 中。

另外,用户也可以使用网络调试工具——SocketDlgTest。通过该工具用户可以像使用串口调试工具,进行发送和接收应用层数据。

更为简单的方式是用户可以使用虚拟串口技术(ZLVircom 程序)将网络端也模拟为一个串口,计算机还是用串口进行收发。

除了“以太网透明传输协议”以外,透明协议转换模块也支持更为复杂的协议,例如,“Modbus TCP 转 Modbus RTU 协议”,“Realcom 协议”等,不同的转化协议在特定的应用中有各自的用途,但是“以太网透明传输协议”是最为简单易用的协议。

本文介绍几种协议转换模块,这些协议转换模块,虽然是一种产品,读者通过分析其应用,可以基本掌握其转换方法。

# 6.1　CAN 与 RS-232 异步通信协议转换

CAN232MB 智能协议转换器是用于 CAN 总线和 RS-232 总线之间数据交换的智能型协议转换器,并支持 Modbus RTU 协议。

CAN232MB 智能协议转换器集成有一个 RS-232 通道、一个 CAN 通道,可以很方便地嵌入使用 RS-232 接口进行通信的节点中,在不需改变原有硬件结构的前提下使设备获得 CAN 通信接口,实现 RS-232 设备和 CAN 网络之间的连接、数据通信。同时,CAN232MB 智能协议转换器也可作为配套模块直接嵌入用户的实际产品中。

转换器为用户的使用提供了足够的灵活性,用户可以根据实际需要设置 RS-232 通道和 CAN 通道的通信参数,能够满足用户在不同应用场合中对于 RS-232 数据与 CAN 数据之间数据转换的要求。CAN232MB 智能协议转换器的通信参数由上位机软件配置,能使用户快速进入高效率的 CAN 通信应用。

CAN232MB 的 RS-232 通道支持多种通信波特率,范围是 $300 \sim 115\ 200\mathrm{b/s}$。CAN 通道支持 CiA 推荐的 15 种标准通信波特率和用户自定义波特率,通信速率范围为 $5 \sim 1000\mathrm{kb/s}$。CAN232MB 智能协议转换器提供三种数据转换方式——透明转换、透明带标示转换和 Modbus 协议转换。

透明转换适用于串行数据流的转换,透明带标识转换适用于用户自定义协议的串行数据转换,Modbus 协议转换适用于采用标准 Modbus 协议串行数据转换。用户可根据实际应用的特点选择合适的数据转换方式。

转换器采用表面安装工艺,板上自带光电隔离模块,完全电气隔离控制电路与 CAN 通信电路,使 CAN232B 转换器具有很强的抗干扰能力,大大提高了系统在恶劣环境中使用的可靠性。

CAN232MB 智能协议转换器适合 CAN-bus 低速数据传输应用,最高传输速率为 $400\mathrm{f/s}$(帧/秒)。CAN232MB 智能协议转换器具有体积小巧、使用方便等特点,也是便携式系统用户的上佳选择。同样,CAN232MB 智能协议转换器不仅适应基本 CAN 总线产品,也满足基于高层协议如 DeviceNet、CANopen 等 CAN 总线产品的开发。

## 6.1.1　性能指标及工作原理

1. 性能指标

(1) 支持 CAN2.0A 和 CAN2.0B 协议,符合 ISO/DIS 11898 规范;

（2）1 路 CAN 接口，波特率在 5kb/s～1Mb/s 之间可选，并支持用户自定义波特率；

（3）1 路 RS-232 接口，波特率在 300～115 200b/s 之间可选；

（4）支持透明转换、透明带标识转换和标准 Modbus 协议转换；

（5）实现 CAN 和 RS-232 的双向转换；

（6）CAN 接口采用光电隔离，1000VrmsDC/DC 电源隔离；

（7）最高帧流量：400 帧/秒；

（8）工作电源：DC+9～+24V；

（9）工作温度：－40～+85℃；

（10）安装方式：可选标准 DIN 导轨安装或简单固定方式；

（11）产品尺寸：100mm×70mm×25mm（不计算导轨安装架高度）。

2．工作原理

CAN232MB 系统构成原理如图 6.2 所示。

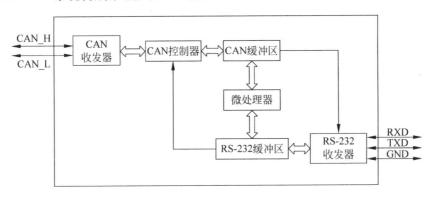

**图 6.2　CAN232MB 系统构成原理**

CAN232MB 智能协议转换器采用 Philips 公司的 CAN 控制器 SJA1000（16MHz 的晶体振荡器）、CAN 收发器 PCA82C251 来实现 CAN 通信接口功能。

CAN232MB 转换器内置看门狗，保障长期工作的可靠性；同时，转换器内置非易失性存储器，用于保存用户上次配置运行的参数。

CAN232MB 转换器在正常工作时，实时对 CAN 总线和 RS-232 总线进行监听，一旦检测到某一侧总线上有数据接收到，立即对其进行解析，并装入各自的缓冲区，然后按设定的工作方式处理并转换发送到另一侧的总线，实现数据格式的转换。

在 CAN232MB 转换器中，CAN 通信接口采用隔离电压为 1000Vrms 的 DC-DC 电源隔离。RS-232 通信接口用三线（TXD、RXD、GND）连接。

## 6.1.2　硬件描述

1．设备外观

CAN232MB 外观如图 6.3 所示。

2．接口描述

CAN232MB 转换器具有两路用户接口。一路是 CAN-bus 接口，一路是 RS-232 接口。其接口引脚定义如下。

**图 6.3　CAN232MB 外观**

1) CAN 接口定义

CAN 接口的定义如图 6.4 所示。

| 引脚号 | 引脚名称 | 引脚含义 |
|---|---|---|
| 1 | Vin | 电源正 |
| 2 | 0V | 电源地(0V) |
| 3 | CFG | 配置引脚 |
| 4 | GND | 电源地 |
| 5 | -- | 无连接 |
| 6 | -- | 无连接 |
| 7 | Res- | CAN网络匹配电阻端一 |
| 8 | Res+ | CAN网络匹配电阻端二 |
| 9 | CANL | CANL信号线连接端 |
| 10 | CANH | CANH信号线连接端 |

图 6.4　CAN 接口引脚定义

引脚 1 标示"Vin"接外部＋9～＋24V 直流电源,引脚 2 标示"0V"是接外部电源地。引脚 3 标示"CFG"是转换器的配置引脚。该脚悬空时上电后转换器进入正常转换模式；若该引脚和引脚 4 标示"GND"相连后,转换器上电即进入配置模式。

引脚 7 标示"Res-"和引脚 8 标示"Res＋"接 CAN 网络的终端电阻。当 CAN232MB 转换器作为 CAN-bus 网络终端时,两引脚间连接 120Ω 的电阻；否则不用安装 120Ω 的电阻。

2) RS-232 接口引脚定义

RS-232 端口是标准的 DB9 孔座,引脚定义符合 RS-232 规范。这里采用的是三线连接,如图 6.5 所示。

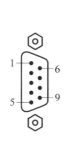

| 引脚号 | 引脚名称 | 引脚含义 |
|---|---|---|
| 1 | -- | 无连接 |
| 2 | TXD | 数据发送端 |
| 3 | RXD | 数据接收端 |
| 4 | -- | 无连接 |
| 5 | GND | 地线 |
| 6 | -- | 无连接 |
| 7 | -- | 无连接 |
| 8 | -- | 无连接 |
| 9 | -- | 无连接 |

图 6.5　RS-232 接口引脚定义

3. 指示灯说明

转换器上的三个 LED 均用来指示转换器的运行状态,功能如表 6.1 所示。其中,

(1) 正常上电后"POWER"指示灯立即点亮。

(2) 当转换器通电自检完成后,"COM LED"和"CAN LED"均点亮。

(3) 当串口侧有数据传输时,"COMLED"闪烁,无数据时长亮。

表 6.1    指示灯定义

| 指 示 灯 | 颜 色 | 功 能 | 描 述 |
|---|---|---|---|
| POWER | 红 | 转换器电源指示 | 灯亮表明转换器电源工作正常 |
| COMLED | 绿 | RS-232 通信状态指示 | 灯闪烁表明串口侧正在传输数据 |
| CANLED | 绿 | CAN 通信状态指示 | 灯闪烁表明 CAN 侧正在传输数据 |

(4) 当 CAN 侧有数据传输时,"CAN LED"闪烁,无数据时长亮;如果出现 CAN 总线通信错误,此指示灯会熄灭直至 CAN 总线恢复正常并有数据传输的时候才会重新点亮。

4. CAN 总线连接

CAN232MB 转换器和 CAN 总线连接的时候是 CANL 连 CANL,CANH 连 CANH。

按照 ISO 11898 规范,为了增强 CAN 通信的可靠性,CAN 总线网络的两个端点通常要加入终端匹配电阻(120Ω),如图 6.6 所示。终端匹配电阻的大小由传输电缆的特性阻抗所决定,例如,双绞线的特性阻抗为 120Ω,则总线上的两个端点也应集成 120Ω 终端电阻。

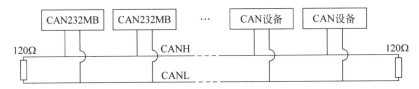

图 6.6   CAN 总线连接

CAN232MB 转换器本身不带终端电阻(终端电阻随机附送)。当 CAN232MB 转换器作为终端设备时用户可以通过 CAN232MB 的 CAN 接口的引脚 7 即"Res+"和引脚 8 即"Res+"连接终端电阻。

**注**:CAN 通信线可以使用双绞线屏蔽双绞线,若通信距离超过 1km 应保证线的截面积大于 $1.0mm^2$,具体规格应根据距离而定,常规是随距离的加长而适当加大。

CAN232MB 可以选用 DIN 导轨安装和自我堆叠安装两种安装方式。

### 6.1.3   配置说明

根据 CAN 和串口的通信参数较多的特点,CAN232MB 转换器也开放了大部分的参数让用户可以自行定义,以切合实际应用场合的需要。所以转换器的配置,包括转换器的转换方式,串口参数和 CAN 参数等。参数的配置是通过专门的配置软件完成,无须硬件跳线配置。

在正常使用之前,可以先配置好转换器的转换参数,如果没有进行配置那么转换器执行的是上一次配置成功的参数(如果一次都没有配置,那么转换器执行默认的配置参数)。

1. 配置方式

为了使转换器进入配置模式,设有一个专门的配置开关——CAN 接口侧的引脚 3 标示"CFG"和引脚 4 标示"GND"。

"CFG"接地后,转换器上电进入"配置"模式;"CFG"脚悬空时,转换器上电进入"正常工作"模式。进入配置步骤如下。

(1) 将转换器的 CFG 和 GND 用导线连通,然后上电。

（2）用串口线连接转换器和计算机。

（3）打开上位机配置软件，打开串口，进行参数设定。

2. 软件说明

CAN232MB 转换器的配置软件名称为"CAN232MB 智能协议转换器配置.exe"。软件的界面如图 6.7 所示。

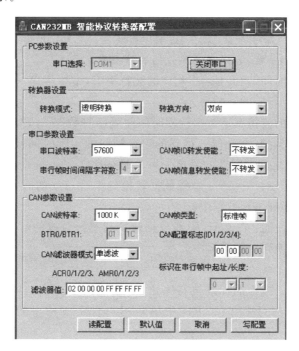

图 6.7　CAN232 配置软件界面

设置软件能够记忆并显示 CAN232MB 转换器上次成功设置的参数（未设置成功的不予保存），避免用户遗忘自己的配置。也可以一键恢复成默认参数再进行设置。并有读出 CAN232MB 的现有参数的功能。

在转换器进入配置模式后，才能以通过该软件进行参数设置，否则软件将认为转换器未连接。

在选定一种转换模式之后，软件才开放与该转换模式相关的参数，而将与其不相关的参数设置为不可用，避免错误设置。

下面参照配置软件对主要配置参数含义进行详细的说明。

1）转换模式

转换模式中包含三种可以选择的转换模式：透明转换、透明带标识转换和 Modbus 协议转换。

双向：转换器能将串行总线的数据转换到 CAN 总线，也能将 CAN 总线的数据转换到串行总线。

仅串口转 CAN：只将串行总线的数据转换到 CAN 总线，而不将 CAN 总线的数据转换到串行总线。

仅 CAN 转串口：只将 CAN 总线的数据转换到串行总线，而不将串行总线的数据转换到 CAN 总线。

**注**：通过转换方向的选择，可以排除不需要转换的总线侧的数据干扰。

2）串口参数设置

串口波特率：串口波特率在 300～115 200b/s 间可选。

串行帧时间间隔字符数：两串行帧之间的最小时间间隔，该时间间隔以"传送单个字符的时间"为单位。这里设置为 2～10 个字符的时间可选。

**注**："串行帧时间间隔字符数"只在"透明带标识转换"方式下可以设置。用户帧的实际时间间隔必须和设置相一致，否则可能导致帧的转换不完全。

"传送单个字符的时间"意义是：在相应的波特率下，串口传送一个字符（10 个位）所需要的时间，即用 10 除以相应的波特率。

例如，在 9600b/s 的波特率下，"串行帧时间间隔字符数"为 4，"传送单个字符（每个字符 10 个位）的时间"则为（10/9600）s，得到的串行帧间的实际时间间隔为（10/9600）×4＝4.17（ms），即两串行帧之间的时间间隔至少为 4.17ms。

CAN 帧 ID 转发使能：在 CAN 总线数据转换到串行总线的时候，该使能决定是否将 CAN 报文的帧 ID 转换到串行数据中。

CAN 帧信息转发使能：在 CAN 总线数据转换到串行总线的时候，该使能决定是否将 CAN 报文的帧信息转换到串行数据中。

3）CAN 参数设置

CAN 波特率：除了推荐的标准波特率之外，还给出了一个"自定义选项"，选中该选项之后便可以在下面的"BTR0/BTR1"中填写用户自定波特率的 BTR0 和 BTR1 寄存器值。

CAN 滤波器模式：转换器接收时，对 CAN 总线侧报文的滤波方式。单滤波或双滤波可选。

滤波器值：依次填充 ACR0～ACR3 和 AMR0～AMR3 的十六进制数据值。

**注**：ACR 是"验收代码寄存器"，填充 4 字节的验收码。AMR 是"验收屏蔽寄存器"，填充 4 字节的验收屏蔽码，与 CAN 控制器 SJA1000 的验收代码和验收屏蔽寄存器的填充完全相同（关于滤波器的设置请参考 SJA1000 的数据手册的相关部分）。

例如，当填充的值为"xx xx xx xx FF FF FF FF"（xx 代表任意的十六进制值）时，转换器将接收所有的 CAN 报文数据帧。

当填充值为"00 00 00 00 00 00 00 00"时，转换器只会接收帧 ID 全为 0 的数据型扩展帧和 ID 为 0 并且前两个数据为 0 的数据型标准帧。

CAN 帧信息：在串口数据转换成 CAN 报文时 CAN 报文的帧类型。

**注**：可选标准帧和扩展帧的数据帧类型，转换器不支持远程帧。

CAN 配置标识：在串口数据转换成 CAN 报文时 CAN 报文的帧标识域的值（十六进制数据），该项仅在"透明转换"模式下可用。

**注**："滤波器值"是在接收 CAN 总线数据时滤波所用，而"CAN 配置标识"是串口向 CAN 总线发送数据的时候的 CAN 报文的帧 ID。注意两者的区别。

"CAN 配置标识"在标准帧的时候可填充 ID1 和 ID2，在扩展帧的时候可以填充 ID1，ID2，ID3 和 ID4。和填充 SJA1000 的帧 ID 完全相同。

即标准帧时 ID 为 11 位,表示为 ID1.7~ID1.0 和 ID2.7~ID2.5;而 ID2.4~ID2.0 保留未使用(用 0 填充)。所以把实际的帧 ID 整体左移 5 位(相当于乘以 32)即是填充值。反之,填充的帧 ID 右移 5 位即是实际帧 ID。两者对应关系如表 6.2 所示。

表 6.2　标准帧的填充值与实际值的对应关系

| 帧 ID 的填充值 | ID 1.7~ID 1.0 | ID 2.7~ID 2.5 | ID 2.4~ID 2.0 |
|---|---|---|---|
| 帧 ID 的实际值 | ID 1.0~ID .03 | ID .02~ID .00 | 保留 |

扩展帧时 ID 为 29 位,有 ID4 的低三位保留未使用(用 0 填充)。所以把实际的帧 ID 整体左移三位(相当于乘以 8)即是填充值。反之,填充的帧 ID 右移三位即是实际帧 ID。两者对应关系如表 6.3 所示。

表 6.3　扩展帧的填充值与实际值的对应关系

| 帧 ID 的填充值 | ID 1.7~ID 1.0 | ID 2.7~ID 2.0 | ID 3.7~ID 3.0 | ID 4.7~ID 4.3 | ID 4.2~ID 4.0 |
|---|---|---|---|---|---|
| 帧 ID 的实际值 | ID .28~ID .21 | ID .20~ID .13 | ID .12~ID .05 | ID .04~ID .00 | 保留 |

例如,在标准帧情况下,若实际帧 ID 为 0x0028,那么左移 5 位(乘以 0x20)后填充的 ID 应为 0x0500。在扩展帧情况下,若实际帧 ID 为 0x0010204,那么左移三位(乘以 0x08)后填充的 ID 应为 0x081020。

标识在串行帧中的起始地址/长度:仅在"透明带标识转换"模式下,在串口数据转换成 CAN 报文时 CAN 报文的帧 ID 在串行帧中的起始位置和长度。

4) 按键说明

读配置:将 CAN232MB 的现有参数读出并显示于面板上。

默认值:可以将其参数恢复成出厂的默认值。

取消:取消本次操作,并关闭配置软件。

写配置:在参数设定好之后,单击该按钮即将配置参数写入 CAN232MB 中。

### 6.1.4　透明转换

CAN232MB 是一款智能协议转换器。转换器给出了三种转换模式供选择,包括透明转换、透明带标识转换、Modbus 转换。在对转换器进行配置时可以进行参数的选择和设置。

"透明转换"的含义是转换器仅仅是将一种格式的总线数据原样转换成另一种总线的数据格式,而不附加数据和对数据做修改。这样既实现了数据格式的交换又没有改变数据内容,对于两端的总线来说转换器如同透明的一样。

这种方式下不会增加用户通信负担,而能够实时地将数据原样转换,能承担较大流量的数据的传输。

"透明带标识转换"是透明转换的一种特殊的用法,也不附加协议。这种转换方式是根据通常的串行帧和 CAN 报文的共有特性,使这两种不同的总线类型也能轻松地组建同一个通信网络。

该方式能将串行帧中的"地址"转换到 CAN 报文的标识域中,其中,串行帧"地址"在串行帧中的起始位置和长度均可配置,所以在这种方式下,转换器能最大限度地适应用户的自定义协议。

"Modbus 协议转换"是为了支持标准的 Modbus 协议而建立的,在串口侧使用的是标准的 Modbus RTU 协议,可以和其他标准的 Modbus RTU 设备接口。

在 CAN 总线侧使用的是一个简单易用的分段协议来传输 Modbus 协议。这样就能轻松地在串行网络和 CAN 网络之间来实现 Modbus 协议的通信。

以下具体介绍三种转换方式,并通过实例来讲解通信过程。

首先介绍透明转换方式,在透明转换方式下,转换器接收到一侧总线的数据就立即转换发送至另一总线侧。这样以数据流的方式来处理,最大限度地提高了转换器的速度,也提高了缓冲区的利用率,因为在接收的同时转换器也在转换并发送,又空出了可以接收的缓冲区。

1. 帧格式

1)串行总线帧

可以是数据流,也可以是协议数据。通信格式:1 起始位,8 数据位,1 停止位。

2)CAN 总线帧

CAN 报文帧格式不变。

2. 转换方式

1)串行帧转 CAN 报文

串行帧的全部数据依序填充到 CAN 报文帧的数据域里。转换器一检测到串行总线上有数据后就立即接收并转换。

转换成的 CAN 报文帧信息(帧类型部分)和帧 ID 来自用户事先的配置,并且在转换过程中帧类型和帧 ID 一直保持不变。数据转换对应格式如图 6.8 所示。

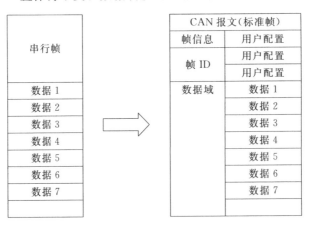

**图 6.8　串行帧转换成 CAN 报文(透明方式)**

如果收到串的行帧长度小于等于 8 字节,依序将字符 $1\sim n$($n$ 为串行帧长度)填充到 CAN 报文的数据域的 $1\sim n$ 个字节位置(如图 6.8 中 $n$ 为 7)。

如果串行帧的字节数大于 8,那么处理器从串行帧首个字符开始,第一次取 8 个字符依次填充到 CAN 报文的数据域。将数据发至 CAN 总线后,再转换余下的串行帧数据填充到 CAN 报文的数据域,直到其数据被转换完。

2）CAN 报文转换串行帧

对于 CAN 总线的报文也是收到一帧就立即转发一帧。数据格式对应如图 6.9 所示。

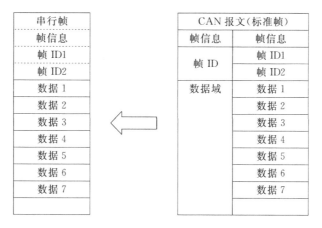

**图 6.9　CAN 报文转换成串行帧（透明方式）**

转换时将 CAN 报文数据域中的数据依序全部转换到串行帧中。

如果在配置的时候，"帧信息转换使能"项选择了"转换"，那么转换器会将 CAN 报文的"帧信息"字节直接填充至串行帧。

如果"帧 ID 转换使能"项选择了"转换"，那么也将 CAN 报文的"帧 ID"字节全部填充至串行帧。

3．转换示例

1）串行帧转 CAN 报文

假设配置的 CAN 报文帧信息为"标准帧"，帧 ID1，ID2 分别为"00，60"，那么转换格式如图 6.10 所示。

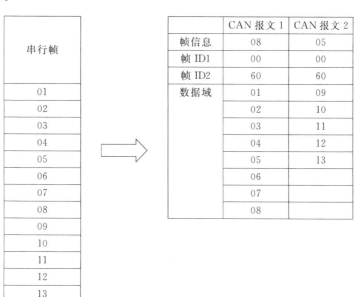

**图 6.10　串行帧转 CAN 报文示例（透明方式）**

2) CAN 报文转串行帧

配置为 CAN 报文的"帧信息"转换,"帧 ID"不转换。CAN 报文和转换后的串行帧如图 6.11 所示。

| 串行帧 |
| --- |
| |
| |
| |
| 07 |
| 01 |
| 02 |
| 03 |
| 04 |
| 05 |
| 06 |
| 07 |

| CAN 报文(标准帧) | |
| --- | --- |
| 帧信息 | 07 |
| 帧 ID1 | 00 |
| 帧 ID2 | 00 |
| 数据域 | 01 |
| | 02 |
| | 03 |
| | 04 |
| | 05 |
| | 06 |
| | 07 |
| | |

**图 6.11　CAN 报文转串行帧示例(透明方式)**

## 6.1.5　透明带标识转换

透明带标识转换是透明转换的特殊用法,有利于用户通过转换器更方便地组建自己的网络,使用自定的应用协议。

该方式把串行帧中的地址信息自动转换成 CAN 总线的帧 ID。只要在配置中告诉转换器该地址在串行帧的起始位置和长度,转换器在转换时提取出这个帧 ID 填充在 CAN 报文的帧 ID 域里,作为该串行帧的转发时的 CAN 报文的 ID。在 CAN 报文转换成串行帧的时候也把 CAN 报文的 ID 转换在串行帧的相应位置。

1. 帧格式

1) 串行总线帧

带标识转换时,必须取得完整的串行数据帧,转换器以两帧间的时间间隔作为帧的划分。并且该间隔可由用户设定。串行帧最大长度为缓冲区的长度 255B。

转换器在串行总线空闲状态下检测到的首个数据作为接收帧的首个字符。传输中该帧内字符间的时间间隔必须小于或等于传输 $n$ 个字符($n$ 的值由上位机事先配置)的时间(传输一个字符的时间是用该字符包含的位数来除以相应的波特率)。

如果转换器在接收到一个字符后小于等于 $n$ 个字符的传输时间内没有字符再被接收到,转换器就认为此帧传输结束,将该字符作为此帧的最后一个字符;$n$ 个字符时间之后的字符不属于该帧,而是下一帧的内容。帧格式如图 6.12 所示。

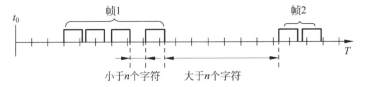

**图 6.12　串行帧时间格式(透明带标识转换)**

2) CAN 总线帧 CAN

报文的格式不变,只是 CAN 相应的帧 ID 也会被转换到串行帧中。

**2. 转换方式**

1) 串行帧转 CAN 报文

串行帧中所带有的 CAN 的标识在串行帧中的起始地址和长度可由配置设定。起始地址的范围是 0~7,长度范围分别是 1~2(标准帧)或 1~4(扩展帧)。

转换时根据事先的配置将串行帧中的 CAN 帧 ID 对应全部转换到 CAN 报文的帧 ID 域中(如果所带帧 ID 个数少于 CAN 报文的帧 ID 个数,那么在 CAN 报文的填充顺序是帧 ID1~ID4,并将余下的 ID 填为 0),其他的数据依序转换,如图 6.13 所示。

| 串行帧 | |
|---|---|
| 地址 0 | 数据 1 |
| 地址 1 | 数据 2 |
| 地址 2 | 数据 3 |
| 地址 3 | 数据 4<br>(CAN 帧 ID1) |
| 地址 4 | 数据 5 |
| 地址 5 | 数据 6 |
| 地址 6 | 数据 7 |
| 地址 7 | 数据 8 |
| …… | …… |
| 地址($n-1$) | 数据 $n$ |

| | CAN 报文 1 | CAN 报文… | CAN 报文 $x$ |
|---|---|---|---|
| 帧信息 | 用户配置 | 用户配置 | 用户配置 |
| 帧 ID1 | 数据 4<br>(CAN 帧 ID1) | 数据 4<br>(CAN 帧 ID1) | 数据 4<br>(CAN 帧 ID1) |
| 帧 ID2 | 00 | 00 | 00 |
| 数据域 | 数据 1 | 数据… | 数据 $n-4$ |
| | 数据 2 | 数据… | 数据 $n-3$ |
| | 数据 3 | 数据… | 数据 $n-2$ |
| | 数据 5 | 数据… | 数据 $n-1$ |
| | 数据 6 | 数据… | 数据 $n$ |
| | 数据 7 | 数据… | |
| | 数据 8 | 数据… | |
| | 数据 9 | 数据… | |

**图 6.13　串行帧转 CAN 报文(透明带标识)**

如果一帧 CAN 报文未将串行帧数据转换完,则仍然用相同的 ID 作为 CAN 报文的帧 ID 继续转换直到将串行帧转换完成。

2) CAN 报文转串行帧

对于 CAN 报文,收到一帧就立即转发一帧,每次转发的时候也根据事先配置的 CAN 帧 ID 在串行帧中的位置和长度把接收到的 CAN 报文中的 ID 做相应的转换。其他数据依序转发,如图 6.14 所示。

值得注意的是,无论是串行帧还是 CAN 报文在应用的时候,其帧格式(标准帧还是扩展帧)应该符合事先配置的帧格式要求,否则可能致使通信不成功。

**3. 转换示例**

1) 串行帧转 CAN 报文

假定 CAN 标识在串行帧中的起始地址是 2,长度是 3(扩展帧情况下),串行帧的和转换成 CAN 报文结果如图 6.15 所示。其中,两帧 CAN 报文用相同的 ID 进行转换。

| 串行帧 |
|---|
| 数据 1 |
| 数据 2 |
| 数据 3 |
| 帧 ID1 |
| 数据 4 |
| 数据 5 |
| 数据 6 |
| 数据 7 |

| CAN 报文(标准帧) | |
|---|---|
| 帧信息 | 帧信息 |
| 帧 ID | 帧 ID1 |
| | 帧 ID2 |
| 数据域 | 数据 1 |
| | 数据 2 |
| | 数据 3 |
| | 数据 4 |
| | 数据 5 |
| | 数据 6 |
| | 数据 7 |
| | |

**图 6.14 CAN 报文转串行帧(透明带标识)**

| 串行帧 | |
|---|---|
| 地址 0 | 数据 1 |
| 地址 1 | 数据 2 |
| 地址 2 | 数据 3 (CAN 帧 ID1) |
| 地址 3 | 数据 4 (CAN 帧 ID2) |
| 地址 4 | 数据 5 (CAN 帧 ID3) |
| 地址 5 | 数据 6 |
| 地址 6 | 数据 7 |
| 地址 7 | 数据 8 |
| 地址 8 | 数据 9 |
| 地址 9 | 数据 10 |
| 地址 10 | 数据 11 |
| 地址 11 | 数据 12 |
| 地址 12 | 数据 13 |
| 地址 13 | 数据 14 |
| 地址 14 | 数据 15 |

| | CAN 报文 1 | CAN 报文 2 |
|---|---|---|
| 帧信息 | 18 | 15 |
| 帧 ID1 | 数据 3 (CAN 帧 ID1) | 数据 3 (CAN 帧 ID1) |
| 帧 ID2 | 数据 4 (CAN 帧 ID2) | 数据 4 (CAN 帧 ID2) |
| 帧 ID3 | 数据 5 (CAN 帧 ID3) | 数据 3 (CAN 帧 ID3) |
| 帧 ID4 | 00 | 00 |
| 数据域 | 数据 1 | 数据 12 |
| | 数据 2 | 数据 13 |
| | 数据 6 | 数据 14 |
| | 数据 7 | 数据 15 |
| | 数据 8 | |
| | 数据 9 | |
| | 数据 10 | |
| | 数据 11 | |

**图 6.15 串行帧转 CAN 报文示例(透明带标识方式)**

2) CAN 报文转串行帧

假定配置的 CAN 标识在串行帧中的起始地址是 2,长度是 3(扩展帧情况下),CAN 报文和转换成串行帧的结果如图 6.16 所示。

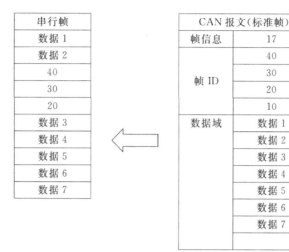

**图 6.16　CAN 报文转串行帧示例(透明带标识方式)**

### 6.1.6　Modbus 转换

Modbus 协议是一种标准的应用层协议,广泛应用于各种工控场合。该协议开放,实时性强,通信验证机制好,非常适用于通信可靠性要求较高的场合。

转换器在串口侧使用的是标准的 Modbus RTU 协议格式,所以转换器不仅支持用户使用 Modbus RTU 协议,转换器也可以直接和其他支持 Modbus RTU 协议的设备相接口。

在 CAN 侧,制定了一个简单易用的分段通信格式来实现 Modbus 的通信。

转换器在其中扮演的角色仍然是做协议验证和转发,支持 Modbus 协议的传输,而不是 Modbus 的主机或者从机,用户按照 Modbus 协议通信即可。

1. 帧格式

1) 串行总线帧

串行接口采用的是标准的 Modbus RTU 协议,所以用户帧符合此协议即可。如果传输的帧不符合 Modbus RTU 格式,那么转换器会将接收到的帧丢弃,而不予转换。

转换器采用的 Modbus RTU 传输格式是 1 起始位、8 数据位和 1 停止位。

Modbus RTU 帧长度最大为缓冲区长度 255B。

2) CAN 总线帧

CAN 侧的设备要采用 Modbus 协议则需要为之定义一种可靠的传输格式,这里采用一种分段协议实现,其定义了一个长度大于 8B 的信息进行分段以及重组的方法。

分段传送协议的制定参考了 DeviceNet 中分段报文的传送协议。分段报文格式如表 6.4 所示(以扩展帧为例,标准帧只是帧 ID 的长度不同而已,其他格式相同),传输的 Modbus 协议内容即可从"数据 2"字节开始,如果协议内容大于 7B,那么将剩下的协议内容按照这种分段格式继续转换,直到转换完成。

表 6.4　CAN2.0B 扩展帧格式

| | 7 | 6 | 5 | 4 | 3 | 2 | 1 | 0 |
|---|---|---|---|---|---|---|---|---|
| 帧信息 | FF | RTR | x | x | DLC(数据长度) | | | |
| 帧 ID1 | ID.28-ID.21 | | | | | | | |
| 帧 ID2 | ID.20-ID.13 | | | | | | | |
| 帧 ID3 | ID.12-ID.5 | | | | | | | |
| 帧 ID4 | ID.4-ID.0 | | | | | x | x | x |
| 数据 1 | 分段标记 | 分段类型 | | 分段计数器 | | | | |
| 数据 2 | 字符 1 | | | | | | | |
| 数据 3 | 字符 2 | | | | | | | |
| 数据 4 | 字符 3 | | | | | | | |
| 数据 5 | 字符 4 | | | | | | | |
| 数据 6 | 字符 5 | | | | | | | |
| 数据 7 | 字符 6 | | | | | | | |
| 数据 8 | 字符 7 | | | | | | | |

CAN 总线帧格式说明如下。

(1) 分段报文标记：表明该报文是否是分段报文。该位为 0 示单独报文,为 1 表示属于被分段报文中的一帧。

(2) 分段类型：表明是第一段、中间段的还是最后段。其值定义如表 6.5 所示。

表 6.5　分段类型位值

| 位　值 | 含　义 | 说　明 |
|---|---|---|
| 0 | 第一个分段 | 如果分段计数器包含值 0,那么这是分段系列中的第一段 |
| 1 | 中间分段 | 表明这是一个中间分段 |
| 2 | 最后分段 | 标志最后一个分段 |

(3) 分段计数器：每一个段的标志,该段在整个报文中的序号,如果是第几个段,那么计数器的值就是几。这样在接收时就能够验证是否有分段被遗失。

2. 转换方式

在串口侧向 CAN 侧转换的过程中,转换器只会在接收到一完整正确的 Modbus RTU 帧时才会进行转换,否则无动作。

如图 6.17 所示,Modbus RTU 协议的地址域转换成 CAN 报文中帧 ID 的高字节(无论是标准帧还是扩展帧都是帧 ID1)——ID.28～ID.21(扩展帧)或 ID.10～ID3(标准帧),在转换该帧的过程中标识不变。

而 CRC 校验字节不转换到 CAN 报文中,CAN 的报文中也不必带有串行帧的校验字节,因为 CAN 总线本身就有较好的校验机制。

转换的是 Modbus RTU 的协议内容——功能码和数据域,转换时将它们依次转换在 CAN 报文帧的数据域(从第二个数据字节开始,第一个数据字节为分段协议使用)里,由于 Modbus RTU 帧的长度根据功能码的不同而不同。而 CAN 报文一帧只能传送 7 个数据,所以转换器会将较长的 Modbus RTU 帧分段转换成 CAN 的报文后用上述的 CAN 分段协议发出。用户在 CAN 的节点上接收时取功能码和数据域处理即可。

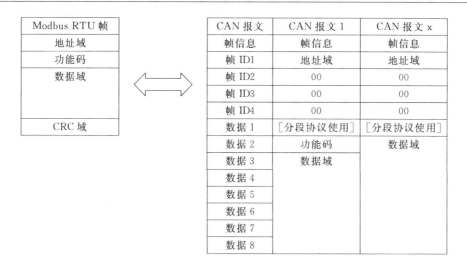

**图 6.17　通信帧相互转换格式（Modbus 方式）**

对于 CAN 总线的 Modbus 协议数据，无须做循环冗余校验（CRC16），转换器按照分段协议接收，接收完一帧解析后自动加上循环冗余校验（CRC16），转换成 Modbus RTU 帧发送至串行总线。

如果接收到的数据不符合分段协议，则将该组数据丢弃不予转换。

3. **转换示例**

在配置成扩展帧的情况下，如图 6.18 所示，在 Modbus RTU 帧转换成 CAN 报文时，将地址 0x08 直接填充到帧 ID1，其他帧 ID 填 0x00，在转换该帧的过程中保持此帧 ID 不变。

| Modbus RTU 帧 | | CAN 报文 | CAN 报文 1 | CAN 报文 2 |
|---|---|---|---|---|
| 地址域 | 08 | 帧信息 | 18 | 14 |
| 功能码 | 11 | 帧 ID1 | 08 | 07 |
| 数据域 | 00 | 帧 ID2 | 00 | 00 |
| | 01 | 帧 ID3 | 00 | 00 |
| | 00 | 帧 ID4 | 00 | 00 |
| | 02 | 数据 1 | 81 | C2 |
| | 04 | 数据 2 | 11 | 0A |
| | 00 | 数据 3 | 00 | 01 |
| | 0A | 数据 4 | 01 | 02 |
| | 01 | 数据 5 | 00 | |
| | 02 | 数据 6 | 02 | |
| CRC 域 | 87 | 数据 7 | 04 | |
| | C0 | 数据 8 | 00 | |

**图 6.18　通信帧相互转换格式示例（Modbus 方式）**

当一帧 CAN 报文处理不完一帧 Modbus 报文时，CAN 报文采用分段协议。

每个 CAN 报文的"数据 1"都用来填充分段信息（0x81,0xC2），该信息不转换到 Modbus RTU 帧当中，仅作为帧格式用来确认帧的信息。功能码和数据域的值则依次填入 CAN 报文的数据 2～8 中。

### 6.1.7　应用注意

（1）建议在低速系统中使用，转换器不适用于高速数据传输。

（2）在"配置模式"和"正常工作"模式切换之后，必须重新上电一次，否则仍然执行的是原来的工作模式，而不能成功地实现切换。

（3）在"透明带标识转换"和"Modbus 转换"中，注意 CAN 网络的帧类型必须和配置的帧类型相同，否则不能成功通信。

（4）在"透明带标识转换"和"Modbus 转换"中，串行帧的传输必须符合已配置的时间要求，否则可能导致通信出错。

（5）由于 CAN 总线是半双工的，所以在数据转换过程中，尽量保证两侧总线数据的有序性。如果两侧总线同时向转换器发送大量数据，将可能导致数据的转换不完全。

（6）使用 CAN232MB 的时候，应该注意两侧总线的波特率和两侧总线发送数据的时间间隔的合理性，转换时应考虑波特率较低的总线的数据承受能力。比如在 CAN 总线数据转向串行总线的时候，CAN 总线的速率能达到数千帧每秒，但是串行总线只能到数百帧每秒。所以当 CAN 总线的速率过快时会导致数据转换不完全。

一般情况下，CAN 波特率应该是串口波特率的三倍左右，数据传输会比较均匀（因为在 CAN 总线传输数据的时候还附加了其他的功能域，相当于增加了数据的长度，所以相同波特率下 CAN 传输的时间会比串行总线的时间长）。

### 6.1.8　转化器测试

**1．电源测试**

转换器外接 9～24V（1W）直流输入。

上电后，"POWER"指示灯立即点亮，当系统正常初始化完成后，"COM LED"和"CAN LED"均点亮。

若上电后各指示灯的状态和描述不符，请检查电源是否符合要求。

**2．配置测试**

接通"配置开关"（将 CAN 接口侧的引脚 3"CFG"和引脚 4"GND"短接）后，再接通电源，转换器即进入"配置模式"。用串口线连接好 PC 和转换器便可进行配置。

打开 config.exe 配置软件，选择和转换器相连的 PC 串口，单击"打开串口"按钮，如果打开成功，则下面的配置参数开放，并可以改变和设置。

如果提示"当前串口不可用"，则说明当前选择的 PC 的串口不可用或者已经被占用。如果提示"CAN232MB 未连接"，那么则检查转换器是否进入了配置模式（如果转换器工作在"正常工作"模式，那么软件也会提示"连接不到设备"信息），并注意与所选的 PC 的串口是否接通。

**3．通信测试**

断开"配置开关"（断开 CAN 接口侧的引脚 3"CFG"和引脚 4"GND"）后，重新上电，转换器便进入"正常工作"模式。可用串口调试软件进行通信测试。

如图 6.19 通信测试结构所示连接，测试除了一台 PC 外还需要一台 CAN 设备来接收或发送数据，注意同一个 CAN-bus 总线中，CAN 设备和 CAN232MB 转换器的波特率必须相同。用串口调试软件选择和转换器相同的串口通信波特率,观察 CAN 设备接收的数据是否和发送的相符合。同样也可以从 CAN 设备发送数据给转换器,观察串口软件接收的数据是否和发送的相符合。

计算机　　　　　　　CAN232MB　　　　　　　CAN设备

**图 6.19　通信测试结构**

如果某侧总线上有数据传输,那么该侧总线的指示灯会有闪烁。

如果 CAN LED 长灭,那么说明 CAN 总线产生错误。检查两侧的总线连接(总线是否短路或断路)以及波特率设置是否相同等。

# 6.2　以太网与异步串口协议转换

ZNE 模块具有多种工作模式,包括 TCP Server、TCP Client、TCP AUTO、UDP、RealCom 和组播方式等,设计这么多工作模式是为了让 ZNE 模块能贴合不同用户的应用需求,但是随着功能的增加,用户在繁多的功能当中选择适合自己需求的工作模式就显得更加困难。本文从应用的角度讲解 ZNE 模块的设置,希望能为读者的使用带来便利。

## 6.2.1　通信拓扑的种类

通过我们对各行业的调查和用户反馈的信息,总结出如表 6.6 所示的几种常用的通信拓扑类型。在接下来的文章中将详细说明在各种通信方式下的 ZNE 参数设置。

**表 6.6　通信方式分类**

| 通 信 方 式 | 适用工作模式 |
| --- | --- |
| 两个串口设备点对点通信 | TCP、UDP 方式 |
| 多个串口设备组网通信 | 组播方式 |
| 一个串口设备与一台 PC 点对点通信 | TCP、UDP、RealCom 方式 |
| 多个串口设备与一台 PC 通信 | TCP、UDP、RealCom、组播方式 |
| 多个串口设备与多台 PC 通信接 | 组播方式 |
| 一个串口设备与多台 PC 通信 | 组播方式 |

1. TCP 方式

这是一种需要建立逻辑连接后才能进行数据通信的方式,TCP 通信方式具有较高的可靠性。为了保证可靠性,在 TCP 中可以实现出错重发等机制,但这会增加额外的数据通信量,使其不如 UDP 方式快速。TCP 通信时包括服务器端和客户端。

ZNE 模块使用这种通信方式的工作模式有 TCP Server、TCP Client、TCP AUTO 和 RealCom 等。

1) TCP Server 模式

当模块工作于 TCP 服务器(TCP Server)模式时,它不会主动与其他设备连接。它始终等待客户端(TCP Client)的连接,在与客户端建立 TCP 连接后即可进行双向数据通信。

2) TCP Client 模式

当模块工作于 TCP 客户端(TCP Client)模式时,它将主动与预先设定好的 TCP 服务器连接。如果连接不成功,客户端将会不断变换本地端口号,不断尝试与 TCP 服务器建立连接。在与 TCP 服务器端建立 TCP 连接后即可进行双向数据通信。

3) TCP AUTO 模式

当模块工作于 TCP AUTO 模式时,它的角色将在 TCP Server 和 TCP Client 之间自动转换。在没有任何数据需要转发时,模块工作于 TCP Server 方式,等待客户端的连接。当串口接收到数据时,模块转换为 TCP Client 方式,并主动连接预定好的 TCP Server。

4) RealCom 模式

当模块工作于 RealCom 模式时,它实际工作于 TCP Server 模式,在上位机运行的一个后台服务程序将主动连接该模块,并在 PC 端增加一个串口,这个串口就是模块的串口。该模式可以用于"PC 通过串口与串口设备通信"方式的无缝升级。

2. UDP 方式

这是一种不基于连接的通信方式,它不能保证发往目标主机的数据包被正确接收,所以在对可靠性要求较高的场合可以通过上层的通信协议来保证数据正确,或者使用 TCP 方式。因为 UDP 方式是一种较简单的通信方式,所以它不会增加过多的额外通信量,可以提供比 TCP 方式更高的通信速度,以保证数据包的实时性。事实上,在网络环境比较简单、网络通信负载不是太大的情况下,UDP 工作方式并不容易出错。工作在这种方式下的设备,都是地位相等的,不存在服务器和客户端。

ZNE 模块使用这种通信方式的工作模式有 UDP 和组播等模式。

## 6.2.2　常规应用详解

1. 两个串口设备点对点通信

当两个串口设备需要点对点通信时,可使用如图 6.20 所示的拓扑结构。

**图 6.20　两个串口设备点对点通信**

工作在这种结构下的 ZNE 模块可以设置为 TCP 方式或者 UDP 方式。

使用 TCP 方式时,其中一方设置为 TCP 服务器端,另外一方设置为 TCP 客户端。设置的关键在于作为客户端的模块的目标 IP 和目标端口号设置必须与服务器端的 IP 地址和工作端口号相对应。如图 6.21 所示为设置示例,其中模块 A 工作于 TCP Server 模式,模块 B 工作于 TCP Client 模式。

使用 UDP 方式时,两个模块的低位是相同的,设置的关键在于目标 IP 和目标端口号是对方的 IP 地址和工作端口号。UDP 方式下的设置示例如图 6.22 所示。

2. 多个串口设备组网通信

RS-232 组成的通信模式只能是一对一的,而 RS-485 和 RS-422 网络允许多个串口设

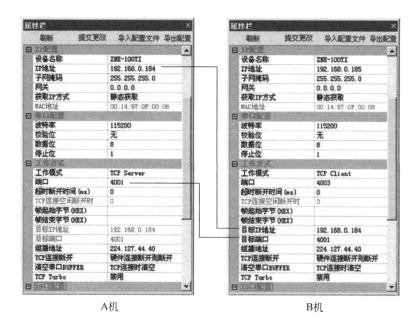

**图 6.21　工作于 TCP 方式下的参数设置示例**

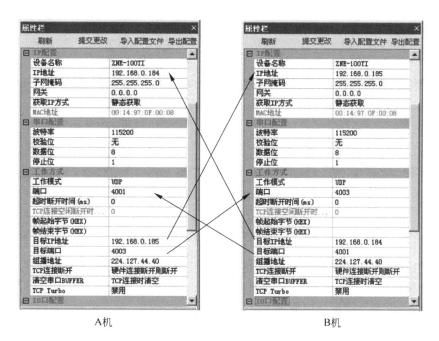

**图 6.22　工作于 UDP 方式下的参数设置示例**

备通信。如果要对这种多个串口设备组成的通信网络进行以太网升级时，可以采用如图 6.23 所示的拓扑结构。

　　ZNE 模块设置为组播方式后即可用于这种通信方式。组播方式使用 UDP 数据包通信，所有具有同一组播地址和相同端口号的模块都可以互相通信，而不存在主从之分，任何一个符合该组播地址的数据包将被所有模块接收。即该组播网络中的任何一个模块发送的

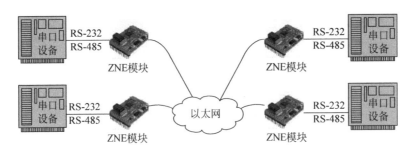

图 6.23　多个串口设备组网通信

数据包将被其他所有模块接收。

注意：组播方式下的模块只是逻辑上分组，而不是物理连接上分组，也就是说同一网段或同一物理连接上可以存在多个组播网络，并且它们互不影响。

工作于该模式的模块设置要点在于组播地址和工作端口号的设置，相同组网中的模块必须全部统一，设置示例如图 6.24 所示。

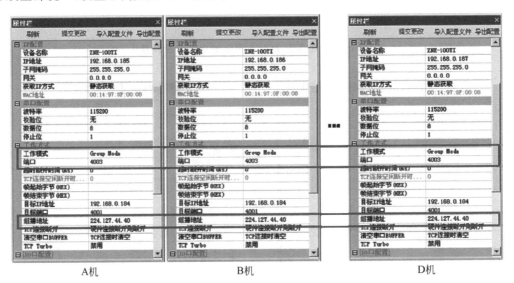

图 6.24　多串口设备组播方式设置示例

3. 一个串口设备与一台 PC 点对点通信

这种通信应用分为两种情况，一种是现有产品的升级，另一种是新产品的研发。它们都可采用如图 6.25 所示的拓扑结构。

图 6.25　单串口设备与单 PC 通信

很多早期的产品都使用串口与上位机通信，如 IC 卡读卡器、LED 显示屏等，如果要将它们的通信方式升级到以太网方式，那么最经济实用的方案是使用 ZNE 模块的 RealCom

模式,这样可以不用修改原有系统的任何软硬件,而实现无缝升级。

使用 RealCom 模式时的设置分为两步,首先设置模块,再设置 PC 上的虚拟串口服务器软件。

模块的设置关键在于工作模式和工作端口号的设置,而虚拟串口服务器软件的设置关键在于 IP 地址和工作端口号的设置,设置示例如图 6.26 所示。设置成功以后将出现一个串口供用户使用,所以用户的上位机程序不用做任何的修改,结果示例如图 6.27 所示。

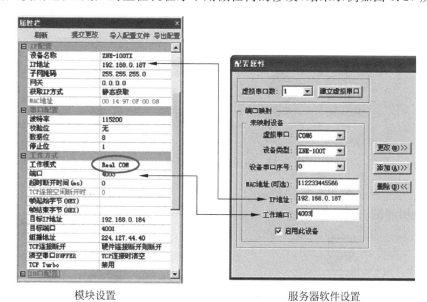

图 6.26　RealCom 模式下的设置

### 4. 多个串口设备与一台 PC 通信

在某些应用场合需要使用一台 PC 管理多个串口设备,比如安防系统、超市 POS 机系统、食堂售饭系统等,可以使用如图 6.28 所示的通信拓扑结构。

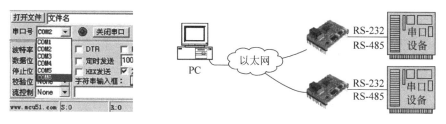

图 6.27　结果示例　　　　　　图 6.28　多个串口设备与一台 PC 通信

这种通信方式分为两种情况,一种是各个串口设备之间、串口设备与 PC 之间都需要交换数据。另一种是串口设备只和 PC 通信,而串口设备之间不进行数据交换。

#### 1) 串口设备之间需要互相通信

可以满足这种应用需求的工作模式有组播方式,它的设置方法与第 2.2 节(多个串口设备互相通信)介绍的设置方法一致。区别在于,这需要在 PC 上编写上位机软件。为了减轻开发工程师的负担,使其专注于上层应用的开发,我们提供了多种开发平台下的底层驱动库函数。

2）串口设备之间不需要通信

可以满足这种通信方式需求的工作模式比较多，可以使用一个串口设备与一台 PC 点对点通信的方法，使用 RealCom、TCP 或者 UDP 方式。虽然也可以使用前面介绍的组播方式，但是在这种通信方式下不推荐使用，因为这会使串口设备之间也发生数据传递，增加串口设备的负担和上层通信协议的复杂程度。

如果用户是给已有的系统升级，并且不准备改动上位机软件，可以将 PC 作为一个串口设备使用，如图 6.29 所示。

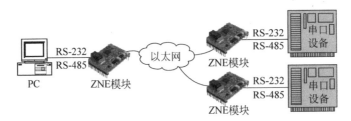

**图 6.29　不改动上位机软件的用法**

5. 一（多）个串口设备与多台 PC 通信

可以使用如图 6.30 或者图 6.31 所示的通信拓扑结构。

**图 6.30　一个串口设备与多台 PC 通信**

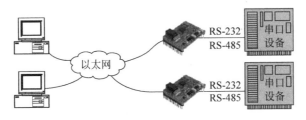

**图 6.31　多个串口设备与多台 PC 通信**

因为使用 TCP 和 UDP 方式，每个 ZNE 模块只能设置一个通信目标，所以要实现这种多个接收者的通信方式只能使用组播方式，同一逻辑网络中的其他 PC 也应使用组播方式通信。

## 6.2.3　工程应用示例

随着人民生活水平的提高，人们对生活品质和信息沟通的要求越来越高。办公环境的自动化和工业生产的现代化，也使得工矿企业和生活居所中需要联网的设备越来越多。拥有网络接口甚至已经成为一个产品是否入流的主要特征之一，下面就某些行业中如何添加网络接口的方案做一个简单的说明。

**1. 门禁系统的应用**

应用方案如图 6.32 所示。这种应用场合通常是一台 PC 管理多个门禁控制器,而且这种应用中的串口设备之间不需要通信,所以可以使用多个串口设备与一台 PC 通信。

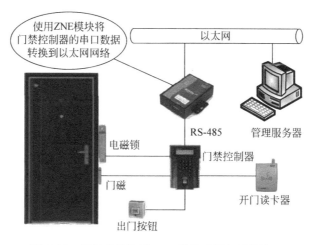

**图 6.32　门禁系统使用 ZNE 模块后增加网络接口**

**2. 安防系统的应用**

这种应用方案与前面介绍的门禁系统类似,可以替代现有的 485 网络通信方式。

**3. 超市收银系统的应用**

这种应用方案与前面介绍的门禁系统类似,可以使用组播方式让所有设备协同工作,如图 6.33 所示。

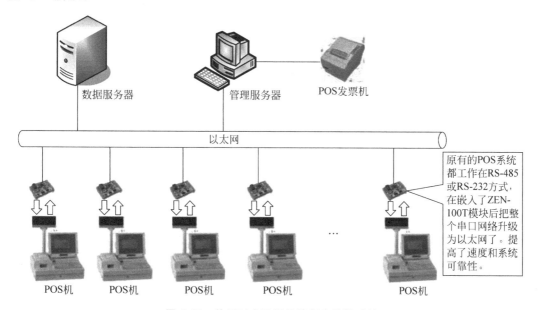

**图 6.33　使用以太网通信的超市收银系统**

**4. 大屏幕 LED 屏的以太网通信方案**

传统的 LED 屏幕使用 RS-232 进行通信,对屏幕刷新时有大量数据需要传输显得力不从心。使用以太网方案后可以大幅提高屏幕刷新速度,可以显示更丰富生动的信息。这是典型的"一个串口设备与一台 PC 通信"的应用。

### 6.2.4 模块介绍

ZNE 系列模块是由广州致远电子有限公司开发的嵌入式网络模块,它内部集成了TCP/IP 协议栈,用户利用它可以轻松实现嵌入式设备的网络功能,不需要了解复杂的网络知识以及 TCP/IP,节省人力物力和开发时间,使产品更快地投入市场,增强竞争力。ZNE系列模块产品用于串口与以太网之间的数据传输,可方便地为串口设备增加以太网接口。该系列模块可用于串口设备与 PC 之间,或者多个串口设备之间的远程通信。为了让用户更方便、更快捷地使用 ZNE 系列模块以及避免一些因使用不当而造成的损失,在此做一个简单的模块接口电路设计说明,供用户参考。ZNE-系列模块的接口如图 6.34 所示。

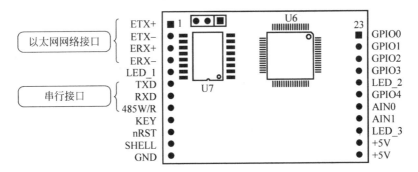

**图 6.34　ZNE 模块结构图**

ETX+、ETX−、ERX+、ERX−管脚是以太网信号。

TXD、RXD 是串口信号。

管脚 5、16、19 为 LED 信号,方向为输出。

485W/R 是 485 发送控制端,方向为输出,保证 RS-485 半双工传输,发送数据时为高电平,接收数据为低电平。

KEY 为串口配置选择管脚,方向是输入,在复位时该管脚为高电平时为正常工作模式,在复位时为低电平,则进入串口配置模式,内部有 $10k\Omega$ 上拉电阻。

nRST 模块复位脚,低电平有效,在该管脚输入大于 $20\mu s$ 的负脉冲,模块复位(模块内部有上电复位电路,该管脚可悬空)。

GPIO0~GPIO4 是可控制通用 I/O 口。

AIN0 和 AIN1 为模拟信号输入管脚,输入电压范围 0~3.3V。

SHELL 为外壳地引脚,可连接 RJ-45 连接器的屏蔽外壳。

LED_1、LED_2 和 LED_3 根据不同的型号模块含义也不一样,一般有以太网 LINK灯、收发灯等。

以太网 LINK 灯:表示模块已经连接到以太网络。

收发灯:表示以太网上有数据包的收发。

**注意**:如果有尚未用到的引脚可悬空处理。

下面着重介绍以太网网络接口的设计和串行接口的设计。

### 6.2.5　ZNE 模块接口电路设计

ZNE 系列模块的引脚接口分为模块电源设计、以太网接口、串行接口,其中有一些值得注意的地方。下面就分这几个部分来介绍。

1. 模块电源设计

根据模块的应用场合的不同,电源的设计也有比较大的差异,因为我们不是在介绍模拟电路设计,因此这里只提出模块对电源的要求,用户可根据实际情况进行电源部分的设计。ZNE 系列模块的供电电压应在 4.8～5.2V 范围内,否则可能会出现一些异常的现象,并且由于模块中网卡的工作电流比较大,因此提供模块的电流一般应超过 100mA(10M 以太网网卡的工作电流会小一些,一般在 100mA 以内,而 100M 以太网的工作电流则比较大,一般会在 100mA 左右或超过 100mA,这些跟网卡芯片有关,具体见模块的数据手册)。

2. 以太网接口

ZNE 系列模块的以太网接口有 10M 和 10M/100M 自适应的两种接口,10M 以太网接口采用的是 10BASE-T 标准、100M 以太网接口则是采用 100BASE-T 标准,其中"T"表示传输媒体为双绞线。它们均可用 5 类双绞线进行传输。以太网信号 ETX+、ETX-、ERX+、ERX-与外界通信的接口采用的是 RJ-45 连接器(RJ 表示已注册的连接器)。RJ-45 与UTP(非屏蔽双绞线)的连接一般采用的是 ETA/EIA(电信工业协会/电子工业协会)568B标准,标准规定 UTP 的线对 2 和线对 3 分别用作发送和接收,分别对应 RJ-45 连接器的针脚 1、针脚 2、针脚 3 和针脚 6。

具体的接口如图 6.35 所示,由于 ZNE 系列模块内部都集成了网络变压器,因此用户可放心地将模块的以太网引脚直接接到 RJ-45 连接器上。为达到屏蔽和共外壳地的效果,可将没用上的两对先连接一个 75Ω 的电阻(匹配电阻),然后连接到模块的外壳地(SHELL)上,然后用一个电容将外壳地和电源地隔离开来,具体如图 6.36 所示。

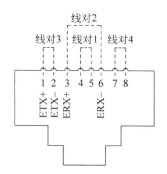

图 6.35　ZNE 模块连接 RJ-45 接口

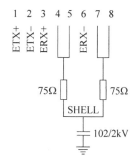

图 6.36　ZNE 模块连接 RJ-45 接口应用

以太网信号 ETX+、ETX-、ERX+、ERX-属于高频信号,在布线的时候,建议将ETX+和 ETX-作为一对,ERX+、ERX-作为另一对,一对之间布线要紧密、等长,对与对之间要空出一定的距离,最好可上下层分开步线,避免干扰。同时,步线可以步成弧线,这样可减少对外界辐射,避免对外界设备造成干扰。

3. 串行接口

ZNE 系列模块的串行信号有三个:RXD、TXD 和 485W/R。RXD 为模块的接收信号脚,TXD 为模块的发送信号脚,485W/R 为 RS-485 串行模式,是控制 485 收发的使能脚。ZNE-10 和 ZNE-10T 的信号电平为 5V TTL 电平,而其他(如 ZNE-100T、ZNE-100TI、ZNE-100PT、ZNE-200T 等)模块的信号电平都是 3.3V 的 TTL 电平,但它们都可承受 5V 的电压。根据模块应用的不同,模块的串行接口设计也不一样。下面就根据模块的不同应用,分如下几个方面进行介绍。

1) TTL 方式通信

当模块要嵌入到用户的设备中,并且负责与模块串口通信的 CPU 与模块的距离很近的时候,用户可选择 TTL 方式直接通信,具体连接设计如图 6.37 所示。

为保护模块的 CPU 管脚,应在通信引脚之间串一个限流电阻(注意:这个限流电阻是必需的,否则有可能会烧坏模块 CPU 的 UART 部件管脚)。同时为匹配模块与用户 CPU 的电平,可在 TXD 和 RXD 引脚上分别挂一个上拉电阻(阻值不能适中即可)。选择 TTL 方式直接通信,有几个弊端,一是当电平经过传输线路衰减,达到 UART 触发电平时,容易造成接收错误(这种错误是双向的)。再是此方式的抗干扰能力差,容易受外界干扰,引起数据接收错误。

2) RS-232 方式通信

当用户的原有设备是 RS-232 通信模式时,或是串口通信比较长(10m 以内)的时候,用户可选择 RS-232 方式通信。模块的 RS-232 串行接口设计如图 6.38 所示。

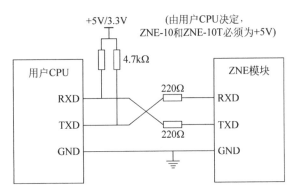

图 6.37 串口 TTL 方式通信

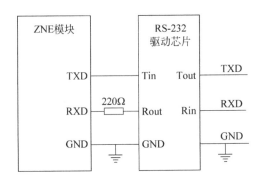

图 6.38 串口 RS-232 方式通信

考虑到对模块输入口的保护,一般应在输入口上加上一个限流电阻,以避免将模块的 UART 部件烧坏。

3) RS-485 方式通信

当用户的原有设备是 RS-485 通信模式时,用户可选择 RS-232 方式通信。模块的 RS-485 串行接口设计如图 6.39 所示。

由于 RS-485 为半双工通信方式,因此要用到一个控制收发的使能脚,即 485W/R。该引脚在平时一直都处于低电平(接收状态),当有数据要发送时,才置为高电平(发送状态)。当 RS-485 通信距离较长的时候,可接上一个 120Ω 的终端匹配电阻。

4) RS-422 方式通信

当用户的原有设备是 RS-422 通信模式时,用户可选择 RS-422 方式通信。模块的 RS-422 接口设计如图 6.40 所示。

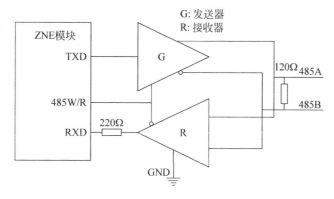

图 6.39　串口 RS-485 方式通信

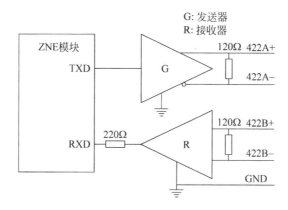

图 6.40　串口 RS-422 方式通信

RS-422 是全双工模式,因此不需要用到 485W/R 引脚。图 6.40 中的限流电阻同样也是起到保护作用。同时,RS-422 在通信距离较长时,也可在发送器和接收器的两根信号线间接上终端匹配电阻。

# 6.3　CAN 与以太网协议转换

## 6.3.1　概述

CANET 是一款工业级以太网 CAN-bus 数据转换设备,它内部集成了一路/两路 CAN-bus 接口和一路 Ethernet 接口以及 TCP/IP 协议栈,用户利于它可以轻松完成 CAN-bus 网络和 Ethernet 的互连互通,进一步拓展 CAN-bus 网络的范围。

CANET-200T 同 CANET-100T 的区别:CANET-200T 支持两路 CAN 口,并且有 CAN 网络冗余功能,CANET-100T 只支持一路 CAN 口,没有 CAN 网络冗余功能。

CANET 为工业级产品,可以工作在 $-25 \sim 75$℃ 的温度范围内。它具有 10M/100M 自适应以太网接口,CAN 口通信最高波特率为 1Mb/s,具有 TCPServer、TCP Client、UDP 等多种工作模式,每个 CAN 口可支持两个 TCP 连接或多达 $3 \times 254$ 个 UDP"连接",通过配置软件用户可以灵活地设定相关配置参数。典型应用如图 6.41 所示。

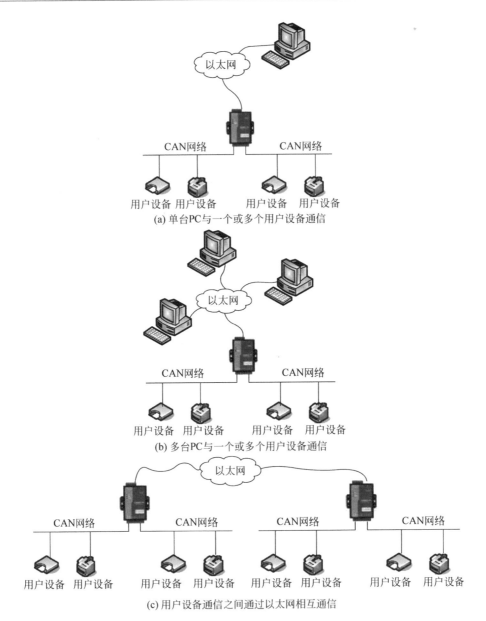

(a) 单台PC与一个或多个用户设备通信

(b) 多台PC与一个或多个用户设备通信

(c) 用户设备通信之间通过以太网相互通信

**图 6.41 CANET 应用**

1. 强大的硬件

(1) 高速的 32 位处理器；

(2) 10M/100M 自适应以太网接口,2kV 电磁隔离；

(3) 1/2 路 CAN 口,2.5kV 电磁隔离；

(4) CAN 口波特率 5kb/s～1000kb/s；

(5) 内嵌硬件看门狗定时器；

(6) 电压范围 9～24V 直流；

(7) 系统功耗低,最大工作电流：CANET-100T(150mA),CANET-200T(200mA)；

（8）工作温度：$-25\sim75℃$；

（9）湿度：$5\%\sim95\%$RH，无凝露；

（10）坚固的金属外壳，SECC 金属（1.1mm）；

（11）专为工业环境设计，提供轨道附件（DINrail）。

2. 完善的功能

（1）支持以太网冗余功能；

（2）支持静态或动态 IP 获取；

（3）支持心跳和超时断开功能；

（4）工作端口，目标 IP 和目标端口均可设定；

（5）支持 DNS，满足通过域名实现通信的需求；

（6）网络断开后自动恢复连接资源，可靠地建立 TCP 连接；

（7）TCP 支持多连接，满足两个用户同时管理一个串口设备；

（8）UDP 方式下每个 CAN 口支持三个目标 IP 段，多个用户可同时管理一个 CAN 设备；

（9）支持协议包括 Ethernet、ARP、IP、ICMP、UDP、DHCP、DNS、TCP；

（10）兼容 SOCKET 工作方式（TCP Server、TCP Client、UDP 等），上位机通信软件编写遵从标准的 SOCKET 规则；

（11）CAN 数据和以太网数据双向透明传输；

（12）灵活的 CAN 口数据分帧设置，满足用户各种分包需求；

（13）CANET-200T 支持两路 CAN 口冗余，可以大大提高系统的可靠性；

（14）每个 CAN 口可以分别被配置成为不同的工作模式，可灵活应用在各种领域；

（15）可使用 Windows 平台配置软件配置工作参数；

（16）免费提供 Windows 平台配置软件函数库，包含简单易用的 API 函数库，方便用户编写自己的配置软件；

（17）支持本地的系统固件升级。

## 6.3.2　产品硬件接口说明

本节介绍 CANET 的硬件接口信息，CANET-100T 的硬件接口与 CANET-200T 硬件接口（见图 6.42）基本相同，唯一的区别是：CAN-100T 没有第二路 CAN 口。

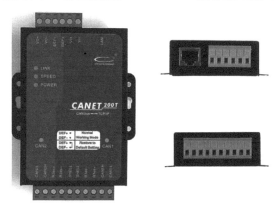

**图 6.42　CANET-200T 外观图**

**1. 电源接口**

CANET 使用工业现场容易获取的 9～24V 直流电源，VI＋和 VI－用于电源的输入，其接口如图 6.43 所示。CANET 内部自带电源极性转换，用户在连接电源时不用区分电源极性。CANET 的 VO＋和 VO－引脚在启动了"以太网冗余"功能后会被使用到，它们用于对下一设备的供电。

**2. 以太网接口**

CANET 的以太网(RJ-45)接口外观如图 6.44 所示，各引脚定义如表 6.7 所示。

图 6.43　电源接口信号说明

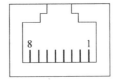

图 6.44　RJ-45 接口外观

表 6.7　RJ-45 引脚定义

| 管　脚 | 信　号 | 管　脚 | 信　号 |
|---|---|---|---|
| 1 | TX＋ | 3 | Rx＋ |
| 2 | Tx－ | 6 | Rx－ |

CANET-200T 的 CAN 口各引脚定义如表 6.8 所示。

**3. LED 指示灯**

CANET 都有 POWER、SPEED 和 LINK 这三个指示灯，指示灯说明见表 6.9。

CAN1 和 CAN2 指示灯说明见表 6.10。

表 6.8　CANET-200T 的 CAN 口各引脚定义

| 管脚 | 信号 | 简　　介 |
|---|---|---|
| 1 | CANIL | 第一通道 CANL 信号 |
| 2 | CANIH | 第一通道 CANH 信号 |
| 3 | Rles＋ | 第一通道 CAN 总线终端电阻连接端 |
| 4 | Rles－ | 第一通道 CAN 总线终端电阻连接端 |
| 5 | SHELL | 外壳地 |
| 6 | SHELL | 外壳地 |
| 7 | R2es－ | 第二通道 CAN 总线终端电阻连接端 |
| 8 | R2es＋ | 第二通道 CAN 总线终端电阻连接端 |
| 9 | CAN2H | 第二通道 CANH 信号 |
| 10 | CAN2L | 第二通道 CANL 信号 |

表 6.9　LED 指示灯说明

| LED | 说　　　明 |
|---|---|
| LINK | 常亮：物理连接正常<br>闪烁：有数据收发 |
| SPEED | 常灭：10M 网速<br>常亮：100M 网速 |
| POWER | 电源指示灯 |

表 6.10　LED 指示灯说明

| LED | 说　　　明 |
|---|---|
| CAN1 | 常灭：CAN1 口状态未知<br>常亮：CAN1 口工作正常<br>闪烁：CAN1 口曾经出现故障 |
| CAN2 | 常灭：CAN2 口状态未知<br>常亮：CAN2 口工作正常<br>闪烁：CAN2 口曾经出现故障 |

4. 硬件连接使用说明

一般情况下,CANET 可以供用户对 CAN_bus 和 Ethernet 进行桥接,使用户的 CAN_bus 和 Ethernet 可以互连互通,可以让 PC 通过 Ethernet 来控制用户的 CAN_bus 网络上的设备,常见的应用如图 6.45 所示。

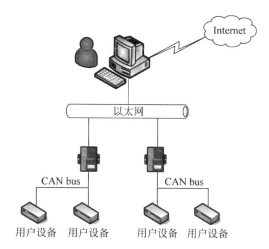

**图 6.45　CANET 设备一般应用方式**

## 6.3.3　快速使用说明

本节将介绍 CANET 的基本使用方法和相关软硬件的安装设置。通过介绍,相信读者一定能快速掌握它的使用方法,并且对网络与 CAN 设备通信有一个直观的了解。

在使用 CANET 设备之前,需要知道设备的 IP 地址等网络参数,CANET 设备支持“静态获取”和“动态获取”两种 IP 获取方式。“静态获取”指设备使用由用户指定的“IP 地址”“子网掩码”和“网关”;“动态获取”指设备使用 DHCP,从网络上的 DHCP 服务器获取 IP 地址、子网掩码和网关等信息。

1. 设备 IP 出厂设置

CANET 系列以太网 CAN-bus 数据转换设备默认 IP 地址为 192.168.0.178。

2. 用户获取设备 IP

当用户忘记设备 IP 地址或设备使用 DHCP 自动获取 IP 地址时,可通过 ZNetCom 软件获取设备当前的 IP。ZNetCom 软件是运行在 Windows 平台上的 CANET 设备的配置软件,不论 CANET 设备的当前 IP 是多少,都可以通过 ZNetCom 软件获取 CANET 设备的当前 IP,并对其进行配置,使用 ZnetCom 软件获取 CANET 设备 IP 的步骤如下。

（1）连接硬件将设备接上 9～24V 直流电源,使用交叉网线将设备的 LAN 口连接至 PC 网口。

（2）安装 ZNetCom 软件。

（3）单击运行 ZNetCom 软件,出现如图 6.46 所示界面。

（4）关闭 PC 本身的防火墙和杀毒软件

（5）单击出现如图 6.47 所示界面,可以获知设备 IP 地址。

**图 6.46　ZNetCom 软件运行界面**

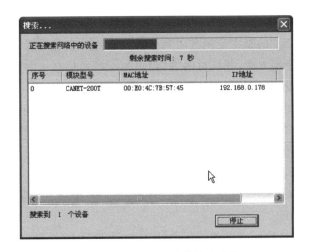

**图 6.47　ZNetCom 软件搜索设备**

3. PC 与设备网段检测

用户在使用 PC 与 CANET 设备进行通信前,需要保证用户的 PC 内有以太网卡,并且 PC 与 CANET 设备须在同一个网段内。CANET 设备在出厂时设定了一个默认的 IP 地址 (192.168.0.178)和网络掩码(255.255.255.0),用户可以按如图 6.48 所示的流程检查该设备是否和用户 PC 在同一网段。

如果在同一网段,那以下关于 PC 网络设置的内容就不必看了。如果不同,那以下 PC 网络设置的内容就非常重要了。

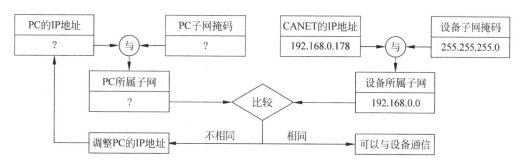

图 6.48 CANET 设备 IP 与 PC 是否处于同一网段检查流程

4. PC 与 CANET 设备处于同一网段

以下的内容是说明如何使用户的 PC 与 CANET 设备处于同一网段。

如果用户使用的操作系统是 Windows 2000/XP,那就有两种方法,一种是增加本机 IP 地址,另一种是修改本机 IP 地址。

1) 增加本机 IP 地址

假定用户的 PC 的 IP 地址是 192.168.2.3,而 CANET 设备的 IP 地址是默认 IP192.168.0.178。用户进入操作系统后,右击"网上邻居"→"属性"。这时网络连接窗口被打开,然后选择"本地连接"图标(注意,该连接是连接 CANET 设备网络的连接,如果用户是多网卡的,可能会有多个本地连接,请注意选择),再右击"本地连接"→"属性",这时弹出如图 6.49 所示的对话框。

选择"常规"选项卡下的"此连接使用下列项目"中的"Internet 协议(TCP/IP)"项。单击"属性"按钮弹出如图 6.50 所示的对话框。

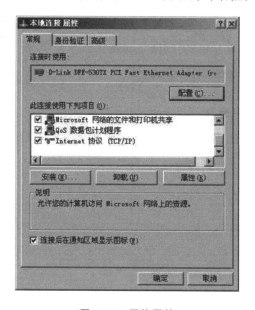

图 6.49 网络属性

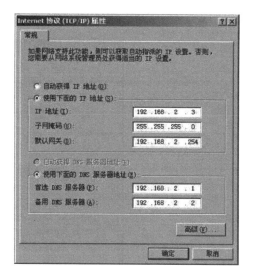

图 6.50 TCP/IP 属性

单击"高级"按钮,这时会弹出如图 6.51 所示的对话框。

在该对话框的"IP 设置"选项卡中"IP 地址"栏单击"添加"按钮,这时又弹出如图 6.52

所示的对话框。

图 6.51　TCP/IP 设置　　　　　　　　　图 6.52　添加 IP 地址

然后按图上内容填入,单击"添加"按钮即可。现在,就可以与 CANET 设备通信了。

2) 修改本机 IP 地址

用户首先进入操作系统,然后使用鼠标单击任务栏中的"开始"→"设置"→"控制面板"(或在"我的电脑"里面直接打开"控制面板"),双击"网络和拨号连接"(或"网络连接")图标,然后单击选择连接 CANET 设备的网卡对应的"本地连接",单击右键选择"属性",在弹出的"常规"选项卡中选择"Internet 协议(TCP/IP)",查看其"属性",会看到如图 6.53 所示的

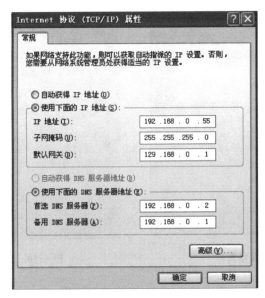

图 6.53　修改本机 IP 地址

页面。请按其所示,选择"使用下面的 IP 地址",并填入 IP 地址 192.168.0.55,子网掩码
255.255.255.0,默认网关 192.168.0.1(DNS 部分可以不填)。单击该页面中的"确定"按钮
及"本地连接属性"页面中的"确定"按钮,等待系统配置完毕。

现在,就可以与 CANET 设备通信了。

### 6.3.4　工作模式

CANET 设备的三种工作模式,分别是 TCP Server 模式、TCP Client 模式、UDP 模式。

#### 1. TCP Server 模式

在 TCP 服务器(TCP Server)模式下,CANET 不会主动与其他设备连接。它始终等待
客户端(TCP Client)的连接,在与客户端建立 TCP 连接后即可进行双向数据通信。建立通
信的过程如图 6.54 所示。

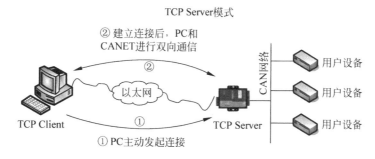

**图 6.54　TCP Server 模式通信示意图**

**提示**:在该模式下,客户端通过 CAN 口对应的"工作端口"连接 CANET 设备。

#### 2. TCP Client 模式

在 TCP 客户端(TCP Client)模式下,CANET 将主动与预先设定好的 TCP 服务器连
接。如果连接不成功,客户端将会根据设置的连接条件不断尝试与 TCP 服务器建立连接。
在与 TCP 服务器端建立 TCP 连接后即可进行双向数据通信。建立通信的过程如图 6.55
所示。

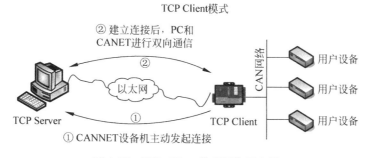

**图 6.55　TCP Client 模式通信示意图**

**提示**:在该模式下,TCP 服务器 IP 由"目标 IP"确定;TCP 服务器端口由"目标端口"
确定。有效的"目标端口"和"目标 IP"共有两组,设备会根据设置的连接数依次连接这两组
参数指定的 TCP 服务器,直到连接成功。

### 3. UDP 模式

UDP 模式使用 UDP 进行数据通信。UDP 是一种不基于连接的通信方式,它不能保证发往目标主机的数据包被正确接收,所以在对可靠性要求较高的场合需要通过上层的通信协议来保证数据正确;但是因为 UDP 方式是一种较简单的通信方式,它不会增加过多的额外通信量,可以提供比 TCP 方式更高的通信速度,以保证数据包的实时性。事实上,在网络环境比较简单,网络通信负载不是太大的情况下,UDP 工作方式并不容易出错。工作在这种方式下的设备,地位都是相等的,不存在服务器和客户端。通信的过程如图 6.56 所示。

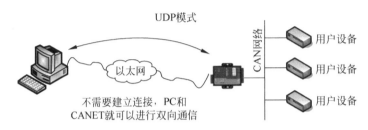

**图 6.56　UDP 模式通信示意图**

提示:在该模式下,CANET 使用"工作端口"来接收用户设备发送的 UDP 数据包;CANET 设备的 CAN 口端收到的数据将发送到三组有效的"目标 IP"的"目标端口"。

## 6.3.5　ZNetCom 软件配置

ZNetCom 软件是运行在 Windows 平台上的 CANET 设备专用配置软件,用户可以通过 ZNetCom 软件实现获取 CANET 设备的 IP、查看和更改设备配置参数和升级设备固件等多种功能。

### 1. 安装配置软件

首先把配套光盘放入 CD-ROM,打开光盘,双击 ZNetCom234_Setup.exe 文件,单击"安装"按钮开始安装,把文件复制到安装目录中,安装完成后弹出安装成功的提示窗口,单击"完成"按钮退出安装软件。

这时配置软件就安装完成了,请用户再检测一下是否已经使用配套的网线连接好 CANET 设备和 PC 网卡。

### 2. 获取设备配置信息

运行 ZNetCom 软件出现如图 6.57 所示界面。

单击工具栏中搜索的按钮,ZNetCom 配置软件开始搜索连接到 PC 上的 CANET 设备,如图 6.58 所示。在搜索窗口中,可以看到搜索到的设备及对应的 MAC 地址和 IP 地址。搜索窗口在 10s 后自动关闭,用户也可以单击"停止"按钮让它关闭。

搜索完成后,被搜索到的设备将出现在 ZNetCom 软件的设备列表中,如图 6.59 所示。

双击设备列表中的设备项;或选定设备项后,单击工具栏中的"获取信息"按钮或属性栏中的"刷新"按钮,出现"获取设备信息"对话框。

当"获取设备信息"对话框消失以后,用户就可以从属性栏中看到如图 6.60 所示的 CANET 设备配置信息。

图 6.57　ZNetCom 运行界面

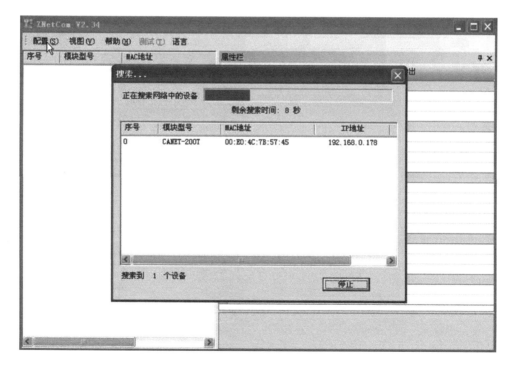

图 6.58　ZNetCom 软件搜索设备

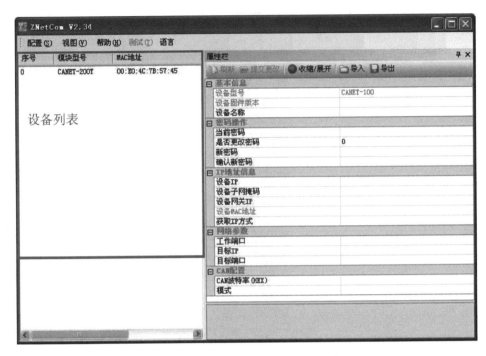

**图 6.59　修改完成后软件添加到列表**

**图 6.60　CANET 设备配置信息**

**3. 修改设备配置信息**

使用 ZNetCom 软件修改 CANET 设备配置信息时需要设备配置密码（默认值为"88888"），用户根据需要在属性栏中修改设备配置信息后，在当前密码中填入设备配置密码，单击"提交修改"按钮即可完成设备配置信息修改，如图 6.61 所示。

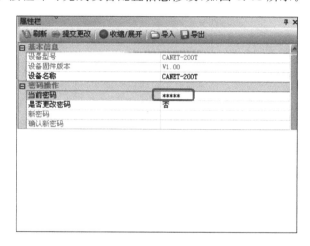

**图 6.61　CANET 设备配置信息详细画面**

CANET-100/200T 设备的默认设置及说明如表 6.11 所示。

**表 6.11　"属性栏"项目说明**

| 类别 | 名称 | 默认值 | 说　　明 |
|---|---|---|---|
| 基本信息 | 设备类型 | CANET-200T | 该项不可改 |
| | 设备固件版本 | 和设备出厂时间有关 | 显示设备最新的固件版本号 |
| | 设备名称 | CANET-200T | 该值可以更改，最长是 9 位，可以使用 a～z、A～Z、0～9 等字符。修改该值对用户识别同一网络上的多个 CANET 设备非常有用 |
| 密码操作 | 当前密码 | "88888" | 在更改其他项前，必须填上正确的密码。密码最长是 9 位，可以使用 a～z、A～Z、0～9 等字符 |
| | 是否更改密码 | 否 | 只有选择了"是"才可以填写"新密码"和"确认密码"两项 |
| | 新密码 | 无 | 在"是否更改密码"项为"否"时不可填。用于填入新的密码，密码最长是 9 位，字符范围请参考"当前密码"栏的说明 |
| | 确认新密码 | 无 | 在"是否更改密码"项为"否"时不可填。用于确认新的密码，填入内容要与"新密码" |
| IP 地址配置 | 设备 IP | 192.168.0.178 | 不可填入 X.X.X.0 或 X.X.X.255，IP 地址是网络设备（如 PC、CANET 等）被指定的一个网络上的地址，在同一网络上它具有唯一性 |
| | 设备子网掩码 | 255.255.255.0 | 子网掩码对网络来说非常重要，在同一网络内，各 IP 地址同子网掩码相与所得的值是相等的。所以要正确设置"IP 地址"和"子网掩码"两项 |

| 类别 | 名称 | 默认值 | 说　　明 |
|---|---|---|---|
| IP<br>地址<br>配置 | 设备网关 IP | 192.168.0.1 | 填入本网络内网关的 IP 地址或路由器的 IP 地址 |
| | 设备 MAC 地址 | 每个模块的值<br>都不同 | 该项不可改 |
| | DNS | 192.168.0.1 | 填入 DNS 服务器的 IP 地址 |
| | 获取 IP 方式 | 静态获取<br>(Static) | 还可以选择"动态获取"。所谓静态获取是指用户直接填写"IP 地址""子网掩码""网关"设定。所谓动态获取是指 CANET-100T/200T 模块利用 DHCP，从网络上的 DHCP 服务器中获取由 DHCP 服务器分配的 IP 地址、子网掩码和网关等信息。注意：在确认网络上存在 DHCP 服务器后，才能使用动态获取的功能，通常情况下，路由器也有 DHCP 服务器的功能 |
| | TCP | 连接断开 | 硬件断开则断开，默认值的含义是：一旦物理网络断开，CANET 就断开已经建立的连接，释放内部的资源，以便下次建立连接。该项还可以选择为"不断开"，它的含义刚好同"硬件断开则断开"相反 |
| | 以太网冗余 | 禁用 | 详细介绍请参考 5.2 以太网网络冗余原理 |
| | CAN 冗余 | 禁用 | 只有 CANET-200T 有 CAN 冗余功能，默认情况下 CANET-200T 的冗余功能是关闭的，用户可以通过该选项来开启冗余功能，CANET-200T 提供两种冗余方案 |
| | 最大帧数差 | 10 | 该项只在冗余方案 2 时可用，可以填入 2～255 之间的任意数值 |
| | 最大帧时差 | 1 | 该项只在冗余方案 2 时可用，可以填入 1～255 之间的任意数值 |
| CAN1<br>配置 | TCP 工作模式 | TCP Server | 指使用的通信模式，默认是 TCP Server，还可以选择 TCP Client、UDP 等工作模式。使用 TCP 时需要先建立连接才能传输数据，TCP Server 模式是等待客户机的连接，而 TCP Client 是主动去连接目标 IP 目标端口，两台 CANET 可以一个设为 TCP Server；一个设为 TCP Client 互相连接收发数据。UDP 本身不需要建立连接，所以在使用 UDP 进行传输时，只向目标 IP 目标端口收发数据。工作在 UDP 模式时，通过设置目标 IP 选项，可以同时向多个不同 IP 地址的网络设备进行通信。工作在 TCP 模式时，同时只能有两个网络设备与 CANET 模块通信，通信完毕后要关闭连接，其他网络设备才可以对 CANET 模块进行连接。注意：由于 UDP 本身没有最大包的限制，所以本模块在进行 UDP 通信时规定了最大帧的有效数据为 650B，大于该值，数据很有可能出错 |
| | 端口 | 4001 | 指 CAN1 通信的端口，默认是 4001 端口。用户可以任意填入一个数值，可填入的值 1～65 535，有一些被其他网络协议所占用，这些端口不能使用 |

| 类别 | 名称 | 默认值 | 说 明 |
|------|------|--------|-------|
| CAN1<br>配置 | TCP 连接数(目的 IP 段个数) | 1 | 当 CANET 工作在 TCP Server 或 TCP Client 方式下时,该项用于定义同 CAN1 口通信时允许建立的连接个数,最大值为 2。当 CANET 工作在 UDP 方式下时,该项用于定义同 CAN1 口通信的网络设备所处的 IP 段的个数,最大值为 3。注意:CAN1 和 CAN2 口点的 TCP 连接数不能超过两个。例如,如果 CAN1 口已经建立了两个 TCP 连接,那么 CAN2 口就不能再建立 TCP 连接了,只能工作在 UDP 模式。反过来,如果 CAN2 口已经建立了两个 TCP 连接,那么 CAN1 口就不能再建立 TCP 连接了,只能工作在 UDP 模式 |
| | 超时断开时间(10ms) | 0 | 可填入的值为: 0 和 100~65 535,只在使用 TCP 进行通信时该项才有意义。当 TCP 连接建立起来后,CAN 或以太网接口从接收到最后一个数据开始延时该项所填的时间(单位是 10ms),如果超时时间到了还是没有接收到任何数据则断开 TCP 连接。填入"0"表示一直都不断开 |
| | 心跳时间(10ms) | 0 | 可填入的值为: 0 和 100~65 535,只在使用 TCP 进行通信时该项才有意义。当 TCP 连接建立起来后,每间隔该项所填的时间,就会发送一个"心跳包",如果对方对连续的三个心跳包都没有应答,CANET 就断开该连接。填入"0"表示不会发送"心跳包" |
| | CAN 波特率(HEX) | 180 089(20k) | 从 5K~1000K 共 15 项可选。用户也可以自己填入任意的波特率值 |
| | CAN 工作模式 | 正常 | 建议用户不要改动该项设置 |
| | 分包帧数 | 40 | 可填入的值为: 1~200,当 CAN 口连续接收数据时,接收到的 CAN 帧个数达到"分包帧数"时,则接收到的数据被封装成一个以太网包发送到网口 |
| | 分包时间间隔 | 0 | 可填入的值为: 0~254,当 CAN 口在"分包时间间隔"(单位为 ms)所定义的时间内,没有收到新数据帧,则将之前接收到并且还没有被发送的所有数据帧封装成一个以太网包发送到网口。当填入"0"时,表示"分包时间间隔"为 7 或 8 个 CAN 帧连续发送所需的时间 |
| | 清空 CAN 口 BUFFER | 不清空 | 该选项仅在 TCP 工作模式下有效,它决定在建立连接后是否清空 CAN 口 BUFFER 中的数据,如果不清空,那么在建立连接后将把 BUFFER 中的数据发出 |
| | TCPTURBO | 禁止 | 该选项仅在 TCP 工作模式下有效,打开该功能后,所有从 CAN 口发往以太网的数据包,如果其中包含两个或两个以上的 CAN 帧,都被拆分为两个以上的数据包,然后再通过网口发送出去。加速 PC 的响应,提高 CAN 口→以太网的传输速度 |
| | 目标(1)端口 | 4001 | 可填入的值 1~65 535。只在 TCP Client 和 UDP 工作模式下有效。用于定义同 CANET 设备进行通信的网络设备的端口。只有通过该端口发送的网络数据才能被 CANET 设备接收到,而 CANET 设备接收到 CAN 数据帧也会通过以太网发送到该端口 |

续表

| 类别 | 名称 | 默认值 | 说　明 |
|---|---|---|---|
| CAN1 配置 | 目标(1)IP 地址 | 192.168.0.2 | 只在 TCP Client 和 UDP 工作模式下有效。用于定义同 CANET 设备进行通信的网络设备的端口 IP 地址。它可以是 IP 地址,也可以是 IP 地址段(只适用于 UDP 工作方式),还可以是域名。注意:①当该项中填入的是域名时,必须在 DNS 选项中填入正确的 DNS 服务器的 IP 地址,否则就会造成通信不成功。②当 CAN 口处于 UDP 工作模式下时,可以通过在该项中填入 IP 地址段来实现多个网络设备同时同 CANET 进行通信。IP 地址段的前三个字节必须相同,并且第一个 IP 地址的第 4 字节必须小于或等于第二个 IP 地址的第 4 个字节 |
| | 目标(2)端口 | 4002 | 可填入的值 1~65 535。只在 TCP Client 和 UDP 工作模式下有效。用于定义同 CANET 设备进行通信的网络设备的端口。只有通过该端口发送的网络数据才能被 CANET 设备接收到,而 CANET 设备接收到 CAN 数据帧也会通过以太网发送到该端口 |
| | 目标(2)IP 地址 | 192.168.0.3 | 只在 TCP Client 和 UDP 工作模式下有效。用于定义同 CANET 设备进行通信的网络设备的端口 IP 地址。它可以是 IP 地址,也可以是 IP 地址段(只适用于 UDP 工作方式),还可以是域名。注意:①当该项中填入的是域名时,必须在 DNS 选项中填入正确的 DNS 服务器的 IP 地址,否则就会造成通信不成功。②当 CAN 口处于 UDP 工作模式下时,可以通过在该项中填入 IP 地址段来实现多个网络设备同时同 CANET 进行通信。IP 地址段的前三个字节必须相同,并且第一个 IP 地址的第 4 个字节必须小于或等于第二个 IP 地址的第 4 个字节 |
| | 目标(3)端口 | 4003 | 可填入的值 1~65 535。只在 TCP Client 和 UDP 工作模式下有效。用于定义同 CANET 设备进行通信的网络设备的端口。只有通过该端口发送的网络数据才能被 CANET 设备接收到,而 CANET 设备接收到 CAN 数据帧也会通过以太网发送到该端口 |
| | 目标(3)IP 地址 | 192.168.0.4 | 只在 TCP Client 和 UDP 工作模式下有效。用于定义同 CANET 设备进行通信的网络设备的端口 IP 地址。它可以是 IP 地址,也可以是 IP 地址段(只适用于 UDP 工作方式)。注意:①目标(3)IP 地址不支持域名。②当 CAN 口处于 UDP 工作模式下时,可以通过在该项中填入 IP 地址段来实现多个网络设备同时同 CANET 进行通信。IP 地址段的前三个字节必须相同,并且第一个 IP 地址的第 4 个字节必须小于或等于第二个 IP 地址的第 4 个字节 |

　　CAN2 的各项参数除目标 IP 和目标端口以外,其他参数的默认值同 CAN1 完全相同;CAN2 各项参数的含义同 CAN1 各项参数的含义也完全相同,在这里就不再用表格一一列出了。

　　**注**:CANET-100T 只有 CAN1 口。

### 6.3.6　冗余功能介绍

CANET-200T 设备具有以太网网络和 CAN 网络冗余功能(CANET-100T 只有以太网冗余功能)。当某一网络出现故障,能迅速启动换到另一网络,保持数据转发的正常进行。当出现故障的网络被修复以后,能在需要的时候被重新启用,因此,使用该设备构建的网络具有很高的可靠性和自愈能力。用户应该根据下面介绍的冗余原理来适当地调整自己的设备,同 CANET 设备配合使用组建符合自己要求的冗余网络。

1. 以太网网络冗余原理

要实现以太网冗余,需要两个或两个以上(通常情况两个就已经能保证很高的网络可靠性)的 CANET 设备配合使用,并且每个 CANET 最好工作在 UDP 工作模式下,其他网络参数设置要保持完全相同。

CANET 通过控制设备内部继电器的开启和闭合来控制后续设备的上电和下电,最终实现以太网的冗余。要使用 CANET-200T 的以太网冗余功能,需要按照如图 6.62 所示的连接方式对 CANET 设备供电。

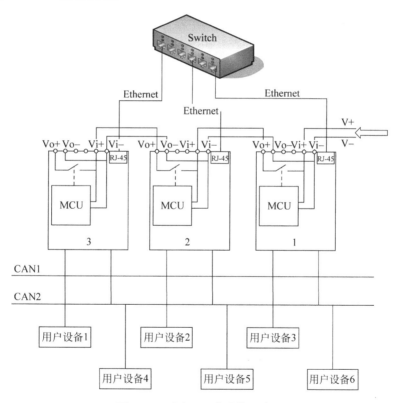

图 6.62　以太网冗余连接示意图

以太网冗余功能的实现流程如图 6.63 所示。

给系统上电后,默认情况下 CANET 会打开开关(继电器),防止对后续的 CANET 设备的供电,随后 CANET 就开始检测网络是否连接正常,如果检测到网络连接正常,CANET 就会维持继电器的打开状态,不对后续的 CANET 供电。否则就会闭合继电器,对

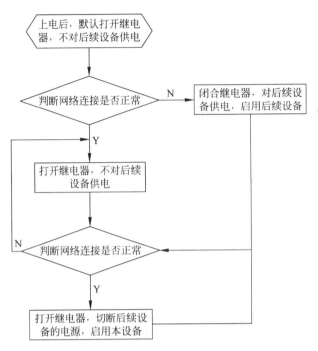

**图 6.63 以太网冗余功能的实现流程**

后续的 CANET 供电，启用后续的 CANET。同时，还会定期检测网络连接是否恢复，如果网络恢复连接，就打开继电器，切断后续的 CANET 的电源，启用本设备。CANET 系统在工作的过程中，也会定时检测网络的连接情况，如果发现网络连接失败，也会闭合继电器，对后续设备进行供电，启用后续设备。同时还会继续定期检测网络的连接情况，如果发现网络恢复连接，就打开继电器，切断下一个 CANET 的电源，启用本设备。

2. CAN 网络冗余原理

CANET-200T 设备提供两种 CAN 网络冗余方案，满足不同用户的需要。用户可以根据自己网络和设备的实际情况，选择适合自己的冗余方案。下面分别对两种方案进行详细的介绍。

1）冗余方案一

通常情况下，用户可以按照图 6.64 连接用户设备。

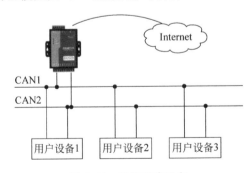

**图 6.64 连接用户设备**

本方案中,CANET-200T 的两路 CAN 口,任何时刻只有一路 CAN 口进行正常的收发称为"活动 CAN 口",以太网上接收的数据从这个 CAN 口上转发出去,这个 CAN 口上接收到的数据被转发到以太网上去。另一路 CAN 口只是处于监听状态称为"监听 CAN 口",仅用来监听是否收到数据。冗余方案一的实现流程如图 6.65 所示。

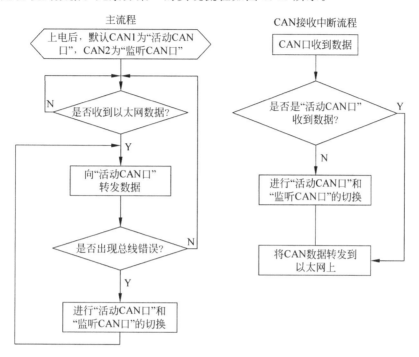

**图 6.65　CAN 冗余方案一实现流程**

系统上电后,默认 CAN1 口为"活动 CAN 口",CAN2 口为"监听 CAN 口"。如果在"活动 CAN 口"上收到 CAN 数据帧,就会将其转换为以太网帧发送到以太网上去,如果在"监听 CAN 口"上收到 CAN 数据帧,设备就认为当前"活动 CAN 口"所属网络出现故障,就将当前"活动 CAN 口"切换为"监听 CAN 口",将当前的"监听 CAN 口"切换为"活动 CAN 口",并将收到的 CAN 数据帧转发到以太网上去。

当收到以太网上发来的数据时,就尝试着向"活动 CAN 口"发送,如果发现出现总线错误,就认为当前"活动 CAN 口"所属网络出现故障,将当前的"活动 CAN 口"切换为"监听 CAN 口",将当前的"监听 CAN 口"切换为"活动 CAN 口",再尝试着将数据向"活动 CAN 口"发送。如果再次出现总线错误,就会又出现一次"活动 CAN 口"和"监听 CAN 口"的切换,再进行数据的发送。以此类推进行下去直到发送完成。如果出现发送成功,就会维持当前"活动 CAN 口"和"监听 CAN 口"状态。

2) 冗余方案二

通常情况下,用户可以按照图 6.64 连接用户设备。

本方案同方案一不同之处在于,将 CANET-200T 的两路 CAN 口,分为"主 CAN 口"和"备用 CAN 口"。以太网上收到的数据会尽可能同时向"主 CAN 口"和"备用 CAN 口"转发,也就是说两路 CAN 网络上会出现相同的数据。

接收 CAN 网络的数据时,CANET-200T 期望在两路 CAN 网络中接收到相同的数据,但只将"主 CAN 口"接收到的数据转发到以太网上。如果 CANET-200T 的两路 CAN 口接收的数据不同到一定程度就会认为有一路 CAN 网络出现故障,并根据具体的情况考虑是否进行"主 CAN 口"和"备用 CAN 口"的切换。

　　冗余方案二的实现流程如图 6.66 所示。

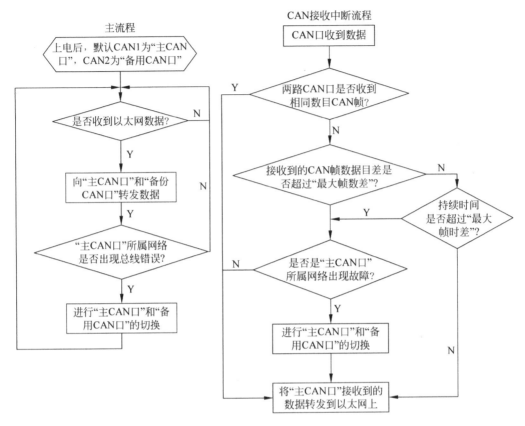

**图 6.66　CAN 冗余方案二实现流程**

　　系统上电后,默认 CAN1 为"主 CAN 口",CAN2 为"备用 CAN 口"。当收到以太网上发来的数据时,会尽可能同时向两路 CAN 口转发(同一 CAN 帧在两个 CAN 网络是出现的时间差不超过 $1\mu s$),除非总线出现故障,否则两路 CAN 网络上会出现同样的数据帧。如果在转发过程中"主 CAN 口"出现了总线错误,就会进行"主 CAN 口"和"备用 CAN 口"的切换,如果是"备用 CAN 口"出现了总线错误,则不进行切换。

　　为了说明接收到 CAN 网络发来数据时的处理方法,在这里先引入两个概念:"最大帧数差"和"最大帧时差"。

　　"最大帧数差"就是 CANET-200T 设备判定中某一路 CAN 网络是否出现故障的"帧差上限值"。具体地说就是在相同的某一段时间内,如果某一路 CAN 口收到的 CAN 帧比另一路 CAN 口收到的 CAN 帧少,并且其差值超过了"最大帧数差"所规定的值时,则认为该路 CAN 网出现故障。如果"主 CAN 口"属于该路 CAN 网络,则进行"主 CAN 口"和"备用CAN 口"的切换。

　　"最大帧时差"就是 CANET-200T 设备判定中其中一路 CAN 网络是否出现故障的"时差上限值"。具体地说就是如果两路 CAN 网络都接收到了 CAN 帧,但帧数不一样,并且都没有后续来的 CAN 帧到来,当这种状况持续的时间超过了"最大帧时差"所规定的时间时,就认为接收到 CAN 帧较少的那一路 CAN 网络出现了故障。如果"主 CAN 口"属于该路 CAN 网络,则进行"主 CAN 口"和"备用 CAN 口"的切换。

CAN 口在接收数据时,会一直检查接收到的 CAN 帧是否达到"最大帧数差"和"最大帧时差"这两个指标,如果没有达到,则将按照正常的操作转发"主 CAN 口"数据;如果达到任何一个指标,就会根据上面所讲的方法来决定是否进行"主 CAN 口"和"备用 CAN 口"切换,然后再转发"主 CAN 口"的数据。

### 6.3.7 CANET 数据转换格式

图 6.67 所示为 TCP 或 UDP 帧包含若干 CAN 帧关系图。

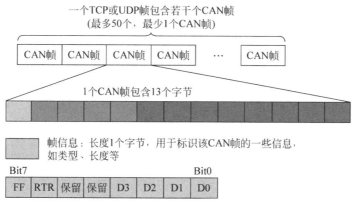

图 6.67 TCP 或 UDP 帧包含若干 CAN 帧关系

FF:标准帧和扩展帧的标识,1 为扩展帧,0 为标准帧。

RTR:远程帧和数据帧的标识,1 为远程帧,0 为数据帧。

保留值为 0,不可写入 1。

D3~D0:标识该 CAN 帧的数据长度。

图 6.68 为 CAN 帧数据及帧 ID 表示方式。

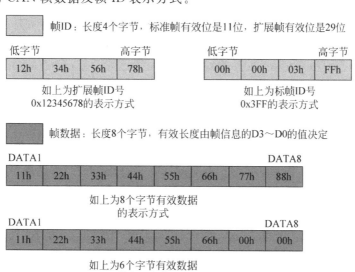

图 6.68 CAN 帧数据及帧 ID 表示方式

以下例子是一个扩展数据帧，ID 为 0x12345678，包含 8 个字节数据（11h，22h，33h，44h，55h，66h，77h，88h）的帧的表示方式。

| 88h | 12h | 34h | 56h | 78h | 11h | 22h | 33h | 14h | 55h | 66h | 77h | 88h |
|-----|-----|-----|-----|-----|-----|-----|-----|-----|-----|-----|-----|-----|

以下例子是一个标准数据帧，ID 为 0x3ff，包含 6 个字节数据（11h，22h，33h，44h，55h，66h）的帧的表示方式。

| 06h | 00h | 00h | 03h | FFh | 11h | 22h | 33h | 44h | 55h | 66h | 00h | 00h |
|-----|-----|-----|-----|-----|-----|-----|-----|-----|-----|-----|-----|-----|

用户在使用 PC 发送 UDP 帧时，每个 UDP 帧包含的 CAN 帧数量不能大于 50 帧。而 UDP 帧的发送速度建议不要超过每秒 400 帧，还有一个条件，假如用户每秒发送 400 帧 UDP 帧，而每个 UDP 帧包含 50 帧 CAN 帧，用户可以计算出相当于每秒发送 20 000 帧 CAN 帧了，就算是 1000kb/s 的波特率，CAN 也发不了这么快。所以建议用户每秒发送的 UDP 帧不要超过 400 帧，转换成 CAN 帧不要超过每秒 4000 帧。

# 思　考　题

1. 填空题

（1）通信协议是一种分层结构，根据 ISO 的 7 层模型通信协议分为物理层、数据链路层、网络层、传输层、会话层、表示层、应用层。

（2）所谓以太网网络透明传输协议（简称为"以太网透传"）是指网络协议的应用层数据和串口协议的用户数据完全一致，不存在格式转化问题，形象地比喻为"透明传输"。

（3）CAN 通信线可以使用双绞线屏蔽双绞线，若通信距离超过 1km 应保证线的截面积大于 $1.0mm^2$。

（4）为了增强 CAN 通信的可靠性，CAN 总线网络的两个端点通常要加入终端匹配电阻。终端匹配电阻的大小由传输电缆的特性阻抗所决定，例如，双绞线的特性阻抗为 120Ω，则总线上的两个端点也应集成 120Ω 终端电阻。

（5）CAN232MB 转换器和 CAN 总线连接的时候是 CANL 连 CANL，CANH 连 CANH。

（6）CAN232MB 转换器转换模式中包含三种可以选择的转换模式：透明转换、透明带标识转换和 Modbus 协议转换。

（7）在 9600b/s 的波特率下，"串行帧时间间隔字符数"为 4，"传送单个字符（每个字符 10 个位）的时间"则为 $(10/9600)s$，得到的串行帧间的实际时间间隔为 $(10/9600)×4 = 4.17(ms)$，即两串行帧之间的时间间隔至少为 4.17ms。

（8）在 CAN 总线滤波设置中，ACR 是"验收代码寄存器"。AMR 是"验收屏蔽寄存器"，若与 CAN 控制器 SJA1000 的验收代码和验收屏蔽寄存器的填充完全相同。当填充的值为"xx xx xx xx FF FF FF FF"（xx 代表任意的十六进制值）时，转换器将接收所有的 CAN 报文数据帧。当填充值为"00 00 00 00 00 00 00 00"时，转换器只会接收帧 ID 全为

0 的数据型扩展帧和 ID 为 0 并且前两个数据为 0 的数据型标准帧。

（9）"透明转换"的含义是转换器仅将一种格式的总线数据原样转换成另一种总线的数据格式，而不附加数据和对数据做修改。这样既实现了数据格式的交换又没有改变数据内容，对于两端的总线来说转换器如同透明的一样。

（10）带标识转换时，必须取得完整的串行数据帧，转换器以两帧间的时间间隔作为帧的划分。并且该间隔可由用户设定。串行帧最大长度为缓冲区的长度：255 字节。

（11）CANET 设备的三种工作模式，分别是 TCP Server 模式、TCP Client 模式、UDP模式。

2．判断题

（1）CAN232MB 建议在高速系统中使用，转换器不适用于低速数据传输（错）。

（2）CAN232MB 在"配置模式"和"正常工作"模式切换之后，必须重新上电一次，否则仍然执行的是原来的工作模式，而不能成功地实现切换。（对）

（3）在"透明带标识转换"和"Modbus 转换"中，注意 CAN 网络的帧类型必须和配置的帧类型相同，否则不能成功通信。（对）

（4）在"透明带标识转换"和"Modbus 转换"中，串行帧的传输必须符合已配置的时间要求，否则可能导致通信出错。（对）

（5）由于 CAN 总线是半双工的，所以在数据转换过程中，应尽量保证两侧总线数据的有序性。如果两侧总线同时向转换器发送大量数据，将可能导致数据的转换不完全。（对）

（6）使用 CAN232MB 的时候，应该注意两侧总线的波特率和两侧总线发送数据的时间间隔的合理性，转换时应考虑波特率较低的总线的数据承受能力。比如在 CAN 总线数据转向串行总线的时候，CAN 总线的速率能达到数千帧每秒，但是串行总线只能到数百帧每秒。所以当 CAN 总线的速率过快时会导致数据转换不完全。（对）

（7）一般情况下 CAN 波特率应该是串口波特率的 5 倍左右，数据传输会比较均匀（因为在 CAN 总线传输数据的时候还附加了其他的功能域，相当于增加了数据的长度，所以相同波特率下 CAN 传输的时间会比串行总线的时间长）。（对）

3．简答题

（1）简述 CAN232 透明转换协议的转换过程。

① 帧格式

• 串行总线帧

可以是数据流，也可以是协议数据。通信格式：1 起始位，8 数据位，1 停止位。

• CAN 总线帧

CAN 报文帧格式不变。

② 转换方式

• 串行帧转 CAN 报文

串行帧的全部数据依序填充到 CAN 报文帧的数据域里。转换器一检测到串行总线上有数据后就立即接收并转换。

转换成的 CAN 报文帧信息（帧类型部分）和帧 ID 来自用户事先的配置，并且在转换过程中帧类型和帧 ID 一直保持不变。

如果收到串的行帧长度小于等于 8 字节，依序将字符 $1 \sim n$（$n$ 为串行帧长度）填充到

CAN 报文的数据域的 $1\sim n$ 个字节位置。

如果串行帧的字节数大于 8,那么处理器从串行帧首个字符开始,第一次取 8 个字符依次填充到 CAN 报文的数据域。将数据发至 CAN 总线后,再转换余下的串行帧数据填充到 CAN 报文的数据域,直到其数据被转换完。

- CAN 报文转换串行帧

对于 CAN 总线的报文也是收到一帧就立即转发一帧。

转换时将 CAN 报文数据域中的数据依序全部转换到串行帧中。

如果在配置的时候,"帧信息转换使能"项选择了"转换",那么转换器会将 CAN 报文的"帧信息"字节直接填充至串行帧。

如果"帧 ID 转换使能"项选择了"转换",那么也将 CAN 报文的"帧 ID"字节全部填充至串行帧。

(2) 简述 CAN232 透明带标识转换的转换过程。

① 串行帧转 CAN 报文

串行帧中所带有的 CAN 的标识在串行帧中的起始地址和长度可由配置设定。起始地址的范围是 $0\sim7$,长度范围分别是 $1\sim2$(标准帧)或 $1\sim4$(扩展帧)。

转换时根据事先的配置将串行帧中的 CAN 帧 ID 对应全部转换到 CAN 报文的帧 ID 域中(如果所带帧 ID 个数少于 CAN 报文的帧 ID 个数,那么在 CAN 报文的填充顺序是帧 ID1$\sim$ID4,并将余下的 ID 填为 0),其他的数据依序转换。

如果一帧 CAN 报文未将串行帧数据转换完,则仍然用相同的 ID 作为 CAN 报文的帧 ID 继续转换直到将串行帧转换完成。

② CAN 报文转串行帧

对于 CAN 报文,收到一帧就立即转发一帧,每次转发的时候也根据事先配置的 CAN 帧 ID 在串行帧中的位置和长度把接收到的 CAN 报文中的 ID 做相应的转换。其他数据依序转发。

值得注意的是,无论是串行帧还是 CAN 报文在应用的时候其帧格式(标准帧还是扩展帧)应该符合事先配置的帧格式要求,否则可能致使通信不成功。

(3) 简述 CAN232 Modbus 协议转换的转换过程。

在串口侧向 CAN 侧转换的过程中,转换器只会在接收到一完整正确的 Modbus RTU 帧时才会进行转换,否则无动作。

Modbus RTU 协议的地址域转成 CAN 报文中帧 ID 的高字节(无论是标准帧还是扩展帧都是帧 ID1)——ID.28$\sim$ID.21(扩展帧)或 ID.10$\sim$ID3(标准帧),在转换该帧的过程中标识不变。

而 CRC 校验字节不转换到 CAN 报文中,CAN 的报文中也不必带有串行帧的校验字节,因为 CAN 总线本身就有较好的校验机制。

转换的是 ModbusRTU 的协议内容——功能码和数据域,转换时将它们依次转换在 CAN 报文帧的数据域(从第二个数据字节开始,第一个数据字节为分段协议使用)里,由于 Modbus RTU 帧的长度根据功能码的不同而不同。而 CAN 报文一帧只能传送 7 个数据,所以转换器会将较长的 Modbus RTU 帧分段转换成 CAN 的报文后用上述的 CAN 分段协议发出。用户在 CAN 的节点上接收时取功能码和数据域处理即可。

对于 CAN 总线的 Modbus 协议数据,无须做循环冗余校验(CRC16),转换器按照分段协议接收,接收完一帧解析后自动加上循环冗余校验(CRC16),转换成 Modbus RTU 帧发送至串行总线。

如果接收到的数据不符合分段协议,则将该组数据丢弃不予转换。

(4) 简述 TCP 通信方式,并说明 TCP 通信与 UDP 最大的不同。

这是一种需要建立逻辑连接后才能进行数据通信的方式,TCP 通信方式具有较高的可靠性。为了保证可靠性,在 TCP 中可以实现出错重发等机制,但这会增加额外的数据通信量,使其不如 UDP 方式快速。TCP 通信时包括服务器端和客户端。

ZNE 模块使用这种通信方式的工作模式有 TCP Server、TCP Client、TCP AUTO 和 RealCom 等。

(5) 简述 TCP Server 模式的基本操作。

当模块工作于 TCP 服务器(TCP Server)模式时,它不会主动与其他设备连接。它始终等待客户端(TCP Client)的连接,在与客户端建立 TCP 连接后即可进行双向数据通信。

(6) 简述 TCP Client 模式的基本操作。

当模块工作于 TCP 客户端(TCP Client)模式时,它将主动与预先设定好的 TCP 服务器连接。如果连接不成功,客户端将会不断变换本地端口号,不断尝试与 TCP 服务器建立连接。在与 TCP 服务器端建立 TCP 连接后即可进行双向数据通信。

(7) 简述 UDP 通信方式,并说明 TCP 通信与 UDP 最大的不同。

这是一种不基于连接的通信方式,它不能保证发往目标主机的数据包被正确接收,所以在对可靠性要求较高的场合可以通过上层的通信协议来保证数据正确,或者使用 TCP 方式。因为 UDP 方式是一种较简单的通信方式,所以它不会增加过多的额外通信量,可以提供比 TCP 方式更高的通信速度,以保证数据包的实时性。事实上,在网络环境比较简单,网络通信负载不是太大的情况下,UDP 工作方式并不容易出错。工作在这种方式下的设备,都是地位相等的,不存在服务器和客户端。

(8) 简述 CAN 网络冗余原理(两种方案)。

CANET-200T 设备提供两种 CAN 网络冗余方案,满足不同用户的需要。用户可以根据自己网络和设备的实际情况,选择适合自己的冗余方案。下面分别对两种方案进行详细的介绍。

① 冗余方案一

本方案中,CANET-200T 的两路 CAN 口,任何时刻只有一路 CAN 口进行正常的收发称为"活动 CAN 口",以太网上接收的数据从这个 CAN 口上转发出去,这个 CAN 口上接收到的数据被转发到以太网上去。另一路 CAN 口只是处于监听状态称为"监听 CAN 口",仅用来监听是否收到数据。

系统上电后,默认 CAN1 口为"活动 CAN 口",CAN2 口为"监听 CAN 口"。如果在"活动 CAN 口"上收到 CAN 数据帧,就会将其转换为以太网帧发送到以太网上去,如果在"监听 CAN 口"上收到 CAN 数据帧,设备就认为当前"活动 CAN 口"所属网络出现故障,就将当前"活动 CAN 口"切换为"监听 CAN 口",将当前的"监听 CAN 口"切换为"活动 CAN 口",并将收到的 CAN 数据帧转发到以太网上去。

当收到以太网上发来的数据时,就尝试着向"活动 CAN 口"发送,如果发现出现总线错误，就认为当前"活动 CAN 口"所属网络出现故障，就将当前的"活动 CAN 口"切换为"监听 CAN 口"，将当前的"监听 CAN 口"切换为"活动 CAN 口"，再尝试着将数据向"活动 CAN 口"发送，如果再次出现总线错误，就会又出现一次"活动 CAN 口"和"监听 CAN 口"的切换，再进行数据的发送。以此类推进行下去直到发送完成。如果出现发送成功，就会维持当前"活动 CAN 口"和"监听 CAN 口"状态。

② 冗余方案二

本方案同方案一不同之处在于，将 CANET-200T 的两路 CAN 口，分为"主 CAN 口"和"备用 CAN 口"。以太网上收到的数据会尽可能同时向"主 CAN 口"和"备用 CAN 口"转发，也就是说两路 CAN 网络上会出现相同的数据。

接收 CAN 网络的数据时，CANET-200T 期望在两路 CAN 网络中接收到相同的数据，但只将"主 CAN 口"接收到的数据转发到以太网上。如果 CANET-200T 的两路 CAN 口接收的数据不同到一定程度就会认为有一路 CAN 网络出现故障，并根据具体的情况考虑是否进行"主 CAN 口"和"备用 CAN 口"的切换。

冗余方案二的实现流程如下。

系统上电后，默认 CAN1 为"主 CAN 口"，CAN2 为"备用 CAN 口"。当收到以太网上发来的数据时，会尽可能同时向两路 CAN 口转发(同一 CAN 帧在两个 CAN 网络是出现的时间差不超过 $1\mu s$)，除非总线出现故障，否则两路 CAN 网络上会出现同样的数据帧。如果在转发过程中"主 CAN 口"出现了总线错误，就会进行"主 CAN 口"和"备用 CAN 口"的切换，如果是"备用 CAN 口"出现了总线错误，则不进行切换。

为了说明接收到 CAN 网络发来数据时的处理方法，在这里先引入两个概念："最大帧数差"和"最大帧时差"。

"最大帧数差"就是 CANET-200T 设备判定中某一路 CAN 网络是否出现故障的"帧差上限值"。具体地说就是在相同的某一段时间内，如果某一路 CAN 口收到的 CAN 帧比另一路 CAN 口收到的 CAN 帧少，并且其差值超过了"最大帧数差"所规定的值时，则认为该路 CAN 网出现故障。如果"主 CAN 口"属于该路 CAN 网络，则进行"主 CAN 口"和"备用 CAN 口"的切换。

"最大帧时差"就是 CANET-200T 设备判定中其中一路 CAN 网络是否出现故障的"时差上限值"。具体地说就是如果两路 CAN 网络都接收到了 CAN 帧，但帧数不一样，并且都没有后续来的 CAN 帧到来，当这种状况持续的时间超过了"最大帧时差"所规定的时间时，就认为接收到 CAN 帧较少的那一路 CAN 网络出现了故障。如果"主 CAN 口"属于该路 CAN 网络，则进行"主 CAN 口"和"备用 CAN 口"的切换。

CAN 口在接收数据时，会一直检查接收到的 CAN 帧是否达到"最大帧数差"和"最大帧时差"这两个指标，如果没有达到，则将按照正常的操作转发"主 CAN 口"数据；如果达到任何一个指标，就会根据上面所讲的方法来决定是否进行"主 CAN 口"和"备用 CAN 口"切换，然后再转发"主 CAN 口"的数据。

# 第7章　船舶网络化监控系统

船舶监控系统也是一种工业控制网络,其任务是将底层设备采集的信息传送至顶层集中监控平台,并将顶层集中监控平台的控制指令传送至底层设备。船舶监控系统涵盖船舶平台的所有信息,如动力、电力、损管等。

## 7.1　船舶网络化监控的硬件体系

### 7.1.1　船舶监控系统硬件体系

1. 船舶监控系统网络

1) 船舶电力监控系统网络结构

目前,大部分的船舶电力监控系统都采用分布式控制系统的结构,即分为分散过程控制级、集中操作监控级、综合信息管理级,分别对应船舶的机旁、配电板、集控室。网络结构如图7.1所示。

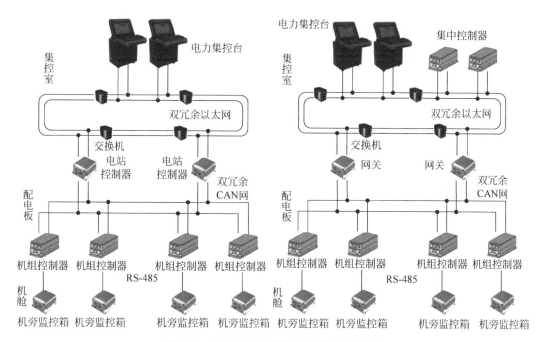

图 7.1　船舶电力监控系统的两种网络结构

船舶监控系统的网络分为上层和底层。上层通常采用工业以太网,底层通常采用 CAN 总线网络。有的船舶的底层设备也使用串行通信,如 RS-422 或 RS-485 等,进行点对点的数据交互。

2) 船舶动力监控系统网络结构

如图 7.2 所示,目前,大部分的船舶动力监控系统采用主/从式网络结构,由动力集控台汇集动力系统的各个机旁监控信息,主要通信方式为串行通信。驾控室的驾控台与集控室的集控台功能相同,区别仅在于部位不同,且驾控台的信息全部来自集控台。

2. 船舶监控系统标准化硬件

对于军工产品而言,可维护性是极其重要的。可维护性的一个重要表现形式是标准化,即所有的产品采用模块化设计,遵循统一的标准,具有相同的尺寸、接口,从而使得具有相同或相似功能的设备能够迅速安装或替换,便于设备的改装和升级。

标准化硬件应贯彻通用化、系列化、组合化的要求,能够覆盖船舶综合平台的各个专业,便于所有用户根据型号需求选配标准化硬件,进而开发相应的专用设备和应用软件。标准化硬件实现了船舶综合平台管理系统的硬件统一,从而为集成各自专业的应用系统打下了硬件基础。

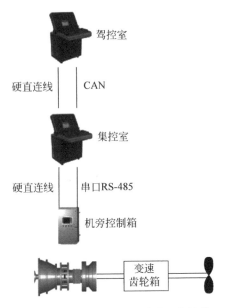

图 7.2　船舶动力监控系统的网络结构

标准化硬件总体设计,主要是从系统顶层设计着手,分析推进监控、电力监控、损管综合监控、综合舰桥、综合保障、综合状态监测、综合管理与决策等专业间硬件的共性功能需求与基本配置要求,注重标准化设计,归纳总结并提出标准化硬件的型谱系列。

标准化硬件型谱系列分为设备级标准化硬件和模块级标准化硬件。设备级标准化硬件包括通用控制台和通用控制单元,通用控制台包括 A1 型和 A2 型两个系列,通用控制单元包括 B1 型和 B2 型两个系列,如图 7.3、图 7.4 和图 7.5 所示;模块级标准化硬件分为 5 大类标准化模块,包括 I/O 类、现场控制类、网络通信类模块、显示操作类模块和综合类模块;不同系列提供功能一致的软硬件模块,用户能够根据功能需求和战术使命要求进行模块的选择和配置。

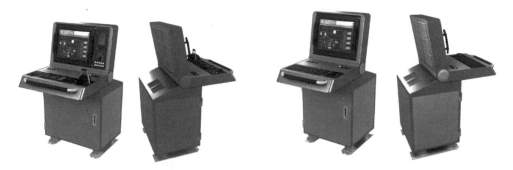

图 7.3　A1 型通用控制台示意图　　　　　图 7.4　A2 型通用控制台示意图

A1、A2 通用控制台的对外基本接口包括电源接口、网络接口、CAN 接口、串行通信接口、I/O 接口、USB 2.0 接口等,可由交流 220V 或直流 24V 供电,支持双网自动快速切换,提供 RS-232C/RS-422/485 标准的接口。此外,通用控制台还提供扩展接口和用户专用接口,用户能够按照其专用功能自行定义。

图 7.5　B1 型通用控制单元示意图、B2 型通用控制单元示意图

通用控制单元 B1、B2 型支持 6U CPCI 机箱,所有模块竖插,所有模块的元件面都朝机箱右侧。计算机机箱由机箱壳体、前盖板、后盖板、电源滤波器、电源开关、电源保险丝、电源指示灯、运行指示灯、复位开关、JUN 用连接器、调试接口和机箱底板等组成,如图 7.6 所示。机箱底板总线符合 PICMG 2.0 规范,连接器为符合 IEC 1076-4-101 的 CompactPCI 标准连接器。机箱最大可插入 8 块 6U CPCI 总线模块,前面板上留有调试用接口,所有对外出线均从后盖板引出,对外接口的出线采用规定型号的 JUN 用连接器。通用控制单元的对外接口与通用控制台一致。

图 7.6　计算机机箱 CPCI 插槽部署示意图

## 7.1.2　船舶监控系统以太网络架构及设备

船舶监控系统的上层网络通常采用高速交换式工业以太网,传输速度为 1000M,采用双环双冗余结构,环网保护协议采用快速生成树协议 RSTP 802.1w 和 Link Aggregation Control Protocol(LACP),数据传输主要采用 TCP/IP 及 UDP。船舶监控系统中,常见的高速交换式工业以太网结构如图 7.7 所示。

船舶监控系统的以太网包括以下组成。

(1) 集控台/备用集控台(high_app1~5):集中监控台(见图 7.8)由多个显示台组成,完成各个监控分系统集中监控高级应用的各种功能;其数据直接来源于各分现场的 RTU/网关/实时数据库。备用集控台作为集控台的备份,只有在集控台故障时起作用。

(2) 系统数据库服务器/系统备用数据库服务器(data_server):存储全船各个分系统所

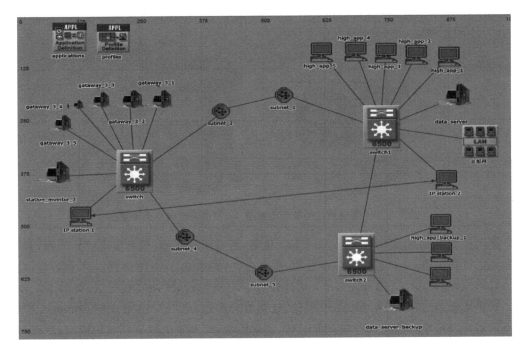

图 7.7　船舶监控系统以太网结构

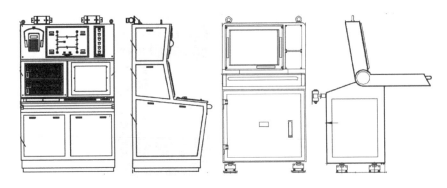

图 7.8　船舶集控台

有监控数据。

（3）监控分系统区：由机旁监控设备、底层采集设备、网关/集中采集装置等组成。

（4）全船网通过交换机连接，可实现各个分系统间的数据共享。

（5）其他数据业务。

以太网的优势在于速度快，数据量大。以太网内各节点设备数据统计如下。

（1）模拟量实时数据库，每 500ms 刷新所属区域内所有数据一次。

（2）开关量实时数据库，每 1s 刷新所属区域内所有数据一次；但当开关量状态变化时，则立即刷新。

（3）数据库服务器、集控台等各高级应用工作站运行时，其数据来源于系统分析模块的计算数据。读取频率和系统分析模块的计算速度一致。

（4）数据库服务器对外提供 Web 服务和数据读写服务。

（5）其他数据业务。如集控台的控制指令信息、底层设备的报警信息、故障诊断波形信息、文本配置信息、视音频信息等。

但是，由于以太网需要处理的信息量可能非常大，而有些实时数据不是经常变化的，因此定时刷新所有数据在某些场合并不必要。此时采用变化刷新原则，即当实时数据没有发生变化或变动在一个很小的范围之内时，集中采集装置每 30s 刷新所属区域内所有数据；而当实时数据的变化超过设定的范围时，集中采集装置立即刷新所属区域内所有数据。

### 7.1.3　船舶监控系统 CAN 网络架构及设备

船舶监控系统的底层网络通常采用 CAN 总线协议，由集中监控单元、智能网桥、智能节点、智能网关、现场总线网络及其他异构网络组成，如图 7.9 所示。

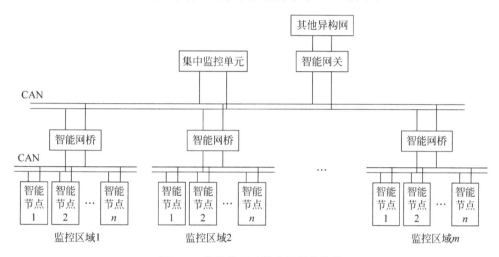

**图 7.9　能量管理系统底层网络结构**

1. 智能节点

智能节点通常是底层采集装置，将电气信息转换成数字信号并计算，然后将其发送至上层的网络监控设备。船舶常用的底层采集装置包括电量附件、机旁监控箱。

电量附件通常安装于交流断路器上，采集流经该交流断路器的三相电压、三相电流、有功功率、功率因数、频率等多个信息。电量附件如图 7.10 所示。

机旁监控箱安装在发电机组附近，用于采集、显示原动机和发电机的主要监测信息，并将其发送至上层的网络监控设备，同时实现对发电机组的自动控制。某型柴油发电机组的机旁监控箱如图 7.11 所示。

2. 智能网关

由于船舶监控系统的上层网络和底层网络采用不同的网络，因此需要进行上层/底层的协议转换。协议转换通常由智能网关实现。某型船的网关如图 7.12 所示。

3. 集中监控单元

集中监控单元通常作为监控系统在配电板的监控站，具有显示、报警的功能，同时还能够兼具智能网关的功能。在船舶电力监控系统中，由电站控制器实现对单个电站及相关配电板的集中监控。某型船的电站控制器如图 7.13 所示。

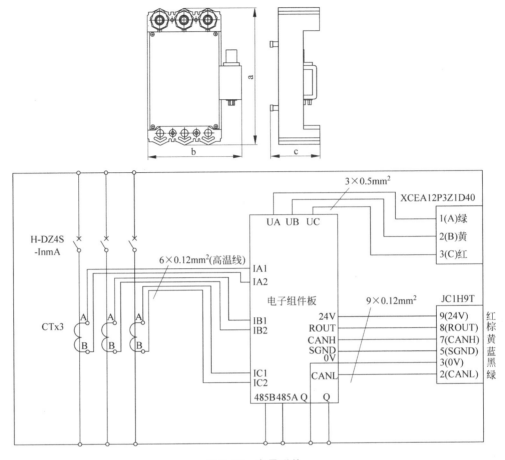

**图 7.10 电量附件**

**图 7.11 某型柴油发电机组机旁监控箱**

**图 7.12 某型船的网关**

**图 7.13 某型电站控制器**

# 7.2　船舶网络化监控的软件体系

## 7.2.1　软件总体架构与标准

网络化监控以网络作为平台实现监控,也需要遵循网络模型,包括物理层、数据链路层、应用层等。船舶常用的监控网络有串行通信、CAN 总线、以太网等,这些网络的底层模型和协议都有国际标准可以参考,而应用层则没有统一的标准和规范。船舶监控系统包含船舶平台各个分系统的监控,所涉及的是一个由不同硬件、不同操作系统、不同支撑环境或不同厂家的产品组成的异构系统,要使其协调工作,软件体系与软件接口技术需要有相应的标准。由于应用软件没有接口标准,应用层不开放,系统异构和互联非常困难。因此,船舶网络化监控的软件体系,需要从顶层对软件系统进行规划,进一步提高系统信息开放性。

船舶网络化监控系统的软件体系结构设计应遵循分层组件式模块式设计原则,根据软件功能进行标准化设计,确定软件标准化组件及模块,实现模块内部高内聚,模块间的松耦合,提高可靠性、维护性和重用性。

(1) 标准化设计原则

船舶网络化监控系统是实时与非实时、控制与非控制、同构与异构、紧耦合与松耦合交织的集成系统,在满足实时性和安全性的前提下,推行标准化、提高开放性以及实现资源共享十分重要。在传统的系统中,系统软件采用 POSIX,TCP/IP 和 MOTIF 等标准带来了一定程度的开放。然而,由于应用软件没有接口标准,应用层不开放,系统异构和互联非常困难。因此,为了进一步提高开放性,软件设计应遵循最新国际标准,IEC 61970 标准,使应用软件接口标准化,实现即插即用。考虑到船舶监控系统的自身特点,应进行相应的变化与简化。

遵循 IEC 61970 标准,要求船舶能量管理系统的支撑平台和应用软件根据公用信息模型(CIM)和组件接口规范(CIS)进行设计。

(2) 可扩充性及可裁减性设计原则

在系统的生命周期中,系统的功能有可能不断地增加和完善;而对不同的系统对象,系统的部分功能有可能并不总是需要。系统的体系结构必须适应这一需要。因此,应用软件开发应采用模块组装式结构,方便对应用模块进行扩充,便于系统的二次开发。

(3) 灵活性设计原则

系统中应用软件各功能模块,以数据库为核心灵活分布在网络的各个节点上,并且能在任意节点机上运行,做到"即装即用";通过登录权限来管理不同站位的功能使用,各监控台可互为热备份,任意一个站位控制站发生故障,可人工切换至邻近其他控制站进行控制。

船舶网络化监控系统的软件采用层次组件化结构。从软件体系结构来看,它是基于公用对象请求代理机制的分布式集成框架;同时也是基于 CIM/CIS 标准接口的多分层开放型支撑体系。

软件体系分为三层:基础平台层,软总线层和应用层。基础平台层是整个软件系统的支撑,包括操作系统、文件系统和数据库等。其主要功能包括:通过外部环境接口,利用数据采集和处理组件从现场设备采集数据,按 CIM 模型格式存储至数据库,或向现场设备发送指令;与软总线层进行数据交互。软总线层是 CIS 接口的实现层,从基础平台层读取数据,按一定的组件粒度,实现能量管理应用组件和公共应用组件,供应用层调用。应用层为各功能模块根据需求,调用软总线层组件,实现能量管理平台的具体功能。

由于系统功能复杂,模块间相互联系紧密,因此,需要对软件系统的整体流程进行优化设计。软件总体流程主要分为以下几个部分。

（1）软件初始化

软件系统启动后,先进行软件初始化,包括系统检测、网络通信测试、传感器设备状态检测、数据库连接测试等。其中,网络通信测试和传感器设备状态检测预留对底层模拟系统和实际系统的两种程序接口,可相互替换。

如果出现检测和测试错误,进行出错报警,并由操作员手动选择继续执行的方式为退出、重试或忽略。

（2）权限管理

初始化完成后,显示系统 Logo,并进入登录权限认证菜单,根据权限的不同,进入包含相应权限操作功能模块的主界面,如果登录不正确,则提示重试或退出。也可通过主界面系统管理菜单切换操作用户权限。

（3）数据采集与处理

软件初始化完成后,应进行系统后台数据准备工作。先通过数据通信组件,接收利用组播方式传送过来的数据包,然后利用解包组件,将数据存入分配好的量测数据缓存空间。根据需要,应对量测数据缓存空间的数据进行计算、处理,剔除不良数据,将数据存入分配好的运算数据缓存空间。

系统数据主要包括量测数据和运算数据。一般来说,显示的电气参数都是运算数据,显示的机械、热工参数都是量测数据,各功能组件进行实时计算的参数都是量测数据。当运算数据与量测数据不一致时,系统需要提示并分析可能的原因,此时,各功能组件进行实时计算的参数需要根据运算数据进行修正。

（4）功能模块人机图形显示界面

系统调用各功能模块组件接口进行后台运算,然后生成相应的人机图形界面。结合图形界面组态,将各功能模块应用组件的调用结果显示在相应的人机界面上。显示组态一盘分为三级:总貌画面、组貌画面、回路画面,也可依次称为系统总体拓扑界面、分系统界面、设备界面。

总貌画面,显示系统整体监控界面,界面以系统结构为主,显示信息较少。

组貌画面,显示单个分系统监控界面,界面概括分系统,显示重要信息。

回路画面,显示单个设备监控界面,界面显示设备的所有信息。

（5）功能模块应用组件

系统运行后台运算组件,利用模块间及模块内部的信息交互完成相应的应用功能。

## 7.2.2　人机接口技术

HMI(Human Machine Interface)的广义解释就是"使用者与机器间沟通、传达及接收信息的一个接口"。利用计算机数据处理的强大功能,向用户提供诸如工艺流程图显示、动态数据画面显示、参数修改与设置、报表编制、趋势图生成、报警画面、打印参数以及生产管理等多种功能,为系统提供良好的人机界面。一般而言,HMI 系统必须具有以下几项基本的能力。

实时资料趋势显示:把获取的数据立即显示在屏幕上。

历史资料趋势显示:把数据库中的数据做可视化的呈现。

自动记录资料:自动将数据存储至数据库中,以便日后查看。

警报的产生与记录:使用者可以定义一些报警产生的条件,如温度超过或压力低于临界值。在这样的条件下,系统会产生报警,通知操作员处理。

报表的产生与打印:能把数据转换成报表的格式,并能够打印出来。

图形接口控制:操作员能够通过图形接口直接控制设备。

凡是具有系统监控和数据采集功能的软件,都可称为 SCADA(Supervisor Control And Data Acquisition)软件。它是建立在 PC 基础之上的自动化监控系统,具有以下的基本特征:图形界面、系统动态模拟、实时数据和历史趋势、报警处理系统、数据采集和记录、数据分析、报表输出等。

SCADA 软件和硬件设备的连接方式主要有以下三种。

(1) 标准通信协议。工业领域常用的协议有 Modbus、CAN、DeviceNet 以及工业以太网等。SCADA 软件和硬件设备只需要使用相同的通信协议,就可以直接通信,不需要再安装其他驱动程序。

(2) 标准数据交换接口。常用接口有 DDE(Dynamic Data Exchange)、OPC(Object Linking and Embedding for Process Control)。使用标准数据交换接口,SCADA 软件以间接方式通过 DDE 或 OPC 内部数据交换中心(Data Exchange Center)和硬件设备通信。这种方式的优点在于不管硬件设备是否使用标准的通信协议,制造商只需要提供一套 DDE 或 OPC 的驱动,即可支持大部分的 SCADA 软件。

(3) 绑定驱动(Native Driver)。绑定驱动是指针对特定硬件和目标设计的驱动。这种方式的优点是执行效率比使用其他驱动方式高,但缺点是兼容性差。制造商必须针对每一种 SCADA 软件提供特定的驱动程序。

控制系统的监控软件常用设计方法有两种:组态软件与用户自行编制的监控软件。

用组态软件实现监控,可以利用组态软件提供的硬件驱动功能直接与硬件进行通信,即多采用标准数据交换接口的 SCADA 软件连接方式。优点是不需要编写通信程序,功能强大,灵活性好,可靠性高。缺点是软件价格高,对硬件的依赖比较大,当组态软件不支持相关硬件时就会受到限制,且界面设计不够美观,对复杂控制算法的支持性较差。系统比较复杂、控制算法比较简单的控制系统可以采用此方法。

用户利用面向对象的可视化编程语言,如 VC、C++、C♯等,编制监控软件实现系统监控,需要包括数据通信、界面实现、数据处理和实时数据库功能等内容。优点是灵活性好,系统投资低,界面设计比较美观,能够支持较为复杂的控制算法。缺点是系统开发工作量大,特别是要实现工业生产中的复杂流程和工业的逼真显示需要花费较多的时间和人力,可靠性难以保证,对设计人员的经验和技术水平要求较高。这种方法通常采用标准通信协议的 SCADA 软件连接方式,需要设计人员根据统一的通信协议自行编写通信程序。

### 7.2.3　数据交换技术

在多用户、多任务的计算机系统中实现程序间的数据交换比较方便,操作系统对这种操作是支持的,而在个人计算机上实现程序间的数据交换就比较麻烦。在微机版多任务操作系统出现以前,例如,在 MS-DOS 下是通过直接读写内存地址或磁盘文件来实现程序间共享数据的;自从 Windows 及微机版 Linux 操作系统面世后,出现了程序之间交换数据的技术、协议或标准实现程序间的数据交换才比较容易。目前 Windows 提供有 DDE、OLF(包括 OPC)、ODBC 等几种标准,来支持程序之间的数据交换。

1. DDE 技术与应用

1) DDE 的含义

DDE 即动态数据交换。它最早是随着 Windows 3.1 由美国微软公司提出的。目前 Windows 98/Windows NT 仍支持 DDE 技术,但近十年间微软公司已经停止发展 DDE 技术,只保持对 DDE 技术给予兼容和支持。

两个同时运行的程序之间通过 DDE 方式交换数据时是 Client(客户)/Server(服务器)关系。一旦 Client 和 Server 建立起了连接关系,则当 Server 中的数据发生变化后就会马上通知 Client。通过 DDE 方式建立的数据连接通道是双向的,即 Client 不但能够读取 Server 中的数据,而且可以对其进行修改。

Windows 操作系统中有个专门协调 DDE 通信的程序 DDEML(DDE 管理库),实际上 Client 和 Server 之间的多数会话并不是直达对方的,而是经由 DDEML 中转。程序可以同时是 Client 和 Server。

DDE 的方式有冷连接(Cool Link)、温连接(Warm Link)、热连接(Hot Link)。在冷连接方式下,当 Server 中的数据发生变化后不通知 Client,但 Client 可以随时从 Server 读写数据。在温连接方式下,当 Server 中的数据发生变化后马上通知 Client,Client 得到通知后将数据取回。在热连接方式下,当 Server 中的数据发生变化后马上通知 Client,同时将变化后的数据直接送给 Client。

2) DDE 通信的数据交换过程及原理

DDE Client 程序向 DDE Server 程序请求数据时,它必须首先知道 DDE Server 程序的名称(即 DDE Service 名)、DDE 主题名称(Topic 名),还要知道请求哪一个数据项(Item 名)。DDE Service 名应该具有唯一性,否则容易产生混乱。通常 DDE Service 名就是 DDE Server 的程序名称,但不绝对,它是由程序设计人员在程序内部设定好的,并不是通过修改程序名称就可以改变的。Topic 名和 Item 名也是由 DDE Service 在其内部设定好的。所有 DDE Server 程序的 Service 名、Topic 名都注册在系统中。当一个 DDE Client 向一个 DDE Server 请求数据时,DDE Client 必须向系统报告 DDE Server 的 Service 名和 Topic 名。只有当 Service 名、Topic 名与 DDE Server 内部设定的名称一致时,系统才将 DDE Client 的请求传达给 DDE Server。当 Service 名和 Topic 名相符时,DDE Server 马上判断 Item 名是否合法。如果请求的 Item 名是 DDE Server 中的合法数据项,DDE Server 即建立此项连接。建立了连接的数据发生数值改变后,DDE Server 会随时通知 DDE Client。一个 DDE Server 可以有多个 Topic 名,Item 名的数量也不受限制。

3) DDE 方式的优缺点

DDE 是最早的 Windows 操作系统面向非编程程序用户的程序间通信标准。很多早期 Windows 程序均支持 DDE,当前的绝大多数软件仍旧支持 DDE。但 DDE 的缺点也很明显,那就是通信效率低下,当通信数据量大时,数据刷新速度慢。在数据量较少时 DDE 比较实用。

2. OPC 技术与应用

1) OPC 产生的背景

随着计算机技术的发展,计算机在工业控制领域发挥着越来越重要的作用。各种仪表、PLC 等工业监控设备都提供了与计算机通信的协议。但是,不同厂家产品的协议互不相同,即使同一厂家的不同设备与计算机之间通信的协议也不同。在计算机上,不同的语言对驱动程序的接口有不同的要求。这样又产生了新的问题;应用软件需要为不同的设备编写大量的驱动程序,而计算机硬件厂家要为不同的应用软件编写不同的驱动程序。这种程序可复用程度低,不符合软件工程的发展趋势,在这种背景下,产生了 OPC 技术。

OPC 是 OLE for Process Control 的缩写,即把 OLE 应用于工业控制领域。OLE 原意是对象连接和嵌入,随着 OLE 2 的发行,其范围已远远超出了这个概念。现在的 OILE 包含许多新的特征,如统一数据传输、结构化存储和自动化,已经成为独立于计算机语言、操作系统甚至硬件平台的一种规范,是面向对象程序设计概念的进一步推广。OPC 建立于 OLE 规范之上,它为工业控制领域提供了一种标准的数据访问机制。通常底层设备仍然使用专用的通信接口和通信协议,OPC 处于 SCADA 软件与设备专用 I/O 驱动软件之间,如图 7.14 所示。各个客户可以通过 OPC 与服务器相连,实现对底层设备的监测和控制。

工业控制领域用到大量的现场设备,在 OPC 出现以前,软件开发商需要开发大量的驱动程序来连接这些设备。即使硬件供应商在硬件上做了一些小小改动,应用程序也可能需要重写。同时,由于不同设备甚至同一设备不同单元的驱动程序也有可能不同,软件开发商很难同时对这些设备进行访问以优化操作。硬件供应商也在尝试解决这个问题,然而由于不同客户有着不同的需要,同时也存在着不同的数据传输协议,因此也一直没有完整的解决方案。自 OPC 提出以后,这个问题终于得到解决。OPC 规范包括 OPC 服务器和 OPC 客户两个部分。其实质是在硬件供应商和软件开发商之间建立一套完整的"规则"。只要遵循这套规则,数据交互对两者来说都是透明的,硬件供应商就无须考虑应用程序的多种需求和传输协议,软件开发商也就无须了解硬件的实质和操作过程。

OPC 为编程和服务器提供了一个开放的界面模式,如图 7.15 所示。有 OPC 标准前,花费高、低效率、有风险。有 OPC 标准后,客户机及服务器有了相应的连接标准,节省了费用,降低了投资风险,有了更多的选择,提高了产量。

2) OPC 的特点

OPC 是为了解决应用软件与各种设备驱动程序的通信而产生的一项工业技术规范和标准。它采用客户/服务器体系,基于 Microsoft 的 OLE/COM 技术,为硬件厂商和应用软件开发者提供了一套标准的接口。

综合来说,OPC 有以下几个特点。

(1) 该标准已被公开,并出版。计算机硬件厂商只需要编写一套驱动程序就可以满足不同用户的需要。硬件供应商只需提供一套符合 OPC Server 规范的程序组,无须考虑工程

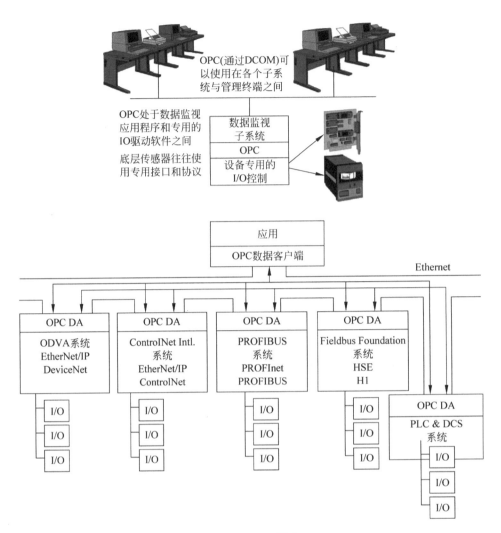

**图 7.14 OPC 技术**

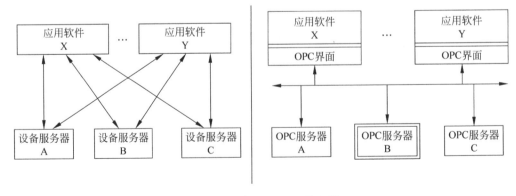

**图 7.15 使用 OPC 前后的比较**

人员需求。

（2）应用程序开发者只需编写一个接口便可以连接不同的设备。软件开发商无须重写大量的设备驱动程序。

（3）OPC 具有高效性，能够优化快速传输数据，可以利用 Internet 实现，并支持所有编程语言，如 C、C++、VB、Java、HTML、DHTML 等。

（4）工程人员在设备选型上有了更多的选择。对于最终用户而言，选择面更宽了一些，可以根据实际情况的不同，选择切合实际的设备。OPC 扩展了设备的概念。只要符合 OPC 服务器的规范，OPC 客户都可与之进行数据交互，而无须了解设备究竟是 PLC 还是仪表，甚至只要在数据库系统上建立了 OPC 规范，OPC 客户就可与之方便地实现数据交互。OPC 把硬件厂商和应用软件开发者分离开来，使得双方的工作效率都有了很大的提高，实现了"即插即用"，因此 OPC 在短时间内取得了飞速的发展。现在，国内外的工业控制软件都在做这方面的开发工作。

3）OPC 的适用范围

OPC 设计者们的最终目标是在工业领域建立一套数据传输规范，并为之制定了一系列的发展计划，现有的 OPC 规范涉及如下 5 个领域。

（1）在线数据监测。OPC 实现了应用程序和工业控制设备之间高效、灵活的数据读写。

（2）报警和事件处理。OPC 提供了 OPC 服务器发生异常时以及 OPC 服务器设定事件到来时向 OPC 客户发送通知的一种机制。

（3）历史数据访问。OPC 实现了对历史数据库的读取、操作、编辑。

（4）远程数据访问。借助 Microsoft 的 DCOM（Distributed Component Object Model）技术，OPC 实现了高性能的远程数据访问能力。

（5）OPC 的功能还包括安全性、批处理、历史报警事件数据访问等。

4）OPC 服务器的组成

OPC 服务器由三类对象组成，相当于三种层次上的接口：服务器（Server）、组（Group）和数据项（Item）。

（1）服务器对象包含服务器的所有信息，同时也是组对象的容器。一个服务器对应于一个 OPC Server，即一种设备的驱动程序。在一个 Server 中，可以有若干个组。

（2）组对象包含本组的所有信息，同时包含并管理 OPC 数据项。OPC 组对象为客户提供了组织数据的一种方法。组是应用程序组织数据的一个单位，客户可对其进行读写，还可设置客户机的数据更新速率。当服务器缓冲区内数据发生改变时，OPC Server 将向客户发出通知，客户得到通知后再进行必要的处理，而无须浪费大量的时间进行查询。OPC 规范定义了两种组对象：公共组（或称全局组，Public）和局部组（或称局域组私有组，Local）。公共组由多个客户共有，局部组只隶属于一个 OPC 客户。全局组对所有连接在服务器上的应用程序都有效，而局域组只能对建立它的 Client 有效。一般说来，客户和服务器的一对连接只需要定义一个组对象。在一个组中，可以有若干个数据项。

（3）数据项是读写数据的最小逻辑单位，一个数据项与一个具体的位号相连。数据项不能独立于组存在，必须隶属于某一个组。组与项的关系如图 7.16 所示。图 7.16 中，组与数据项的关系在每个组对象中，客户可以加入多个 OPC 数据项（Item）。OPC 数据项是服务器端定义的对象,通常指向设备的一个寄存器单元。OPC 客户对设备寄存器的操作都是通过其数据项来完成的。通过定义数据项,OPC 规范尽可能地隐藏了设备的特殊信息,也使 OPC 服务器的通用性大大增强。OPC 数据项并不提供对外接口,客户不能直接对其进行操作,所有操作都是通过组对象进行的。

应用程序作为 OPC 接口中的 Client 方,硬件驱动程序作为 OPC 接口中的 Server 方。每一个 OPC Client 应用程序都可以连接若干个 OPC Server,每一个硬件驱动程序可以为若干个应用程序提供数据,其结构如图 7.17 所示。

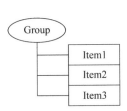

图 7.16  组与数据项的关系

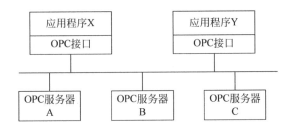

图 7.17  OPC 的访问关系

5) 读写 OPC 数据项的一般步骤

(1) 通过服务器对象接口枚举服务器端定义的所有数据项。如果客户对服务器所定义的数据项非常熟悉,此步可以忽略。

(2) 将要读写的数据项加入客户定义的组对象中。

(3) 通过组对象对数据项进行读写等操作。

每个数据项的数据结构包括三个成员变量:数据值、数据质量和时间戳。数据值是以 Variant 形式表示的。应当注意,数据项表示同数据源的连接而不等同于数据源。无论客户是否定义数据项,数据源都是客观存在的。可以把数据项看作数据源的地址,即数据源的引用,而不应看作数据源本身。

6) OPC 的报警(Alarm)和事件(Event)

报警和事件处理机制增强了 OPC 客户处理异常的能力。服务器在工作过程中可能出现异常,此时,OPC 客户可通过报警和事件处理接口得到通知,并能通过该接口获得服务器的当前状态。在很多场合,报警和事件的含义并不加以区分,两者也经常互换使用。从严格意义上讲,两者含义略有差别。依据 OPC 规范,报警是一种异常状态,是 OPC 服务器或服务器的一个对象可能出现的所有状态中的一种特殊情况。除了正常状态外,其他状态都视为报警状态。

事件则是一种可以检测到的出现的情况,这种情况或来自 OPC 客户,或来自 OPC 服务器,也可能来自 OPC 服务器所代表的设备,通常都有一定的物理意义。事件可能与服务器或服务器的一个对象的状态有关,也可能毫无关系。如与高出警戒和正常状态的转换事件和服务器某个对象的状态有关,而操作设备、改变系统配置以及出现系统错误等事件和对象状态就无任何关系。

7) OPC 的接口方式

OPC 规范提供了两套接口方案,即 COM 接口和自动化接口。COM 接口效率高,通过该接口,客户能够发挥 OPC 服务器的最佳性能,采用 C++ 语言的客户一般采用 COM 接口方案。自动化接口使解释性语言和宏语言访问 OPC 服务器成为可能,采用 VB 语言的客户一般采用自动化接口。自动化接口使解释性语言和宏语言编写客户应用程序变得简单,然而自动化客户运行时需进行类型检查,这一点则大大牺牲了程序的运行速度。OPC 服务器必须实现 COM 接口,是否实现自动化接口则取决于供应商的主观意愿。

8) OPC 的数据访问方式

OPC 服务器本身就是一个可执行程序,该程序以设定的速率不断地同物理设备进行数据交互。服务器内有一个数据缓冲区,其中存有最新的数据值、数据质量戳和时间戳。时间戳表明服务器最近一次从设备读取数据的时间。服务器对设备寄存器的读取是不断进行的,时间戳也在不断更新。即使数据值和质量戳都没有发生变化,时间戳也会进行更新。客户既可从服务器缓冲区读取数据,又可直接从设备读取数据。从设备直接读取数据速度会慢一些,一般只有在故障诊断或极特殊的情况下才会采用。

OPC 客户和 OPC 服务器进行数据交互可以有两种不同方式,即同步方式和异步方式。同步方式实现较为简单,当客户数目较少而且同服务器交互的数据量也比较少的时候,可以采用这种方式。异步方式实现较为复杂,需要在客户程序中实现服务器回调函数。然而当有大量客户和大量数据交互时,异步方式的效率更高,能够避免客户数据请求的阻塞,并可以最大限度地节省 CPU 和网络资源。

## 7.2.4　监控组态软件

控制系统的监控软件常用设计方法有两种,组态软件与用户自行编制的监控软件。组态最早来自英文 Configuration,含义是使用软件工具对计算机及软件的各种资源进行配置,达到使计算机或软件按照预先设置自动完成特定任务,满足使用者要求的目的。监控组态软件是数据采集与过程控制的专用软件,是面向 SCADA 的软件平台工具,具有丰富的设置项目,使用方式灵活,功能强大。监控组态软件最早出现时,HMI 或 MMI(Man Machine Interface)是其主要内涵,即主要解决人机图形界面问题。随着它的快速发展,实时数据库、实时控制、SCADA、通信及联网、开放数据接口、对 I/O 设备的广泛支持已经成为它的主要内容。

几种典型的自动化组态软件包括 InTouch、WinCC、Kingview(组态王)等。

美国 Wonderware 公司的 InTouch 堪称组态软件的"鼻祖",率先推出 16 位 Windows 环境下的组态软件,在国际上曾得到过较高的市场占有率。InTouch 软件的图形功能比较丰富,使用较方便,但控制能力较弱。其 I/O 硬件驱动丰富,但只使用 DDE 连接方式,实时性较差且驱动程序需单独购买。

德国西门子公司的 WinCC 属于比较先进的产品,但其体系结构比较老旧,在网络结构和数据管理方面相对较差。由于西门子对第三方硬件的支持力度不够,因此 WinCC 通常作为西门子硬件的附属产品,对于使用其他硬件的用户不太适合。

北京亚控科技发展有限公司的组态王是国内组态软件产品的典型代表。该公司的主要产品包括组态王、软逻辑控制 KINGACT、组态王电力版等。

此外,国外还有其他组态软件产品,如 RSView32 等;国内其他组态软件产品,如 MCGS、Force Control、SYNALL、Controx2000 等。

1. 监控组态软件的体系结构和功能

监控组态软件主要体系结构包括以下内容。

（1）图形画面组态生成；

（2）实时数据库与历史数据库；

（3）动画连接；

（4）历史趋势曲线和实时趋势曲线；

（5）报表系统、创建报表、报表组态；

（6）报警和事件系统；

（7）脚本程序、脚本程序语言句法、脚本程序语言函数；

（8）I/O 设备管理与驱动程序；

（9）数据共享技术；

（10）自动化组态软件的网络与冗余功能；

（11）其他功能：控件，配方管理，系统安全管理。

下面以 RSView32 为例，从功能上分析目前组态软件都具有的特点。

（1）强大的图形组态功能。组态软件大多以 Windows 为操作平台，充分利用了 Windows 图形功能完备、界面一致性好、易学易用的特点。设计人员可以高效快捷地绘制出各种工艺画面，并可以方便地进行编辑。采用 PC 设计，比以往使用专用机开发的工业控制系统更有通用性，减少了工控软件开发者的重复工作。丰富的动画连接，如闪烁、旋转、填充、移动等，使画面生动直观。如图 7.18 所示为 RSView32 的部分图形组态功能。

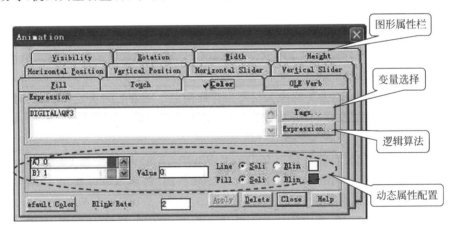

**图 7.18　RSView32 的部分图形组态功能**

（2）脚本语言。从使用脚本语言方面，组态软件均使用脚本语言提供二次开发。脚本语言也称为命令语言或控制语言，用户可以根据自己需要利用其编写程序。组态软件在脚本语言功能及提供的脚本函数数量上不断提高。如图 7.19 所示为 RSView32 的脚本语言 VBA。脚本语言编写的程序对于简单的逻辑运算的支持度较好，但对较为复杂的控制算法支持度还不够。

（3）开放式结构。组态软件能与多种通信协议互连，支持多种硬件设备。既能与底层数据采集设备通信，也能与管理层通信。在 SCADA 应用与通用数据库及用户程序间传送实时和历史数据。

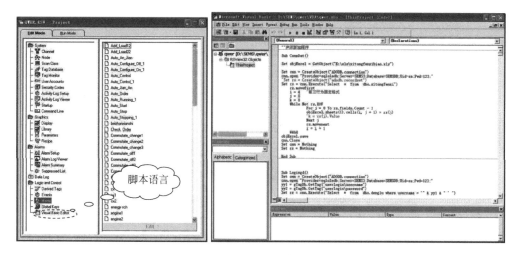

图 7.19　RSView32 的脚本语言

（4）提供多种数据驱动程序。组态软件用于和 I/O 设备通信，DDE 和 OPC Client 是两个通用的标准 I/O 驱动程序，用来支持 DDE 标准和 OPC 标准的 I/O 设备通信。如图 7.20 所示为 RSView32 的 OPC 连接，使得 OPC Client 与 OPC Server 能够进行通信。

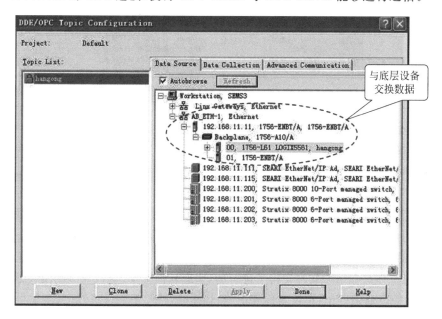

图 7.20　RSView32 的 OPC 连接

（5）强大的数据库。组态软件均有一个实时数据库作为整个系统数据处理、数据组织和管理的核心。负责整个应用系统的实时数据处理、历史数据存储、报警处理，完成与过程的双向数据通信。如图 7.21 所示为 RSView32 的实时数据库。

（6）丰富的功能模块。组态软件以模块形式挂接在基本模块上，互相独立提高了系统的可靠性和可扩展性。利用各种功能模块，完成实时监控、报表生成、实时曲线、历史曲线、报警提示等功能。

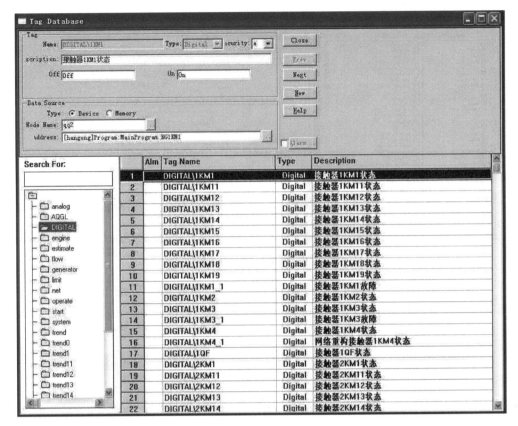

图 7.21　RSView32 的实时数据库

2. 基于监控组态软件设计人机交互界面

监控组态软件,是采用标准化、规模化、商品化的通用过程控制软件,使得工程师在不必了解计算机硬件和程序的情况下,在 CRT 屏幕上采用菜单、填表的方法,对输入输出信号用"仪表组态"方法进行软连接。这种通用树形填空语言简单明了、使用方便,十分适合工程师掌握应用,大大减少了重复性、低层次、低水平应用软件的开发,提高了软件的使用效率、价值和控制的可靠性,缩短了应用软件的开发周期。

控制系统的软件组态是生成整个系统的重要技术,对每个监控设备都要按照其控制特点进行。组态工作是在组态软件支持下进行的,组态软件主要包括:控制组态、图形生成系统、显示组态、I/O 通道登记、单位名称登记、趋势曲线登记、报警系统登记、报表生成系统等内容。

1) 图形生成系统

计算机控制系统的人机界面越来越多地采用图形显示技术。图形画面主要是用来监视生产过程的状况,并可通过对画面上对象的操作,实现对生产过程的控制。图形画面通常包括静态画面和动态画面。静态画面一般用来反映监视对象的环境和相互关系,其显示不随时间变化。此外,在生成图形画面时,不但要有静态画面,而且还要有"活"的部分,即动态画面。动态画面一般用以反映被监视对象和被控对象的状态和数值等,其在显示过程中随现场被监控对象的变化而变化。如图 7.22 所示为利用 RSView32 编写的图形画面。

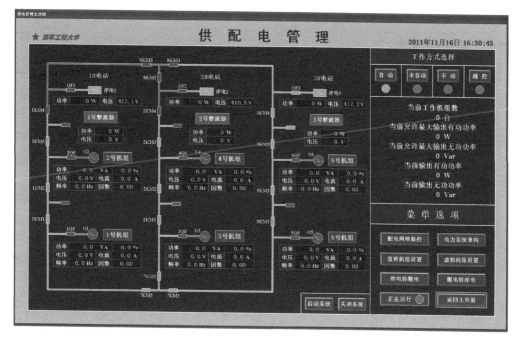

**图 7.22　利用 RSView32 编写的图形画面**

2) 显示组态

显示组态一般分为三级,即总貌画面、组貌画面、回路画面。为了构成这些画面,就要进行显示组态操作。显示组态操作包括:

(1) 选择模拟显示表。通常监控系统的显示画面常采用各种模拟显示表来显示测量值、设定值和输出值。

(2) 定义模拟显示表。选择了设备的模拟显示表后,还需要对显示表的参数进行定义,并在画面上设定相应的值。

(3) 显示登记法。显示登记法是进入系统显示登记画面。选择过程控制站的编号和工作方式,显示相应设备的模拟显示表,并可进行相关操作。

(4) I/O 通道登记。对于不同类型和作用的 I/O 通道进行登记和定义。

(5) 单位名称登记。对监控系统各级画面中需要显示的分系统或设备采用登记的方法,生成独立的名称。

(6) 趋势曲线登记。趋势曲线的规格主要有趋势曲线幅数、趋势曲线每幅条数、每条时间、显示精度。趋势曲线登记表的内容主要有幅号、幅名、编号、颜色、曲线名称、来源、工程量上限和下限。

(7) 报警系统登记。报警显示画面分成三级,即报警概况换面、报警信息画面、报警画面。报警概况画面是第一级,显示系统中所有报警点的名称和报警次数;报警信息画面是第二级,是第一级画面的展开与细化,可以调出相应报警信息画面,观察到报警时间、消警时间、报警点名称和报警原因等;报警画面是第三级,可调出与报警点相应的各显示画面,包括总貌画面、组貌画面、回路画面、趋势曲线画面等。

(8) 报表生成系统。报表生成系统用于系统的报表及打印输出,因而报表系统的主要功能是定义各种报表的数据来源、运算方式以及报表打印格式和时间特性。

## 7.2.5　实时数据库

　　监控系统对数据库的应用与传统应用不同，一方面，监控系统要维护大量共享数据和控制数据；另一方面，监控系统有很强的时间性，要求在规定的时刻或一定时间内完成其处理；此外，监控系统所处理的数据有一定的时效性，过时则有新的数据产生，导致之前的决策或计算无效。所以，监控系统对数据库和实时处理两者的功能和特性都有要求，既需要数据库支持大量数据的共享，维护其数据的一致性，又需要实时处理来支持其任务与数据的定时限制。

　　但是，传统的数据库系统旨在处理永久（或长时间）、稳定的数据，强调维护数据的完整性、一致性，其性能目标是高的系统吞吐量和低的代价，并不考虑有关数据及其处理的定时限制。而传统的实时系统虽然支持任务的定时限制，但它针对的是结构与关系很简单、稳定不变和可预报的数据，不涉及维护大量共享数据及其完整性和一致性。因此，需要将两者的概念、技术、方法与机制"无缝集成"（Seamless Integration，SI），因而产生了实时数据库。实时数据库就是其数据和事务都有显式定时限制的数据库，系统的正确性不仅依赖于事务的逻辑结果，而且依赖于该逻辑结果所产生的时间。先进的监控组态软件都有一个实时数据库作为整个系统数据处理、数据组织和管理的核心，也有人称其为数据词典。

　　实时数据库的基本特征就是与时间的相关性。实时数据库在以下两方面与时间相关。

　　1. 数据与时间相关

　　按照与之相关的时间性质不同，又可分为以下两类。

　　(1) 时间本身就是数据，即从"时间域"中取值，如"数据采集时间"。它属于"用户自定义的时间"，也就是用户自己知道，而系统并不知道它是时间，系统毫无区别地将其像其他数据一样处理。

　　(2) 数据的值随时间而变化。数据库中的数据是对其所面向的"客观世界"中对象状态的描述，对象状态发生变化则引起数据库中相应数据值的变化，因而与数据值变化相关联的时间可以是现实对象状态的实际时间，称为"真实"或"事件"时间（即现实对象状态变化的事件发生时间），也可以是将现实对象变化的状态记录到数据库，即数据库中相应数据值变化的时间，称为"事务"时间。实时数据的导出数据也是实时数据，与之相关联的时间自然是事务时间。

　　2. 实时事务有定时限制

　　典型的定时限制就是其"截止时间"。对于实时数据库，其结果产生的时间与结果本身一样重要，一般只允许事务存取"当前有效"的数据，事务必须维护数据库中数据的"事件一致性"。另外，外部环境的反应时间要求也给事务施以定时限制。所以，实时数据库系统要提供维护有效性和事务及时性的限制。

　　实时数据库的体系结构如图 7.23 所示。

　　从系统的体系结构来看，实时数据库与传统数据库的区别并不大，同样可以把实时数据库分为外部级、概念级、内部级。外部级最接近用户的图形界面系统、第三方应用程序等。概念级涉及所有用户的数据定义。内部级最接近物理设备（如内存或磁盘），涉及实际数据存储方式。

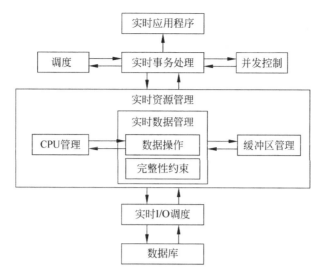

**图 7.23　实时数据库的体系结构**

　　数据库的三级结构是数据的三个抽象级别,它把数据的具体组织留给数据库管理系统,使用户能逻辑抽象地处理数据,而不必关心数据在计算机中的表示和存储。实时数据库系统是一个复杂的系统,是采用了实时数据库技术的计算机系统,由数据库、硬件、软件三部分组成。实时数据库系统是一个实际可运行的,按照数据方式存储、维护和向应用程序提供数据或信息支持的系统,是存储介质、处理对象和管理系统的集合体。

　　在实时数据库中,一个基本的数据对象为"点"(Tag)。一个点由若干参数组成,系统以点参数为单位存放各种信息。点参数相当于关系数据库中的字段(Field),一个点参数对应一个客观世界中的可被测量或控制的对象。点存放在实时数据库的点名称字典中。实时数据库根据点名称字典决定数据库的结构,分配数据库的存储空间。用户在组态实时数据库时总是以点名称为主索引(主关键字)进行编辑。点对象存在多个属性,以参数的形式出现,所以又称点的属性为点参数。如图 7.24 所示为 RSView32 中实时数据库的"点"的参数。

　　系统预定义了一些常用的点参数,这些点参数都能完成特定的功能,而且一个参数与另一个参数之间可能存在制约或导出关系,这就是实时数据库的完整性。系统预定义参数是数据库提供的一种重要功能,它为用户提供了一整套预定义的数据处理功能和对数据库的访问方法。当然,用户也可以自定义参数,但名称不能与已有的系统参数相同。实时数据库对自定义参数也提供实时数据访问和历史数据保存的功能。因为点的结构是由参数组成的,所以不同参数的组合就形成了不同类型的"点"。

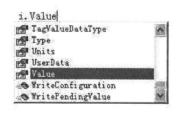

**图 7.24　RSView32 实时数据库
的点的参数**

# 参 考 文 献

1. 甘永梅,刘晓娟,晁武杰等.现场总线技术及其应用.北京:机械工业出版社,2008.
2. 李正军.现场总线与工业以太网及其应用技术.北京:机械工业出版社,2011.
3. 于海生,丁军航,潘松峰等.微型计算机控制技术(第2版).北京:清华大学出版社,2009.
4. 陈在平等.现场总线及工业控制网络技术.北京:电子工业出版社,2008.
5. 陈炯聪.IEEE 1588同步技术在电力系统中的应用.北京:中国电力出版社,2012.

# 图书资源支持

感谢您一直以来对清华版图书的支持和爱护。为了配合本书的使用，本书提供配套的素材，有需求的用户请到清华大学出版社主页(http://www.tup.com.cn)上查询和下载，也可以拨打电话或发送电子邮件咨询。

如果您在使用本书的过程中遇到了什么问题，或者有相关图书出版计划，也请您发邮件告诉我们，以便我们更好地为您服务。

**我们的联系方式：**

地　　址：北京海淀区双清路学研大厦 A 座 707

邮　　编：100084

电　　话：010－62770175－4604

资源下载：http://www.tup.com.cn

电子邮件：weijj@tup.tsinghua.edu.cn

QQ：883604(请写明您的单位和姓名)

扫一扫
资源下载、样书申请
新书推荐、技术交流

**用微信扫一扫右边的二维码，即可关注清华大学出版社公众号"书圈"。**